AKADEMIE DER WISSENSCHAFTEN DER DDR
FORSCHUNGSZENTRUM FÜR MOLEKULARBIOLOGIE UND MEDIZIN
ZENTRALINSTITUT FÜR MIKROBIOLOGIE
UND EXPERIMENTELLE THERAPIE JENA
ABTEILUNG LIMNOLOGIE

LIMNOLOGICA

BAND 12

1. Heft

AKADEMIE-VERLAG · BERLIN

1980

LIMNOLOGICA

INHALTSVERZEICHNIS
Band 12 · Heft 1
Abgeschlossen Juni 1978

Band 12 der LIMNOLOGICA umfaßt zwei Hefte

Das Heft 2 wird folgende Beiträge enthalten:

KREY, L.: Allochthone Belastung der mittleren Saale mit gelöstem organischem Kohlenstoff durch Abwassereinleiter und Nebenflüsse. — PROFT, G.: Der Kohlenstoffgehalt und die Kohlenstofffracht der mittleren Saale. — RONNEBERGER, D.: Untersuchungen zur Primärproduktion und zum Abbau des Biosestons der mittleren Saale. — SCHÖNBORN, W.: Der Kohlenstoffhaushalt des Periphytons der mittleren Saale. — FLÖSSNER, D.: Kohlenstoffproduktion und Respiration des lithalen Makrozoobenthos der mittleren Saale. — GUTHKE, G.: Quantitative mikrobiologische Untersuchungen in der mittleren Saale. — SCHÖNBORN, W., & S. J. CASPER: Ansätze für eine Bilanzierung des Kohlenstoffs in der mittleren Saale. — PROFT, G., & L. KREY: Ein Beitrag zur Tagestemperaturrhythmik von Fließgewässern. — KREY, L., & G. PROFT: Die Flußstaue und Wehranlagen der mittleren Saale. — SAAD, A. H., & S. E. ANTOINE: Seasonal distribution of dissolved organic matter in the river Tigris, Iraq. — RAGHI-ATRI, F.: Untersuchungen an *Glyceria maxima* (HARTM.) HOLMBG. unter Berücksichtigung von Cadmiumgaben im Bodensubstrat. — MARVAN, P., J. ROTHSCHEIN & M. ZELINKA: Der diagnostische Wert saprobiologischer Methoden. — TÄUSCHER, L.: Bemerkungen zu endo- und epiphytischen Algen von *Microcystis* KÜTZ. im Großen Müggelsee. — Rezensionen.

Berichtigung

Im Beitrag J. BENNDORF & E. WERNER, *Limnologica* (Berlin) **12** (1), muß es auf S. 24 im Abschnitt „2. Symbole“ richtig heißen (Zeile 11 — 14):

$I_z = I_0 \cdot e^{-\varepsilon z}$ — Lichtintensität in der Tiefe z, in cal/cm² · h oder cal/cm² · d;

$\bar{I} = \frac{\Sigma I_z}{n}$ — mittlere vertikale Lichtintensität, in cal/cm² · h oder cal/cm² · d;

K_1 —

Limnologica (Berlin) **12** (1), 1—6, Februar 1980

In memoriam THEODOR SCHRÄDER 1904—1975

Am 16. Juli 1975 verstarb im Ilmwerk Dörnfeld bei Stadtilm nach langer Krankheit im Alter von 71 Jahren der Direktor i. R. Doz. Dr. phil. Dr. rer. nat. habil. THEODOR SCHRÄDER, langjähriger Leiter der ehemaligen Forschungsstelle für Limnologie der Akademie der Wissenschaften der DDR und Herausgeber der Schriftenreihe „*Limnologica*".

HEINRICH THEODOR ELISABETH SCHRÄDER wurde am 6. Juni 1904 als Sohn des Kaufmanns und zoologischen Präparators THEODOR SCHRÄDER und seiner Ehefrau CLARA geb. HAGENSCHNEIDER zu Münster in Westfalen geboren. Von Ostern 1910 bis 1913 besuchte er die Dom-Knabenschule und bestand nach 9jährigem Besuch (Ostern 1913 bis Ostern 1922) des humanistischen Staatlichen Paulinischen Gymnasiums seiner Vaterstadt am 10. Februar 1922 die Reifeprüfung. Seiner früh erkannten Neigung folgend, wandte er sich dem Studium der Naturwissenschaften zu. Er studierte 6 Semester (Sommersemester 1922 bis Wintersemester 1924/1925) Naturwissenschaften mit Zoologie als Hauptfach, davon 5 Semester in Münster und eines in München. Im dritten Jahre seines Studiums wurde er als Demonstrator zur Assistenz in den Praktika des Zoologischen Instituts in Münster herangezogen. Am 1. Mai 1925 rückte er in eine der drei Assistentenstellen am Institut ein, die er bis zum 31. März 1927 innehatte. Am 16. Dezember 1926 promovierte er nach mündlicher Prüfung in den Fächern Zoologie, Botanik und Physik an der Philosophisch-Naturwissenschaftlichen Fakultät der Westfälischen Wilhelms-Universität zu Münster mit dem Prädikat „magna cum laude" zum Dr. phil. Die nach Einreichung der gedruckten Dissertation „Das Hypopygium «circumversum» von *Calliphora erythrocephala*" (Schriftenverzeichnis Nr. 2) ausgefertigte Urkunde trägt das Datum des 25. April 1927.

THEODOR SCHRÄDER hatte den Wunsch, die Laufbahn eines Hochschullehrers für Zoologie einzuschlagen. Die Voraussetzungen dazu waren 1927 anscheinend gut; denn er hatte bereits mit 22 Jahren promoviert und war inzwischen auch der dienstälteste der drei Assistenten des Zoologischen Instituts in Münster. Am 1. April 1927 jedoch wurde das Ordinariat für Zoologie und die Leitung des Zoologischen

Instituts der Universität, das sein damaliger Chef und Doktorvater Prof. Dr. H.-J. FEUERBORN fünf Jahre vertretungsweise geführt hatte, unter dessen Umgehung neu besetzt. Der neue Ordinarius und Institutsdirektor wollte, wie allgemein üblich, die Assistentenstellen an seinem Institut mit Schülern seiner eigenen Arbeitsrichtung besetzen. So bestand für THEODOR SCHRÄDER keine Möglichkeit des Verbleibens und vor allem des Vorankommens mehr.

Während der Assistentenzeit war er mit Dr. H. H. WUNDSCH bekannt geworden, der als Privatdozent bis 1925 das Fach Hydrobiologie am Zoologischen Institut in Münster vertrat. Dieser war inzwischen zum Professor ernannt und als Ordinarius für Fischerei an die Landwirtschaftliche Hochschule zu Berlin sowie als Direktor der damaligen Preußischen Landesanstalt für Fischerei in Berlin-Friedrichshagen berufen worden und bot ihm, dessen Interesse für die Limnologie aufgefallen war, eine Arbeits- und Entwicklungsmöglichkeit an seinem Institut an. Am 20. April 1927 trat daraufhin THEODOR SCHRÄDER als Volontärassistent in die Landesanstalt ein, in der begründeten Hoffnung, nach einer speziellen Einarbeitungszeit als zunächst unbesoldeter wissenschaftlicher Mitarbeiter in eine Planstelle beim Institut oder in der Fischereiverwaltung einrücken zu können. Infolge der finanziellen Misere während der Jahre der Weltwirtschaftskrise erhielt er jedoch nur unregelmäßig befristete und bezahlte „Sonderaufträge", die ihn sieben Jahre an das Institut banden. Trotz zunehmender wirtschaftlicher Bedrängnis konnte er sich in Berlin auf allen Gebieten der Fischereibiologie vollständig ausbilden. Die Forschungsaufträge des preußischen Landwirtschaftsministeriums führten ihn im Jahre 1929 an das Institut für Seefischerei in Wesermünde zur Untersuchung der Unter- und Außenweser, in den Sommermonaten 1930 und 1931 an den Weserstrom des Binnenlandes und im Winter 1933/34 nach Pillau an das Frische Haff.

Sieht man von den unbefriedigenden Anstellungsverhältnissen ab, so brachten die Friedrichshagener Jahre die ersten Früchte eigenständigen wissenschaftlichen Bemühens. Die limnologischen und fischereibiologischen Untersuchungen im Wesergebiet 1929—1931 erstreckten sich auf den gesamten Flußlauf. Der Schwerpunkt der Arbeiten lag auf der Untersuchung der quantitativen tierischen Besiedlung des Ufers und Bodens in verschiedenen Tiefen unter dem Wasserspiegel unter Berücksichtigung der Einflüsse des Flußausbaus (Buhnen, Deckwerk, Parallelwerk usw.). Die Tiere wurden, auf die Einheitsfläche berechnet, gezählt und gewogen, aber nicht bis zur Art bestimmt. Neu für die Wissenschaft war die Entwicklung einer exakten quantitativen Probeentnahme in Fließgewässern, ein Ergebnis, das in der Veröffentlichung der Untersuchungsmethoden (LV Nr. 14) seinen Niederschlag fand. Sonst wurden nur noch die Ergebnisse der Forschungen im Brackwassergebiet zwischen Bremen und dem Leuchtturm Roter Sand (LV Nr. 12, 13) publiziert, obwohl von vielen Seiten den Weserarbeiten großes Interesse entgegengebracht wurde.

Der Grund dafür war das Ausscheiden THEODOR SCHRÄDERs aus der Landesanstalt am 19. April 1934. Sein Bemühen um eine dauerhafte, regelrecht besoldete Anstellung hatte endlich Erfolg: Seine Bewerbung um die freigewordene Stelle eines Fischereibiologen in Thüringen wurde zustimmend beschieden. Am 20. April 1934 trat er seine Tätigkeit als Landesfischereisachverständiger der Landesbauernschaft Thüringen an, wohl wissend, daß ihn seine neue Beschäftigung der wissenschaftlichen Forschungsarbeit gänzlich entfremden und ihm keine Möglichkeit bieten würde, das in reicher Fülle angesammelte Wesermaterial endgültig auszuwerten. In Thüringen hatte er die Sachgebiete Fischerei und Bienenzucht zu betreuen, einschließlich der Geschäftsführung der beiden der Landesbauernschaft angegliederten Verbände. Die Dienstaufgaben lagen ausschließlich auf den Gebieten der fachlichen Beratung sowie gutachterlicher und organisatorischer Tätigkeit. Er hatte ein kleines Laboratorium zur Verfügung, das für Routineuntersuchungen bei Bonitierungen von Fischgewässern, Analysen von Fischsterben usw. eingerichtet war.

Im 2. Weltkrieg wurde THEODOR SCHRÄDER am 1. September 1944 zur faschistischen Wehrmacht einberufen, geriet im April 1945 in amerikanische, später in französische Kriegsgefangenschaft und wurde Ende August 1945 entlassen. Nach seiner Rückkehr fand er an seiner bisherigen Dienststelle keine Arbeitsmöglichkeiten mehr vor. Er trat am 1. Oktober 1945 als Fischzuchtgehilfe in die Teich- und Fischwirtschaft Gräfinau (Ilm) ein, wo er bis zum 28. Februar 1950 auf allen Gebieten der Karpfen- und Forellenzucht sowie der Teichpflege praktisch arbeitete und seine Kenntnisse der Fischereiwirtschaft wesentlich weiterentwickelte.

Die inzwischen gegründete Fischereigenossenschaft Thüringen eGmbH in Weimar stellte ihn am 1. März 1950 als Fischereibiologen ein. Sie ermöglichte ihm den Aufbau eines fischereibiologischen Laboratoriums, gab ihm damit Gelegenheit zu wissenschaftlicher Arbeit auf limnologischem und abwasserbiologischem Gebiet in den von ihr als Rechtsträger unterhaltenen Fischereibetrieben, insbesondere in den Saaletalsperren, und übertrug ihm gutachterliche und beratende Tätigkeit. Diese recht fruchtbare Tätigkeit war allerdings nicht von Dauer. Der Fischgroßhandel Thüringen, der die wirtschaftliche Basis der Genossenschaft gewesen war, ging im Zuge der gesellschaftlichen Entwicklung in der DDR auf die neugegründeten volkseigenen Großhandelsorgane über. THEODOR SCHRÄDER bewarb sich daher um die Planstelle eines wissenschaftlichen Assistenten am Ernst-Haeckel-Haus der Friedrich-Schiller-Universität Jena, das ein „Laboratorium für Fischereibiologie" betreute. Er hoffte, an dieser Stelle seine in den letzten Jahren wieder aufgelebten wissenschaftlichen Arbeiten auf dem Gebiete der Hydro- und Fischereibiologie in enger Verbindung mit der fischereilichen Praxis fortsetzen zu können.

Am 1. August 1953 trat er als wissenschaftlicher Assistent in das Ernst-Haeckel-Haus ein. Der Wechsel zu einem Universitätsinstitut erwies sich als glücklich, auch wenn sich bald zeigte, daß die „Fischereibiologie" in dem von Prof. Dr. G. SCHNEIDER geleiteten, vorwiegend tierexperimentelle Forschungen betreibenden Institut auf die Dauer nicht ganz richtig angesiedelt war. Die noch als „genossenschaftlicher Fischereibiologe" begonnenen Untersuchungen in den Saaletalsperren konnten fortgeführt und enge Verbindungen zu anderen biologischen Universitätsinstituten geknüpft werden. Im Herbstsemester 1954 erhielt THEODOR SCHRÄDER durch den damaligen Ordinarius für Zoologie, Akademiemitglied Prof. Dr. M. GERSCH, einen Lehrauftrag der Fakultät zu Spezialvorlesungen auf dem Gebiet der Hydrobiologie. Die ersten Schüler stellten sich ein. Außerdem bot sich die Gelegenheit, den planmäßigen Weg der Habilitation zu beschreiten. Auf der Grundlage der Habilitationsschrift „Beiträge zur Limnologie und Abwasserbiologie der Saaletalsperren" (LV Nr. 38) verlieh ihm die Mathematisch-Naturwissenschaftliche Fakultät der Friedrich-Schiller-Universität Jena am 21. Mai 1958 den akademischen Grad eines Dr. rer. nat. habil. Diese Arbeit ist noch heute grundlegend für alle weiteren limnologischen Forschungen an Talsperren und bietet Ansätze für eine Steuerung der Wassergüte in künstlichen Staubecken.

Am 1. September 1958 erfolgte seine Ernennung zum Dozenten für Zoologie und hauptamtlichen Hochschullehrer am Zoologischen Institut. So konnte THEODOR SCHRÄDER nach 31 Jahren seine akademische Laufbahn „abschließen". Er war jetzt gerüstet und frei für die intensive Unterweisung der Studenten der Biologie, deren ökologisches Verständnis zu wecken er für seine vordringlichste Aufgabe ansah. Seine Vorlesungen und Übungen umfaßten die Themen „Binnengewässer als Lebensräume", „Nord- und Ostsee als Lebensräume", „Biologie der Süßwassertiere", „Spezielle Zoologie der Chordaten", „Spezielle Zoologie der Arthropoden", „Tierökologie", „Hydrobiologische Untersuchungsmethoden", „Biologische Wasseranalyse", „Tierbestimmungsübungen" und „Hydrobiologische Bestimmungsübungen".

Am 24. Oktober 1958 wurde er von der Sektion Biologie der Deutschen Akademie der Wissenschaften zu Berlin zu einem Vortrag über „Die Aufgaben der Biologie in der Wassergütewirtschaft" gebeten. Maßgebende Mitglieder der Akademie erkannten daraufhin die Notwendigkeit der Schaffung einer damals in der DDR fehlenden Einrichtung für die wissenschaftliche Grundlagenforschung auf dem Gebiete der Limnologie. Auf Antrag einer ad hoc-Kommission der Klasse für Chemie, Geologie und Biologie unter Vorsitz von Akademiemitglied Prof. Dr. K. MOTHES gründete die Forschungsgemeinschaft der Akademie mit Wirkung vom 1. Februar 1959 die Forschungsstelle für Limnologie der DAW mit dem Sitz in Jena und mit einer Außenstelle in Neuglobsow am Stechlinsee. Sie beauftragte THEODOR SCHRÄDER am 12. März 1959 mit der Leitung der Einrichtung. Mit Rücksicht auf die Interessen der Universität Jena, die ihm erst kurz vorher die Habilitation ermöglicht und seine Ernennung zum Dozenten betrieben hatte, übernahm er die neue Aufgabe zunächst nebenamtlich. Nachdem die Forschungsstelle etabliert und die Anzahl der Wissenschaftler auf 10 angewachsen war, schied THEODOR SCHRÄDER am 1. Januar 1961 aus seinem Anstellungsverhältnis bei der Universität aus und wurde hauptamtlich Direktor der Forschungsstelle und gleichzeitig Angestellter der Forschungsgemeinschaft der Akademie. Seine Lehrveranstaltungen an der Universität übte er nebenberuflich weiter aus.

Die erste wissenschaftliche Schwerpunktaufgabe betraf die limnologisch-ökologische „Bestandsaufnahme" im Stechlinseegebiet vor der zu erwartenden Änderung der thermischen Verhältnisse nach Inbetriebnahme des ersten Kernkraftwerkes der DDR. Angesichts der rund 400 km von Jena im nordbrandenburgisch-mecklenburgischen Seengebiet entfernt liegenden Arbeitsstätte und der erst zu schaffenden personellen und materiellen Voraussetzungen war es THEODOR SCHRÄDER von vornherein klar, daß diese gesellschaftlich bedeutsame und persönlich reizvolle Tätigkeit ihn wissenschaftlich-organisatorisch derart beanspruchen würde, daß an eine nennenswerte eigene wissenschaftliche Arbeit nicht mehr zu denken war. Er sah seine Hauptaufgabe in der Heranbildung eines Kollektivs fähiger Wissenschaftler, die den hohen Anforderungen und der großen Verantwortung eines Akademieinstituts gewachsen sein sollten. In den ersten fünf Jahren legten fast 100 Publikationen von ihm und seinen Mitarbeitern Zeugnis von den Fähigkeiten und der Einsatzbereitschaft ab, mit der sich unter seiner Leitung die neue Einrichtung den ihr gestellten Aufgaben widmete. Die rasche und fruchtbare wissenschaftliche Publikationstätigkeit führte ihn schließlich 1962 zur Herausgabe einer eigenen Schriftenreihe „*Limnologica*", von der inzwischen (1979) 11 umfang- und inhaltsreiche Bände vorliegen und die der Einrichtung weltweite Verbindungen und internationale Beachtung brachte.

THEODOR SCHRÄDER war Mitglied der Internationalen Vereinigung für theoretische und angewandte Limnologie, deren internationale Kongresse er regelmäßig besuchte. Hier gewann er unter den Fachkollegen durch sein Wissen, seinen regen Geist und humorvollen Charakter viele Freunde und wußte das internationale Ansehen der limnologischen Wissenschaft der DDR zu stärken. Studienreisen führten ihn in die UdSSR, VR Polen, ČSSR, VR Ungarn, Mongolische Volksrepublik, BRD, nach Österreich, Schweden und Finnland. Einen tiefen Eindruck hinterließen bei ihm der Besuch des Hydrobiologischen Instituts der Akademie der Wissenschaften der UdSSR in Borok und vor allem der Aufenthalt im Limnologischen Institut der Sibirischen Abteilung der Akademie der Wissenschaften der UdSSR in Listvjanka am Baikalsee, der mit einem Abstecher nach Ulan-Bator verbunden war. Es war schon immer sein Wunsch gewesen, einmal am Baikalsee, einem der klassischen Objekte der limnologischen Wissenschaft, arbeiten zu dürfen. 1968 konnte er ein paar junge Wissenschaftler dorthin führen und sie u. a. mit dem „Vater" der Baikalseelimnologie und Verfasser des berühmten Werkes „Biologija osera Bajkal", Akademiemitglied M. M. Kožov in Bolšie Koty bekanntmachen.

THEODOR SCHRÄDER war ein großzügiger Mensch, der stets eifrig bestrebt war, seinen Schülern und Mitarbeitern die Wege zur eigenen wissenschaftlichen Entfaltung zu ebnen und dafür entsprechende materielle Voraussetzungen zu schaffen.

Seine aktive Mitarbeit in leitender Position im Präsidium und in der Sektion Ökologie der Biologischen Gesellschaft der DDR trug wesentlich zur Belebung des wissenschaftlichen Lebens bei. Die Limnologen verlieren in dem Dahingegangenen einen bewährten und erfolgreichen Wissenschaftler, dessen umfangreiches Wissen, reger und humorvoller Geist und kameradschaftliches Wesen weithin bekannt und geschätzt waren.

S. JOST CASPER

Schriftenverzeichnis

(1) 1924: Über die Produktion von Licht im Tierreich. Mon.-Schr. Seeaquarien Meereskd. **1**, 12—17.

(2) 1927: Das Hypopygium „circumversum" von *Calliphora erythrocephala*. Ein Beitrag zur Kenntnis des Kopulationsapparates der Dipteren. — Z. Morphol. Ökol. Tiere **8**, 1—44 (Inaug.-Diss.).

(3) 1927: 16. Fischertag des Fischerei-Vereins für die Provinz Brandenburg. — Fischerei-Ztg. (Neudamm) **30** (31), 663—665.

(4) 1927: 17. Fischertag des Fischereivereins für die Provinz Brandenburg. — Fischerei-Ztg. (Neudamm **30** (42), 870—874.

(5) 1928: Die erste natürliche Nahrung ausgesetzter Bachforellenbrut. — Z. Fischerei **26** (1), 37—47.

(6) 1928: 18. Fischertag des Fischereivereins für die Provinz Brandenburg. — Fischerei-Ztg. (Neudamm) **31** (7), 129—131; (8) 149—151.

(7) 1928: Mitgliederversammlung des Brandenburgischen Fischerei-Vereins in Berlin. — Fischerei-Ztg. (Neudamm) **31**.

(8) 1928: Entladungsarbeiten mit Hilfe eines Netzes. — Mitt. Fischerei Brandenburg usw. **20** (19), 435—444.

(9) 1929: Über freies aktives Chlor im Wasser und seine Wirkung auf Fische und andere Wasserorganismen. II. Teil. Versuche mit Fischen und anderen Wasserorganismen in Teichen und Bassins. — Z. Fischerei **27** (4), 457—507. III. Teil (mit G. EBELING): Zusammenfassung der Versuchsergebnisse aus Teil I und Teil II. — Z. Fischerei **27** (4), 508—510.

(10) 1930: Fischerei und Industrie an der oberen Oder. II. 1. Die Untersuchung der oberschlesischen Oder am 2. und 3. Oktober 1928. A. Biologischer Teil. — Z. Fischerei **28** (2), 191—204.

(11) 1930: Über die Mißbildungen der Wirbelsäule bei Fischen, insbesondere über die Wellenkrümmung (Plekospondylie) beim Aal (*Anguilla vulgaris*). — Z. Fischerei **28** (4), 495 bis 543.

(12) 1931: Über fischereibiologische Untersuchungen an der mittleren Weser. — Mitt. Fischereiver. Westausgabe **1** (6 u. 7), 12 S.

(13) 1931: Mißbildungen der Wirbelsäule bei Fischen. — Mitt. Fischereiver., Ost-Ausgabe **35** (N.F. **23**) (23), 527—529.

(14) 1932: Über die Möglichkeit einer quantitativen Untersuchung der Boden- und Ufertierwelt fließender Gewässer, zugleich: Fischereibiologische Untersuchungen im Wesergebiet I. Z. Fischerei **30** (1), 105—125.

(15) 1933: Über die Beobachtung einer akuten Schädigung der Tierwelt eines Flusses nach frischer organischer Verunreinigung. — Mitt. Fischereiver. Westausgabe **3** (10), 5 S.

(16) 1933: Das Potoniésche Meßverfahren für treibende Abwasserpilze als quantitative Arbeitsmethode. — Z. Fischerei **31** (4), 567 bis 582.

(17) 1935: Jahresbericht und Bericht über die Lage der thüringischen Fischerei 1934/35. — Schr. Thüringer Landes-Fischereiver. **1**, 3—10.

(18) 1936: Jahresbericht und Bericht über die Lage der thüringischen Fischerei 1935/36. — Schr. Thüringer Landes-Fischereiver. **2**, 3—9.

(19) 1937: Jahresbericht und Bericht über die Lage der thüringischen Fischerei 1936. — Schr. Landes-Fischereiverb. Thüringen **3**, 3—8.

(20) 1938: Jahresbericht und Bericht über die Lage der thüringischen Fischerei 1937. — Schr. Landes-Fischereiverb. Thüringen **4**, 3—10.

(21) 1938: Merkblatt für die thüringische Fischerei und Fischzucht. — Weimar, 31 S.

(22) 1941: Jahresbericht und Bericht über die Lage der thüringischen Fischerei 1938 und 1939. — Schr. Landes-Fischereiverb. Thüringen **7**, 3—12.

(23) 1941: Fischereibiologische Untersuchungen im Wesergebiet II. Hydrographie, Biologie und Fischerei der Unter- und Außenweser. — Z. Fischerei **39** (4), 527—693.

(24) 1953: Vom Wiederaufbau der Forellenzucht Thüringens. — Fischen u. Angeln A **5** (2), 28—30; (3), 54—56.

(25) 1954: Ausbreitung und Schichtung der Sulfitablaugen in der Bleilochsperre und Bilanz der Selbstreinigung des Stausees im Jahre 1951. — Wasserwirtschaft - Wassertechnik **4** (1), 7—13; (2), 57—64.

(26) 1955: Die heutige Lage der Saaletalsperren-Fischerei. — Mitt. Fischwirtschaftsgen. Thüringen **10**, 31—36.

(27) 1955: Die Auswirkung der organischen Belastung der Saaletalsperren nach dem extrem niederschlagsarmen Winter 1953/54. — Arch. Hydrobiol., Suppl. **22**, 524—529.

(28) 1955: Die Verunreinigung unserer Gewässer. — Urania-Universum **1**, 519—527.

(29) 1956: Talsperren. — Urania **19** (2), 57—65.

(30) 1955/1956: Die Auswirkung fäulnisfähiger Abwässer in stehenden Gewässern am Beispiel der Saaletalsperren. — Wiss. Z. Univ. Jena, Math.-Nat. **5** (1/2), 121—129.

(31) 1956: Die Saaletalsperren. Wasserwirtschaftliche Bedeutung und limnologische Verhältnisse. — Thüringer Heimat **1** (2), 98—113.

(32) 1956: Polyvinylalkohol-Lactophenol-Gemisch als Einbettungsmittel für Zooplankter und insbesondere als Hilfsmittel für eine einfache Herrichtung von Copepoden zur Bestimmung. — Gewässer u. Abwässer (Düsseldorf) **14**, 52—56.

(33) 1957: Von Thüringens Fischerei und Fischzucht. — Thüringer Heimat **2** (2), 75—86.

(34) 1957: Der heutige Stand der Behandlung und Heilung kranker Fische. — Urania **20** (8), 320—321.

(35) 1957: Redaktion und weitgehende Übersetzung aus dem Russischen der deutschen Ausgabe: G. NIKOLSKI: Spezielle Fischkunde. Berlin, XII + 632 S.

(36) 1958: Chemische und biologische Auswirkungen von Sulfitablaugen in den Großtalsperren an der oberen Saale (Thüringen). — Verh. internat. Ver. Limnol. **13** (Helsinki), 491 bis 506.

(37) 1958: Thermische Verhältnisse in Talsperren. — Gewässer u. Abwässer (Düsseldorf) **21**, 68—88.

(38) 1958: Beiträge zur Limnologie und Abwasserbiologie der Saaletalsperren. — Manuskr. (Hab.-Schr. Jena), IV + 366 S.

(39) 1959: Die Aufgaben der Biologie in der Wassergütewirtschaft. — Mber. dtsch. Akad. Wiss. Berlin **1**, 188—194.

(40) 1959: Zur Limnologie und Abwasserbiologie von Talsperren. Obere Saale (Thüringen). — Internat. Revue ges. Hydrobiol. **44** (4), 485 bis 619.

(41) 1962: Verunreinigung von Staugewässern. — Wasser und Abwasser (Wien) **1961**, 153—169.

(42) 1962: Limnologie — Die Wasserwirtschaft von den Binnengewässern. — Natur u. Heimat **11** (5), 258—262.

(43) 1962: Die Forschungsstelle für Limnologie der Deutschen Akademie der Wissenschaften zu Berlin. — *Limnologica* (Berlin) **1**, (1), 1—20.

(44) 1963: Pracoviště pro základní limnologický výzkum v NDR. — Vodní hospodářství (Praha) **13** (7), 255—257.

(45) 1964: Tätigkeitsbericht 1962 der Forschungsstelle für Limnologie. — *Limnologica* (Berlin) **2** (1), 1—8.

(46) 1964: Fische als Indikatoren der Wasserbeschaffenheit. — Wiss. Z. Univ. Leipzig, Math.-Nat. **13** (1), 37—43.

(47) 1964: Sektion Hydrobiologie der Biologischen Gesellschaft in der DDR. Konstitution und Vortragstagung am 3. Okt. 1963 in Dresden. — *Limnologica* (Berlin) **2** (3), 381—387.

(48) 1964: Tätigkeitsbericht 1963 der Forschungsstelle für Limnologie. — *Limnologica* (Berlin) **2** (4), 397—405.

(49) 1964: (mit D. KÜHLMANN): Kolloquium der Arbeitsgemeinschaft für Unterwasserforschung, Fachgebiet Biologie, der Deutschen Akademie der Wissenschaften zu Berlin. — *Limnologica* (Berlin) **2** (4), 539—541.

(50) 1965: Tätigkeitsbericht 1964 der Forschungsstelle für Limnologie. — *Limnologica* (Berlin) **3** (3), 245—255.

(51) 1965: Das Sediment des Stechlinsees. Kurzes Vorwort zu einer Diskussion. — *Limnologica* (Berlin) **3** (3), 367—369.

(52) 1966: Tätigkeitsbericht 1965 der Forschungsstelle für Limnologie. — *Limnologica* (Berlin) **4** (3), 451—462.

(53) 1967: Tätigkeitsbericht 1966 der Forschungsstelle für Limnologie. — *Limnologica* (Berlin) **5** (3), 283—297.

(54) 1968: Sektion Hydrobiologie der Biologischen Gesellschaft in der DDR. Veranstaltungen vom 4. bis 6. Oktober 1967 in Karl-Marx-Stadt. — *Limnologica* (Berlin) **6** (1), 203—216.

(55) 1971: (m. D. UHLMANN): ARNOLD WETZEL zum 80. Geburtstag am 24. April 1970. — *Limnologica* (Berlin) **8** (1), 251—252.

(56) 1971: (m. W. v. TÜMPLING): Sektion Ökologie der Biologischen Gesellschaft in der DDR. Veranstaltungen vom 30. September bis 2. Oktober 1969 in Rostock. — *Limnologica* (Berlin) **8** (2), 527—548.

Limnologica (Berlin) **12** (1), 7—13, Februar 1980

PETER BLOMQVIST & BIRGER PEJLER

Experiments on phototaxis in limnic zooplankters

With one Figure and 2 Tables

Abstract

A simple new device for studying phototactic responses of zooplankters is introduced. Pronounced, positive responses to light were found in the adults and copepodids of *Eudiaptomus graciloides* and *E. gracilis*, as well as, to a lesser extent, in most cladocerans. The nauplii of both calanoid and cyclopoid copepods evidently preferred the dark sections.

1. Introduction

Reaction to light is of primary importance when trying to interpret the vertical distribution and migration of zooplankters. The experimental approach is, however, applied relatively rarely, if the extensive work on the pond-living species *Daphnia magna* STRAUS and *D. pulex* DE GEER is excluded (see HUTCHINSON 1967, pp. 761—774, for references). Only a few species outside the genus *Daphnia* have been the objects of such experiments. The methods used are often quite sophisticated, aiming at solving advanced physiological and ethological problems, but still not quantitative in the proper sense. This made it tempting to try a new, simple method in order to compare the phototactic responses of different eulimnoplanktic animals. As the reactions to light are very complicated (see, e. g. HUTCHINSON op. cit., pp. 757—779), it is desirable to get a much larger collection of material than reported here, involving a great number of combinations (concerning different temperatures, light intensities, time for adaptation and for exposure etc.). This was not possible in this context, thus the paper is to be considered preliminary, intended primarily to describe the method and its possible application.

A linguistic revision of the manuscript was made by Mrs. BARBARA BRAMMER.

2. Material and methods

Net samples from two lakes in Central Sweden, L. Erken and L. Mälaren (Lårstaviken), were utilized for the experiments.

Nets with two different mesh sizes (60 µm and 250 µm) were employed and the samples were mixed in order to obtain a reasonable amount of all the frequent species occurring in the respective lakes. However, as the larger zooplankters can be suspected to influence the movements of the smaller ones, the proportions between the coarse-meshed and fine-meshed samples were made much different, so that the larger zooplankters play a much more dominant role in the material from L. Erken than in that from L. Mälaren (see further p. 12).

The samples were taken at the greatest depth of L. Erken on July 28, 1975, and in the central part of the bay Lårstaviken on July 30, 1975, in both cases at about 10 a. m. The samples were collected vertically, down to the vicinity of the bottom.

The experimental device is pictured in Fig. 1. It consists of a parallelepipedic vessel made of plexiglass, which can be divided into two separate halves by a plexiglass-plate that fits into grooves on the walls and the bottom of the vessel. By filling both halves with water and adding methylene blue to one of the halves it was shown that the tightness was quite satisfactory for the experiments concerned.

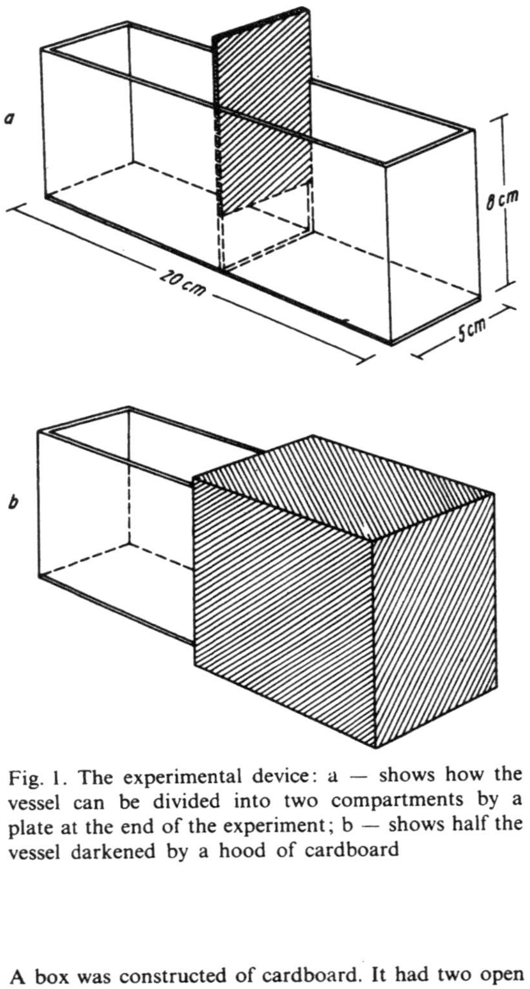

Fig. 1. The experimental device: a — shows how the vessel can be divided into two compartments by a plate at the end of the experiment; b — shows half the vessel darkened by a hood of cardboard

A box was constructed of cardboard. It had two open sides and could cover tightly one half of the glass vessel. It was covered with aluminium foil and thus efficiently shut out the light. The light used for the experiments derived from two 40 watt fluorescent light tubes (Luma DAG U6). They were placed 0,3 m above the experimental vessels. The intensity and composition of the light was roughly the same as daylight in the middle of a cloudy summer day.

After having been brought to the laboratory, the samples were kept in a dark thermostatic room at 20 °C for one hour. They were then homogenized and evenly distributed among six separate vessels, which were thus about half filled. Four of the vessels were kept in the mentioned room at 20 °C, the other two in a similar room with 10 °C.

Before starting the experiment (utilizing the darkening box) the animals were given some time to adapt in the vessels; i. e. in the proper illumination and temperature (a quarter of an hour for the Erken-material, one hour for that deriving from L. Mälaren). However, the time was shown in both cases to be too short as far as the 10°-vessels are concerned, as the temperature in these was slowly decreasing during the whole time of the experiment and thus was not constant (roughly averaging +15 °C). On the other hand, the temperature was constantly +20 °C all the time in the vessels of the warmer thermoconstant room.

The experiment was started by covering half the vessel with the mentioned dark box (see Fig. 1b), the other half thus being illuminated in the same way as before. After a definite time, 0.5, 1 or 2 hours (see the tables), the glass-plate (see Fig. 1a) was pushed down and the illuminated and the non-illuminated material were then poured into separate bottles and fixed with IIK. The material proved to be so rich that every fixed sample had to be divided into four subsamples, using a Folsom plankton sample splitter (McEWEN et al. 1954). The material from L. Mälaren which was exposed for 2 hours at 20 °C, constitutes an exception. It was counted in extenso and the values then divided by 4 in order to get comparative figures. Every subsample was then counted by aid of an inverted microscope in the way ordinarily done for quantitative plankton samples.

It was impossible to distinguish between different species of the genus *Cyclops* s. str., and between the separate smaller cyclopoid species in the countings. The overwhelming majority consisted of copepodids, and the scattered adult individuals were mostly impossible to identify, as a preparation cannot be done when using an inverted microscope. Of the genus *Cyclops* s. str. *C. strenuus* FISCHER is the most important planktic species in L. Erken (NAUWERCK 1963). Probably the same is the case in L. Mälaren, though several other species are also reported (GRÖNBERG 1973, 1975). *Mesocyclops leuckarti* (CLAUS) and *Thermocyclops oithonoides* (SARS) occurred in both lakes (op. cit.), the former species strongly dominating, at least in L. Erken. Some species which occurred in very low numbers were excluded from the tables: *Asplanchna priodonta* GOSSE, *Trichocerca birostris* (MINKIEWICZ), *Synchaeta* sp., *Daphnia galeata* SARS, *Chydorus sphaericus* MÜLL., and *Bythotrephes longimanus* LEYDIG in L. Erken; *Trichocerca pusilla* (JENNINGS), *Synchaeta* sp., *Daphnia galeata*, *Leptodora kindti* (FOCKE), *Eurytemora lacustris* (POPPE), and *Heterocope appendiculata* SARS in L. Mälaren.

3. Results and discussion

The results of the countings are reported in Tab. 1 and 2. The corresponding values, i.e. the values from the light and dark halves of the same vessel, are found in corresponding places in the tables. It is evident from the tables that two parallel vessels were exposed to each temperature — time combination. Yet there is too little material to permit a statistical treatment. Even if all illuminated sections are compared with all dark ones, such an analysis has shown to be meaningless. In order to survey the material we have chosen instead to mark in italics all those cases where more than twice as many individuals were found in one of the two sections of the same vessel. However, this was made only when ten or more individuals were found in at least one of the sections.

The distribution found at the end of the experiments is not understood as easily as might perhaps be expected, which is explainable by the many types of interactions found between different environmental factors (see HUTCHINSON, op. cit., etc.), including intra- and interspecific influences (cf. STRICKLER 1975). Yet it is quite evident that the adults and copepodids of both *Eudiaptomus* species concerned in all cases gathered to the illuminated part of the vessels. This is consistent with the results of KIKUCHI (1938). The only copepod he studied, viz. *Acanthodiaptomus pacificus yamanacensis* (BREHM), was found to be positively phototactic more consistently than any other species investigated, as long as the temperature was kept constant. (KIKUCHI also studied some cladocerans.) No difference between the sexes was found, corresponding to what was stated for *E. gracilis* at 6 p.m. in

Table 1. Number of animals in the illuminated and dark halves of the vessel at the end of the experiment, Material from L. Erken

	Light						Darkness					
	15 °C		20 °C				15 °C		20 °C			
	2 h.		1 h.		2 h.		2 h.		1 h.		2 h.	
Keratella cochlearis (GOSSE), f. *typica*	11	12	21	16	30	25	*28*	*36*	39	*53*	45	32
Keratella quadrata (MÜLL.)	*13*	4	2	3	17	2	6	*10*	*13*	*13*	30	*13*
Kellicottia longispina (KELLICOTT)	11	9	3	7	6	10	11	*18*	*20*	*19*	*22*	18
Ascomorpha saltans BARTSCH	*28*	29	9	24	29	21	14	30	*43*	42	18	*44*
Polyarthra vulgaris (CARLIN)	26	33	8	23	15	32	21	35	*37*	43	26	47
Pompholyx sulcata HUDSON	13	13	28	54	*72*	50	*50*	*71*	*67*	84	8	60
Conochilus unicornis ROUSSELET	*80*	*168*	108	*145*	88	*189*	19	49	102	32	47	66
Diaphanosoma brachyurum (LIEVEN)	*935*	*808*	854	861	652	633	328	338	622	438	423	325
Daphnia cristata SARS	*23*	19	*48*	*28*	*70*	*26*	11	14	13	13	7	11
Daphnia cucullata SARS	81	*52*	101	*120*	*70*	71	49	20	67	41	32	38
Ceriodaphnia quadrangula (MÜLL.)	*87*	*104*	*165*	172	*193*	98	27	24	73	98	34	69
Bosmina coregoni BAIRD	6	4	9	7	9	5	2	1	3	2	1	2
Leptodora kindti (FOCKE)	2	0	*10*	3	0	2	0	0	0	0	0	1
Eudiaptomus graciloides (LILLJ.) ♂	*119*	*49*	*200*	*136*	*107*	*96*	6	6	30	14	7	8
Eudiaptomus graciloides (LILLJ.) ♀	*68*	*46*	*186*	*112*	*131*	*92*	15	9	41	21	10	5
Eudiaptomus graciloides copepodids	*668*	*425*	*1199*	*678*	*655*	*546*	74	44	233	178	71	63
Eurytemora velox LILLJ. ♂	6	2	12	6	9	6	7	3	7	3	8	5
Eurytemora velox LILLJ. ♀	8	5	15	5	*14*	13	7	5	13	*12*	4	9
Eurytemora velox copepodids	*10*	7	17	19	6	7	5	6	11	13	9	8
Calanoida, nauplii	100	62	31	18	35	41	57	69	*125*	*97*	*73*	*84*
Cyclops s. str., adults + copepodids	4	6	5	1	8	7	7	4	7	2	*21*	6
Mesocyclops + *Thermocyclops*, ad. + cop.	560	494	477	522	422	421	450	495	747	609	411	430
Cyclopoida, nauplii	446	241	103	166	165	186	277	*658*	*689*	*795*	*560*	*692*

Table 2. Values corresponding to those in Tab. 1 but based on material from L. Mälaren

	Light						Darkness					
	15 °C		20 °C				15 °C		20 °C			
	2 h.		0.5 h.		2 h.		2 h.		0.5 h.		2 h.	
Keratella cochlearis (GOSSE), f. *typica*	*293*	*259*	120	113	*237*	168	30	25	*261*	*250*	90	130
Keratella cochlearis (GOSSE), f. *tecta*	106	83	35	56	78	53	61	45	*114*	89	84	80
Keratella quadrata (MÜLL.)	*44*	*39*	26	21	39	23	7	7	31	22	25	35
Kellicottia longispina (KELLICOTT)	37	39	31	13	30	25	62	44	*75*	*83*	*66*	*80*
Polyarthra vulgaris (CARLIN)	20	13	17	24	20	21	16	14	18	15	13	29
Polyarthra major (BURCKHARDT)	19	11	18	12	17	9	14	17	13	20	13	17
Pompholyx sulcata HUDSON	99	72	42	43	98	63	66	76	*106*	*91*	68	78
Conochilus unicornis ROUSSELET	2	0	1	8	1	6	0	0	3	0	6	3
Diaphanosoma brachyurum (LIEVEN)	*15*	16	8	7	*23*	*12*	7	11	7	4	3	3
Daphnia cristata SARS	*87*	84	*123*	*66*	*181*	*91*	10	43	30	18	17	27
Daphnia cucullata SARS	*221*	*192*	172	*149*	*202*	*169*	56	68	111	54	26	34
Bosmina coregoni BAIRD	0	4	3	2	4	2	2	2	6	0	0	1
Chydorus sphaericus MÜLL.	*51*	*47*	34	*24*	*29*	*31*	0	6	21	12	2	5
Eudiaptomus gracilis (SARS) ♂	7	4	*17*	5	6	7	2	3	0	0	0	1
Eudiaptomus gracilis (SARS) ♀	2	3	5	3	8	5	1	3	1	1	2	2
Eudiaptomus gracilis copepodids	*14*	8	*16*	*10*	*15*	*10*	0	2	4	5	0	3
Calanoida, nauplii	*46*	*25*	23	15	18	17	4	3	28	*35*	10	18
Cyclops s. str., adults + copepodids	14	24	11	4	3	6	10	22	7	2	1	6
Mesocyclops + *Thermocyclops*, ad. + cop.	*554*	*892*	465	251	*599*	487	226	274	612	251	234	282
Cyclopoida, nauplii	*28*	21	20	22	17	17	13	21	*59*	*87*	*51*	*54*

L. Lunzer Untersee by SIEBECK (1960) and at 11 p.m. in L. Schluchsee by SCHRÖDER (1959). Also, some of the cladocerans, especially the genera *Daphnia*, *Ceriodaphnia*, and *Chydorus*, show a very clear tendency to being attracted towards light. According to the previous literature the situation is, however, very complicated, different light intensities and wavelengths acting differently, a long exposition reversing positive to negative phototaxis, geotaxis being interacting, different stages reacting differently etc., see the papers referred to in HUTCHINSON (1967) and, in addition, VIAUD (1951).

For the cyclopoid copepods the situation is quite different. The adults and copepodids seemed in this experiment to be rather indifferent to light stimuli. (A reservation has to be made for the two genera *Mesocyclops* and *Thermocyclops*, which are here counted together but can be conceived to behave differently.) On the other hand, their nauplii show mostly higher numbers in the dark than in the light halves of the vessels, as is the case also for the calanoid nauplii.

Although no reactions to light could be stated in our experiments, as far as adults and copepodids of Cyclopoida are concerned, we do not maintain, of course, that such reactions cannot exist. On the contrary, vertical migration has been found in some lakes (HUTCHINSON, op. cit., pp. 726—753), indicating that these copepods are not absolutely neutral to light. Furthermore, STRICKLER (1969) got experimental evidence for adult *Cyclops* males that a decrease in light intensity led, after a temporary sinking of the animals for 3—5 minutes, to an upward movement. His experiments were performed on *C. abyssorum praealpinus* (KIEFER) and *C. vicinus lobosus* (KIEFER). Anyhow, such a pronounced and steadily occurring positive phototaxis as has been found in diaptomids, has evidently no correspondence in any cyclopoid copepod.

It could be tempting to speculate on the ultimate reasons for the strong differences in phototactic responses found between the adults and copepodids of *Eudiaptomus* and those of cyclopoids. The former are filtrators, feeding on small phytoplankters and other small particles (LOWNDES 1935, FRYER 1954, NAUWERCK 1963). According to NAUWERCK (1959) they are especially active in feeding when illuminated, and a positively phototactic behaviour should be a way of finding and remaining in the trophogenic layer during the time of the day when photosynthesis is going on. On the other hand, the cyclopoid copepods concerned are, according to FRYER (1957), mainly carnivorous (at least *Cyclops strenuus* and *Mesocyclops leuckarti*, the latter dominating among the smaller cyclopoids now studied; for *Thermocyclops oithonoides* no information seems to exist in the literature). Like other predators these cyclopoids can be suspected to feed mostly on dead or dying animals, which accumulate towards the bottom of the lake. The overwhelming majority of cyclopoid species are in fact benthic. Even the planktic species *C. strenuus* was found by MILBRINK (1969) in much larger numbers in the sediments than in the open water above the mud surface. According to op. cit., p. 138, the specimens in the mud „seemed very agile. They were not in ‚deep' diapause, anyhow". ELGMORK (1959, p. 156) found for pond populations of *C. strenuus* that „the animals occasionally are present in open water only during the darkness of night and are hidden in the bottom mud during daytime". Finally, it ought to be stated that at least some cyclopoids seem to be more tolerant of oxygen deficit (and/or conditions related to this) than most (or all) other zooplankters (see PEJLER 1961, p. 233 and Fig. 41).

Although the material of *Eurytemora velox* is smaller than that of the copepods just discussed, this species is evidently not as attracted towards light as *Eudiaptomus*, its distribution resembling that of cyclopoid adults and copepodids. According to LOWNDES (1935) it is largely a filter feeder but is also capable of a raptorial behaviour, thus apparently being intermediate in this respect between *Eudiaptomus* and the cyclopoids. In his study of microstratification in L. Mälaren MILBRINK (op. cit.) found the related species *E. lacustris* to be abundant in the mud (on Sept. 9), or its close vicinity (Sept. 27). This was in agreement with the conditions found for most cyclopoids but in contrast to those of the other calanoid copepods concerned (*Eudiaptomus graciloides*, *Limnocalanus macrurus* SARS).

Concerning the feeding of calanoid or cyclopoid nauplii no systematic study seems to have been made.

From the tables it can be seen that no really clear-cut differences pertinent to different exposure time can be found. (A question-mark ought to be put for *Keratella cochlearis* and *Chydorus sphaericus* in L. Mälaren.) As regards the crustaceans this is not surprising, considering the high velocity of their movements stated in the laboratory (see the compilation by HUTCHINSON 1967, pp. 755—757, and STRICKLER 1969, pp. 160—161). Concerning the rotifers no such measurements have been made, but GEORGE & FERNANDO (1970) estimated from field studies in Sunfish Lake, Ontario, the velocity to vary between 0.05 and 0.1 mm/sec for *Keratella quadrata* and *Polyarthra vulgaris*. If this velocity occurs in our experiments, 0.5 hours are not enough for passing the whole length, nor half the length of the vessel, but 2 hours should be more than enough.

On the other hand, there are, in some cases, striking differences between the distribution at 15° and the corresponding one at 20 °C. Especial attention ought to be drawn to the conditions of the following forms from L. Mälaren (Tab. 2): *Keratella cochlearis*, *K. quadrata* and calanoid nauplii. Here an attraction towards light is quite evident at 15 °C (about ten times more individuals in the illuminated than in the dark section for both *K. cochlearis typica* and the calanoid nauplii), while at 20 °C the animals are more equally divided into the two halves of the vessel. The cyclopoid nauplii are rather uniformly distributed at 15 °C but more frequent in the dark sections at 20 °C. The same tendency, though not as pronounced, can possibly be traced in *Kellicottia longispina*. (It ought here to be remembered that the temperature in the 15°-vessels was slowly decreasing, while that in the 20°-vessels was constant all the time. It is impossible to decide if the differences found at 15 °C depend on the lower temperature as such, or on the change to a lower temperature.)

Thus, in all these cases light seems to be more preferable or tolerable at a lower than at a higher temperature, or when the temperature drops. Such a phenomenon was, in fact, stated as early as 1893 by LOEB, and according to HUTCHINSON (op. cit., p. 760): „LOEB and most subsequent workers have found that raising the temperature accentuates negative and reverses positive phototaxis, whereas lowering the temperature has the reverse effect". An advantage of this behaviour may be suspected, as adverse conditions (high content of carbon dioxide etc.) often are adherent to low temperature (near the bottom in ice-covered lakes, in the hypolimnion during summer stagnation). A positively phototactic behaviour then helps the animals to find the upper water layers where the environment is usually more tolerable.

It ought to be stressed that the mentioned differences were not found at all (for the rotifers) or not to the same extent (for the nauplii) in the experiments based on the Erken zooplankton (Tab. 1). The probable explanation is that large crustaceans dominated much more in the latter material and thus by causing microcurrents and in other ways counteracted the migration of the smaller animals, notably the rotifers. This is suspected to be an important source of error, which makes the results less reliable for the smaller forms. It ought to be mentioned that VIAUD (1943) has stated positive phototaxis in *Polyarthra vulgaris*, which species seemed in the present study to be indifferent to light. (VIAUD used the collective name „*P. trigla* EHRBG.", but his drawing makes it probable that *P. vulgaris* was concerned.)

In order to avoid this source of error pure cultures of single species should be used. Such material was not available when the experiments were performed, but perhaps it will form the base of future investigations, as cultivation of several zooplankters is proceeding successfully in our laboratory. Even when working with such pure cultures, the concentration of animals has to be considered, as also individuals of the same species can, of course, be conceived to prevent the movements of each other.

Finally, it may be asked how far these experimental results are consistent with the vertical distribution found in nature. The answer is that the agreement is far from complete. Thus *Diaphanosoma brachyurum* is known more than the other crustaceans to concentrate in the upper layers (see SCHRÖDER 1959 and WORTHINGTON 1931), but seems according to our experiments to be only weakly attracted to light, compared to most other cladocerans. On the other hand, *Ceriodaphnia quadrangula* is in our experiments very clearly attracted by light, though it occurs in L. Erken mainly in the deeper layers (NAUWERCK 1963, DOTTNE-LINDGREN 1973). The distribution in the lake surely depends not only on light but on many other factors as well.

To the extensive and often speculative discussion on vertical migration (summarized by HUTCHINSON 1967, pp. 725—788) we have no contribution to add based on our material.

4. Summary

1. A simple new device for studying phototactic responses of zooplankters is introduced.
2. The apparatus was tested by using plankton from L. Erken and L. Mälaren, Central Sweden. It showed itself to be quite applicable for the intended purpose, but the arrangement used (with mixed plankton samples) seems less reliable for the smaller zooplankters, especially the rotifers, for which pure cultures are recommended for the experiments. (Such were not, however, available for the present study).
3. Pronounced, positive responses to light were found in the adults and copepodids of *Eudiaptomus graciloides* and *E. gracilis*, as well as, to a lesser extent, in most cladocerans. The adults and copepodids of cyclopoid copepods and those of *Eurytemora velox* seem to be rather indifferent, while the nauplii of both calanoid and cyclopoid copepods evidently preferred the dark sections.
4. For most animals there were no clear differences in final distribution which could be considered dependent on the time of exposure (0.5, 1, and 2 hours).
5. The nauplii and some rotifers seemed to be more attracted to light at lower than at higher temperature (or by lowering the temperature), or were encountered in the dark sections more at higher temperature.
6. The phototactic responses are suggested to help the animals in finding the water layers where their favourite food luxuriates, as well as in avoiding adverse conditions. At a lower temperature the latter are, for many zooplankters, more likely to exist near the bottom (cf. point 5).

5. References

DOTTNE-LINDGREN, Å., 1973: Quantitative studies of zooplankton in Lake Erken. — Scripta limnol. upsal. **327**. 29 pp.

ELGMORK, K., 1959: Seasonal occurrence of *Cyclops strenuus strenuus*, in relation to environment in small water bodies in southern Norway. — Folia limnol. scand. **11**, 196 pp.

FRYER, G., 1954: Contributions to our knowledge of the biology and systematics of the freshwater Copepoda. — Schweiz. Z. Hydrol. **16**, 64—77.

— 1957: The food of some freshwater cyclopoid copepods and its ecological significance. — J. Anim. Ecol. **26**, 263—286.

GEORGE, M. G., & C. H. FERNANDO, 1970: Diurnal migration in three species of rotifers in Sunfish Lake, Ontario. — Limnol. & Oceanogr. **15**, 218—223.

GRÖNBERG, B., 1973: Djurplanktonundersökningar i Ekoln (Mälaren) 1967—1969. — Medd. NLU 54. 36 pp. [Swedish, with English summary].

— 1975: Djurplanktonundersökningar i Mälaren — en sammanställning. — NLU Inform. **3**. 28 pp. [Swedish only].

HUTCHINSON, G. E., 1967: A treatise on limnology. Vol. II. — Wiley & Sons, New York etc. 1115 pp.

KIKUCHI, K., 1938: Studies on the vertical distribution of the plankton Crustacea. II. — Rec. oceanogr. Works, Japan **10**, 17—41.

LOEB, J., 1893: Über die künstliche Umwandlung positiv heliotropischer Tiere in negativ heliotropische und umgekehrt. — Pflügers Arch. ges. Physiol. **54**, 81—107.

LOWNDES, A. G., 1935: The swimming and feeding of certain calanoid copepods. — Proc. zool. Soc. Lond. 1935, 687—715.

MCEWEN, G. F., M. W. JOHNSON, & T. R. FOLSOM, 1954: A statistical analysis of the performance of the Folsom plankton sample splitter, based upon test observations. — Arch. Meteor. Geophys. Bioklim. **7**, 502—527.

MILBRINK, G., 1969: Microgradients at the mud-water interface. — Rep. Inst. Freshw. Res. Drottningholm **49**, 129—148.

NAUWERCK, A., 1959: Zur Bestimmung der Filtrierrate limnischer Planktontiere. — Arch. Hydrobiol., Suppl. **25** (Falkau-Schr. **4**), 83—101.

— 1963: Die Beziehungen zwischen Zooplankton und Phytoplankton im See Erken. — Symb. bot. upsal. **17**, Nr. 5. 163 pp.

PEJLER, B., 1961: The zooplankton of Ösbysjön, Djursholm I. Seasonal and vertical distribution of species. — Oikos **12**, 225—248.

SCHRÖDER, R., 1959: Die Vertikalwanderungen des Crustaceenplanktons der Seen des südlichen Schwarzwaldes. — Arch. Hydrobiol., Suppl. **25**, 1—43.

SIEBECK, O., 1960: Untersuchungen über die Vertikalwanderung planktischer Crustaceen unter besonderer Berücksichtigung der Strahlungsverhältnisse. — Internat. Rev. ges. Hydrobiol. **45**, 381—454.

STRICKLER, J. R., 1969: Über das Schwimmverhalten von Cyclopoiden bei Verminderungen der Bestrahlungsstärke. — Schweiz. Z. Hydrol. **31**, 150—180.

— 1975: Intra- and interspecific information flow among planktonic copepods: Receptors. — Verh. internat. Ver. Limnol. **19**, 2951—2958.

VIAUD, G., 1943: Recherches expérimentales sur le phototropisme des Rotifères. II. — Bull. biol. France Belg. **77**, 68—93.

— 1951: Le phototropisme chez les Cladocères, les Rotifères et les Planaires. — Année biol. **27**, 365—378

WORTHINGTON, E. B., 1931: Vertical movements of fresh-water macroplankton. — Internat. Rev. ges. Hydrobiol. **25**, 394—436.

Received February 1, 1977.

Address of the authors:

Fil. kand. PETER BLOMQVIST
Prof. Dr. BIRGER PEJLER
Uppsala Universitet
Limnologiska Institutionen
Box 557
S-751 22 Uppsala 1
Sverige

Limnologica (Berlin) **12** (1), 15—22, Februar 1980

GÁBOR UHERKOVICH

Die wichtigsten Züge der quantitativen und qualitativen Zusammensetzung des Potamophytoplanktons der Drau (Dráva) in Ungarn

Mit 4 Abbildungen

Inhalt

1. Einleitung

Die Drau (Dráva) ist mit einer Länge von 695 km und einem Einzugsgebiet von 40 500 km^2 einer der größten Flüsse Mitteleuropas. Von ihrem Einzugsgebiet entfallen 6380 km^2 auf ungarischen Boden, dagegen ist sie in einer Länge von 157 km Grenzfluß Ungarns. Die Drau ist nach der Donau der wasserreichste Fluß Ungarns (MQ 500—600 m^3/s, NQ 220 bis 300 m^3/s, HQ 1100—1800 m^3/s). Ihre durchschnittliche Wasserführung übertrifft die der Theiß (Tisza), welche länger ist und ein größeres Einzugsgebiet besitzt. Die Drau hat bis zu ihrer Mündung in die Donau eine weit höhere Fließgeschwindigkeit als die übrigen größeren Flüsse des Karpatenbeckens.

Da die Drau wegen der topographischen Gegebenheiten nur in sehr beschränktem Maße für die Bewässerung ungarischer landwirtschaftlicher Gebiete in Betracht kommt und weil sie ihr Bett ziemlich intensiv ändert (relativ hoher Schwemmstoffgehalt und große Fließgeschwindigkeit), so bedeutet der Fluß bisher eher eine Belastung als einen Nutzen für die ungarische Wasserwirtschaft.

In den letzten Jahren nahm die potentielle Bedeutung der Drau in der ungarischen Wasserwirtschaft zu, vor allem als Wasserversorger einiger an ihrem Ufer zu errichtender Industrieanlagen. Auch als Vorfluter wird die Drau allmählich wichtiger. In dieser Beziehung ist ihre Abwasserbelastung durch die Mur (Mura), den wichtigsten Vorfluter des steiermärkischen Industriegebiets und durch einige kleinere, aber verhältnismäßig stärker belastete Nebengewässer aus Ungarn hervorzuheben. Ferner wird auch ihre Bedeutung in der vorhandenen (z. B. Osiek in Jugoslawien) und in der geplanten Wasserversorgung von einigen Siedlungen immer größer. Aus alldem folgt, daß eine eingehende und abgestufte Untersuchung der Wassergüte des Flusses und darüber hinaus der limnologischen Verhältnisse im allgemeinen bereits vor mehreren Jahren fällig wurde.

Eine regelmäßige chemische und routinemäßige saprobiologische Kontrolle der ungarischen Flußstrecken der Drau erfolgt seit mehreren Jahren durch das Laboratorium für Wassergütekontrolle (Direktion für Wasserwesen) zu Pécs. Um den hydrochemischen Hintergrund der limnologischen Situation in der ungarischen Draustrecke anzudeuten, seien hier folgende Daten aufgezählt: Die O_2-Zehrung ($KMnO_4$-Verbrauch) ist unterhalb der Murmündung am größten (12—36 mg/l) und nimmt bis zu der Stelle, wo der Fluß Ungarn verläßt, allmählich ab (6—19 mg/l). Dasselbe gilt für die BSB_5-Werte (4,4—7,7 mg/l bzw. 3—6,8 mg je l) und den NH_4^+-Gehalt (0,45—0,9 mg/l bzw. 0,25—0,65 mg/l). Es sei hier darauf hingewiesen, daß die Mur, die bei ihrer Mündung fast soviel Wasser wie die Drau führt, immer höhere O_2-Zehrungswerte aufweist, meistens > 30—35 mg/l. Auf der ungarischen Draustrecke erfolgt also eine eindeutige Besserung der Wassergüte.

Über die limnologischen Verhältnisse der Drau in Ungarn wurde bisher wenig publiziert. Erste Angaben dazu sind in einer Arbeit enthalten (UHERKOVICH 1969b), die sich auf eine Serie synoptisch ausgeführter

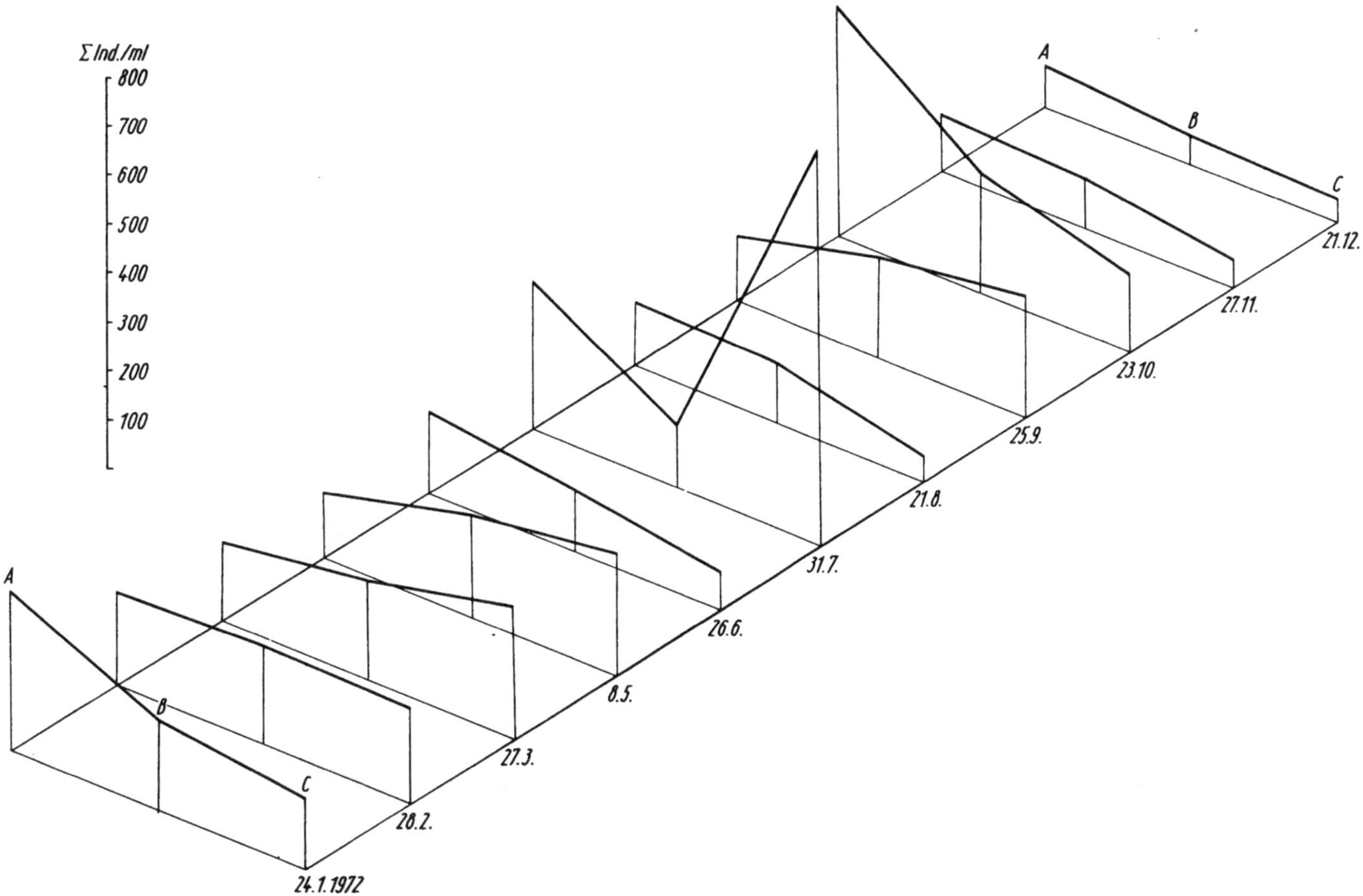

Abb. 1. Die quantitativen Charakteristika der Längsprofiluntersuchungen 1972; Probeentnahmestellen: A — Őrtilos, Fkm 225; B — Barcs, Fkm 153,5; C — Drávaszaboles, Fkm 76

quantitativer Phytoplanktonanalysen an der Donau, Theiß und Drau stützt. Diese Arbeit zeigte bereits, daß sich die limnologischen Verhältnisse der Drau von denen der Donau und der Theiß in wesentlichen Zügen unterscheiden. So sind z. B. die Individuenzahlen (Σ Ind./ml) des Potamophytoplanktons (Phytosestons) der Drau im Durchschnitt wenigstens um eine Größenordnung kleiner als die der Donau und der Theiß, vgl. UHERKOVICH (1971b). Auch saprobiologisch repräsentiert die Drau eine schlechtere, im Durchschnitt a-b-mesosaprobe Stufe, gegenüber der b-mesosaproben Donau und Theiß.

2. Material und Methoden

Um ein abgestufteres limnologisches Bild der Drau umreißen zu können, haben wir von 1972—1975 zahlreiche Proben aus diesem Fluß bearbeitet. Unsere grundlegende Methode hierbei war die der Längsprofiluntersuchungen, die Bearbeitung der Proben erfolgte sowohl qualitativ als auch quantitativ.

Bei diesen Längsprofiluntersuchungen haben wir aus der Drau unterhalb der Murmündung (bei Örtilos, Fluß-km 225) bei Barcs (km 153,5) und bei Drávaszabolcs (km 75,8), wo der Fluß Ungarn verläßt, immer Schöpfproben zu quantitativer und auch Netzproben zu ergänzender qualitativer Bearbeitung entnommen. Die erste Probe wurde stets in Örtilos genommen, die Probeentnahmen talabwärts folgten in durch die Fließgeschwindigkeit bestimmten Zeitabständen, somit stammten die nacheinander folgenden Proben annähernd vom gleichen größeren „Wasserkörper", vgl. UHERKOVICH (1966b). Durch diese „Reptationsmethode" kann man wertvolle, auch praktisch verwendbare Informationen über die dynamischen Änderungen in einem herabgleitenden „Wasserkörper" erhalten.

Die quantitative Bearbeitung der Proben erfolgte nach der UTERMÖHLschen Methodik (UTERMÖHL 1958) und wurde mit einem Umkehr-Mikroskop Opton (Carl Zeiss, Oberkochen) ausgeführt. Zu qualitativer Bearbeitung verwendeten wir ein NfpK-Mikroskop (VEB Carl Zeiss, Jena) mit Phasenkontrasteinrichtung.

Unsere Längsprofiluntersuchungen wurden im Jahre 1972 monatlich ausgeführt, mit Ausnahme des Aprils, als das Gebiet wegen Seuchengefahr gesperrt war. In den Jahren 1973 und 1974 wurde diese Serie durch jahreszeitliche Längsprofiluntersuchungen ergänzt (1973: März, Juli, November; 1974: Januar, Mai, August, November). Im Monat Juni 1972 wurden synoptische quantitative Proben aus der Drau, Donau und Theiß und im März 1973 aus der Drau und Donau entnommen, um vergleichende limnologische Daten zu gewinnen.

Hier werden die wichtigsten quantitativen und qualitativen Daten unserer mehrjährigen Untersuchungsserie über die Drau dargestellt. Die Veröffentlichung sämtlicher diesbezüglicher Ergebnisse ist für einen späteren Zeitpunkt vorgesehen.

3. Übersicht der quantitativen Zusammensetzung

Die Individuenzahlen (Ind./ml) des Potamophytoplanktons der einzelnen Längsprofiluntersuchungen haben wir graphisch zusammengefaßt (Abb. 1, 2). Diese Werte gehören durchschnittlich in die „hunderter" Größenordnung und greifen nur ausnahmsweise in die „tausender" Größenordnung über. (Dagegen gehören die Werte der Donau in die „tausender" bis „zehntausender" Größenordnung.) Die Minimalwerte liegen bei 50—100, die häufigsten Mittelwerte bei 150—200 und die Maximalwerte bei 400—2000 Ind./ml. Die von uns beobachteten Grenzwerte waren 44 Ind./ml (Örtilos, 11. 11. 1974) und 2038 Ind./ml (Drávaszabolcs, 12. 8. 1974).

Die Durchschnittswerte von 19 Längsprofiluntersuchungen betragen bei Örtilos 219, bei Barcs 249 und bei Drávaszabolcs 352 Ind./ml und für die ganze ungarische Draustrecke 273 Ind./ml. (Die durchschnittliche Populationsdichte des Mur-Phytosestons, berechnet aus vier jahreszeitlich repräsentativen Untersuchungen, beträgt 186 Ind./ml. Die Individuenzahlen des Donau-Phytosesestons liegen bei Mohacs meistens zwischen 1000 und 5000, aber es kommen nicht selten Maxima über 10000 vor, vgl. Abb. 3.)

Die Ursachen der spärlicheren Bevölkerung der Drau sind einerseits deren größere Fließgeschwindigkeit und ihre Folgeerscheinungen, andererseits die stärkere, am Zufluß offenbar toxisch und O_2-zehrend wirkende Abwasserbelastung der Mur. Auch die Mineralisation scheint an der untersuchten Flußstrecke der Drau gering zu sein. So kann ein ausgeprägtes Steigen des Trophiegrades, was zu einer Algenmassenvermehrung auch Voraussetzung ist, in der Drau nicht zustandekommen.

Bei der Auswertung der Individuenzahlen der Längsprofiluntersuchungen finden wir, daß sich meistens keine größeren Unterschiede ergeben. Manchmal sind die größten bei Örtilos zu verzeichnen. Das kommt dadurch zustande, daß die Anzahl der offenbar durch die Mur in die Drau gebrachten Fadenpilze und Fadenbakterien, die auch mitgezählt wurden, hier am größten ist.

Bei andauernd tiefem Wasserstand, wenn die Schwebstoffmengen am geringsten sind (gün-

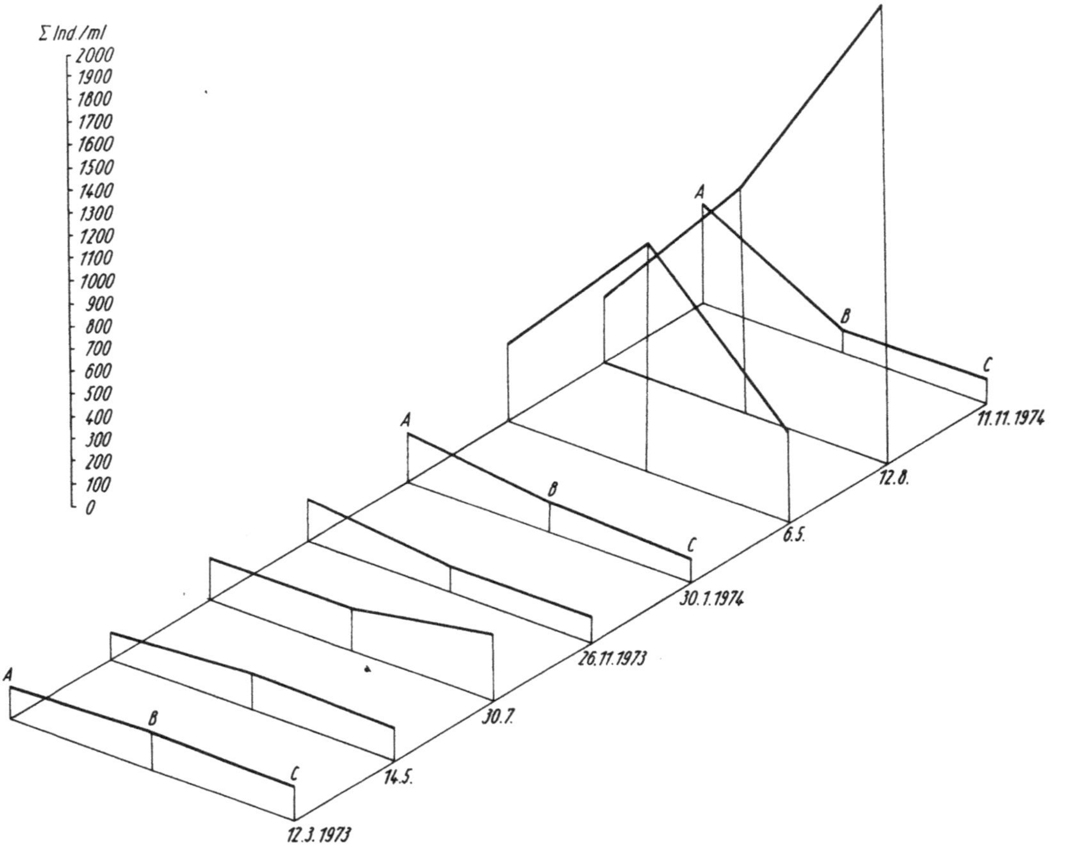

Abb. 2. Die quantitativen Charakteristika der Längsprofiluntersuchungen 1973—1974; Probeentnahmestellen wie Abb. 1

stiges aktuelles Lichtklima und fast keine mechanische Schädigung der Mikrophyten durch die herabgesetzte Turbulenz) und auch die Wassertemperatur günstig ist, weisen die Planktonalgen in den meisten größeren Flüssen in dem sich flußab versetzenden Wasserkörper eine auffallende Vermehrung auf. Das wurde aus der Theiß und der Weichsel, ferner aus einigen Flüssen Nordeuropas eindeutig nachgewiesen (UHERKOVICH 1968, 1969 a, b, 1971 a, b). Dieses limnologische Ereignis kommt in der Drau in typischer Form fast nie und selbst in unvollständiger Entfaltung nur selten zum Vorschein, z. B. in den Längsprofilen von März, Mai und September 1972, bei denen zwischen Örtilos und Drávaszabolcs vor allem eine gewisse Zunahme der *Cyclotella*-Individuen die Erhöhung der Individuenzahlen hervorrief, aber im März und Mai war auch die signifikante Zunahme der Individuenwerte der *Asterionella formosa* und *Nitzschia acicularis* kennzeichnend. Seltener sind die Fälle, bei welchen eine gemeinsame Vermehrung der *Cyclotella*-Arten und der für die saprobiologische Indikation ungünstigen *Anthophysa vegetans*, *Cryptomonas*-Arten bzw. Fadenbakterien die Zunahme der Individuenzahlen bis Drávaszabolcs verursachten, wie das z. B. im Juli 1972 zu verzeichnen war. Am seltensten kommt schließlich eine, von Kieselalgen (vor allem *Cyclotella*-, *Stephanodiscus*- und *Nitzschia*-Arten) und von Chlorococcalen (*Actinastrum hantzschii*, *Ankistrodesmus angustus* und *Dictyosphaerium pulchellum* in erster Linie) verursachte, als richtige Algenmassenvermehrung zu betrachtende Erscheinung auf der unter-

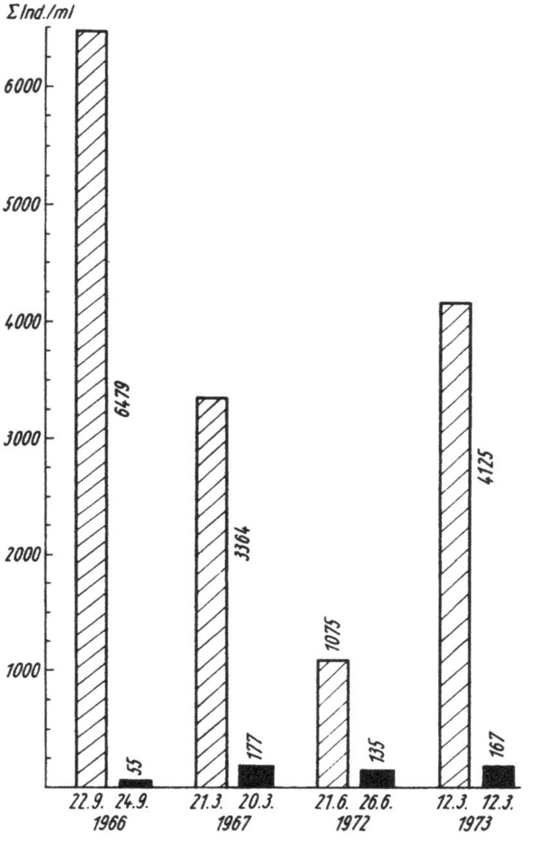

Abb. 3. Vergleich einiger typischer Σ-Ind./ml-Werte des Potamophytoplanktons der Donau und der Drau; schraffiert — Donau bei Mohacs; schwarz — Drau bei Barcs

suchten Flußstrecke vor, wie das im August 1974 der Fall war. Allein dieser Fall kann als homolog zu den für die größeren Flüsse Mitteleuropas (Donau, Theiß, Weichsel) typischen regelmäßigen Algenmassenvermehrungen betrachtet werden.

Nicht nur durch die verschiedenen Größenordnungen der Individuenzahlen, sondern auch durch die taxonomische Zusammensetzung der Phytoplanktongemeinschaften unterscheidet sich die Drau von den anderen größeren Flüssen des Karpatenbeckens. Dies zeigt Abb. 4, die das Phytoseston der Theiß vom 20. 6. 1972 und das der Donau sowie der Drau vom 21. 6. 1972 nebeneinander darstellt. Sowohl in der Donau als auch in der Theiß dominieren die Kieselalgen der Centrales-Gruppe und die Chlorococcales-Arten, dagegen spielen sie in der Drau eine untergeordnete Rolle.

Nach unseren Untersuchungen waren jahreszeitlich die Spätherbst- und Wintermonate durch die niedrigsten Individuenzahlen charakterisiert; diese lagen um 100. Sehr niedrige Werte ergeben sich auch zu anderen Jahreszeiten, wenn eine Flutwelle herabwandert. Auf einen solchen Fall beziehen sich die Angaben der Längsprofiluntersuchungen von Juni 1972 und Mai 1973. Für die Drau ist übrigens kennzeichnend, daß sie — wegen ihres großen Gefälles und ihres niederschlagsreichen Einzugsgebiets — an kleineren, schnell abgleitenden Flutwellen ziemlich reich ist. Diese Flutwellen unterbrechen dann den für die Vermeh-

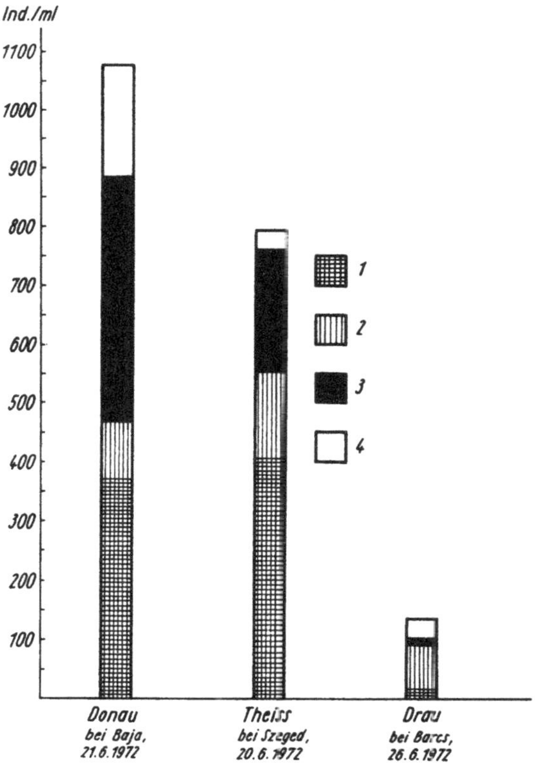

Abb. 4. Die quantitative Zusammensetzung des Potamophytoplanktons der Donau, Theiß und Drau in einer Frühsommerperiode 1 — *Cyclotella*, *Stephanodiscus* spp., *Melosira binderana*; 2 — übrige Bacillariophyceae; 3 — Chlorococcales; 4 — übrige Algen

rung der Planktonalgen günstigen, länger andauernden niedrigen Wasserstand.

Aus den quantitativen Längsprofiluntersuchungen wollen wir folgende saprobiologische Charakteristika hervorheben: Die Proben von Örtilos unterscheiden sich von den talwärts folgenden Proben durch einen hohen Anteil an Fadenbakterien und Pilzfäden (4—60%, meistens 20—35% der Individuenzahlen des Phytosestons), ferner durch einen verhältnismäßig hohen Anteil an a-mesosaproben, bzw. a- ... b-mesosaproben Organismen (z. B. *Nitzschia palea* und manchmal in auffallender Weise auch *Anthophysa vegetans*). Die Proben von Örtilos unterscheiden sich von den übrigen Proben — worauf wir bereits hingewiesen haben — auch durch ihre höheren O_2-Zehrungs- und BSB_5-Werte. Die quantitative Analyse des Potamophytoplanktons (Phytosestons) und ebenso die hydrochemischen Angaben zeugen dafür, daß in der ungarischen Draustrecke eine Besserung des Wassergütebildes stattfindet. So vermindert sich der Fadenbakterien-Pilzfäden-Anteil der Proben (auf 10—18% der Individuenzahlen). Doch führt diese saprobiologische Besserung nie ganz bis zur b-mesosaproben Stufe, sondern verbleibt im „Grenzgebiet" der b- ... a-mesosaproben Stufe. Das wird u. a. von den hier noch immer hohen Individuenzahlen der Alge *Nitzschia palea* angedeutet.

4. Übersicht der taxonomischen Zusammensetzung

In der Drau haben wir durch unsere Untersuchungen insgesamt 42 Cyanophyta-Taxa nachgewiesen. Die häufigsten, wenigstens in der Hälfte aller Proben vorkommenden Taxa waren: *Aphanizomenon flos-aquae* (L.) RALFS, *Dactylococcopsis rhaphidioides* HANSG., *Lyngbya limnetica* LEMM., *Microcystis aeruginosa* KÜTZ., *Oscillatoria limosa* KÜTZ., *O. tenuis* AGH., *Phormidium molle* (KÜTZ). GOM. — Eigenartiges Vorkommen: *Aphanizomenon issatschenkoi* (USSACZEW) PROSCHK.-LAVR. konnte nur in einer einzigen Probe nachgewiesen werden.

Es wurden 51 Euglenophyta-Taxa nachgewiesen. Fast alle sind nur zerstreut und in einer kleinen Individuenzahl vorgekommen. Verhältnismäßig häufiger waren (in 1/4—1/5 sämtlicher Proben): *Euglena proxima* DANG., *E. viridis* EHRBG., *Trachelomonas volvocina* EHRBG. Eigenartige Vorkommen: *Euglena clara* SKUJA, *E. gasterosteus* SKUJA, *Lepocinclis nayali* CONR. forma, *Trachelomonas kelloggii* SKV. forma, *T. macropunctata* (SKV.) DEFL., *T. mucosa* SWIR. var. *hyalina* SKV.

Von den Cryptophyceae haben wir 10 Taxa vorgefunden. Wenigstens in der Hälfte aller Proben sind vorgekommen: *Cryptomonas erosa* EHRBG., *C. ovata* EHRBG., *Rhodomonas minuta* SKUJA var. *nannoplanctica* SKUJA. Eigenartige Vorkommen: *Chroomonas nordstedtii* HANSG., *Cryptomonas rostratiformis* SKUJA, *C. woloszynskae* CZOSNOWSKI.

Es wurden 11 Dinophyceae-Taxa nachgewiesen. Keines war häufig. Relativ häufig kamen einige *Gymnodinium*-Arten vor, darunter waren auch interessante Vorkommen: *G. eurytopum* SKUJA, *G. ordinatum* SKUJA, *G. undulatum* WOLOSZ.

Von den Chrysophyceae und Xanthophyceae konnten wir insgesamt 19 Taxa nachweisen. Am häufigsten waren: *Anthophysa vegetans* STEIN, *Desmarella brachycalyx* SKUJA, *Dinobryon divergens* IMHOF, *D. sertularia* EHRBG., *D. sociale* EHRBG., *Synura uvella* EHRBG. Eigenartige Vorkommen: *Dinobryon bavaricum* IMHOF, *D. cylindricum* IMHOF, *Uroglena botrys* (PASCHER) CONR.

Wir fanden in unseren Proben insgesamt 208 Bacillariophyceae-Taxa vor. Die häufigsten Sippen: *Achnanthes linearis* W. SMITH, *Amphora ovalis* KÜTZ., *Asterionella formosa* HASSAL, *Caloneis amphisbaena* (BORY) CLEVE, *Ceratoneis arcus* KÜTZ., *Cocconeis placentula* (EHRBG.) HUST., *Cyclotella meneghiniana* KÜTZ., *Cymatopleura solea* (BREB.) W. SMITH, *Cymbella affinis* KÜTZ., *C. prostrata* (BERKELEY) CLEVE, *C. ventricosa* KÜTZ., *Diatoma elongatum* AGH., *D. hiemale* (LYNGB.) HEIBERG, *D. vulgare* BORY, *Fragilaria capucina* DESMAZ., *F. crotonensis* KITTON, *Gomphonema olivaceum* (LYNGB.) KÜTZ., *G. parvulum* (KÜTZ.) GRUN., *Melosira granulata* (EHRBG.) RALFS var. *angustissima* MÜLL., *M. islandica* MÜLL. ssp. *helvetica* MÜLL., *M. varians* C. A. AGH., *Meridion circulare* AGH., *Navicula cryptocephala* KÜTZ., *N. hungarica* GRUN. var. *capitata* (EHRBG.) CLEVE, *N. viridula* KÜTZ., *Nitzschia acicularis* W. SMITH, *N. actinastroides* (LEMM.) V. GOOR, *N. linearis* W. SMITH, *N. palea* (KÜTZ.) W. SMITH, *N. sigmoidea* (EHRBG.) W. SMITH, *N. vermicularis* (KÜTZ.) GRUN., *Rhoicosphenia curvata* (KÜTZ.) GRUN., *Stephanodiscus hantzschii* GRUN., *Surirella angustata* KÜTZ., *S. ovata* KÜTZ., *Synedra acus* KÜTZ., *S. affinis* KÜTZ., *S. nana* MEISTER, *S. ulna* (NITZSCH) EHRBG. und *Tabellaria fenestrata* (LYNGB.) KÜTZ. Auffallend ist in dieser Aufzählung das häufige Auftreten einiger sonst nur spärlich vorkommender Kieselalgen, wie *Navicula hungarica* var. *capitata*, *Synedra nana* usw.

Von den Chlorophyceae haben wir in unseren Proben 108 Taxa vorgefunden. Die häufigsten Sippen: *Actinastrum hantzschii* LAGERH., *Ankistrodesmus angustus* BERN., *A. longissimus* (LEMM.) WILLE var. *acicularis* (CHOD.) BRUNNTH., *Crucigenia quadrata* MORREN, *Dictyosphaerium pulchellum* WOOD, *Pandorina morum* BORY, *Pediastrum boryanum* (TURP.) MENEGH., *Scenedesmus acuminatus* (LAGERH.) CHOD., *S. acutus* MEYEN, *S. opoliensis* P. RICHT., *S. quadricauda* (TURP.) BREB., *S. spinosus* CHOD., *Ulothrix tenuissima* KÜTZ.

Innerhalb der vorgefundenen 18 Conjugatophyceae-Taxa können wir nur von einer relativen Häufigkeit sprechen im Falle von *Closterium acerosum* SCHRANK, *C. limneticum* LEMM., *Spirogyra* sp. und *Staurastrum paradoxum* MEYEN.

Unter den Rhodophyta waren aus dem Seston nur die Thalli der Art *Chantransia chalybea* (LYNGB.) FRIES. nachweisbar.

Außer den vorgefundenen 468 Algen-Taxa wurden auch jene Schizomycophyta- und Mycophyta-Organismen bestimmt, die bei einer üblichen Phytoseston-Bearbeitung ohne spezielle Methodik mikroskopisch bestimmbar sind. Wir haben aus diesen beiden Gruppen insgesamt 12 Taxa nachgewiesen. Am häufigsten waren *Cladothrix dichotoma* COHN, *Clavariopsis aquatica* DE WILDEM. und *Tetracladium marchalianum* DE WILDEM.

Wir registrierten also in unseren Drauproben über 480 Mikrophytentaxa.

5. Zusammenfassung

Die 157 km lange ungarische Draustrecke führt ein Potamophytoplankton (Phytoseston), das im Vergleich zu den anderen größeren Flüssen des Karpatenbeckens (z. B. Donau, Theiß) von spärlicherer Populationsdichte ist. Die diesbezüglichen Individuenzahlen der Drau gehören zur Größenordnung Hundert, gegenüber den Werten für die Donau und die Theiß, die zu den Größenordnungen Tausend und Zehntausend gehören.

Auch in der taxonomischen Zusammensetzung des Phytosestons unterscheidet sich die Drau von der Donau und der Theiß, vor allem dadurch, daß in der Drau eher andere Kieselalgen als die Centrales zu größeren Individuenzahlen gelangen.

Sowohl die verhältnismäßig niedrigen Populationsdichten als auch die Tatsache, daß diese Flußstrecke von a-mesosaprobem bzw. a-b-mesosaprobem Charakter ist, zeugen bereits jetzt für eine herabgesetzte Selbstreinigung. Weitere Abwasserbelastungen würden in der Drau nach unserer Meinung eine kritische Lage hervorrufen.

Es wäre notwendig, in internationaler Zusammenarbeit sowohl in der Drau als auch in der Mur Längsprofiluntersuchungen auszuführen, die dann für die gesamte Strecke beider Flüsse eine Basis für die umfassendere limnologische und praktisch-wasserwirtschaftliche Beurteilung sichern könnten.

Summary

Between 1972—1975 the author had been making longprofil investigations at the Hungarian stretch of the river Dráva. He realized that the population's density of the river's potamophytoplankton is less with one grade as in case of rivers Danube and Tisza. This fact and the saprobical condition of the river (a-mesosaprobic, a-b-mesosaprobic) refer to the reducing capacity of the water's selfcleaning. The author intends to present only the most frequent and interesting cases from the 468 algae taxa and 12 others microphyta taxa of the river Dráva.

Резюме

Автор сделал исследования длиннокупона на участке реки в Венгрии между 1972—1975 годами. Он нашел, что популяционная плотность реки на градус одной величины меньше чем у Дуная и у Тиссы. Этот факт сапробиологическое состояние (α-мезосапроб, α- ... β-мезосапроб) реки показывает сниженную спосcобность самоочищения воды. Из 468 таксонов водорослей и из 12 других таксонов микрофитов реки Дравы автор перечисляет наиболее частые и интересные.

6. Literatur

BOURRELLY, P., 1966—1970: Les algues d'eau douce. I—III. — N. Boubée et Cie., Paris I, 1—511; II, 1—438; III, 1—512.

CLEVE-EULER, A., 1951—1955: Die Diatomeen von Schweden und Finnland. I—V. — Almqvist et Wiksells A. B., Stockholm **I**, 1—163; **II**, 1—158; **III**, 1—255; **IV**, 1—231; **V**, 1—153.

DEDUSCHENKO-SCHEGOLEVA, N. T., & M. M. GOLLERBACH, 1962: Opredelitelj presnovodnich vodoroslei SSSR. 5. Xanthophyta. — Izd. Akad. Nauk SSSR, Moskwa-Leningrad, 1—272 [russ.].

FELFÖLDY, L., 1972: A kékalgák (Cyanophyta) kishatározója. — Vizügyi Hidrobiológia, Budapest **1**, 1—257.

HINDÁK, F., 1970: A contribution to the systematics of the family Ankistrodesmaceae (Chlorophyceae). — Algol. Stud., Třeboň 1, 7—32.

HINDÁK, F., J. KOMÁREK, P. MARVAN & J. RŮŽIČKA, 1975: Klúč na určovanie výtrusných, rastlin. I. Riasy. — Slov. pedag. nakl., Bratislava, 1—399.

HORTOBÁGYI, T., 1962: Algen aus den Fischteichen von Buzsák. IV. — Nova Hedwigia **4**, 21—53.

— 1968: Die Algen Vietnams. III. — Acta Botanica Acad. Sci. Hung. **14**, 41—58.

— 1973: The microflora in the settling and subsoil water enriching basins of the Budapest Waterworks. — Akadémiai Kiadó, Budapest, 1—341.

HUBER-PESTALOZZI, G., 1938—1955: Das Phytoplankton des Süßwassers. **I—V**. — E. Schweizerbart'sche Verl., Stuttgart, **I**, 1—342; **II**/1, 1—365; **II**/2, 367 bis 549; **III**, 1—310; **IV**, 1—506; **V**, 1—744.

KORSCHIKOV, O. A., 1953: Visnatschnik prisnovodnich vodorostei URSR. V. Protococcineae. — Vid. Akad. Nauk Ukrain. RSR, Kiev, 1—439 [ukr.).

LÁSZLÓFFY, W. (RED.), 1964: Magyarország hidrológiai atlaszą. I. 10. A Dráva. (Hydrologischer Atlas Ungarns. I. 10.) — Vizgazd. Tud. Kut. Int., Budapest, 1—114 [ung.].

PHILIPOSE, M. T., 1967: Chlorococcales. — Ind. Coun. Agricult. Res., New Delhi, 1—365.

POPOVA, T. G., 1966: Evglenovje vodorosli. 1. Trachelomonas, Strombomonas, Eutreptia, Euglena. — Flora Sporovich Rastenii SSSR, Moskwa **8**. 1—361 [russ.].

PRESCOTT, G. W., 1962: Algae of the Western Great Lakes Area. — WM. C. Brown Co., Dubuque, 1—977.

RŮŽIČKA, J., 1962: *Closterium limneticum* LEMM. 1899. — Preslia, Praha **34**, 176—89.

— 1972: Die Zieralgen der Insel Hiddensee. — Arch. Protistenkd. **114**, 453—485.

— 1973: Die Zieralgen des Naturschutzgebietes „Řežabinec" (Südböhmen). — Preslia, Praha **45**, 193—241.

SIEMIŃSKA, J., 1964: Bacillariophyceae. — Flora Słodkow. Polski **6**, 1—610.

SKUJA, H., 1948: Taxonomie des Phytoplanktons einiger Seen in Uppland, Schweden. — Symb. Bot. Upsal., **9** (3), 1—399.

STARMACH, K., 1966: Cyanophyta, Glaucophyta. — Flora Słodkow. Polski **2**, 1—807.

— 1968: Chrysophyceae. — Flora Słodkow. Polski **5**, 1—598.

— 1972: Chlorophyta III. — Flora Słodkow. Polski **10**, 1—750.

SULEK, J., 1969: Taxonomische Übersicht der Gattung *Pediastrum* MEYEN. — Stud. Phycol., Prague **1**, 197—261.

UHERKOVICH, G., 1966a: Die *Scenedesmus*-Arten Ungarns. — Akadémiai Kiadó, Budapest, 1—173.

— 1966b: Das Leben der Tisza. XXVII. Zur Frage der Potamolimnologie und des Potamoplanktons. — Acta Biol., Szeged **12**: 55—66.

— 1968: Über verschiedene Typen der Algenmassenvermehrung in der Tisza (Theiss). — Tiscia (Szeged) **4**, 11—20.

— 1969a: Über das Wisła-Phytoseston zwischen Kraków und Tczew. — Acta Hydrobiol., Kraków **12**, 161—190.

— 1969b: Über die quantitativen Verhältnisse des Phytosestons der Donau, Drau und Theiss. — Acta Botanica Acad. Sci. Hung. **15**, 183—200.

— 1970—71: Über das Phytoseston der eutrophierten Theiss (Tisza). II. Zur Frage der Indikatoralgen für den eutrophierten Flußzustand. — Tiscia, Szeged **6**, 19—24.

— 1971a: Zur Chlorococcalen-Flora Finnlands. II. Vantaanjoki und Keravanjoki. — Acta Botanica Fennica **94**, 1—22.

— 1971b: A Tisza lebegö paránynövényei. A Tisza fitoszesztonja. (Die Mikrophyten in der Trift des Flusses Tisza [Theiss]. Das Phytoseston der Theiss.) — Szolnok Megyei Múzeumi Adattár **20—22**, 1—282 + I—CXLIII [ung.].

UTERMÖHL, H., 1958: Zur Vervollkommnung der quantitativen Phytoplanktonmethodik. — Mitt. Internat. Ver. Limnol. 9, 1—38.

WEST, W., & G. S. WEST, 1904—1911: A monograph of the British Desmidiaceae. **I—IV**. — Ray Soc., London, **I**, 1—224; **II**, 1—204; **III**, 1—224; **IV**, 1—194.

WEST, W., G. S. WEST & N. CARTER, 1923: A monograph of the British Desmidiaceae. V. — Ray Soc., London, 1—300.

Eingegangen am 25. 8. 1976.

Anschrift des Verfassers:
Dr. GÁBOR UHERKOVICH
H-7623 Pécs
Rét-u. 39. III. 7
Ungarische VR

Limnologica (Berlin) **12** (1), 23—31, Februar 1980

JÜRGEN BENNDORF & EVA WERNER

Berechnung der Wachstumsrate des Phytoplanktons in durchmischten Wasserkörpern

Mit 5 Abbildungen und 2 Tabellen

Inhalt

1. Einleitung

Bei der Erarbeitung von mathematischen Modellen der Phytoplanktonentwicklung in Gewässern setzen sich in zunehmendem Maße solche Methoden durch, die von einer Kausalanalyse der Prozesse im Gewässer ausgehen, die wesentlichsten Teilprozesse auswählen und diese in einer quantifizierbaren Form zum Modell zusammenfügen. In den meisten Fällen handelt es sich dabei um ein System von Differentialgleichungen, in denen die einzelnen Prozesse quantitativ durch die jeweils zugehörigen Geschwindigkeitsbeiwerte (Koeffizienten) charakterisiert werden. Diese Koeffizienten stellen nur in Ausnahmefällen Konstanten dar; viel häufiger variieren sie in Abhängigkeit von den Einflußgrößen. Die Qualität eines Modells — und damit auch seine praktische Verwertbarkeit für wasserwirtschaftliche Prognosen — hängt in entscheidendem Maße davon ab, wie exakt und allgemeingültig diese Abhängigkeiten der Koeffizienten von den Steuergrößen des Systems im Modell enthalten sind.

Einer der wichtigsten Koeffizienten in solchen Modellen ist die Wachstumsrate. Sie ist vor allem eine Funktion des Lichts, der limitierenden Nährstoffe und der Temperatur. Für die Abhängigkeit vom Licht und den Nährstoffen wird oft eine Sättigungskinetik und für die Temperaturabhängigkeit eine lineare Beziehung angenommen. Von Abweichungen im Detail abgesehen, werden diese Beziehungen von vielen Autoren als brauchbar akzeptiert. Den genannten Abhängigkeiten zufolge wird die Wachstumsrate als ein Zahlenwert errechnet, der **einer** bestimmten Konstellation der Einflußgrößen entspricht. Selbst bei homogener Nährstoff- und Temperaturverteilung kann aber wegen der vertikalen Extinktion des Lichts nicht ohne weiteres von **einer** Konstellation der Einflußfaktoren über die gesamte Gewässertiefe gesprochen werden; es herrscht vielmehr in jeder Tiefe eine andere Konstellation. Andererseits wird die Wachstumsrate für die Modellrechnung als **ein** Wert über die gesamte jeweils betrachtete Tiefe benötigt. Fast alle Autoren berechnen deshalb die Wachstumsrate (bzw. Primärproduktion) in den einzelnen Tiefen und bilden anschließend einen Mittelwert (bzw. das Integral) über die Tiefe. Dieses rechnerische Vorgehen ist die logische Konsequenz der allgemein üblichen experimentellen in-situ-Methode zur Bestimmung der Primärproduktion mit Hilfe vertikal fixierter Flaschen. Diese mathematische und experimentelle Modellvorstellung geht bewußt oder unbewußt davon aus, daß die assimilierenden Phytoplankter im Gewässer ortsfest sind. Das trifft aber für viele Fälle nicht zu. Es erhebt sich folglich die Frage nach dem Fehler dieser Betrachtungsweise.

Zur Beantwortung der Frage kann davon ausgegangen werden, daß die geschilderte Modellvorstellung einen Grenzfall der realen Situation im Gewässer darstellt: den Zustand völlig fehlender Durchmischung (Fall A). Das andere Extrem ist eine intensive Durchmischung (z. B. LANGMUIR-Zirkulation), wobei die Phytoplankter relativ schnell auch in vertikaler Richtung verfrachtet werden (Fall B).

Es existieren viele verschiedene Berechnungsmöglichkeiten für den Fall A (vgl. TALLING 1957, PATTEN 1968, RODHE 1972, GÄCHTER 1972, BANNISTER 1974, STRAŠKRABA & STRAŠKRABOVA 1975). Für den Fall B wurde von BENNDORF (1973) die Verwendung **vertikal gemittelter** Lichtintensitäten für die Berechnung der Wachstumsrate vorgeschlagen. BAUMERT (1974) erarbeitete einen Ansatz für die Berechnung der Primärproduktion unter Berücksichtigung der turbulenten Durchmischung. Auch bei seinem Modell liegt der wesentliche Unterschied zu den konventionellen Ansätzen darin, daß nicht momentane Lichtintensitäten, sondern **Mittelwerte** (hier über die Relaxationszeit der Photosynthese gemittelt) verwendet werden.

In der vorliegenden Arbeit sollen für die beiden Grenzfälle A und B Wachstumsraten errechnet und miteinander verglichen werden, um die Frage nach dem potentiellen Fehler der konventionellen Methode beantworten zu können.

2. Symbole

μ — Wachstumsrate, in d^{-1}; μ_{max} — maximal mögliche Wachstumsrate, in d^{-1}; μ_z — Wachstumsrate in der Tiefe z, in d^{-1}; $\bar{\mu}_A$ — Mittelwert der Wachstumsrate für die gesamte durchmischte Schicht, berechnet nach Modell A, in d^{-1}; $\bar{\mu}_B$ — Mittelwert der Wachstumsrate für die gesamte durchmischte Schicht, berechnet nach Modell B, in d^{-1}; $\Delta\mu$ — prozentuale Steigerung von $\bar{\mu}_B$ gegenüber $\bar{\mu}_A$ (Mehrleistung), in %; I — Lichtintensität, in cal/cm^2 · h oder cal/cm^2 · d; I_o — Lichtintensität an der Wasseroberfläche, in cal/cm^2 · h oder cal/cm^2 · d; $I_z = I_o \cdot e^{-\varepsilon z}$ — Lichtintensität in der Tiefe z, in cal je — mittlere vertikale

cm^2 · h oder cal/cm^2 · d; $\bar{I} = \frac{\sum I_z}{n}$

Lichtintensität, in cal/cm^2 · h oder cal/cm^2 · d; K_I — Halbsättigungskonstante für Lichtintensität (I bei 0,5 μ_{max}), in cal/cm^2 · h oder cal/cm^2 · d; ε — vertikaler Extinktionskoeffizient, in m^{-1}; z_{mix} — Durchmischungstiefe, in m; n — Anzahl der Tiefenstufen, für die I_z und μ_z berechnet wird; P — Konzentration des limitierenden Nährstoffes, in mg/l; K_P — Halbsättigungskonstante für den limitierenden Nährstoff, in mg/l; T — Wassertemperatur, in °C; T_{opt} — Optimaltemperatur, in °C.

3. Methodik und Datenmaterial

Die Vergleichsberechnungen wurden für die Kieselalge *Asterionella formosa* ausgeführt. Dabei wurde angenommen, daß die Algen homogen im Wasserkörper verteilt sind und daß ausschließlich eine Lichtlimitation des Wachstums (ohne Berücksichtigung der Hemmwirkung hoher Lichtintensitäten) vorliegt. Wegen dieser Vereinfachung können die Ausdrücke für den Einfluß des limitierenden Nährstoffes und der Temperatur auf die Wachstumsrate in Gl. (1) (BENNDORF 1973) gleich 1 gesetzt werden. Damit wird die Wachstumsrate nach der einfachen Grundgleichung (2) berechnet.

$$\mu = \mu_{max} \frac{P}{K_P + P} \cdot \frac{I}{K_I + I} \cdot \frac{T}{T_{opt}}, \qquad (1)$$

$$\mu = \mu_{max} \frac{I}{K_I + I} \quad \text{für } P \gg K_P \text{ und } T = T_{opt}. \qquad (2)$$

Die Gl. (2) muß für die Anwendung auf die interessierenden Grenzfälle entsprechend modifiziert werden [vgl. Gl. (3) und (4)]. Die Berechnungen erfolgten für einige Tage mit jeweils typischen Frühjahrs-, Sommer-, Herbst- und Winterverhältnissen des Lichtangebots. Die Eingangsdaten für diese Berechnungen enthält Tab. 1. Alle Größen des Lichtklimas beziehen sich auf das gesamte sichtbare Spektrum.

Tab. 1. Eingangsdaten

Größe	Wert	Quelle
I_0	Stunden- und Tagessummen der Globalstrahlung als Mittelwerte über 20 Jahre für die einzelnen Tage	Wetterdienststelle Wahnsdorf bei Dresden des Meteorologischen Dienstes der DDR
ε	2,0 m^{-1}	frei gewählt
μ_{max}	0,9 d^{-1}	BENNDORF (1973)
K_I	1,25 cal/cm^2 · h 15,00 cal/cm^2 · d	BENNDORF (1973)
z_{mix}	0,75 m 2,50 m 5,00 m	frei gewählt

4. Berechnung der Wachstumsrate für die Extremfälle fehlender und intensiver vertikaler Durchmischung

Nach der Modellvorstellung A wirkt die in den einzelnen Tiefen vorhandene Lichtintensität (I_z) auf die dort „fest lokalisierten" Algen, die demzufolge in jeder Tiefe (z) eine andere Wachstumsrate (μ_z) aufweisen. Zur Erzielung eines durchschnittlichen Wertes der Wachstumsrate über die gesamte Tiefe (z. B. bis z_{mix}) wird die Summe aller μ_z gebildet und durch die Anzahl der Tiefenstufen (n) dividiert. Die Abstände zwischen den einzelnen Tiefenstufen müssen dabei möglichst klein ($\leqq$ 1 m) gewählt werden. Das Prinzip dieses allgemein üblichen Berechnungsweges ist in Abb. 1 (obere Hälfte) dargestellt. Für dieses Modell wird Gl. (2) zu Gl. (3) umgeformt.

$$\bar{\mu}_A = \frac{1}{n} \sum_{0}^{z_{mix}} \left(\mu_{max} \frac{I_z}{K_I + I_z} \right). \qquad (3)$$

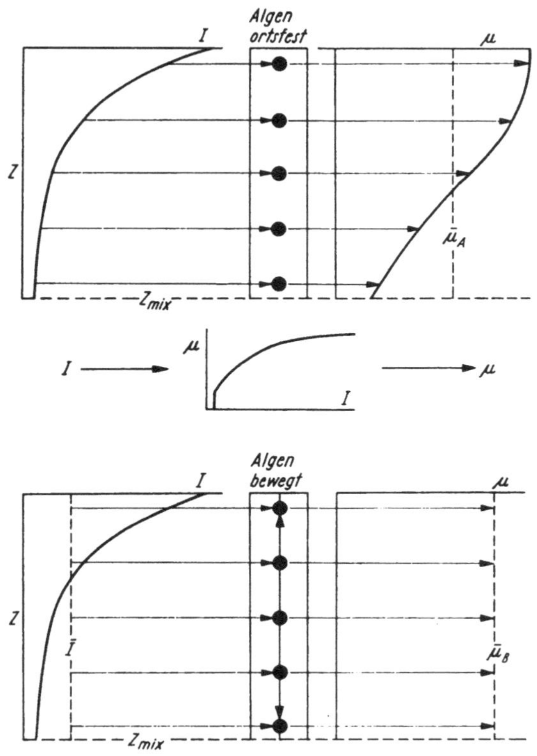

Abb. 1. Schematische Darstellung der Modelle A für fehlende Durchmischung (oben) und B für intensive vertikale Durchmischung (unten); Mitte: für beide Modelle gültiges Übertragungsverhalten des Phytoplanktons

Bei der Modellvorstellung B wird hypothetisch angenommen, daß die Algen ihren Aufenthaltsort in vertikaler Richtung — und damit die Lichtverhältnisse — schneller wechseln als der mit einem Verzögerungsmoment (Relaxation) arbeitende photosynthetische Apparat auf die jeweilige Lichtänderung „antworten" kann. Obwohl es sich bei den Relaxationszeiten nur um Werte im Minutenbereich handelt (WARBURG 1919, WITT 1960) — und demzufolge die Verfrachtung der Algen von einem Lichthorizont zu einem anderen auch im Minutenbereich erfolgen muß — ist die Hypothese als Extremfallbetrachtung für intensive Durchmischung nicht unwahrscheinlich. Die Wachstumsrate der Phytoplankter wird unter diesen Voraussetzungen nicht mehr von den Lichtintensitäten in den einzelnen Tiefen, sondern nur noch von der mittleren vertikalen Lichtintensität ($\bar{I}$) gesteuert. Damit erhält man auch nur einen Wert für die Wachstumsrate, der für die gesamte Tiefe von $z = 0$ bis z_{mix} Gültigkeit hat. Das Prinzip des Modells B wird in Abb. 1 (untere Hälfte) gezeigt. Die Berechnung erfolgt nach Gl. (4), die sich ebenfalls aus Gl. (2) ableiten läßt.

$$\bar{\mu}_B = \mu_{\max} \frac{\frac{1}{n} \sum_{0}^{z_{\text{mix}}} I_z}{K_I + \frac{1}{n} \sum_{0}^{z_{\text{mix}}} I_z} . \qquad (4)$$

Die für ausgewählte Frühjahrs-, Sommer-, Herbst- und Wintertage nach den beiden Modellen (Gl. 3 bzw. 4) erhaltenen Wachstumsraten sind in den Abb. 2—4 dargestellt. Für jede Modellvorstellung sind in den Abb. 2—4 je zwei μ-Werte angegeben: im ersten Fall (durchgezogene Kurven) wurde wegen des im Tagesgang variierenden Lichtangebots für jede Stunde des Tages ein μ-Wert nach Gl. (3) bzw. (4) berechnet und anschließend ein Tagesmittelwert gebildet; die Globalstrahlung geht hier in Form von Stundensummen ein. Dieser Weg entspricht der exakten Berechnung, ist aber bezüglich der Rechenzeit relativ aufwendig. Im zweiten Fall, der eine vereinfachte Näherungslösung darstellt, erfolgte die Bestimmung der Wachstumsraten nach Gl. (3) bzw. (4) mit Tagessummen der Globalstrahlung, wodurch ohne Berechnung der Stundenwerte

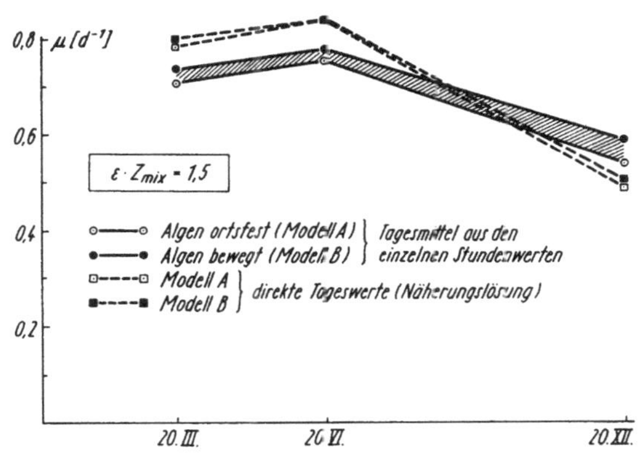

Abb. 2. Nach Modell A und Modell B berechnete Wachstumsraten einer theoretischen *Asterionella*-Population (z_{mix} = 0,75 m)

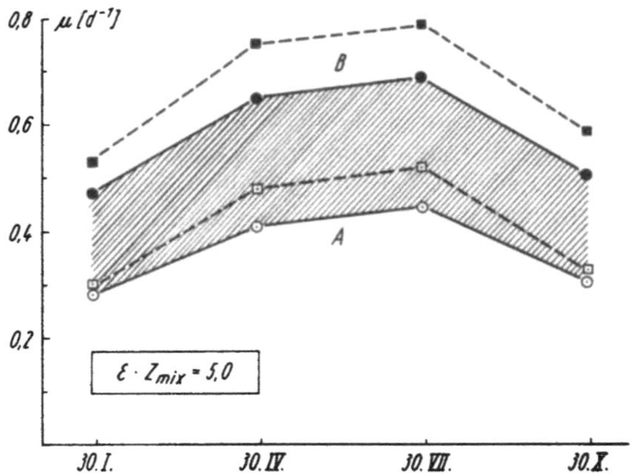

Abb. 3. Nach Modell A und Modell B berechnete Wachstumsraten einer theoretischen *Asterionella*-Population (z_{mix} = 2,5 m), Symbole wie in Abb. 2

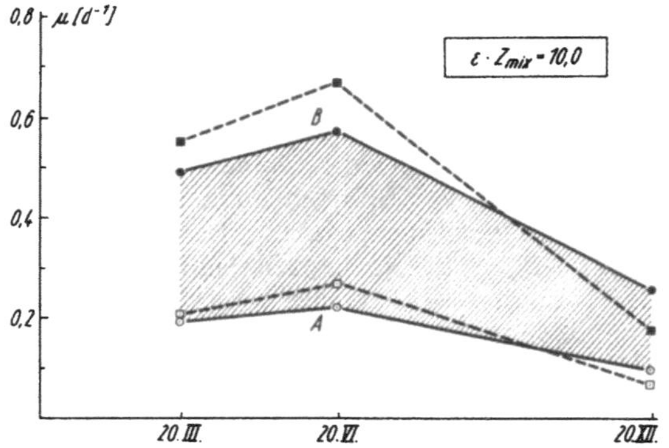

Abb. 4. Nach Modell A und Modell B berechnete Wachstumsraten einer theoretischen *Asterionella*-Population (z_{mix} = 5,0 m), Symbole wie in Abb. 2

direkt ein μ-Tagesmittelwert resultiert (gestrichelte Kurven). Die nach dieser Näherungslösung erhaltenen Wachstumsraten liegen fast immer über den zugehörigen exakten Werten. Es zeigt sich ganz klar, daß $\bar{\mu}_B$ immer höhere Werte annimmt als $\bar{\mu}_A$. Die Steigerung der Wachstumsrate $\bar{\mu}_B$ gegenüber $\bar{\mu}_A$ ist umso höher, je größer die Durchmischungstiefe ist. Theoretisch ist zu erwarten, daß auch mit zunehmendem Extinktionskoeffizient (bei gleicher Durchmischungstiefe) eine Steigerung von $\bar{\mu}_B$ gegenüber $\bar{\mu}_A$ resultiert. Deshalb ist es zweckmäßig, die Abhängigkeit der Erhöhung ($\Delta\mu$) nicht allein von der Durchmischungstiefe oder dem Extinktionskoeffizient zu betrachten, sondern $\Delta\mu$ als eine Funktion von $\varepsilon \cdot z_{mix}$ aufzufassen. Abb. 5 zeigt, daß eine lineare Beziehung besteht. In Abb. 5 sind außer den Werten der Abb. 2—4 (ohne die Näherungslösungen) auch einige zusätzliche Vergleichsberechnungen für $\bar{\mu}_A$ und $\bar{\mu}_B$ eingegangen, die auf der Basis gemessener Eingangsgrößen (Talsperre Saidenbach) durchgeführt wurden. Wie aus Abb. 5 hervorgeht, beträgt die Erhöhung der Wachstumsrate bei intensiver Durchmischung gegenüber dem Extremfall für fehlende Durchmischung zum Beispiel 150% (d. h. $\bar{\mu}_B$ = 2,5 $\bar{\mu}_A$), wenn das Produkt $\varepsilon \cdot z_{mix}$ den durchaus noch realen Wert von 10 annimmt. Unter der Voraussetzung, daß die für Modell B aufgestellte Hypothese Gültigkeit besitzt, zeigt sich also, daß der Einfluß der Durchmischung auf die Wachstumsrate (bzw. die Primärproduktion) des Phytoplanktons erheblich sein kann.

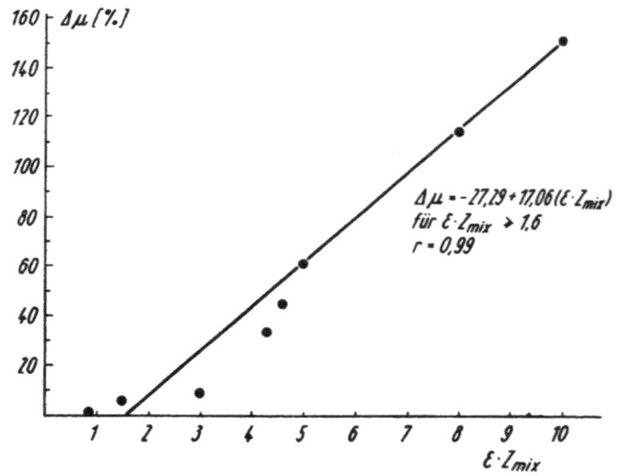

Abb. 5. Beziehung zwischen Mehrleistung ($\Delta\mu$) nach Modell B und dem Produkt aus Durchmischungstiefe und Extinktionskoeffizient

5. Anwendbarkeit der Modellvorstellungen

Wie nahe die reale Situation in einem Gewässer einem der beiden geschilderten Extremfälle kommt, hängt sowohl vom Gewässertyp als auch von den meteorologischen Bedingungen (vor allem vom Wind) ab. Bei intensiver Windeinwirkung dürfte in vielen Gewässern mit der Gültigkeit von Modell B zu rechnen sein, während bei Windstille gute Anwendbarkeit von Modell A gegeben ist.

Obwohl die Stochastik der Windeinwirkung zu einem laufenden Wechsel zwischen intensiver und fehlender Durchmischung führt, darf doch angenommen werden, daß in bestimmten Gewässern häufiger Modell A und in anderen Gewässern häufiger Modell B anwendbar ist (siehe Tab. 2).

Tab. 2. Vorzugsweise Anwendbarkeit der Modellvorstellungen auf einige Gewässertypen

Modell	Gewässertyp	Randbedingung
Modell A	tiefe Seen und Talsperren	geringe Windexposition und kleiner Extinktionskoeffizient
Modell B	flache Seen, Teiche, Vorsperren und Talsperren	starke Windexposition und hoher Extinktionskoeffizient
	Fließgewässer	hoher Extinktionskoeffizient

Wie Tab. 2 zeigt, wird mit einer guten Anwendbarkeit der Modellvorstellung B auf solche Gewässer gerechnet, in denen einerseits — durch einen hohen Extinktionskoeffizienten bedingt — das Lichtangebot für die Phytoplankter schon bei geringer vertikaler Verfrachtung stark schwankt und andererseits infolge geringer Tiefe und guter Windexposition eine hohe Wahrscheinlichkeit besteht, daß die Plankter ihren Aufenthaltsort zwischen Oberfläche und Gewässergrund häufig ändern. Für tiefe, windgeschützte Gewässer mit niedrigen Extinktionskoeffizienten trifft dagegen eher Modell A zu, weil die Wahrscheinlichkeit gering ist, daß die Algen schneller ihren Lichthorizont wechseln als die photosynthetische „Antwort" auf die Lichtänderung zu folgen vermag.

In sehr vielen Gewässern wird die reale Situation allerdings laufend zwischen den beiden extremen Modellen schwanken (schraffierter Bereich in Abb. 2—4), so daß die Benutzung sowohl des einen als auch des anderen Modellansatzes für die Berechnung der Wachstumsrate fehlerhafte Ergebnisse bringt. In diesem Fall würden einer Berechnungsmethode, die zu „mittleren" μ-Werten (Werte zwischen $\bar{\mu}_A$ und $\bar{\mu}_B$) führt, die geringsten Fehler anhaften. Solche „mittleren" μ-Werte lassen sich natürlich ohne weiteres erhalten, indem die Wachstumsraten nach beiden Modellen (A und B) über die exakte Methode (Tagesmittel aus einzelnen Stundenwerten) bestimmt werden, und das arithmetische Mittel dieser beiden Werte Verwendung findet. Ein solches Verfahren ist aber nur bei Verwendung von Rechenautomaten rationell durchführbar. Wachstumsraten zwischen $\bar{\mu}_A$ und $\bar{\mu}_B$ lassen sich zumindest für die wichtigsten Konstellationen im Gewässer (Frühjahr bis Herbst; mittlere Werte von $\varepsilon \cdot z_{mix}$) auch auf einem sehr einfachen Weg erzielen: wie Abb. 3 für $\varepsilon \cdot z_{mix} = 5$ zeigt, liegen während der gesamten Hauptvegetationsperiode die nach dem Näherungsverfahren mit Modell A erhaltenen μ-Werte zwischen den exakt berechneten $\bar{\mu}_A$ und $\bar{\mu}_B$, allerdings sind die Werte mehr zu $\bar{\mu}_A$ hin verschoben. Bei sehr niedrigem Lichtangebot (Spätherbst und Winter bzw. hoher Wert für $\varepsilon \cdot z_{mix}$) unterscheidet sich die Näherungslösung für Modell A kaum von der exakten Berechnung (vgl. Abb. 4), so daß dann die Näherungslösung nur noch den Vorteil des geringeren Rechenaufwandes bietet, jedoch nicht mehr den Vorteil „mittlerer" μ-Werte. Die Näherungslösung für Modell B ist in fast allen geprüften Fällen unbrauchbar, weil sie zu hohe Werte liefert (Ausnahme: kleine Werte für $\varepsilon \cdot z_{mix}$ und/oder I_0). Für die Berechnung nach Modell B muß folglich der exakte Rechengang über die Ermittlung von Stundenwerten beschritten werden.

6. Diskussion

Es ist bekannt, daß die allgemein übliche Bestimmung des Produktionsintegrals über die Tiefe (und analog die Mittelwertbildung der Wachstumsrate) nach der Modellvorstellung A (fehlende Durchmischung) zu Fehlern führen kann, die sich in zu niedrigen Werten äußern. Hierfür sind mindestens drei Gründe zu nennen: erstens ist bei zirkulierenden Planktern kaum eine Oberflächenhemmung zu erwarten (TALLING 1971, HARRIS & LOTT 1973), zweitens wird die Photosynthese-Depression am Ende einer längeren Belichtungsperiode (siehe z. B. AUERBACH, PRÜFER & WEISE 1973) durch einen Hell-Dunkel-Wechsel im Stundenbereich vermieden bzw. vermindert (MEFFERT 1954), und drittens schließlich kann eine intermittierende Belichtung im Minutenbereich zu einer Steigerung der Photosyntheserate um mehr als 100% führen (WARBURG 1919, WITT 1960).

Der sowohl experimentell als auch theoretisch nachgewiesene fördernde Einfluß der Durchmischung auf die Nährstoffversorgung der Planktonalgen (z. B. IVERSON, CURL & SAUGEN 1974, PASCIAK & GAVIS 1974, TITMAN & KILHAM 1976) spielt hier keine Rolle, da wegen der Vereinfachung auf den Fall reiner Lichtlimitation (vgl. Gl. 2) alle Nährstoffeinflüsse unberücksichtigt bleiben können.

Die dem Modell B zugrunde liegende Hypothese berücksichtigt infolge der nichtlinearen Beziehung zwischen μ und I „automatisch" alle drei genannten Effekte. Die ermittelten hohen Mehrleistungen stehen also nicht im Widerspruch zu theoretischen Überlegungen und Laborexperimenten.

Es erhebt sich die Frage, ob die nach Modell B berechneten hohen Mehrleistungen $\Delta\mu$ auch durch in-situ-Experimente bestätigt werden können. Leider konnten keine Vergleichsdaten gefunden werden, abgesehen von ersten Ergebnissen aus unserer eigenen Arbeitsgruppe. Diese ersten Ergebnisse beziehen sich einerseits auf Vorversuche in einem stark getrübten, flachen Gewässer (Zingster Strom) mit einem langsam vertikal rotierenden Rad, an dessen Speichenenden die Hell-Dunkel Flaschen zur Primärproduktionsbestimmung angeordnet waren (BENNDORF, FRITZSCHE & WOLF 1971) und andererseits auf Experimente in der Saidenbachtalsperre mit Polyäthylenbeuteln, die an Schnüren auf und ab bewegt wurden (LOTH & WIESNER 1973, HORN 1975).

Bei dem Experiment im Zingster Strom wurde in den rotierenden Flaschen eine Mehrproduktion von 27% gefunden. Es kann allerdings der Einfluß der besseren Durchmischung in den rotierenden Flaschen (MANN et al. 1972) nicht ausgeschlossen werden, so daß das Ergebnis unsicher bleibt. Die Experimente an der Saidenbachtalsperre sind vorerst wegen zu geringer Extinktionskoeffizienten ebenfalls nicht gut zur Überprüfung geeignet. Die Gewinnung experimentellen insitu-Vergleichsmaterials bleibt also eine vordringliche zukünftige Aufgabe.

Eine indirekte praktische Überprüfung der Modellvorstellung B ist die erfolgreiche Benutzung dieses Modells für die Berechnung der Phosphatelimination in Vorsperren (BENNDORF 1973, BENNDORF et al. 1975, BENNDORF & PÜTZ 1976). Bei diesem Verfahren geht die Genauigkeit der Wachstumsraten-Berechnung mit hoher Wertigkeit in das Endergebnis (Phosphatelimination) ein. Die Übereinstimmung zwischen berechneter (Modell B) und gemessener Phosphatelimination in den untersuchten Vorsperren ist hinreichend gut. Wenn für das Verfahren Modell A eingesetzt wird, resultiert eine schlechtere Übereinstimmung mit den gemessenen Phosphateliminationsleistungen. Dieses Ergebnis entspricht den Erwartungen, denn viele Vorsperren erfüllen die in Tab. 2 genannten Bedingungen zur Anwendbarkeit von Modell B.

Wesentlich niedrigere Mehrleistungen der Photosynthese in der Größenordnung von 1% erhielt BAUMERT (1976) mit seinem bereits erwähnten Modell unter der Bedingung relativ schwacher Turbulenz im Wasserkörper. Dieser Befund sowie die Ergebnisse der vorliegenden Arbeit zeigen deutlich, daß hohe Mehrleistungen nur dann zu erwarten sind, wenn Durchmischungsprozesse eine Rolle spielen, die zu einer relativ raschen vertikalen Verfrachtung der Plankter führen können (z. B. LANGMUIR-Zirkulation). Dabei darf die Geschwindigkeit der Verfrachtung umso geringer sein, je höher der Extinktionskoeffizient ist. Unter diesen Bedingungen können die Fehler, die bei Benutzung der konventionellen Methode der Produktions- und Wachstumsratenbestimmung auftreten, nicht vernachlässigt werden.

7. Zusammenfassung

1. In mathematischen Modellen der Phytoplanktonentwicklung in Gewässern stellt die Wachstumsrate μ des Phytoplanktons einen der wesentlichsten Geschwindigkeitsbeiwerte dar. Nach der allgemein üblichen Methode wird ein mittlerer vertikaler Wert für μ (bzw. das Produktionsintegral über die Tiefe) durch Ermittlung der μ-Werte (bzw. der Primärproduktion) in den einzelnen Tiefen und anschließende Mittelwertbildung (bzw. Integration) über die gesamte betrachtete Tiefe erreicht. Diesem Verfahren liegt die Modellvorstellung zugrunde, daß die Phytoplankter in einem Tiefenhorizont „ortsfest" verharren (Modell A für fehlende Durchmischung, Gl. 3, Abb. 1 oben).

2. In vielen Fällen ist die Voraussetzung ortsfester

Plankter nicht einmal näherungsweise erfüllt. Es wird deshalb ein zweiter möglicher Extremfall betrachtet (Modell B für intensive Durchmischung, Gl. 4, Abb. 1 unten). Bei dieser Modellvorstellung wird angenommen, daß die Algen schneller durch die unterschiedlichen Lichthorizonte in vertikaler Richtung transportiert werden, als der mit einem Verzögerungsmoment arbeitende photosynthetische Apparat auf die jeweilige Lichtintensitätsänderung antworten kann. Die Wachstumsrate wird dann nicht mehr von den Lichtintensitäten in den einzelnen Tiefen, sondern nur noch von der mittleren vertikalen Lichtintensität gesteuert.

3. Die nach Modell B berechneten Wachstumsraten liegen wegen der nichtlinearen Beziehung zwischen μ und I (Abb. 1 Mitte; Gl. 2) generell höher als die Werte nach Modell A (Abb. 2—4). Dabei steigt die Mehrleistung $\Delta\mu$ linear mit dem Produkt aus Durchmischungstiefe und Extinktionskoeffizient (Abb. 5) und erreicht beachtliche Werte. Die Resultate stehen in Übereinstimmung mit theoretischen Überlegungen und mit Laborexperimenten anderer Autoren, wonach durch Verhinderung der Lichthemmung und durch intermittierende Belichtung wesentliche Mehrleistungen erwartet werden können.

4. Ob das Modell B für die Berechnung der Wachstumsrate (bzw. Primärproduktion) in einem Gewässer anwendbar ist, hängt vor allem von meteorologischen Faktoren (Wind) und vom Gewässertyp ab (siehe Tab. 2). Das Modell B dürfte vor allem auf solche Gewässer anwendbar sein, in denen einerseits infolge eines hohen Extinktionskoeffizienten das Lichtangebot für die Plankter schon bei geringer vertikaler Verfrachtung stark schwankt und andererseits infolge geringer Tiefe und guter Windexposition die Wahrscheinlichkeit einer relativ raschen Bewegung auf der Vertikalachse hoch ist (z. B. flache Seen und Talsperren, Vorsperren, Teiche, Fließgewässer).

Summary

1. In the mathematical models of the phytoplankton dynamics the growth rate μ of the phytoplankton represents one of the most substantial coefficients. A vertical mean of μ (or the production integral over the depth, respectively) is obtained usually by the determination of the single μ-values (or the primary production, respectively) at the several depth levels, and followed by the calculation of an average value (or of the integral, respectively) over the whole depth considered. This calculation procedure is based upon the idea that the spatial position of the phytoplankters is „fixed" at the several depth levels (model A without mixing, equ. 3, upper part of fig. 1).

2. The premise of a fixed state at the several depth levels in many cases is not true even approximately. Therefore the possibility of a second extreme case is considered (model B at intensive mixing, equ. 4, lower part of fig. 1). Model B assumes that the algae change their position in the vertical direction — and therefore their exposition to the light — with a velocity exceeding the ability of the photosynthesis mechanism to respond to the change in light intensity. In this case the growth rate at the several depth levels not is controlled by the light intensity I_z but only by the mean vertical light intensity $\bar{I}$.

3. The growth rates calculated by model B exceed the values obtained by model A in each case (see fig. 2, 3, and 4) in consequence of the non-linear relationship between μ and light intensity (see middle part of fig. 1 and equ. 2). This „excess performance" of the growth $\Delta\mu$ shows a linear increase with an increasing product of mixing depth and light attenuation coefficient ($z_{mix} \cdot \varepsilon$) and attains considerable values (see fig. 5). The results are in agreement with theoretical considerations and laboratory experiments of other authors which demonstrate that high „excess performances" $\Delta\mu$ can be expected because of the intermittent illumination and the absence of light inhibition at intensive mixing.

4. The applicability of model B to the determination of the growth rate (or primary production, respectively) in a water body first of all depends on the meteorological factors (wind) and on the type of the water body (see tab. 2). It is to be expected that model B is applicable to such water bodies with the following characteristics: (1) There is a substantial change in the exposition of the phytoplankton to the light even by a transport over a small vertical distance if the light attenuation coefficient is high. (2) The probability of a relatively quick motion in the vertical direction is high if the water depth is small and there is a good exposition to wind action (for instance shallow lakes and reservoirs, preimpoundment basins, ponds, rivers).

Резюме

1. В математических моделях развития фитопланктона в водоёмах скорость роста фитопланктона μ представляет собою значительный коэффициент. При помощи обычных методов вычисляется среднее вертикальное значение μ (а именно, интеграл вычисления продукции по глубине) через усреднение значения μ (а именно, первичной продукции) на отдельных глубинах и окончательное усреднение (а именно, интегрирование) по общей глубине. В основу этого метода положено предположение, что каждый тип фитопланктона как-бы закреплён в определённом глубинном горизонте (модель А при отсутствующем перемешивании, уравнение 3, рис. 1, сверху).

2. Во многих случаях условие закреплённого планктона не было выполнено. Поэтому был рассмотрен второй возможный эксперимент (модель *B* для случая интенсивного перемешивания, урав-

нение 4, рис. 1, внизу). В основу этой модели положена гипотеза, что водоросли продвигаются через различные световые горизонты в вертикальном направлении быстрее, чем на это способен ответить фотосинтетический аппарат, работающий с некоторым моментом запаздывания. В этом случае скорость роста не будет больше зависеть от интенсивностей света на отдельных глубинах, а только от средней вертикальной интенсивности света.

3. Значения скорости роста, вычисленные по модели *B*, лежат при нахождении нелинейной зависимости между μ и I (рис. 1, середина, уравнение 2) значительно выше данных, вычисленных по модели *A* (рис. 2—4). При этом дополнительная производительность $\Delta\mu$ увеличивается линейно с продукцией на перемешиваемой глубине и с коэффициентом оптической плотности (рис. 5) и достигает значений, заслуживающих внимания. Результаты согласуются с теоретическими предположениями и лабораторными экспериментами других авторов, где при исключении светового торможения и при прерывном освещении можно ожидать значительной дополнительной производительности.
4. Возможность применения модели *B* для вычисления скорости роста (соответственно первичной продукции) в водоёме зависит прежде всего от метеорологических факторов (ветер) и типа водоёма. Модель *B* может быть применима прежде всего в таких водоёмах, в которых с одной стороны уже вследствие высокого коэффициента оптической плотности, облучение планктона уже при небольшом вертикальном перемешении сильно колеблется, и с другой стороны вследствие малой глубины и хорошей экспозиции ветра существует большая вероятность относительно быстрого перемешения вверх по вертикальной оси (например, равнинные озёра, водохранилища, запруды, полностью отделённые от главного водохранилища, но предшествующие ему, пруды и реки).

8. Literatur

AUERBACH, S., P. PRÜFER & G. WEISE, 1973: Gasstoffwechselphysiologische Schädigungskriterien bei submersen Makrophyten vom Typ *Fontinalis antipyretica* L. unter Einwirkung von Schwermetallen oder Phenol. — Internat. Revue ges. Hydrobiol. **58** (1), 19—32.

BANNISTER, T. T., 1974: Production equations in terms of chlorophyll concentration, quantum yield, and upper limit to production. — Limnol. & Oceanogr. **19** (1), 1—12.

BAUMERT, H., 1974: Turbulenzkorrekturen für die phytoplanktische O_2-Produktion unter Berücksichtigung der Relaxation der Photosynthese. — Acta Hydrophysica (Berlin) **19** (1), 5—21.

— 1976: Abschätzung von Turbulenzkorrekturen für die phytoplanktische O_2-Produktion bei schwacher Turbulenz. — Internat. Revue ges. Hydrobiol. **61** (5), 627—637.

BENNDORF, J., 1973: Prognose des Stoffhaushaltes von Staugewässern mit Hilfe kontinuierlicher und semikontinuierlicher biologischer Modelle. II. Prüfung der Prognosegenauigkeit. — Internat. Revue ges. Hydrobiol. **58** (1), 1—18.

BENNDORF, J., I. FRITZSCHE & D. WOLF, 1971: Vergleichende Messung der Primärproduktion im Zingster Strom mittels ortsfester und vertikal bewegter Hell—Dunkel-Flaschen. — unveröff. Material Sekt. Wasserwesen Techn. Univ. Dresden (Bereich Hydrobiol.).

BENNDORF, J., & K. PÜTZ, 1976: Výpočet eliminace ortofosforečnanů v předzdržich. (Berechnung der Phosphatelimination in Vorsperren). — Vodni hospodářstvi **26** (3), Řada B, 71—75.

BENNDORF, J., K. PÜTZ, H. KRINITZ & W. HENKE, 1975: Die Funktion der Vorsperren zum Schutz der Talsperren vor Eutrophierung. — Berechnungs- und Bemessungsgrundlagen. — Wasserwirtschaft — Wassertechnik **25** (1), 19—25.

GÄCHTER, R., 1972: Die Bestimmung der Tagesraten der planktischen Primärproduktion — Modelle und in-situ-Messungen. — Schweiz. Z. Hydrol. **34** (2), 211—244.

HARRIS, G. P., & J. N. A. LOTT, 1973: Light intensity and rate of photosynthesis of the phytoplankton. — J. Fish. Res. Board Can. **30**, 1771—1778.

HORN, W., 1975: Einfluß der natürlichen und künstlichen Durchmischung des Wasserkörpers auf Massenentwicklungen des Phytoplanktons. — Acta hydrochim. hydrobiol. **3** (5/6), 445—453.

IVERSON, R. L., H. C. CURL & J. L. SAUGEN, 1974: Simulation model for wind-driven summer phytoplankton dynamics in Auke Bay, Alaska. — Mar. Biol. **28**, 169—177.

LOTH, P., & E.-M. WIESNER, 1973: Beitrag zur Prognose der Wassergüte der geplanten Talsperre Eibenstock. — Belegarb. Sekt. Wasserwesen Techn. Univ. Dresden (Bereich Hydrobiologie).

MANN, K. H., R. H. BRITTON, A. KOWALCZEWSKI, T. J. LACK, C. P. MATHEWS & I. MCDONALD, 1972: Productivity and energy flow at all trophic levels in the River Thames, England. — Productivity problems of freshwaters (eds.: KAJAK, Z., & HILLBRICHT-ILKOWSKA, A.), Warszawa — Krakow, 579—596.

MEFFERT, M.-E., 1954: Ein Beitrag zur Wirkung diskontinuierlicher Belichtung auf die Massen- und Individuenvermehrung von *Chlorella vulgaris*. — Arch. Mikrobiol. **20**, 410—422.

PASCIAK, W. J., & J. GAVIS, 1974: Transport limitation of nutrient uptake in phytoplankton. — Limnol. & Oceanogr. **19**, 881—888.

PATTEN, B. C., 1968: Mathematical models of plankton production. — Internat. Revue ges. Hydrobiol. **53** (3), 357—408.

RODHE, W., 1972: Evaluation of primary production parameters in Lake Kinneret (Israel). — Verh. Internat. Verein. Limnol. **18**, 93—104.

STRAŠKRABA, M., & V. STRAŠKRABOVA, 1975: Management problems of Slapy reservoir, Bohemia, Czechoslovakia. — Proceedings of a symposium „The effects of storage on water quality", Reading University, March 1975, paper 16, 449—483.

TALLING, J. F., 1971: The underwater light climate as a controlling factor in the production ecology of freshwater phytoplankton. — Mitt. Internat. Verein. Limnol. **19**, 214—243.

TALLING, J. F., 1957: The phytoplankton population as a compound photosynthetic system. — New Phytol. **56**, 133—149.

TITMAN, D., & P. KILHAM, 1976: Sinking in freshwater phytoplankton: some ecological implications of cell nutrient status and physical mixing process. — Limnol. & Oceanogr. **21**, 409—417.

WARBURG, O., 1919: Über die Geschwindigkeit der photochemischen Kohlensäurezersetzung in lebenden Zellen. — Biochem. Z. **100**, 230—270.

WITT, H. T., 1960: Untersuchungen der Photosynthese bei Anregung mit Blitzlicht. — Handbuch Pflanzenphysiol. **V/1** (Hrsg. W. RUHLAND), Springer-Verlag, Berlin, Göttingen, Heidelberg, S. 634—674.

Eingegangen am 16. 6. 1977.

Anschriften der Verfasser:

Dr. JÜRGEN BENNDORF
EVA WERNER
Technische Universität
Sektion Wasserwesen, Bereich Hydrobiologie
DDR-8020 Dresden
Zellescher Weg 40

Limnologica (Berlin) **12** (1), 33—75, Februar 1980

SEWA RAM VERMA, GOPI RANI SHUKLA &
RAMESH CHAND DALELA

Studies on the pollution of Hindan river in relation to fish and fisheries

With 26 Figures and 17 Tables

Contents

1. Introduction

1.1. Preface

The water of the rivers and freshwater lakes plays an important role in all the development programmes of the country. They also serves as a source of water supply for domestic and industrial purposes and also for agriculture, fisheries and power development. The same water resources are also utilized for the industrial wastes and sewage leading to the water pollution. In recent years, with the rapid development of industries, water pollution is assuming serious proportion in our country.

Pollution in natural water may be disastrous to fishes and other fauna and flora living therein. With mild pollution the fish may acquire an odour that renders fish flesh unfit for human consumption, where as by the more severe contamination, the fishes get sickened or killed. When pollution develops slowly in the stream fish may deliberately leave the polluted areas but the sudden pollution results in the death of the fish. This may be due to increase in acidity or alkalinity, decrease in dissolved oxygen, specific toxic ingradients, mechanical injury to gills, increase in osmotic pressure, destruction of spawning grounds, blocking of migration channels, non availability of fish food, etc. In short, the whole of the physico-chemical and biological factors of the river are changed by the pollution.

In western district of Uttar Pradesh, mainly Saharanpur, Muzaffarnagar, Meerut, and Bulandshahr, large number of lotic, lentic and perennial water resources are present which are used for irrigation, fish catch, to procure fish seed and fingerlings. The same water resources are also utilized for the disposal of the industrial wastes of about more than 20 different industries (VERMA et al. 1974). The main water resource of this region are river Hindan, Kalinadi, Krishna, Ganga, Jamuna with their respective tributaries and four canals. Several "News Items" have appeared on heavy fish mortality in river Hindan which clearly indicates the severe intensity of pollution in this river.

In the present work, an attempt has been made to study the pollution and its effect on Hindan river and its biota in some detail.

Authors are thankful to Dr. V. P. AGRAWAL Ph. D. (London) and Dr. D. STORCH (Jena) for going through the manuscript critically. The authors also acknowledge the financial help render by UGC & CSIR (New Delhi). The second author of the paper thanful to Mrs. BIMLA GUPTA, Principal, D. A. K. College Moradabad, for granting the leave for the present investigation.

1.2. Historical Résumé

In highly industrialized countries like U.S.A., U.K., and U.S.S.R. where toxic chemicals and waste waters from industries have presented serious pollution problems, considerable attention is being paid to water pollution. SHELFORD (1917); GORDON (1960) and COTTEM (1960) made experimental studies on the effect of gas waste upon fishes with reference to the stream pollution. STEPHEN (1936) made certain observations on the pollution. KATZ & GAUFIN (1952); ALDERDICE & BRETT (1957) and WHITNEY & SPINDLER (1952) studied the effect of sewage and kraft mill waste on fishes. In India, however, the seriousness and importance of this problem has been realized only recently and very little work has been in this direction. HORA (1942); HORA & NAIR (1944) pointed out the danger to the fisheries industry by the industrial waste. BOSE (1944); BHIMACHAR & DAVID (1946), BHASKARAN (1947), GANAPATI & ALIKUNHI (1950), GANAPATI & CHACKO (1951), and SAXENA et al. (1966) have stressed on the need of pollutional studies of rivers to protect biolife from the injurious effects of industrial wastes and sewage. MOTWANI, BANERJEA, & KARAMCHANDANI (1956) made certain observations on the pollution of the river Sone, DAVID (1956) on Bhadra river, BANERJEA & MOTWANI (1960) on Suvaon river. They pointed out that industrial wastes have altered greatly the physical, chemical and biological characteristics of these rivers. Recently, DAVID & RAY (1966) studied the water pollution of river Daha by sugar and distillery wastes. GOPALAKRISHNAN, RAY & GHOSH (1973) studied the present status of pollution in the Hoohly estuary with reference to the adverse effect on the fishery resources. ARORA et al. (1973) also made some study on the eutrophication of Gomti river in Lucknow region with reference to the self-purification of the river. VERMA et al. (1969, 1971, and 1974) studied the pollution of the river in western U.P. In the knowledge of the authors, no detailed observations have been made on Hindan river pollution by any of the workers.

1.3. Materials and Methods

The study has been made for three years (January, 1971 to December, 1973). Investigations were conducted through out the year, but with greater details during winter (November, December January and February) and summer seasons (March April May and June). In monsoon season, when the flow of the river is very high, no harmful effect has been noticed. This survey has covered a stretch of about 150 km. The sampling was made at 10 sampling stations. Effluent samples were collected from the pulp and paper factory and city sewage waste from different sources. The water samples were collected mid stream of about 10 to 12 cm depth and subjected to analytical procedures for different characteristics such as temperature, smell, appearance, total solids, suspended solids, dissolved solids, dissolved oxygen, alkalinity, biochemical oxygen demand (BOD) chemical oxygen demand (COD), different forms of nitrogen and phosphate as per "Standard Methods" for the examination of water, sewage and industrial wastes suggested by American Public Health Association and American Water Works/Association (1965 and 1971). Bottom-muds from sampling stations were collected by the use of EKMAN-dredge for sediment analysis. The sediment analysis was made with the help of "Standard Methods, 1971".

Water samples for bacteriological analysis were collected in sterile bottles of 500 ml. capacity and were brought into the laboratory in an ice box and inoculations were made within six hours of collection. Bacteriological examination of water for MPN index (presumptive) coliform confirmed, *E. coli* and Enterococci was done according to the methods suggested by American Public Health Association (1971) in "Standard Methods" (13th Edition).

The fish collection from the different sampling stations was made with the help of local fisherman. The identification of the different fishes was made with the help of the book "Fishes in India, 1878". The cast net and bag nets were used for fish catching. The quantitative, qualitative and relative abundance of their distribution was noted on the spots. For morpho-histopathological study, several fishes were collected from the polluted area and were brought to the laboratory for postmortem. The different morphological changes in fishes and fish organs were observed carefully.

Plankton study was made by collecting 100 litres of water and filtering it through a bolting silk (200 mesh per linear inch) net and the concentrate was preserved in 5% formalin solution. Plankton count was made with SEDGEWICK-RAFTER counting cell under a research binocular microscope. The quantity of the plankton was calculated with the help of the following formula:

$$n = \frac{a \cdot c}{l}$$

Where: n — number of the plankton per litre of the original water; a — average number of plankton in all counts in counting unit of 1 mm^3 capacity; c — volume of the original concentration in cm^3; l — volume of the original water expressed in litre.

The biological index of pollution (B.I.P.) was calculated by the following formula:

$$\text{B. I. P.} = \frac{B \cdot 100}{A + B}$$

Where: A — Non chlorophyll bearing unicellular organisms; B — Chlorophyll bearing unicellular organisms.

Bottom sludge was collected with an EKMAN dredge of 160 × 160 mm. Bottom organisms were seived through seive of 10, 20, and 40 mesh per linear inch.

The self purification capacity of the river Hindan has been based on the equation given by STREETER & PHELPS (1925).

1.4. Physiography, Meteorology and Sampling Stations

1.4.1. Physiography

The river Hindan, which flows in western districts of U.P., is a perennial river. It is a large water stretch and covers an area of more than 400 kilometers. The rivers flows through the districts of Dehara Dun, Saharanpur, Muzaffarnagar, Meerut and Bulandshahr. In district Dehara Dun, the river flows in the form of a small tributary, which is monsoon fed and has a low flow throughout the year. However, in other districts, the river flows continuously with large amount of water. The river exists between the latitude 28° 4″ to 30° 5″ N and longitude 77° 8″ to 77° 4″ E.

1.4.2. Meteorological data

Broadly speaking, the climate of the region under study, is mainly influenced by its remote inland position which is characterized by extreme summer heat alternating with winter cold. Only during the three monsoon months (July, August and September), the oceanic air penetrates the area. The climate is semi-arid in nature due to marked diurnal differences of temperature, high saturation deficit and moderate rainfall.

The climate is markedly periodic and is characterized by a dry and increasing hot summer from March to June, a dry and cold winter from October to February and warm monsoon period from July to September.

Temperature: The air temperature varies extensively in summer and winter months. During different months of the year, the maximum temperature lies between 18.2 °C to 39.8 °C, and minimum between 7.7 °C to 27.2 °C with the difference of 21.6 °C and 19.5 °C respectively. Night temperatures are lower throughout as compared to the day temperature. The month-wise fluctuation in the average value of temperature from 1971 to 1973 is shown in Fig. 1 and its range is given in Table 1.

Rainfall: The average annual rainfall is about 1201 mm. The highest rainfall was recorded in the month of August which is found to range from 410 to 490 mm with the average value of 466 mm. The lowest rainfall was recorded in the month of March, April and November, December when the rain was almost nil (the average being 9 mm). In years 1971, 1972 and 1973 the total

Table 1. Showing the meteorological data in different months from 1971—1973

Months	Temperature °C		Rainfall range (mm)	Sunshine range (h/d)	Wind Velocity range (km/h)
	Minimum	Maximum			
January	7.7— 8.2	18.2—21.3	14— 36	7.4— 7.5	4.3—4.6
February	9.1—12.2	19.6—22.6	0— 19	8.3— 8.6	5.0—5.1
March	14.3—18.6	26.4—28.2	0— 16	9.0— 9.2	6.0—6.3
April	19.2—23.5	32.0—37.9	3— 12	9.2—10.0	7.2—7.5
May	25.3—27.2	36.5—39.8	3— 15	11.3—11.6	7.9—8.1
June	24.6—25.4	34.2—37.6	50— 67	7.8— 7.8	7.2—7.5
July	21.8—22.6	34.0—37.2	310—410	6.2— 6.4	6.0—6.3
August	21.9—22.4	32.0—35.6	410—490	5.0— 5.2	5.0—5.3
September	21.3—22.2	27.0—29.6	135—210	7.2— 7.4	7.1—7.4
October	18.8—19.9	24.2—26.1	9— 27	9.0— 9.2	3.5—3.9
November	12.6—14.4	21.9—23.9	0— 0	8.0— 8.1	3.0—3.1
December	8.1— 8.9	21.6—22.8	2— 12	7.5— 7.8	3.2—3.2

rainfall was recorded as 1200, 1180 and 1240 mm respectively. The average values and range are given in Fig. 2 and Table 1.

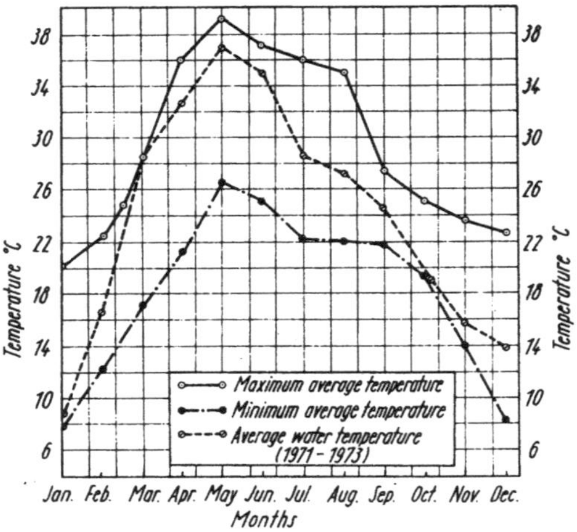

Fig. 1. Variation in the average values of maximum and minimum air temperature and average water temperature in different months

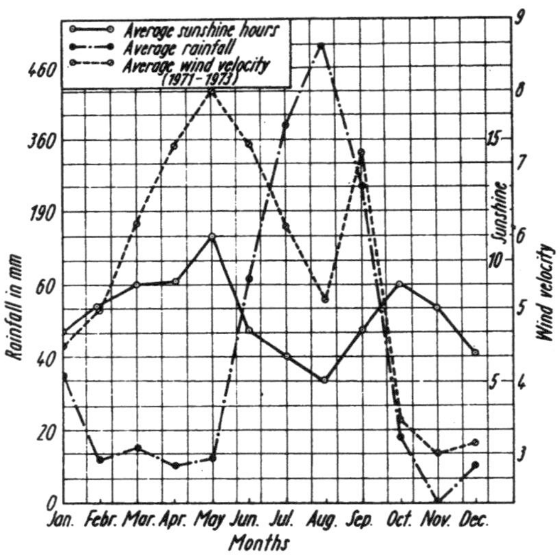

Fig. 2. Variation in the average values of rainfall, wind velocity, and sunshine hours in different months

Wind velocity: Wind flows with strongest speed in May, April and June with an average of 8.0 km/h and 7.4 km/h respectively. The flow is lightest (3.2 km/h) in November and December. The data are shown in Fig. 2 and Table 1.

Sunshine hours: The maximum duration of sunshine has been recorded during May (11.4 h/d) and minimum in August (5.1 h/d). The other values are shown in Fig. 2 and Table 1.

1.4.3. Sampling stations

Ten sampling stations selected are stretched over 150 km. Sampling stations I and II (a stretch of about 6.0 km) are situated in the unpolluted water region above the confluence of the effluent and sewage, while the others eight stations, III to X (of about 144 km) are located at various distances down the stream. Each station can be characterised as follows:

Station I, is situated on the right bank near village Kalashpur, where the water is shallow and is full of aquatic vegetation. The banks are high with sandy soil.

Station II, is located near the railway bridge of Baliakheri (Railway line from Saharanpur to Laksar). The water is shallow but with deep pool of about 6 to 8 feet deep. The water is clean with aquatic vegetation. The substratum is sandy.

Station III, is located near railway bridge of Tapri (about 1 mile from Tapri station). The water is brown with oozing substratum. The pulp fibres are found lying in the bed and on the bank of the river.

Station IV, is located near village, Ferozpur Nandni before the confluence of Damola into it. The river banks are steepy with black muddy and oozing substratum which is full of pulp fibres.

Station V, is located near Markpur village. The substratum is oozing and muddy. The colour of the water is brown black. The banks on both the sides are plain with pulp and paper fibres in the river bottom.

Station VI, is located near village, Chimau of district Muzaffarnagar. The colour of water is still blackish with fibrous and black oozing substratum.

Station VII, is situated about $^1/_2$ a mile from Titawi bridge. The water is black with oozing substratum. Wood and paper fibre are found on the bank and within the water of the river.

Station VIII, lies near village Nagwa, just after the confluence of Kalinadi. The river is wider with high bank. The depth of the water ranges from 3 to 4 m with deep pools. The water is light brown in colour. The soil is sandy and is mixed with clay and some paper fibres.

Station IX, is located near Sardhana (Meerut district) just beyond the place where Krishna river opens into it. The water is light blackish in colour having suspended matter. The river bed has sand and clay with some

Districts	Saharaupur					Muzaffaruagar			Meerut	
Sampling station	I	II	III	IV	V	VI	VII	VIII	IX	X
Location of the station	Near village Kailash-pur	Near bridge Balia-khari	Near railway bridge Tapri	Near village Nandini-ferozpur	Near village Marak-pur	Near village Chimau	Near village Tetavi	Near village Nagwa	Near village Sardhana	Near Bagpath
Distance of the station in kilometers	00	06	12	20	30	40	60	100	110	150
Width of river in meter during d.w.f.	15	20	20	19	25	27	30	37	35	45
Depth of river in meter during d.w.f.	1/2	1/2	1 1/2	2	2 1/2	3	3	3	3	4
Flows	Slugish	Slugish	Slugish	Slugish	Slugish	Slugish	Slugish	Slugish	Slugish	Slugish
Substratum	Sandy	Sandy	Fibrous black oozing	Fibrous black oozing	Fibrous black oozing	Fibrous black oozing	Black sandy	Black sandy	Black sandy	Black clay and sand
Colour of water	Clear	Clear	Brown	Brown	Brown	Light brown	Light brown	Light black	Light black	Clear
Odour	Odourless	Odourless	Organic pungent with H_2S	Organic pungent	Organic pungent	Organic	Organic	Organic with H_2C	Odourless	Odourless
Bank	High bank	Low bank	Low a.high bank	Low bank	Low bank	High bank	High bank	Low bank	High bank	Low bank

Fig. 3. Physical characteristics of ten sampling stations

organic deposit. Vegetation is visible in the latter part of the station.

Station X, is situated about 6 miles from Bagpat. The water is mostly clear with sandy and stony bed. The river is about 4 m deep with several deep pools. The width of the river is more than 45 to 50 m.

The sampling stations with their physical characteristics are given in Fig. 3 and 4.

2. Sources, Volume, and Characteristics of the Wastes

The main sources which create pollution in river Hindan include, the wastes of pulp factory and paper factory and the sewage of several towns and villages situated on the banks of the river. In addition, the wastes from several small units such as textile factory, sugar factory, cigarette factory, gatta factory and laundries etc. also transfer their wastes through Damola in this river.

2.1. Paper factory of Saharanpur

Paper factory of Saharanpur is located on the north-east of the Saharanpur railway station and manufactures all varieties of writing, printing, kraft wrapping and wall papers. Its daily production is about 86 t of paper. The raw materials used in this factory are, the wood, bamboo (*Dendrocalamus strictus*), jute sticks, straw, hemp, sawai and sabal grass.

2.1.1. Description of the processes

The sequence of operations in this factory are as follow (Fig. 5):

1) Preparation of the raw materials.
2) Digestion of the raw material with the requisite quantity of the cooking liquor.
3) Washing, bleaching, and refining of the pulp.
4) Preparation of the paper making stock with the addition of appropriate amounts of filling, sizing and colouring materials.

5) Formation of the sheet and finishing of the final product.

The cooking liquor used, is strongly alkaline and contains caustic soda, sodium sulphate, sulphide and sodium carbonate. The spent cooking liquor from the digester blow down is segregated and stored for subsequent recovery of soda. The efficiency of the soda recovery in this factory, varies from 75 to 85 percent and the excess black liquor is discharged as the waste.

The washing and bleaching operations form a continuous process, consisting of a counter-current washing system in which the washwater consists of fresh-water in the final washing of the pulp and the effluent from this stage is employed in the second stage is recycled to the first stage. The washwater, after a few stages is let off.

The bleaching operation is also a multistage process in which chlorine, sodium and calcium hypochlorite solution are used with an intermediate stage of caustic extraction. The bleached pulp is rinsed with a large volume of freshwater. The process wastes are discharged into the channel within the factory.

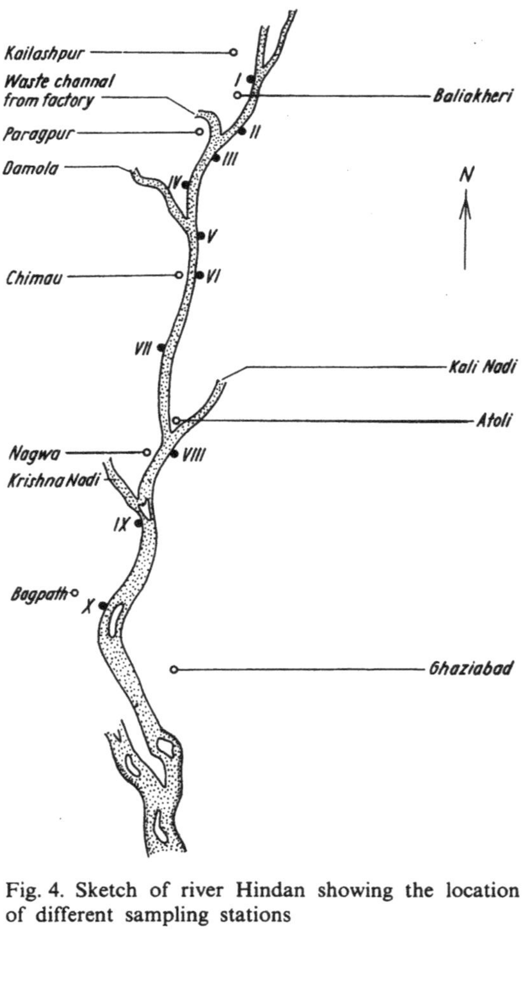

Fig. 4. Sketch of river Hindan showing the location of different sampling stations

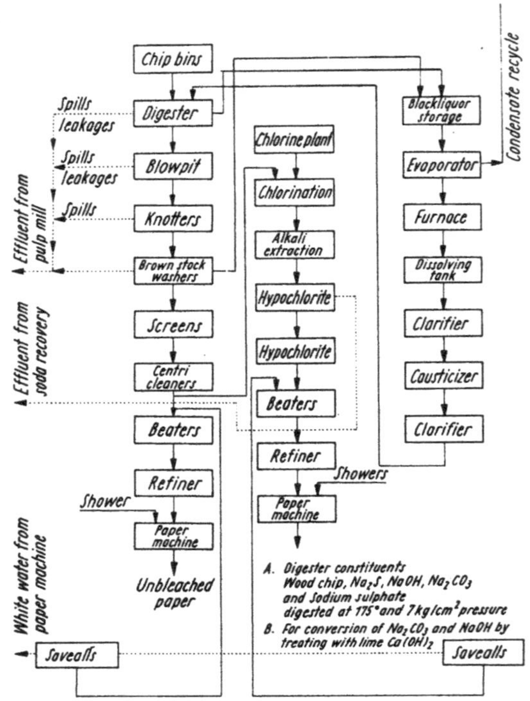

Fig. 5. Flow-sheet of pulp and paper manufacture in star paper mill at Saharanpur

In the paper machine room, the bleached pulp is subjected to a series of refining operations in which the surplus water, dirt and knots are removed. The fibre is diluted in the beaters and the requisite amount of filling and sizing materials and dyes used for coloured papers are added. At this stage, the pulp has a consistency of about 0.5% to 0.6% and is fed continuously at uniform rate into the paper machine wire for the formation of the sheet. The sheet, next travels through a series of rollers. A large volume of water is sprayed on the roller to eliminate friction and the entire volume of water is then collected at the bottom of the machine and is drained off. This water is whitish in colour and contains fibre in appreciable concentration. The fibre is recovered from the effluent in the "Savealls" and is reused. A part of the effluent from the "Savealls" is also recycled into the system.

2.1.2. Sources of the waste waters

The main sources of the wastes are as follows:

1) Black liquor from the digesters and also its spills and leakage.

2) Wash water from washing and bleaching operation.
3) Waste from the soda-recovery plant, consisting of condensate from multiple effect evaporators and waste water from causticizing plant.
4) White water from paper machines.

The volume of the different wastes produced by the paper factory, Saharanpur are as follows (Table 2):

Table 2. Volume of different wastes from pulp and paper factory

S. No.	Wastes	gallons/day
1.	Black liquor	7,00000
2.	Wash water from washing and bleaching operations	35,00000
3.	Waste from soda recovery plant	4,00000
4.	White water	32,00000

2.1.3. Characteristics of the waste waters

The values of characteristics of the different wastes given in Tables 3 to 11 are shown in mg/l except colour, temperature and pH.

Black liquor: It is highly alkaline with the pH range of 10.2 to 12.2. It contains the original cooking solution in combination with nearly all the cellulose constituents of the wood and a complex mixture of sulphur compounds with organic derivative like mercaptans, ligno-sulphonate, fatty and resin acids. Some amount of formic acid and acetic acid are also present. Untreated alkali and alkali sulphides also go into solution. A high percentage of fermentable sugars are also present. Some of the physico-chemical characteristics of the black liquor are given in the Table 3.

Table 3. Physico-chemical characteristics of black liquor

S. No.	Characteristics	Values
1.	Colour	Brown
2.	Temperature	200 °C
3.	Turbidity	5000
4.	pH	10.2—12.2
5.	Dissolved oxygen	nil
6.	Total solids	189000—217200
7.	Volatile solids	113500—125300
8.	B.O.D. (5 days at 37 °C)	35000— 36300
9.	C.O.D.	48000— 52320
10.	Lignin	43000— 75000

Pulp washing and bleaching process wastes: The wash water from the brown stock washing by the counter current system results in two kinds of effluents. First, the concentrated wastes from the first stage washing. This is generally segregated and is pumped into the black liquor storage tank for the subsequent use in the soda recovery process. Second, the effluent from the second and third stage washing which is pale yellowish in colour, pungent in smell, foamy in appearance and highly alkaline in nature having the pH range of 9.1 to 10.2.

The waste water from the bleaching of the pulp has a variable composition. The waste from the chlorination stage has alkaline pH, and low B.O.D. The water from the caustic extraction, is highly alkaline and coloured. The composite waste from the washing and bleaching operation has alkaline pH. The chlorine utilized for bleaching the pulp is also washed off mostly as chloride. The physico-chemical analysis of the composite waste is given in Table 4.

Table 4. Physico-chemical characteristics from pulp washing and bleaching operation

S. No.	Characteristics	Values
1.	Colour	Foamy brown
2.	Turbidity	2100 —2210
3.	pH	9.1— 10.2
4.	Suspended solids	363 —1062
5.	Dissolved oxygen	4.9— 6.1
6.	B.O.D. (5 days at 37 °C)	220 —1260
7.	C.O.D.	510 —1260
8.	Lignin	2.1— 9.2
9.	Sulphide	300 — 400

All these waste (black liquor, pulp washing and bleaching units) combine within the factory premises and from the pulp waste which has the following characteristics.

Paper machine waste or paper waste: The effluent from the paper machines consists of the white water from the machine wires, the water used in the showers as well as that drained from the sunction rollers etc. It contains

Table 5. Physico-chemical characteristics of the pulp factory waste

Characteristics	Values		
	Minimum	Maximum	Average
Colour	Brown	Black	Brown
Temperature	99.2 °C	105 °C	104.5 °C
pH	9.20	9.60	9.55
Turbidity	2510	2690	2610
Total solids	2960	3575	3375
Dissolved solids	2325	2760	2529
Suspended solids	892	1260	925
Total alkalinity	27000	43500	36300
B.O.D. (5 days at 37 °C)	900	1350	990
C.O.D.	1250	1890	1600
Dissolved oxygen	4.7	5.3	5.1
Lignin	112	200	173
Sulphide	0.08	0.50	0.09
Mercaptans	4.9	506	5.2
Resin	3.2	4.1	3.8
Free chlorine	30	56	43.2

a large amount of fine fibres in suspension along with filling materials and also dissolved substances such as starch, alum and dyes. The characteristics of the paper machine waste is given in Table 6.

The Tables 4 and 5 show that the waste water from pulp contains about 20 to 25% of the total alkali used in the process. It also includes cellulose fibres, lignin, mixture of various sodium salts of carbonates, sulphide, sulphate, chloride methyl mercaptans and free chlorine in the solution. The waste from the paper mill contains cellulose, lignin, sizing materials such as resin, soap, alum, china-clay, starch, and sodium silicate.

Table 6. Physico-chemical characteristics of the paper machine waste

Characteristics	Values		
	Minimum	Maximum	Average
Colour	Brown	Brown	Brown
Temperature	85 °C	92 °C	86.5 °C
pH	8.4	8.8	8.7
Turbidity	980	1025	1010
Total solids	2160	8946	7629
Dissolved solids	610	759	690
Suspended solids	1690	8325	7046
Total alkalinity	105	205	185
B.O.D. (5 days at 37 °C)	205	560	496
C.O.D.	529	960	890
Dissolved oxygen	6.2	6.8	6.5
Lignin	1.9	7.2	5.4
Mercaptans	traces	traces	traces
Resin	—	—	—
Free chlorine	—	—	—

The wastes from the pulp and paper units flow separately for some distance but finally they unite and form the combined waste of pulp and paper. The sewage from the factory colony is also mixed with this waste. The characteristics of this waste are given in the Table 7.

Combined waste: The combined effluent coming from the various plants is usually brownish, but is variable in colour, smell and other properties, becoming light brown, green or yellow and has pungent or irritating smell depending upon the nature of washing. It is highly alkaline in nature. In effluents, suspended particles settle to about 1/4 of the graduated cylinder. Even when allowed to settle down for 24 hours or boiled, the smell or colour of the liquor did not change. When all fibres were removed by filteration, the filtrate did not lose its colloidal nature due to suspension of sulphur freed from sulphides by oxidation. The Tables 5 and 6 show that the values of dissolved solids are much higher than suspended solids. The B.O.D. and C.O.D. is high and contains enough amount of lignin. This waste flows through the common drain into the river. The total rate of discharge of effluent from this factory into the river Hindan, work out is 4940 to 5850 gallons per minute near village Paragpur.

Table 7. Physico-chemical characteristics of the combined waste of pulp and paper

Characteristics	Values		
	Minimum	Maximum	Average
Colour	Light brown	Brown	Brown
Specific conductivity (μ mhos).	1880	2190	1975
Temperature	70 °C	78 °C	75.5 °C
pH	9.4	10.2	9.5
Turbidity	1700	2300	1960
Total solid	2550	3139	2850
Dissolved solid	1320	1631	1528
Suspended solid	1082	1221	1125
Total alkalinity	1210	2125	1610
B.O.D. (5 days at 37 °C)	410	810	640
C.O.D. (dichromate value at 37 °C)	415	960	720
O.A. ($KMnO_4$ value of 37 °C)	390	480	450
Dissolved oxygen	3.8	4.4	4.0
Lignin	50.2	162.6	132.5
Mercaptans	1.8	3.5	3.2
Resin acid	0.8	25.8	19.6
H_2S	14.6	25.8	19.6
Chlorine	7.0	10.0	8.5

2.2. Another sources of wastes

Another sources of pollution in Hindan river are the city sewage of Saharanpur and several other wastes from textile mill, sugar mill, cigarette factory, gatta factory, laundry and several other small industries which pour their wastes in Damola river which in turn opens into Hindan. The Damola river discharges about 160 to 340 cusec. waste and waste water into this river near village Ferozpur Nandni (Dist. Saharanpur, Fig. 11). The main characteristics of the polluted water of Damola, are given in Table 8.

It is clear from the Table 8, that the water of Damola river contain large amounts of total solids, moderate B.O.D. and C.O.D. It also contains the toxic substances like ammonia, albuminoid nitrogen, hydrogen sulphide, carbon dioxide, and total and suspended solids. The pH of the water also ranges, from 7.9 to 8.7.

Table 8. Physico-chemical characteristics of the waste-water of river Damola

Characteristics	Values		
	Minimum	Maximum	Average
Appearance	Black	Black	Black
pH	7.9	8.7	8.6
D.O.	2.3	3.2	2.5
Dissolved CO_2	20	40	35
Alkalinity as $-CO_3$	105	510	395
Total solid	720	795	735
Suspended solids	120	390	310
B.O.D. (5 days at 37 °C)	190	410	325
C.O.D.	295	480	375
Free NH_3 (as nitrogen)	3.5	16.3	12.8
Albuminoid NH_3 (as nitrogen)	1.2	12.2	8.1
Nitrite nitrogen	—	—	—
Nitrate nitrogen	0.01	0.28	0.12
Phosphate	0.12	10.2	6.5
H_2S	0.25	6.2	4.6

The Hindan river water also get pollution load from rivers Kalinadi and Krishnanadi. Kalinadi is polluted by the wastes from Mansurpur sugar factory and distillery while Krishnanadi is polluted by the wastes of Shamli sugar factory and distillery. Kalinadi opens into river Hindan near village Atoli having 215—420 cusec. of polluted water and Krishna near Shardhana with 200—380 cusec. of polluted water during the low tide period. The physico-chemical characteristics of the water of Kalinadi and Krishnanadi during low tide period and crushing season are given in Tables 9 and 10. The water for alalysis were taken just before the two rivers open into the Hindan.

Table 9. Physico-chemical characteristics of the water of Kalinadi before its confluence in Hindan

Characteristics	Values		
	Minimum	Maximum	Average
Appearance	Light blackish	Light blackish	Light blackish
pH	7.7	8.1	7.9
Alkalinity as HCO_3	280	360	310
B.O.D. (5 days at 37 °C)	40	120	80
C.O.D.	55	135	90
Total solids	360	480	435
Suspended solids	80	130	110
Sulphate	15	25	21.5
Chloride	192	206	190
Oil and grease	traces	traces	traces
Total nitrogen	8	22	17

Table 10. Physico-chemical characteristics of water of Krishna river before its confluence in Hindan

Characteristics	Values		
	Minimum	Maximum	Average
Appearance	Blackish	Blackish	Blackish
pH	5.8	6.9	6.6
Total solids	720	960	920
Suspended solids	340	520	490
B.O.D.	360	480	390
C.O.D.	540	720	610
Chloride	210	222	214
Oil and grease	traces	traces	traces
H_2S	1.2	1.9	1.3
Nitrogen as NH_3	1.5	1.7	1.52

Table 11. Amount of the pollution load thrown in Hindan river per day

Waste substance	Amount lbs/day
Total solids	56385
Dissolved solids	36243
Suspended solids	28325
Lignin	9290
B.O.D.	17670
C.O.D.	24232
Nitrogen	325
Sulphide	95
Chloride	450

The Tables 9 and 10 show that Kalinadi and Krishnanadi discharge the wastes with high, B.O.D. and C.O.D., traces of H_2S (hydrogen sulphide), ammonia and oil and grease etc. into river Hindan.
The total amount of pollution load discharged daily into the Hindan river is given Table 11.

3. Effect of Pollution on Physico-chemical Characteristics of Water and Biota

The bioassay experiments give valuable information about the specific toxicity of the pollutants on the aquatic life, but the correct assessment of cumulative and deterimental effects of these pollutants can be made only by the survey of the polluted areas. The river survey for the study of pollutional effects can usually be done by making hydrometric, chemical and biological observations which show the condition of the river produced by the wastes discharged into it.

3.1. Hydrometric observations

The quantity of a particular type of pollutant, which a river can receive safely, depends primarily on the volume of water flowing through it, but other factors such as velocity of flow and the degree of turbulence caused by obstructions in the stream bed, are also important. Some observations on the hydrometric characteristics of the river Hindan were, therefore, considered necessary for this study.
Hindan originates from the hilly catchment area and flows into the plain and covers an area of about 400 kilometers. It receives an average rainfall of about 1200 mm. Eighty percent of this gets precipitated during the southwest monsoon months alone, with the result that from July to September, the river-flow remains more than 8500 cusecs; sometimes, becoming more than 60.000 cusecs. From October to December about 1500—800 cusecs. and then to 500 cusecs. in the months from January to March after which (April, May and June) the flow becomes considerably reduced i.e. about 350—250 cusecs. In Meerut district, its flow is never less than 700 cusecs. perhaps

Fig. 6. Pulp and paper waste channels within the factory premises

Fig. 9. The effluent channel opening into the river. The demarcation of river water effluent is well visible by black and clear zonation

Fig. 7. Combined channel of waste as it discharge the effluent about 400 meters before the Hindan river

Fig. 10. Two hundered meter away from the admixture point where to mixing is complete and the river water has become black brown in colour

Fig. 8. Hindan river at station III showing the deposition of pulp fibres

Fig. 11. The Damola river with the sewage and industrial waste, opening into the river Hindan

abbrevations to Fig. 6—11
A — Pulp waste channel; A. W. — Admixture of the waste and river water; B. — Paper waste channel; C. W. C. — Combined waste channel; D. — Damola river; H. — Hindan river; L. — Demarcation line between river water and combined pulp and paper waste; P. F. — Paper and pulp fibres; OZ. S. — Oozing substratum of the river; W. W. F. — Waste water foam

due to the union of Kalinadi and Krishnanadi into it. The above figures are approximate and are based on the records of canal division. However, these data present a fair idea of the river-flow and the dilution ratio available at different seasons.

The depth of the river varies from 1/2 m to 4 m at different sampling stations (Fig. 3). The velocity of the flow fluctuates to some extent, depending on the cross-section of the river. The average velocity of the flow is 30 m/min. and as such the water takes about 83 h in flowing from station I to station X. The river is sluggish except during rainy season and there is no high turbulence or fall in the river. It is evident that during high flow period (July to October), there is no precipitable effect of pollution owing to very high dilution of the effluent, but once the water level falls, there is a visible sign of pollution specially from November to June.

3.2. Physico-chemical characteristics

The combined effluent from the pulp and paper factory is passed into an open channel (Fig. 6) which is 3′ to 6′ deep and 4′ to 6′ in diameter. The channel is about 3 km in length and opens on the right bank of Hindan near village Paragpur. The waste is discharged with a considerable force. Due to the presence of caustic soda and other alkaline mixtures, a soapy and fibrous froth is continuously generated (Fig. 7) at the point of discharge. A characteristics smell of sulfate mercaptan and sulphide was very strong in this area. A dirty black subsoil with foul smelling gases is run in this region. A cardboard-like layer (Fig. 8), due to the presence of pulp fibres and precipitated gritty chemical substances, is also constantly peeled into the river and river margin. The effluent imparts a dark brown colour to the river water (Fig. 9) close to the right margin which clearly demarcates the area of two types of waters, until an almost complete admixture (Fig. 10) takes place at a distance of about 50 m of the water-flow. The physico-chemical characteristics of this water, in the area of 100 m, was studied both in summer and winter months and the average values of six observations have been shown in Figs. 12 and 13.

Water temperature: The temperature fluctuates between 8.8 and 37 °C with the over all average of 28.2 °C during the course of investigation. The temperature ranges between 8.8 and 16.6 °C in winter and between 28.3 and 37 °C in summer. The temperature was highest in the month of May i.e. 37 °C (Fig. 1) and reduced to 35 °C in June. At all the sampling stations, there is no marked variability in temperature except with the deviation of ±1.5 °C. However, at the place, where the waste is discharged into the river, the temperature rises to 58 °C in summer and 50 °C in winter. This temperature gets lowered down slowly and becomes normal (almost equal to other stations) after 10 km of flow. Considering the wide range of temperature for aquatic habitats, the difference itself is not of much

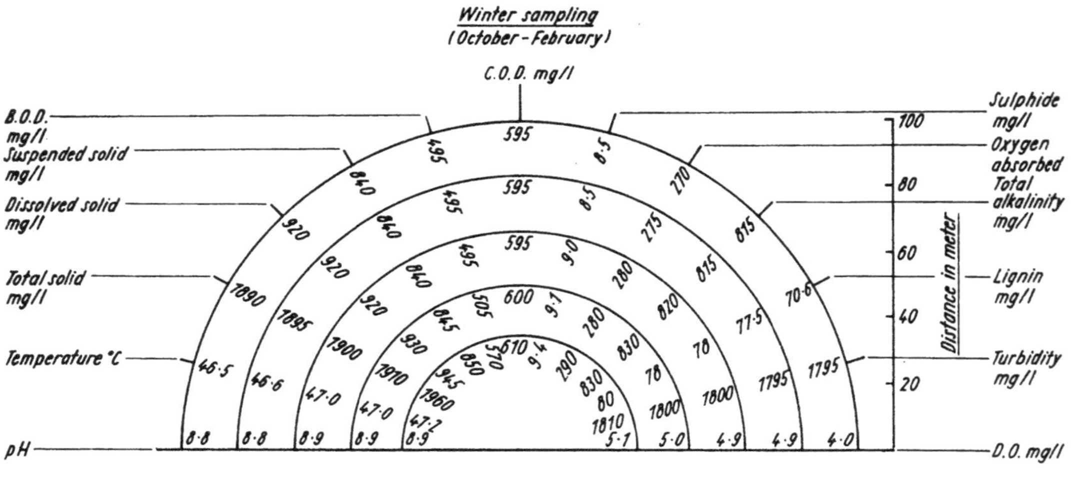

Fig. 12. Physico-chemical characteristics of Hindan river at increasing distance from waste inlet (winter sampling)

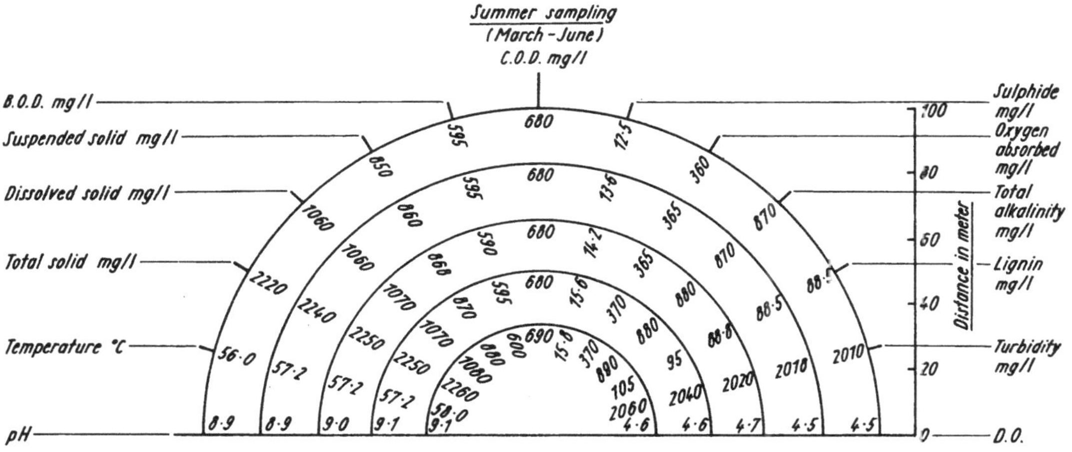

Fig. 13. Physico-chemical characteristics of Hindan river at increasing distance from waste inlet (summer sampling)

significance, but has an appreciable effect on the dissolved oxygen and the biochemical oxygen demand.

Odour: The river water at stations I, II, IX and X is odourless while that from stations III to VIII has a foul and pungent organic smell. The odour becomes much more pronounced in summer months (April to June).

Colour: In addition to the floating froth and foam, the river water also becomes brown in colour owing to the discharge of waste from pulp and paper factory. The water is deep brown at stations III, IV and V, becoming light brown with black tinge at stations VII and VIII. The water is almost colourless at stations I, II and X, both during summer and winter months.

Turbidity: The maximum values of turbidity (1900 mg/l in summer and 1760 mg/l in winter) were recorded at sampling station III. The turbidity values were low at stations I and II (30 mg/l to 90 mg/l) and high at sampling stations IV to VIII (1760 mg/l to 410 mg/l). At sampling station X the turbidity decreases greatly and lies in the vicinity of 63 mg/l to 92 mg/l being almost equal to that of the stations I and II.

Total solids: The values for total solids lie between 155 mg/l to 2090 mg/l. The average minimum value was found to be 165 mg/l of total solids at station I and average maximum of 2045 mg/l at station III in summer. The total solids were high at stations III to VII. The general trend of fluctuation of total solids is just like that of the turbidity and the average values at different sampling at stations are represented in Fig. 14.

Suspended solid: Quite a good fraction of the solids present in the river water was in suspended form. Part of these were in colloidal form and it took long time for them to settle down. The range of the suspended solids was from 102 mg/l to 935 mg/l. The maximum values of total solids were 935 mg/l in summer and 830 mg/l in winter at sampling station III as shown in Fig. 14.

Dissolved solids: The dissolved solids also show the same trend of fluctuation as the total and suspended solids (Fig. 14). The dissolved solids were found higher than the suspended solids at all stations except III to VII. The maximum values of 1005 mg/l to 107 mg/l were at stations III to X. The quantity of dissolved solids at different sampling stations is shown in Fig. 14.

pH values: The determination of the pH serves as a valuable index which shows whether the pollution

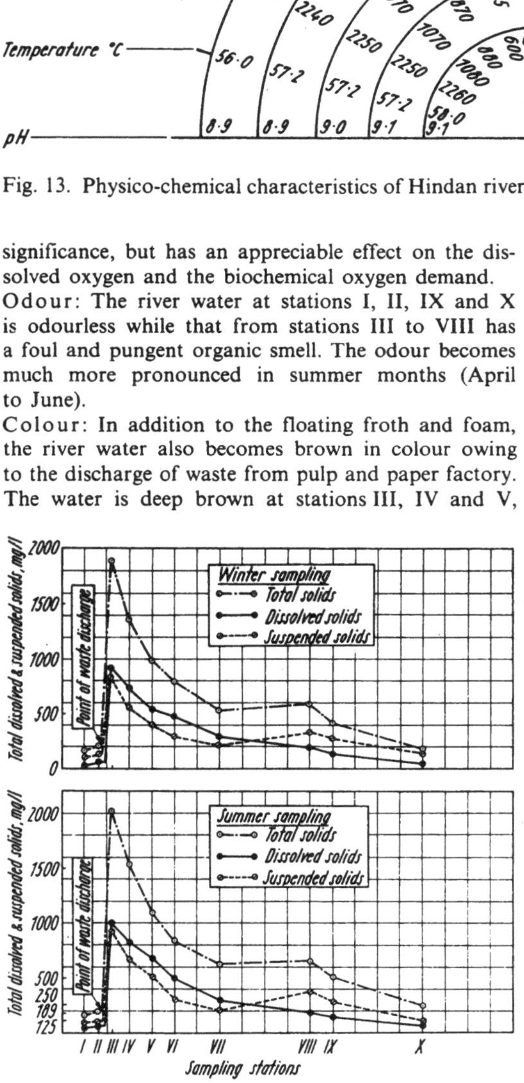

Fig. 14. Total solids, dissolved solids, and suspended solids profiles

is by acidic or alkaline wastes. It also gives some idea about the extent of pollution. The pH of the Hindan water was always towards alkaline side. The pH at stations I and II ranges between 7.4 and 7.7 both in winter and summer months. However, at station III the pH rises upto 9.2 in summer and 9.0 in winter due to the mixing up of highly alkaline wastes from pulp and paper factory. The pH is strongly alkaline (8.8 to 8.2) at stations IV to VI. From stations VIII and IX the pH is moderate and at station X it comes almost to the same level as at stations I and II (Fig. 15).

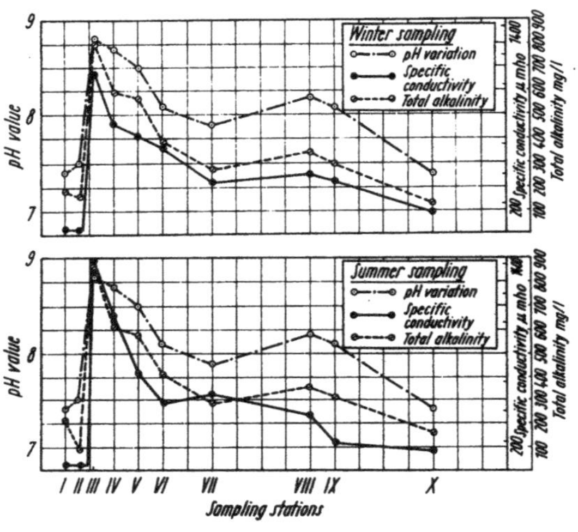

Fig. 15. pH, specific conductivity, and total alkalinity profiles

S p e c i f i c c o n d u c t i v i t y: Natural waters under normal conditions, contain dissolved salts like sulphate, chloride and carbonate and their total amount is very small in pure water. However, on pollution by wastes containing excess amount of dissolved solids, the values increase and the concentration may reach to such a level which may be dangerous for aquatic life. Specific conductance measurements provide a very quick and convenient way for determining the total amount of ionisable salts and has been used as a valuable index in ascertaining electrolyte pollution. The combined pulp and paper factory waste contains the high amount of dissolved solids (Fig. 14) so that the specific conductivity value becomes high at polluted stations. The average maximum value of the specific conductivity at station III was found to be 1425×10^{-6} mhos in summer and 1110×10^{-6} mhos in winter. The conductivity was also above normal at stations IV to VI and ranged from 1012×10^{-6} mhos to 425×10^{-6} mhos in summer and 710×10^{-6} mhos to 400×10^{-6} mhos in winter. The records of specific conductivity at different sampling stations are given in Fig. 15.

T o t a l a l k a l i n i t y: The average maximum alkalinity at station III was to be 880 mg/l in summer and 815 mg/l in winter. The alkalinity from stations IV to IX was ranged between 710 mg/l and 315 mg/l. The average values of total alkalinity during winter and summer months are shown in Fig. 15.

D i s s o l v e d o x y g e n (D.O.): The amount of dissolved oxygen at any point gives a more complete picture of the nature and extent of pollution. The average maximum D.O. of 6.3 mg/l was found at Station I in winter samplings with a range of 5.8 mg/l to 6.5 mg/l. The minimum D.O. value of 1.6 mg/l was found at station III. However, the distribution of dissolved oxygen in all the places is not the same. At certain deep pools and marginal zone at stations III and IV, due to the stagnant condition of the water, the D.O. gets reduced and may even reach to nil so that complete anaerobic condition is developed. The D.O. values gradually improve from Stations IV to VII, but again on station VIII it gets slightly reduced. At station X, the quantity of D.O. becomes almost equal to the amount present at unpolluted stations I and II. However, the solubility of oxygen at the available temperature were low at the sampling stations from III to IX, while it is quite high at sampling station X (Fig. 16).

B i o c h e m i c a l o x y g e n d e m a n d (B.O.D.): B.O.D. at stations I and II was found to range between 12.1 mg/l to 17.2 mg/l in winter and 14.6 mg/l to 22.2 mg/l in summer with an average of 14.1 mg/l and 18.9 mg/l respectively. The average maximum load of B.O.D. at station IV was noted as 525 mg/l in winter and 610 mg/l in summer. B.O.D. from stations V to VIII ranged from 470 mg/l to 205 mg/l in winter and 515 mg/l to 245 mg/l in summer. B.O.D. satisfaction rate is very slow at stations VI and VII. At station X the B.O.D.

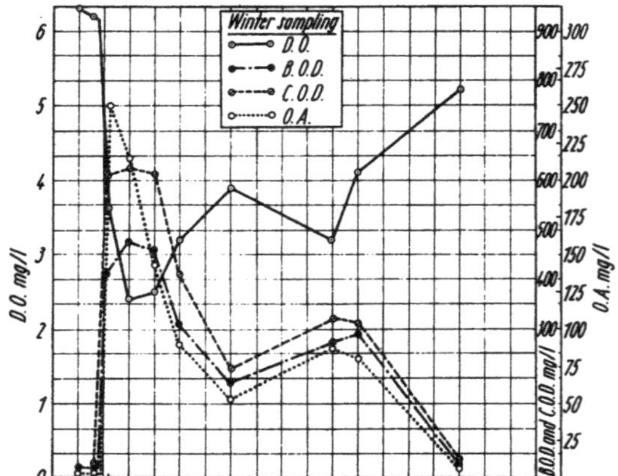

Fig. 16. D.O., B.O.D., C.O.D., and O.A. profiles (winter sampling)

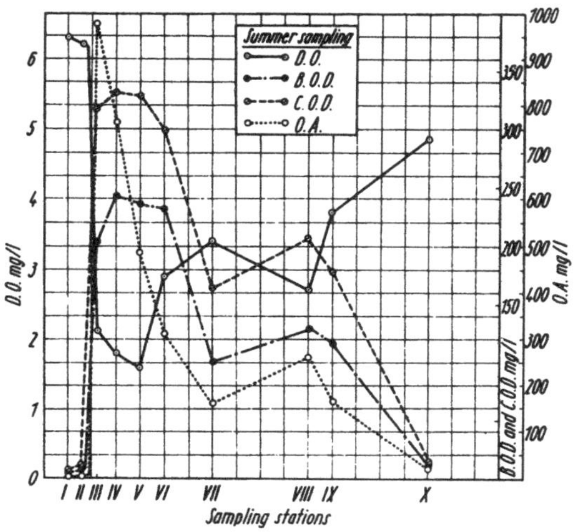

Fig. 17. D.O., B.O.D., C.O.D., and O.A. profiles (summer sampling)

value ranges from 19.4 mg/l to 24.2 mg/l with an average of 21.8 mg/l. The average value of B.O.D. at different sampling stations are shown in Figs. 16 and 17.

Chemical oxygen demand (C.O.D.): The average maximum values of 825 mg/l in summer and 640 mg/l in winter was oberved at stations III and IV. In summer C.O.D. ranges from 750 mg/l to 1260 mg/l while in winter it ranges from 605 mg/l to 950 mg/l. The minimum values of C.O.D. (17.2 mg/l to 28 mg/l in winter and 24.6 mg/l to 38.7 mg/l in summer) have been recorded at stations I and II. At stations V to VII the C.O.D. ranges from 850 mg/l to 310 mg/l. At station VIII, the C.O.D. again rises. On station X, the C.O.D. falls to a great extent. The average values of C.O.D. from sampling stations I to X are shown in Figs. 16 and 17.

Oxygen absorption (O.A.): The value of oxygen absorption furnishes an index of those organic substances which are oxidisable by acid permanganate at the specific time-temperature conditions and may thus give an idea of the concentration of substances which may undergo immediate chemical oxidation. The average value of oxygen absorption varies from 250 mg/l to 90 mg/l in winter and 390 mg/l to 125 mg/l in summer at the succeeding stations from III to VII. These values are very high in comparison to the values noted at stations I and II (Figs. 16 and 17). At station X the O.A. value is reduced to 10.5 in winter and 15.2 in summer.

Lignin: The average values of lignin in summer and winter months at different sampling stations are shown in Fig. 19. At station III the river-water exhibits the maximum value of lignin. In summer it ranges from 52 mg/l to 78 mg/l and in winter from 40 mg/l to 68 mg/l with an average values of 72.2 mg/l and 65.6 mg/l respectively. In comparison to this the quantity of lignin was only in traces at stations VII and VIII while it was found to be absent at stations I, II, IX, and X.

Total phosphate: The concentration of phosphate ranges from 0.06 mg/l to 4.5 mg/l. It is highest at station V (average being 3.6 mg/l in winter and 4.1 mg/l in summer). At stations I, II, IX, and X it is present only in traces while at stations IV, V and VIII the water is quite rich in phosphate. The average values of phosphate of different stations is shown in Fig. 18.

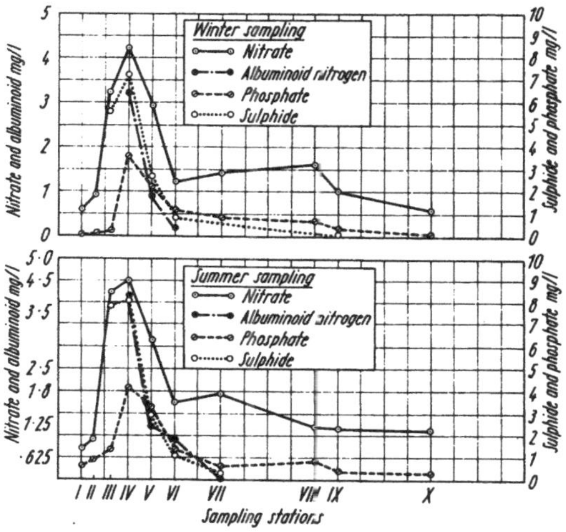

Fig. 18. Nitrate, albuminoid nitrogen, total phosphate and sulphide profiles

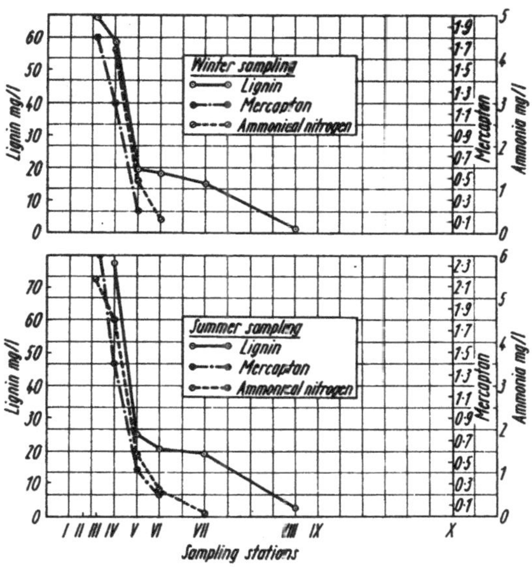

Fig. 19. Lignin, Mercaptan and ammonical nitrogen profiles

Sulphide and mercaptan: The sulphide content varies from 0.36 mg/l to 8.2 mg/l. The average maximum values of 8.1 mg/l in summer and 7.2 mg/l in winter were noted at station IV. The presence of sulphide could be deducted only on stations III to V. At station VII its presence could be noted only in summer (Fig. 18). At stations I, II, IX, and X the water did not have any sulphide.

At sampling stations III to V the main source of mercaptan, both in winter and summer months, are the pulp and paper factory wastes. Its concentration ranges from 0.2 mg/l to 2.4 mg/l. The maximum average values at station III were recorded as 1.8 in winter and 2.4 in summer (Fig. 19).

Nitrogen: The different forms of nitrogen were also recorded at different sampling stations. Ammonical nitrogen was found only at stations IV to VI and its range was found to be of 5.8 mg/l to 0.3 mg/l. The maximum value of 5.6 mg/l in summer and 4.2 mg/l in winter was recorded at station IV.

The albuminoid nitrogen was present both in winter and summer months at stations IV to VI. The fluctuation in the quantity is given in Fig. 18. Its maximum concentration of 3.7 mg/l was noted at Station IV with the average maximum value of 3.6 mg/l in summer and 3.4 mg/l in winter.

Nitrogen as nitrite was found to be absent at almost all the stations except some traces at station IV during winter.

Nitrogen as nitrate was found at all the stations. Its amount was highest at stations IV and V. Its amount varies from 4.2 mg/l to 1.6 mg/l at stations IV to VII. The trend of fluctuation of nitrate nitrogen at different stations is given in Fig. 18.

3.3. Chemical characteristics of bottom deposits

During these investigations it was noted that the gas bubbles are emitted at stations III to VI. The emission and its break down at the water-air interface prompted probe into the bottom mud condition. Soil samples were taken and analysed, as per Standard Methods (1965) for total organic matter, carbon and nitrogen. The value of C/N was also calculated in order to determine the extent of pollution on a particular place. Total iron was also estimated as it takes part in oxidation and reduction process of the river. All the values at different stations are given in Figs. 20 and 21.

The total iron varies from 0.7 to 3.5 percent in winter and from 1.2 to 3.6 percent in summer (Fig. 20 and 21).

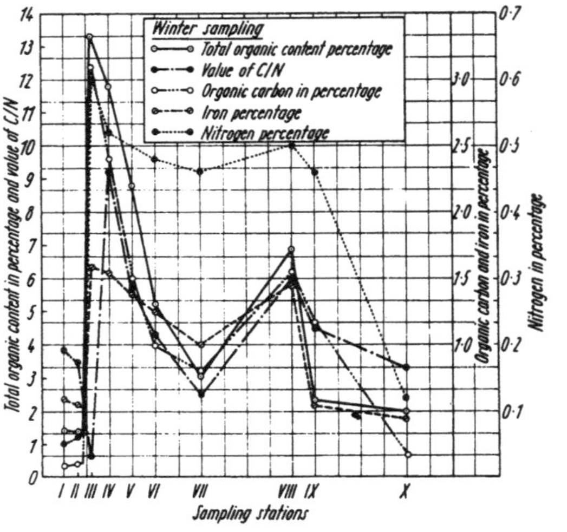

Fig. 20. Total organic content, organic carbon, nitrogen, iron, and C/N ratio profiles

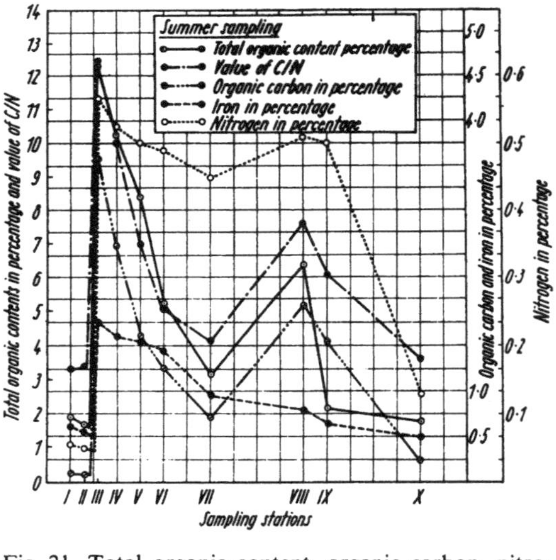

Fig. 21. Total organic content, organic carbon, nitrogen, iron, and C/N ratio profiles

The total organic solids were considerably high (12.3 percent in summer and 11.2 percent in winter) at station III. On other succeeding stations it shows a gradual fall in the quantity.

The average maximum value of organic carbon was highest (3.1 percent in winter and 3.5 percent in summer) at sampling station III. It shows a little fall at stations IV and V.

The maximum ratio of C/N at stations III to V (Figs. 20, 21, and 24) indicates the intense decomposition of nitrogenous matter at these stations.

3.4. Selfpurification capacity of Hindan river

The concentration of most of the chemical substances in a river are related to the available dilution so that it is possible to predict from measured concentration of a given substance at a known river flow, what concentration would occur at other places and also what would be the different treatments. Such simple relationships do not apply, however, to decomposable organic matters. The capacity of the river to receive and assimilate the industrial waste without inimical effects depends, not only upon the B.O.D. of the composite waste and the dilution in the stream, but also upon the rate at which the stream is reaerated through the operation of diffusion from the atmosphère. Besides, the effects of organic matter in the river also depend upon settling, longitudinal mixing, chemical mixing, chemical oxidation, biological factors, decomposition of bottom fauna and flora and to a certain extent upon the temperature. A sum total balance of these factors of deoxygenation and reaeration generally decrease the dissolved oxygen content in the down stream stations. This is followed by a gradual recovery. As such, for the maintenance of normally satisfactory conditions, the oxygen economy of the receiving water is of peramount consideration. In order to maintain a balance amount, B.O.D. on the debit side should not exceed the available oxygen supply on the credit side. Exertion of B.O.D. results in the deoxygenation of the receiving waters.

The calculations of the self-purification capacity of the river have been based on the equation given by STREETER & PHELPS (1925) as under:

$$Dt = \frac{K_1 La}{K_2 - K_1}(10^{-k_1 t} - 10^{-k_2 t}) + Da \cdot 10^{-k_2 t}. \qquad (I)$$

Where: Dt — deficit in dissolved oxygen i. e. actual dissolved oxygen from the saturation at a given temperature; t — time of travel from the initial point of pollution to the final sampling point; K_1 — the deoxygenation constant; K_2 — the reaeration constant; Da — the dissolved oxygen deficit at the initial point.

Since both K_1 and K_2 are unknown in the above equation, K_2 was calculated from the simplified equation of STREETER (1958) as given below:

$$K_2 = \frac{rm}{2 \cdot 3\, Dm}. \qquad (II)$$

Where,

$$rm = Dt + (Da - Db)$$

in which Dt — the total oxygen demand between two points; Da — dissolved oxygen saturation deficit at the initial station; Db — the dissolved oxygen saturation deficit at the final station; Dm — the mean dissolved oxygen saturation deficit.

The value K_2 have been calculated, the value of K_1 can also be calculated from the eqn. (I). The self purification factor (f) can be worked out by the equation:

$$f = \frac{K_2}{K_1}. \qquad (III)$$

The following values of K_1 and K_2 have been worked out by the above equation between the succeeding stations. From these values, the self-purification factor or constant can be calculated. These values are given in Table 12 which have been calculated from figures.

The lower table shows that the self-purification constant is towards the lower side which indicates that Hindan river flows with low velocity.

Table 12. Deoxygenation and reaeration constant with self-purification factor (f) of the river Hindan

Sampling Station	Distance in kilometer	Deoxygenation constant K_1	Reaeration constant K_2	Self purification factor (f)
III—IV	8	0.54	0.80	1.5
IV—V	10	0.64	0.90	1.4
V—VI	10	0.80	2.18	2.6
VI—VII	20	0.78	1.75	2.3
VII—VIII	40	0.70	2.15	3.05
VIII—IX	10	0.52	1.58	3.02
IX—X	40	0.94	4.20	4.80

3.5. Allowable B.O.D. loading on Hindan river

The allowable loading of the B.O.D. (A) can be calculated by the following formula:

$$A = \frac{K_2}{K_1} DC,$$

where DC is the dissolved oxygen deficit at a critical point of the oxygen sag-curve.
The average B.O.D. of the waste-water can be calculated by the following formula:

$$\text{Average B.O.D. of the waste water} = \frac{A \cdot B - a \cdot b}{M}$$

where, A — allowable loading; B — total flow of the river; a — average flow of the river; b — average B.O.D. of the river water; M — average flow of the effluent.

With the help of the above formula, the wide Table 12, and Figs. 16 and 17, the allowable loading and the average B.O.D. of the waste water can be worked out at any station. At station III the allowable loading comes 7.5 mg/l and the average B.O.D. of the waste water 42 mg/l.

4. Biological characteristics

4.1. Bacterial quality of water

The river Hindan is heavily polluted bacterially. The observations made during winter and summer months indicate the presence of a large number of bacteria in the water. Their number is found to be maximum during

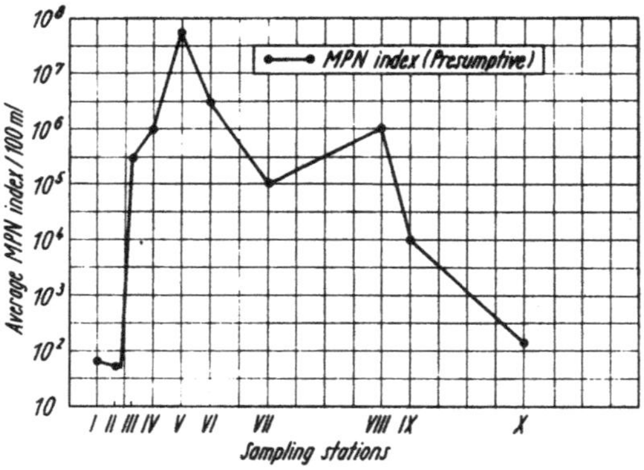

Fig. 22. MPN index (presumptive) at different sampling stations

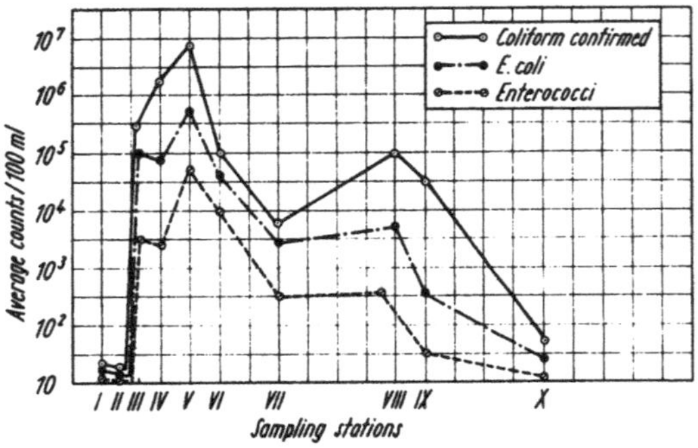

Fig. 23. MPN index (confirmed), *E. coli*, and enterococci count

June at station V. The M.P.N. index/100 ml (presumptive) has been presented in Fig. 22. Similar curves for M.P.N. index/100 ml (confirmed) for *E. coli* and Enterococci have also been presented in Fig. 23. There is a substantial uniformity in the behaviour of these curves, the peaks and troughs coinciding with one another.
Stations III, IV, V, VI, and VIII are highly polluted by sewage and industrial wastes and the MPN (presumptive) was more than 10.000 per 100 ml at these stations, the highest being at Station V (> 10^7/100 ml). The lowest values of index were recorded at stations I and II. MPN (confirmed) of *E. coli* and Enterococci shows the same trend of variation at different sampling stations as shown by MPN (presumptive), their number being maximum at Station V. The initial and final counts of *E. coli* and Enterococci at stations I, II and X were almost similar (Fig. 23). During the 40 kilometer flow of water from station IX to X, the presumptive and confirmed MPN count had dropped sharply.

4.2. Planktonic characteristics

The microscopic examination of water provides useful tool for the assessment of quality of water. It is of particular value in rapid detection of pollution. The procedure includes a qualitative and quantitative estimation of microscopic life which include a large number of minute organisms, usually in the form of plankton. The term plankton is used in a broad sense to include microscopic and near microscopic free floating forms which are incapable of moving against the water current.

The biota of Hindan is represented by all types of organisms i.e. planktonic, nektonic and benthonic. Only planktonic forms have been studied here as they have the direct correlation with pollution.

The planktonic groups are represented by phyto- and zooplankton. The phytoplankton, consisting of the members of the families Myxophyceae, Bacillariophyceae, and Chlorophyceae are commonly represented. The zooplankton consists of the several members of the groups Protozoa, Rotifera, and Entomostraca.

Phytoplankton: All the algae are not strictly planktonic; some of them are filamentous green algae and some are diatoms like *Gomphonema* species which normally grow attached to the substratum but later become detached.

Among the blue green algae (Myxophyceae), about 8 genera including *Microcystis*, *Spirulina* and *Arthrospira* which are less common than *Phormidium*, *Nostoc* and *Oscillatoria*. Among the green algae, Chlorophyceae 9 genera have been found, out of which *Spirogyra* is most common. Of the 9 genera of diatoms (Bacillariophyceae) which are available, *Synedra* and *Fragilaria* are most conspicuous.

The quantity and density of algae at different sampling stations shows a definite correlation with the degree of pollution of the river, as judged by the distances of the stations downstream from the confluence of the drains in the river and also by the nature of the flora above the confluence. From this study, quite a few important conclusions can be drawn.

Myxophyceae: Higher members of this family are represented at stations IV, V and VI. The *Oscillatoria* has the highest quantity of 32 at station V. *Phormidium* appears extensively at stations I, II, IX and X. The *Microcystis*, though does not occur at stations I and II, but occurs at polluted stations III to VI and thus are able to withstand the severe conditions of pollution. The quantitative distribution of each genera of Myxophyceae is given in Table 13.

Chlorophyceae: As regards Chlorophyceae the number per litre is highest at stations V and VI due the high fertility of water and soil.

Chaetophora, *Volvox*, *Spirogyra*, and *Closterium* are equally distributed at all the sampling stations except at station III where the number is low (14 per litre). *Volvox* occurs in good number at station VIII. *Spirogyra* and *Closterium* show better representation at station VI. The qualitative and quantitative distribution of the member of Chlorophyceae is shown in Table 13.

Bacillariophyceae: Diatoms show an almost equitable distribution on stations I, II, and VIII to X. At stations III to VI they are in comparatively higher quantity and their number ranges from 88 to 181 per liter. The relatively high number at stations III to VI mainly includes such genera as *Fragilaria*, *Synedra*, *Navicula*, *Gomphonema* and *Nitzschia*. However, these varieties are absent at stations I to IV. The number of *Frustularia*, *Rhopalodia* and *Epithemia* is very limited at all the stations, becoming rare at stations III and IV. — The genera-wise distribution of Bacillariophyceae and other groups is given in Table 13.

Zooplankton: Protozoa: As a group, Protozoa predominate at stations III to VIII. Their number is low at stations I, II and X. *Arcella*, *Centropyxis*, *Difflugia* and *Phacus* predominate at stations III to VII. *Euglena* was only rarely found at stations II, VII, VIII and X. *Nebela* and *Epistylis* were available at stations I, II, VII, IX and X. The occurrence of a large number of Protozoa at stations IV to VIII may be due to the disintegration of waste and sewage sludge, which occupied a prominent place in mildy polluted area.

Rotifera: Rotifera are abundantly distributed at stations V, VI, IX, and X. They have moderate numbers at stations I, II, VII, and VIII. However, there presence cannot be attributed solely due to pollution. Compared to a large river, their numbers are poor at each station. Forms that occur more frequently include *Distyla*, *Brachionus*, *Euchlonis* and *Monostyla*. The observations have shown that there is an increase in the total number at such stations where the sewage is discharged and its dessociation has taken place.

Entomostraca: This group also shows an uneven distribution. They are widely distributed at stations I, II and X and only moderately distributed at stations VI, VII and IX. They are absent at stations III und IV perhaps due to its intense pollution. Copepoda, Cladocera and Ostrocoda are the main groups from the class Entomostraca which are available at these stations. In general, the representatives of Entomostraca do not occur in polluted or toxic waters. — The qualitative and quantitative distribution of different forms of zooplankton is given in Table 13.

The biological index of pollution (B.I.P.) has been calculated by the numbers of phytoplankton and zooplankton, and the value at different sampling stations is shown in Fig. 24.

Fungi: Among the fungi and their spores, two types of mycelial threads and one thalus-like fungus could be observed. The most common forms include *Sphaerotilus*, *Beggiota*, *Lepitomitus* and *Aphanomyces*. Stations I, II, and VII to X are completely devoid of this group while their number is quite large at stations III to VI. The average numbers are shown in Table 13. Fungi are the indicators for pollutional condition and show maximum number in polluted region.

4.3. Bottom-fauna

The study of bottom-fauna is very important for the determination of the status of water. According to WIEBE (1928), the study of bottom living organisms is perhaps the criterion next only to a thorough chemical study for the determination of the extent of water pollution. The bottom-fauna in Hindan is represented by Mollusca (*Viviparus*, *Unio*, *Melonoides*, *Indonaia* and *Parreysia*), Oligochaeta (aquatic earthworms). Chironomids, rat-tailed maggots, maggots and Coleoptera (nymphal and adult forms).

The figures for the different organisms are shown in Table 14, from which the following conclusions can be drawn.

Mollusca: Five species of Mollusca have been recognized, out of which *Unio* of small size are most abundant. Most molluscs are the indicators of pollution as they cannot tolerate the oxygenless and toxic environment. Since stations III and IV are highly polluted and have developed the septic conditions in most of region with organic oozing bottom

Table 13. Average values of plankton organisms (per litre) based on 5 observations at various stations (1971 to 1973).

Type	Sampling stations									
	I	II	III	IV	V	VI	VII	VIII	IX	X
Myxophyceae										
Microcystis	—	—	5	2	2	3	—	—	1	1
Spirulina	—	—	—	5	2	2	—	—	—	—
Oscillatoria	5	—	2	26	32	15	9	5	4	4
Nostoc	3	2	6	13	7	2	2	3	2	6
Anabaena	1	2	7	19	13	22	2	—	—	—
Merismopedia	2	1	5	10	5	3	2	—	3	3
Arthrospira	2	1	1	3	4	2	1	1	—	—
Phormidium	5	3	2	16	15	19	7	3	5	2
Chlorophyceae										
Eudorina	2	4	—	—	—	5	3	2	3	2
Chaetophora	3	5	—	6	5	13	2	—	2	1
Volvox	1	—	2	2	8	5	—	10	1	—
Treubaria	1	5	—	—	5	3	2	—	2	—
Scenedesmus	—	4	1	—	3	2	1	2	4	3
Zygnema	4	—	5	3	2	1	—	—	2	3
Spirogyra	2	4	—	3	5	13	10	8	5	8
Actinastrum	1	3	3	—	5	2	7	2	3	3
Closterium	2	2	2	4	2	8	2	2	—	2
Cosmarium	5	2	1	2	—	3	2	1	—	1
Bacillariophyceae										
Nitzschia	—	—	—	—	5	2	—	2	1	3
Melosira	2	4	13	15	5	2	2	2	7	2
Fragilaria	15	20	95	105	58	45	7	13	19	23
Synedra	10	5	35	42	36	19	17	5	3	2
Navicula	5	2	10	15	10	7	3	2	3	2
Frustularia	—	—	—	2	5	2	5	—	2	1
Gomphonema	10	11	2	1	3	1	3	2	3	10
Rhopalodia	3	6	—	—	2	7	4	9	12	13
Epithemia	2	5	1	1	2	3	3	—	—	—

Table 13. Average values of plankton organisms (per litre) based on 5 observations at various stations (1971 to 1973).

Type	Sampling stations									
	I	II	III	IV	V	VI	VII	VIII	IX	X
Protozoa										
Arcella	1	—	1	4	6	3	2	—	2	1
Centropyxis	1	1	7	18	15	7	18	17	2	—
Difflugia	2	—	6	15	10	10	6	3	1	—
Nebela	2	—	—	—	—	—	2	3	1	2
Euglena	—	5	—	—	—	—	1	2	—	5
Paramecium	—	—	—	—	3	2	—	2	—	2
Phacus	—	—	5	8	7	3	2	1	1	1
Epistylis	1	1	—	—	—	—	—	—	—	1
Unidentified	—	—	—	—	3	5	2	5	5	—
Rotifera										
Natholca	—	2	1	1	3	—	3	2	5	2
Distyla	3	2	1	3	5	4	4	—	—	—
Monostyla	1	1	—	4	3	2	2	—	—	—
Rattulus	3	2	—	—	2	1	3	3	—	1
Chromogaster	—	1	—	1	—	—	2	1	1	2
Brachionus	—	2	1	4	6	4	3	2	—	—
Rotaria	2	1	1	—	3	4	2	5	1	—
Euchlonis	1	3	1	2	3	5	2	2	2	3
Entomostraca										
Copepoda	5	4	—	—	1	2	3	—	2	6
Nauplii	3	3	—	—	2	1	2	—	3	5
Cladocera	3	3	—	—	1	3	2	1	2	5
Ostracoda	2	2	—	—	2	2	1	1	5	3
Fungi										
Fungal spores	—	—	—	8	6	3	—	—	—	—
Sphaerotilus	—	—	6	1	2	1	—	—	—	—
Baggiota	—	—	4	5	5	1	—	—	—	—
Leptomitus	—	—	9	4	6	—	—	—	—	—
Aphanomyces	—	—	8	12	8	6	—	—	—	—

soil, the molluscan fauna is greatly restricted in this region. Pooling the total numbers over the entire period of study, it is found that their number is relatively higher at stations I, II, IX and X, average number being 58, 66, 28, and 44 respectively. The presence of molluscs indicate more stable conditions as the plankton alone could show variation even with the minor changes in the quality of water.

Large number of dead shells of gastropods and bivalves were noted at stations V to VII. Among bivalves, *Unio* species are found to be more tolerant to the polluted bottom while others prefer clear and sandy soil.

Worms: Aquatic earthworms and tubifex-oligochaeta, blood-worms, chironomids, larvae and stray maggots of several dipteran insects are indicative of trophic and saprobic conditions in all environments where anaerobic bacterial activity is intense. These forms are also associated with sewage-fungi complex which denotes highly polluted conditions. In Hindan, the number of oligochaetes was maximum at station III. Their number was also high at the succeeding stations IV to VI, where it ranged from 52 to 13 per square foot.

Chironomid larvae showed an average of

Table 14. Average values (no./sq. foot) of bottom fauna at various centres, based on 5 observations (1971—1973)

Type	Sampling stations									
	I	II	III	IV	V	VI	VII	VIII	IX	X
Molluscs										
Viviparus	25	30	—	—	—	—	—	6	12	24
Unio species	7	9	—	1	3	4	5	2	2	3
Melonoides	17	21	—	—	1	1	1	9	9	15
Indonaia	3	2	—	—	—	—	1	3	3	2
Parreysia	6	4	—	—	3	2	2	—	2	—
Oligochaetes	2	1	64	52	44	13	7	2	—	2
Chironomids	—	—	117	112	78	15	12	8	2	—
Rat-tailed maggots	—	—	48	35	26	12	—	—	—	—
Maggots	—	—	7	3	17	6	8	2	—	—
Coleoptera	3	2	5	4	5	3	2	5	—	2

8 to 12 specimens per square foot at stations VIII to IX. They were found to be altogether absent at stations I, II and X. Their number was large from stations III to V where it varied from 172 to 78 per square foot. In general, they also occur in large numbers in septic zone.

Rat-tailed maggots could be found only at stations III to VI, where the number was 48 at station III and 35 per square foot at station IV. Their presence in any area is a sure sign of high anaerobic activity.

Insects: Among insects, bottom digging Coleoptera were present only in low numbers in all stations. The group is represented by the members of Hydrophilidae and Ditiscidae and several bettle larvae. They mainly occur at stations III to V. Hydrophilidae members are represented only at station I and II.

The study of the physical conditions at the bottom of the river at different sampling stations also yield some interesting results. The river beds of stations I and II were found almost sandy with a thin layer of fine silt-soil over it. The bottom at station III was made up of a thick layer of black oozing mud with organic detritus. It was found to be uniformly covered with a thick layer of pulp and paper fibres. The condition of the bed in the stretch of station IV was almost similar to that of station III. Here anaerobic conditions are greatly developed and the section has pulp fibres, deposited on the bed. The stretch of stations V and VI represent improved conditions but the bottom has a bed of black sand with a thin top layer of soft decomposing pulp fibres. The river bed at station VII was covered with a very thin layer of pulp fibres. The bottom of station VIII is again laid by the layer of soil and mud. At this station, poor, marginal and submerged vegetation is found. The stretch of station IX represents almost sandy soil. The current of water in this section was quite swift and the constant shifting of sand was the characteristic feature. The water current at station X was rather slack and the bottom was sandy and there was a fair growth of marginal and submerged vegetation.

4.4. Fish population

There is a common belief among local people and fishermen that the number of fishes in the river Hindan, below the confluence of pulp and paper factory drain and Damola river, has decreased considerably, although they have no data to support it.

In the present survey, attempts were made to find, if there is any correlation between the availability of fish and the intensity of pollution. Fishing was done at all the sampling stations by employing local and professional fishermen who used their own gears. Though their methods of fishing may not be perfect to the extent of giving statistically accurate values of fish population in different portions of the river studied but it was observed that there was an obvious difference in the availability of fishes both in species and in numbers at the various sampling stations (vide Tables 15 and 16), from which some general conclusions can be drawn.

During five visits, only 31 species, representing 21 genera, 14 families, and 6 orders could be collected from the river. Out of these, 13 species are well represented in number while the other species were represented only by a few specimens.

The total number of species at stations I and II varied from 21 to 22 and fish number from 40 to 51. Among the major carps, *Labeo rohita* (215 mm — 70 mm) and *Labeo calbasu* (160 mm — 60 mm) were most common forms while *Cirrhina mrigala*, *Cirrhina reba*, and *Barbus tor* were altogether absent. These specimens were all immature and probably belonged to 0-year group. Among the feather-back, *Notopterus chitala* and *Notopterus notopterus* were found in fairly good number. The other species available in good bulk at these stations were *Barbus sophore*, *Mystus aor*, *Wallago attu*, and *Xenentodon cancila*.

The station III represents the worst condition, perhaps due to soft and oozing bottom and brown colour of the water. Only 5 species and 7 specimens could be obtained from this station. The species at this station were *Ophicephalus striatus*, *Ophicephalus marulius*, *Ophicephalus punctatus*, *Clarias batrachus*, and *Barbus sophore*. The carps, feather-backs, mullets and forage-fishes were altogether absent. Both small and large sized fishes were available. The murrels were found in immature and spent conditions, indicating that they have become accustomed to this environment and are even able to breed, as the fingerlings and yearlings (0-year group) were available at this station.

The station IV represents almost the same conditions as that of station III but with two deep pools. The number of species available at this station were only 8 and fish number 10. Four main species namely, *Saccobranchus fossilis*, *Ophicephalus striatus*, *Mastacembelus pancalus* and *Mastacembelus armatus* are present at this station. The specimens recorded were of small size (60 mm to 99 mm in length).

Stations V to VII contain slimy and soft soil of the city sewage and industrial waste. Among the fish fauna, these stations have fishes of small size such as *Barbus sophore*, *Gadusia chapra*, *Esomus danrica* and small specimens of *Wallago attu* and *Ophicephalus punctatus*. The spiny-eels like *Mastacembelus armatus* and *Mastacembelus pancalus* with their youngs could also be procured from the sludge of the riverbed. The number of species of fishes, represented at these stations, varies from 14 to 25 and fish-number from 18 to 42.

Fishing at station VIII was done in an extensive and deep pool. The fish condition was found to be deteriorating at this station. Only 21 species and 37 specimens of fishes of large size were recorded. The main species include *Notopterus notopterus*, *Barilius barna*, *Barbus tor*, *Barbus sophore*, *Mystus seenghala* and several spiny eels.

The pools and river channel of stations IX and X were found to be very rich in species and number of fishes. The number of species at these stations was 25 and 30 and the number of fishes 44 to 72 respectively.

The average values of fish-species and fish-number are given in Fig. 24. The distribution of species and number of fishes of different groups is given in Table 16. It is seen that carps, mullets, feather-backs and spiny eels are badly affected at stations III to VI.

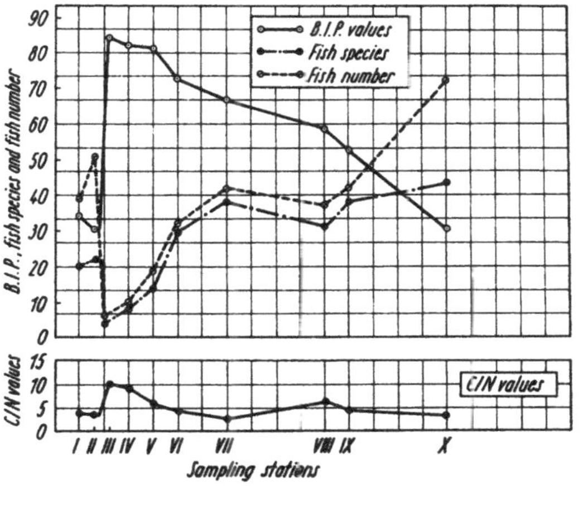

Fig. 24. Variation of fish species, fish numer, biological index of pollution (B.I.P.), and C/N ratio

Table 15. Relative abundance of fishes at different sampling stations 1971—1973 (average value of 5 observations)

Name of the fishes	Sampling stations										
	I	II	III	IV	V	VI	VII	VIII	IX	X	Remarks
Gadusia chapra	$+^{1}$	$+^{2}$	—	—	—	$+^{2}$	$+^{2}$	$+^{1}$	—	$+^{2}$	M. T.
Notopterus chitala	$+^{2}$	$+^{4}$	—	—	$+^{1}$	$+^{1}$	$+^{1}$	$+^{2}$	$+^{2}$	$+^{5}$	M. T.
Notopterus notopterus	$+^{4}$	$+^{3}$	—	—	—	$+^{1}$	$+^{3}$	$+^{4}$	$+^{3}$	$+^{5}$	M. T.
Barilius bola	—	$+^{2}$	—	—	—	$+^{1}$	$+^{2}$	—	$+^{2}$	$+^{3}$	S
Barilius barna	—	—	—	—	—	—	$+^{1}$	$+^{3}$	$+^{2}$	$+^{3}$	S
Esomus danrica	$+^{1}$	—	—	—	$+^{2}$	$+^{1}$	$+^{1}$	$+^{2}$	$+^{1}$	$+^{1}$	M. T.
Cirrhina mrigala	—	—	—	—	—	—	$+^{1}$	$+^{1}$	$+^{2}$	$+^{3}$	S
Cirrhina reba	—	—	—	—	—	—	$+^{1}$	$+^{1}$	$+^{1}$	$+^{1}$	S
Labeo rohita	$+^{2}$	$+^{2}$	—	—	—	—	—	—	—	$+^{2}$	S
Labeo calbasu	$+^{3}$	$+^{2}$	—	—	—	—	—	—	$+^{1}$	$+^{2}$	S
Labeo gonius	$+^{2}$	$+^{4}$	—	—	—	$+^{1}$	$+^{1}$	$+^{1}$	—	$+^{1}$	S
Barbus tor	—	—	—	—	—	$+^{1}$	$+^{1}$	$+^{1}$	$+^{1}$	—	S
Barbus sophore	$+^{4}$	$+^{3}$	$+^{1}$	$+^{2}$	$+^{2}$	$+^{1}$	$+^{5}$	$+^{5}$	$+^{1}$	$+^{3}$	T
Garra gotyla	$+^{2}$	$+^{3}$	—	—	—	—	—	—	—	$+^{1}$	S
Mystus seenghala	$+^{1}$	$+^{1}$	—	—	—	$+^{3}$	$+^{3}$	$+^{2}$	$+^{1}$	$+^{4}$	M. T.
Mystus aor	$+^{1}$	$+^{3}$	—	—	$+^{1}$	$+^{1}$	$+^{2}$	—	$+^{1}$	$+^{2}$	M. T.
Rita rita	—	—	—	—	—	$+^{1}$	$+^{2}$	—	$+^{3}$	$+^{4}$	S
Wallago attu	$+^{2}$	$+^{3}$	—	—	$+^{1}$	$+^{2}$	$+^{1}$	$+^{1}$	$+^{1}$	$+^{1}$	T
Saccobranchus fossilis	—	$+^{2}$	—	$+^{1}$	$+^{1}$	$+^{2}$	$+^{1}$	$+^{1}$	$+^{1}$	$+^{2}$	T
Clarias batrachus	$+^{1}$	$+^{1}$	$+^{2}$	$+^{2}$	$+^{2}$	$+^{1}$	$+^{1}$	—	—	$+^{2}$	T
Bagarius bagarius	—	—	—	—	$+^{1}$	$+^{1}$	$+^{1}$	$+^{1}$	$+^{1}$	$+^{2}$	M. T.
Ophiocephalus punctatus	$+^{1}$	$+^{1}$	$+^{2}$	$+^{1}$	$+^{1}$	$+^{1}$	$+^{1}$	$+^{2}$	$+^{3}$	$+^{2}$	T
Ophicephalus striatus	$+^{2}$	$+^{1}$	$+^{1}$	$+^{1}$	—	$+^{2}$	—	—	—	$+^{2}$	S
Ophicephalus marulius	—	$+^{2}$	$+^{1}$	$+^{1}$	—	$+^{3}$	$+^{1}$	$+^{1}$	$+^{3}$	$+^{1}$	T
Glossogobius giuris	$+^{2}$	$+^{1}$	—	—	—	$+^{1}$	$+^{1}$	$+^{1}$	$+^{1}$	$+^{2}$	M. T.
Nandus nandus	$+^{1}$	—	—	—	$+^{1}$	$+^{1}$	$+^{5}$	$+^{1}$	$+^{4}$	$+^{2}$	M. T.
Colisa fasciata	—	$+^{1}$	—	—	$+^{1}$	$+^{1}$	$+^{1}$	$+^{1}$	$+^{1}$	$+^{1}$	M. T.
Mugil corsula	$+^{1}$	—	—	—	$+^{1}$	—	—	—	$+^{2}$	$+^{3}$	S
Xenentodon cancila	$+^{4}$	$+^{4}$	—	—	—	—	—	—	$+^{2}$	$+^{5}$	S
Mastacembelus pancalus	$+^{1}$	$+^{2}$	—	$+^{1}$	$+^{2}$	$+^{2}$	$+^{1}$	$+^{2}$	$+^{2}$	$+^{1}$	T
Mastacembelus armatus	$+^{2}$	$+^{4}$	—	$+^{1}$	$+^{1}$	$+^{1}$	$+^{2}$	$+^{2}$	$+^{2}$	$+^{4}$	M. T.
Total number of the species	21	22	5	8	14	23	25	21	25	30	
Total number of fishes	40	51	7	10	18	32	42	36	44	72	

T — tolerant; M. T. — moderate tolerant; S — sensitive.

4.5. Pathological studies of the fishes

All living being, including fishes, can under certain circumstances, become the subject of pathogen. Generally, fishes have a very great resistance to pathogenicity so long as they are weakened by bad treatment, unsuitable food, lack of oxygen, too high or too low temperature or others adverse influences. During the study of fishes of Hindan, it was found that the fishes of this river have a large number of pathogenic symptoms. It was also noticed that the fishes living at stations III to V had more pathogenic symptoms than

Table 16. Preponderance of fish groups at different stations 1971—1973 (average value of 5 observations)

Groups of fishes		Sampling stations									
		I	II	III	IV	V	VI	VII	VIII	IX	X
Carps	Fish species	5	7	1	1	2	6	8	7	8	10
	Fish number	10	15	2	2	4	7	13	14	11	20
Cat fishes	Fish species	4	5	1	2	5	7	7	4	6	7
	Fish number	5	10	2	3	6	9	11	5	8	17
Mullets	Fish species	1	—	—	—	1	—	—	—	1	1
	Fish number	1	—	—	—	1	—	—	—	2	2
Murrels	Fish species	2	3	3	3	1	3	2	2	2	3
	Fish number	3	4	3	3	1	6	2	3	6	5
Spiny eels	Fish species	3	3	—	2	2	2	2	2	2	2
	Fish number	7	11	—	2	3	3	3	4	3	10
Feather back	Fish species	3	2	—	—	1	3	3	3	2	3
	Fish number	7	6	—	—	1	4	6	7	5	12
Forage	Fish species	2	1	—	—	1	1	2	2	2	2
	Fish number	5	3	—	—	1	1	4	2	6	3
Miscellaneous	Fish species	1	1	—	—	1	1	1	1	2	2
	Fish number	2	2	—	—	1	2	3	1	3	3

the fishes inhabiting the stretch of stations VI to VIII. The fishes living at stations I and II showed no sign of pathogenicity except for a few stray specimens living near the bank of the river where the pulp and paper factory channel opens into the river and the fishes which enter into the polluted stretch for food or due to attraction towards the chemicals (attractant chemicals).

On closer inspection of polluted river, a number of narcotised and dying specimens (Table 17) was picked up from the shallow waters. A few specimens from unpolluted water were also collected to make an on the spot comparison of the morphological character. Some of the fishes, like *Clarias batrachus*, *Saccobranchus fossilis* and *Wallago attu* which do not have a stiff covering on the skin like scales showed external injuries while those having a tough scaly covering such as *Notopterus notopterus*, *Barbus sophore* and *Ophicephalus punctatus* did not show any external sign or symptoms of pathogeny. In *Saccobranchus fossilis*, several small wound-patches were seen on the body proper because of the influence of strong alkaline pH (8.9) medium of the water due to the pulp and paper effluents. These conditions were visible in the fishes caught from the stations III and IV. In *Clarias batrachus*, the rupturing of the body and the blood-flow was seen in quite a few specimens. This could be due to high osmotic concentration of the river water. The effluent of the pulp and paper factory, having high quantity of soluble solids, mixed with river water, increases the osmotic concentration of the water. In all the cases, the body had become pale-yellow in colour with pale-white eyes. In *Saccobranchus fossilis*, *Ophicephalus punctatus* and *Clarias batrachus*, the gills were found chocked with the pulp fibres, while in *Notopterus notopterus*, *Gadusia chapra*, *Xenentodon cancila*, and *Labeo rohita* no such chocking was found. These fishes first get narcotized and then gradually get stupefied by absorbing noxious gases and other chemicals dissolved in the polluted water through the gills.

Many specimens, listed in Table 17, had empty stomachs and intestines. The blood vessels of the digestive tract and the adjoining body musculature get congested. In some other specimens of *Ophicephalus punctatus* and *Clarias batrachus*, the liver, kidney and gonads had become decolourised and pulpy. The gills of these fishes also showed the symptoms of pathogeny as they were pale-yellow in colour, having coagulated mucous. When these fishes were dissected, a strong, mixed odour of sulphides and sulphonates was noticed. Even healthy fishes collected from polluted and unpolluted waters gave such an odour. It was also observed that the bottom-feeding fishes, *Labeo rohita*, *Garra gotyla* and *Mastacembelus armatus* showed more commonly, the typical pathological conditions than the column-feeders like *Xenentodon cancila*. The fishes like *Saccobranchus fossilis*, *Clarias batrachus*, and *Ophicephalus punctatus*, which are hardy in nature and are able to tolerate the septic conditions to a greater extent, showed more pronounced pathogenic conditions. The Table 17 shows the gut contents and the pathogenic symptoms of some fishes.

Tab. 17. Showing the gut contents and nature of pathogenic symptoms

Fish species	Stations				Remarks
	I and II	III, IV and V	VI, VII and VIII	IX and X	
Notopterus notopterus	40% to 60% Entomostraca, may fly and nymph of demsel fly. In some specimens, the stomach was full of paper fibres and debris.	—	Empty, yellowish tinged body with sulphonate and sulphide smell.	30% to 50% Insects and entomostraca.	Adult specimens show low pathogenic symptoms.
Gadusia chapra	60% to 70% Entomostraca, may-fly nymph with small amount of algae and sand particles in the stomach.	Empty gut. Liver yellowish and pulpy.	5% to 7% Tubificid worms with *Spirogyra* and *Nostoc*.	70% to 90% Insects, chironomid larvae and entomostraca.	Dead specimens were picked up with low pathogenic symptoms.
Barilius bola	60% to 70% Green algal-filaments as *Spirogyra* etc.	—	Empty stomach. Fishes rarely available if found, only with pulp fibres in the stomach. Sulphide smell in the muscles and abdominal cavity.	40% to 60% Phytoplankton and a few paper fibres.	Adult specimens show moderate pathogenic symptoms.
Labeo rohita	60% to 80% Green algae, such as *Spirogyra*, *Eudorina*, *Cosmarium* and *Closterium*.	—	2% to 10% Debris and paper fibres. Sulphide smell in the musculature, white pale eyes. Scales dropping down. Liver and muscles pale yellow in colour.	30% to 40% Sand particles with several phytoplankton.	Adult specimens show high pathogenic symptoms.

Table 17 (continued)

Fish species	Stations				Remarks
	I and II	III, IV and V	VI, VII and VIII	IX and X	
Esomus danrica	60% to 80% Stomach with copepods, cladoceran, nauplii, chironomids and sand particles.	—	3% to 7% yellow musculature with the odour of sulphide. Sludge, several diatoms insects and pulp fibres in the stomach. Liver yellowish.	20% to 30% Insects, entomostraca and small fishes	Low pathogenic symptoms.
Garra gotylea	30% to 90% Insects and insects larvae.	—	—	—	Not available.
Wallago attu	70% to 90% Small fishes, entomostracans, small insects and insect larvae with sand particles. Muscles and liver with sulphide and sulphonate smell.	—	30% to 40% yellowish musculature, liver and intestine. Blood vessels congested with sulphide and sulphonate odour. Skin of the body yellowish. Gills with coagulated mucus. Stomach with small insects and greater part of it with debris and pulp fibres.	30% to 50% Stomach with insects, copepods, small fishes and sand particles	Adult specimens with high pathogenic symptoms.
Saccobranchus fossilis	60% to 80% Stomach with small insects and copepods. Few specimens with coagulating mucus of the gill; pale yellow skin.	Empty stomach in most cases. Sludge and paper fibres in the stomach. Abdomen and intestine were pale yellow in colour with the smell of sulphide and sulphonate. Few animals with dropping barbels and skin of fins.	30% to 40% Intestine yellowish with congested blood vessels. Gills with coagulating mucus.	50% to 80% Insects and insect-larvae.	Adult specimens with pathogenic symptoms.
Clarias batrachus	40% to 80% Entomostraca, insect and insect larvae; few specimens with sulphide odour in the muscles.	5% to 10% Stomach with debris, pulp and paper fibres. Liver, intestine, and stomach, yellowish pale with smell of	10% to 15% Insects, sludge and pulp fibres in the stomach. Muscles have yellow colour with sulphide smell.	35% to 80% Stomach with sand particles, pulp fibres and insect larvae.	Adult specimens with high pathogenic symptoms.

Table 17 (continued)

Fish species	Stations				Remarks
	I and II	III, IV and V	VI, VII and VIII	IX and X	
		sulphide and sulphonate. Gills with coagulating mucus. Intestine has congestion of blood vessels with suppurative spots. Barbels dropped down. Skin of body proper and different fins ruptured.			
Xenentodon cancila	60% to 90% Stomach full of insects, insect-larvae and several entomostraca, with small fishes. Some specimens with coagulated gills were caught near the left bank of river at sampling station II.	—	—	50% to 80% Insect-larvae and some entomostraca. Body yellowish in colour.	Adult with little pathogenic symptoms.
Ophicephalus punctatus	60% to 85% Stomach with entomostraca, insect-larvae, chironomids and sand particles.	5% to 7% Stomach only with pulp fibres. Scales dropping down. Gills with coagulating mucus. Sulphide and sulphonate smell. Pathogenic specimens found stupefied. Liver and muscles, pale yellowish. On the gills and in between the two gill arches, paper fibres are attached. A large number of trematode parasites found, inside the body cavity.	10% to 25% sludge, debris and paper fibres. Liver yellowish with sulphide smell. Large number of trematode parasites. Gill mucus in coagulating conditions.	60% to 70% Stomach with Insect larvae and small fishes. Odour of sulphide from the muscles.	Specimens with high pathogenic symptoms.
Nandus nandus	60% to 65% Insects, small and large fishes and several small entomostraca.	2% to 3% only available from station V. Gills with coagulating mucus. Abdomen	5% to 20% Insects and insect-larvae occasionally small fishes. Sulphide smell	50% to 80% Stomach contains insects and insect-larvae.	Moderate pathogenic symptoms.

Table 17 (continued)

Fish species	Stations				Remarks
	I and II	III, IV and V	VI, VII and VIII	IX and X	
		musculature with sulphide odour.	from the musculature.		
Mastacembelus armatus	50% to 60% Stomach filled with protozoans, insect-larvae, entomostraca, and sand particles.	Stomach empty stray specimens with pale yellow colour of the body. Gills and opercular cavity filled with pulp fibres. Liver and intestine pale-yellow with congested blood vessels. Pulpy liver. Sulphide smell in musculature and in other internal parts of the body.	Stomach with debris and pulp fibres with 15 to 30%. Blood vessel, congested in the intestine. Liver pulpy. Sulphonate and sulphide smell in the musculature.	50% to 80% Stomach with insect-larvae.	Highly pathogenic symptoms.

5. Discussion

For disposal of domestic and industrial wastes, a suitable source is essential. Natural rivers and streams by far serve as the most suitable source for this purpose. However, indiscriminate waste disposal will not only result in serious pollution problem affecting the health of the population but will also result in the destruction of fishes and fish-food which form the major aquatic fauna of economic importance. It is not enough to treat these wastes but it is essential to study the characteristics of the streams.

With rapid industrialisation there is a growing need in India to understand the implications of the discharge of the waste waters into natural streams. The health authorities, the farmers, the fishermen and the industrialists have to realize the immeasurable loss that has occurred due to the discharge of the indiscriminate industrial wastes. In India growing population will require more and more food and food protein in the form of fish and it is logical that its production should be increased rather than to reduce it by water pollution. In India, today, there is a strong demand for such scientific investigations so that the river water can be maintained within the standards of purity.

Hindan is a big tributary of river Yamuna and flows in the western districts of U.P. It is mainly used for procuring fish, fish-seeds and finger-lings of several carps by the local fishermen and U.P. state fisheries department. This river is also utilized to flush the water of Yamuna (through Hindan canal) in Delhi. Villagers, inhabiting on the banks of the river, also utilize the water of this river for drinking and agricultural purposes. However, the water of the river is polluted by the discharge of the indiscriminate wastes from different sources.

Pulp and paper wastes are directly drained into the river while the water of the textile factory, sugar-factory and gatta-factory along with the city sewage is passed into the river through Damola. The total discharge of the wastes into this river varies from 90×10^7 to 111×10^7 gallons per day with an average total solids of 58385 lbs/day, B.O.D. of 17670 lbs/day, C.O.D. of 24232 lbs/day, and lignin of 9290 lbs/day. In addition, several other toxic chemical substances are also discharged into this river through industrial wastes. The quality of the water of Hindan and its bed has greatly changed which is detrimental to the fish and the plankton.

Hydrometric observations have pointed out that the maximum effect of pollution is found in the Dry Weather Flow (D.W.F.) i.e. in summer months (March to June).

The variations of temperature though large, are not significant because of wide range of temperature tolerance by the biota in aquatic habitat. GHOSH & BASU (1968) and DAVID (1956) also pointed out that there is no direct effect of temperature on aquatic life. However, the present investigations show that the temperature at the point of confluence of the pulp and paper factory waste into the river is exceedingly high (58 °C—50.6 °C) so that no bio-life could occur within the limits of 400 meters stretch. Throughout, the period of investigation, the temperature maxima was never high at any station and was found within the prescribed limit for bio-life. The temperature difference of 23 °C may not be of any importance to the bolife, especially the fishes, but in the polluted conditions, it has a profound effect on dissolved oxygen and biochemical oxygen demand. The solubility of oxygen decreases very rapidly with increasing temperature, and the temperature coefficient of reaction velocity of most of the chemical reactions is positive and high, with the result that the rate of immediate oxidation becomes higher at increased temperature. The rate of biochemical oxidation also increases with the increase of temperature owing to the increased metabolic activity of the bacteria. This probably explains the differences in dissolved oxygen minima during different seasons (summer and winter) but the effect of different dilution ratios in different seasons should not be overlooked. Added to these, factor is the increased metabolic activity on the part of fish which may cause asphyxiation, at the dissolved oxygen concentration which ordinarily is not lethal.

Turbidity, suspended matters and the colour are closely interrelated with each other. Turbidity is of importance to aquatic biologists, as the bottom conditions such as light penetration, bacterial concentration and various other factors are usually modified by the amount of suspended matters in water. Turbidity of Hindan in the clean water zone (Stations I and II) in summer, pre-summer and winter months is low (30 mg/l—90 mg/l). It increases abruptly in the region where the pulp and paper channels, containing large quantity of suspended matter confluence into the river. The suspended matter consists of the particles of different types ranging from coarse cellulose fibres to fine colloidal particles of various organic complexes. The coarse particles settle down very quickly, showing an abrupt fall in turbidity along the stretch of 8 to 10 kilometers. Then the turbidity decreases slowly and the original clear water condition at station I and II is further restored at station X which lies at a distance of about 110 kilometers from the discharging point of the effluent. The deposition of organic matter is quite appreciable up to the station VII and a thin layer of suspended matter is seen up to station VIII. The same condition of the river-bed has been observed by DAVID (1956) in Bhadravati river due to the discharge of the water of paper and steel plant; MOTWANI, BANERJEA & KARAMCHANDANI (1956) in Sone river by Rohtas industries effluent; GHOSH & BASU (1968) in Hooghly by waste of paper and tissue mill; SREENIVASAN & SOUNDER RAJ (1967) in Cauvery and Bhavani rivers by industrial wastes and ARORA et al. (1973) in river Gomti. The cellulose fibres produce a blanketing effect on the river bed which adversely affects the production of bottom biota so that several forms of bottom dwelling organisms are absent from stations III to VII.

The blackish-brown colour of the combined pulp and paper factory wastes imparts brown colour to the river water. The brown colour of the water decreases slowly but persists up to station IX. The brown colour of the water decreases the penetration of light and affects the spectrum of the wave-length which penetrates into the river water. The change in the wave length and its reduction in intensity limits the growth of phytoplankton and other aquatic plants which are of great importance, not only because they form an important link in the food-chain cycle of aquatic habitats, but as they also produce oxygen by photosynthetic activity which plays an important role in reaeration of stream and in the natural self-purification process.

DAVID & RAY (1960) have pointed out that dissolved solids when present in excess may create an imbalance — a sudden change in the osmotical regulation or cause suffocation to fish even in the presence of high D.O. But when dissolved solids are present in right concentration, a good fish-crop can be expected (HART et al. 1945). According to them, about 95 percent of U.S. fish ponds, supporting a good fish-fauna, possess a total dissolved solids value under 400 mg/l. In river Hindan, dissolved solids are high at stations III, IV and V being about 1025 mg/l to 680 mg/l. This higher concentration of dissolved solids has created the osmotic problem so that stray specimens with blood stasis and ruptured gill-cells and body skin could be found in the waters of the stations III and IV. On other stations, there was no such problem of osmotic concentration as the dissolved solids were found within the prescribed limit.

The natural waters contain small quantities of dissolved salts like chlorides, sulphates, carbonates of sodium, potassium, calcium, and magnesium. However, when the water is polluted with chemical wastes, containing excess of dissolved salts, their level may rise which is dangerous for aquatic life. Specific conductance measurements offer a very quick and convenient way of determining the total amount of ionizable salts in water and has been used as valuable aids for studying this type of electrolytic pollution. The present observations show that the specific conductance of the combined waste of pulp and paper is very high (average being, 1975×10^{-6} mhos) and the river water just below the point of confluence shows an increased value of 1860×10^{-6} mhos and 1425×10^{-6} mhos at station III. At stations VI and VII, the conductance value gets reduced and the original condition which is equal to that of stations I and II is reached at the stations IX and X. As the specific conductivity of inland fresh-water, supporting a good fish-fauna lies between 150 to 500×10^{-6} mhos (ELLIS 1937), there appears to be the pollutional danger from this type of electrolytic pollution at stations III, IV and V after which no potential danger can be felt by the fauna of the river.

The determination of pH serves as a valuable guide for showing the acid-alkali balance of water and in the case of pollution by acidic or alkaline wastes, serves as an index to denote the extent of pollution. ELLIS (1937) stated that the fish and the common aquatic organisms prefer the pH values between 6.5 and 8.4; pH values below 5.0 or more than 8.8 are definitely detrimental or even lethal. ROBERTS et al. (1940) stated that the fresh-water fishes usually thrive in the waters having the pH value of 5.0 to 8.5. SHINYA (1962) plotted the curves between the pH and percentage avoidance frequency and showed that the fish likes to stay in the water, having pH of 6.2 to 7.6. The pH of the water of Hindan at stations I and II lies towards the alkaline medium and ranges between 7.4 and 7.7, and remains practically constant at these stations during different seasons. At stations III and IV, the pH increases but the condition at station V get encountered, presumably, because the organic contents, discharged into the river are decomposed at that point to produce acidic products. However, the variation in pH at different sampling stations is well within the range of tolerance by the fish and therefore, this factor does not appear to be of much significance.

DOUDOROFF & KATZ (1950) while summarizing the toxicity of free alkalies to fish, remarked that none of the strong alkalies like sodium hydroxide, potassium hydroxide, and calcium hydroxide have been clearly shown to be lethal to fully developed fishes when their concentration does not raise the pH of river water above 8.9. The combined waste of pulp and paper is alkaline with the pH range of 9.4 to 10.2 and total alkalinity of 1362 mg/l to 2260 mg/l. But at the point of the confluence of the water into the river, the pH comes down to 9.2. Thus, there appears to be little harm to the fish from the alkali. Further, as there is sufficient amount of carbon dioxide in river water, the increase in pH is encountered by its presence and the excess of alkalinity as the major cause of fish mortality may be safely eliminated.

Dissolved oxygen is present in a river due to natural aeration, addition of fresh unpolluted water or by photosynthesis. The dissolved oxygen consumption occurs by oxidation of reduced organic matters, oxidation of carbonaceous matters and bacterial decomposition. The final oxygen budget left is of utmost value in the assessment of pollution.

It is generally believed that the environment will be habitable to fish if the minimum of 4.0 mg/l of dissolved oxygen is present in any water shed. SOUTHGATE (1948) was of the opinion that no general statement can be made even from the mass of data available on the maximum concentration of dissolved oxygen required to support fish-life. ELLIS, WESTFALL & ELLIS (1946) stated that the maximum dissolved oxygen for maintaining fish in healthy condition is 5.0 mg/l at 20°C, the critical value being 3.0 mg/l. DIMICK & MERRYFIELD (1947) have also put the same limit. ROUNSEFELL & EVERHART (1960) have mentioned that 5.0 mg/l of dissolved oxygen tolerance set up by ELLIS et al. (1946) is too high. The present study has shown that the value of dissolved oxygen is more than 5.0 mg/l at stations I, II and VI to X. The dissolved oxygen at station III, IV and V was found to be below the prescribed value and lies between 1.9 mg/l and 3.4 mg/l. Likewise, only those fishes which possess the accessory respiratory organs or which can withstand low dissolved oxygen concentration have been recorded. DIMICK & MERRYFIELD (1947) stated that the breathing rate of the fish, is in general, increased in water of low dissolved oxygen concentrations. Under distressed conditions the gill movement is quickened and the fish comes to the surface in an effort to gulp some oxygen from the atmosphere. During this process, some of the dissolved and suspended solids may find their way into the gills and may cause asphyxiation by injuring them.

It was pointed out by ELLIS, WESTFALL & ELLIS (1946) that the effect of oxygen depends on other factors and it is not always safe to accept any definite oxygen limit without considering other hazards. Oxygen can become a limiting factor when it is reduced by substances with a high oxygen demand. When a high load of organic matter is discharged into the river, its purification occurs in overlapping stages. Firstly, some portion of the waste undergoes immediate chemical oxidation. Secondly, there may be colloidal or suspended particles of organic nature which may be precipitated in the river and may undergo biological oxidation by the activity of bacteria and other microorganisms. Finally, anaerobic and aerobic oxidation of both soluable and deposited organic matter may occur. As the major part of this oxidation process is biochemical, the biochemical oxygen demand and dissolved oxygen gives a more complete picture of the nature and extent of pollution. Value of oxygen on the other hand furnishes an index to those organic substances which are oxidizable by acid permanganate at the specific time and temperature and may thus give an idea of the concentration of the substances which may undergo immediate chemical oxidation. Value of the chemical oxygen demand, on the other hand, furnishes an index to those organic substances which are oxidizable by the addition of oxidizing agent like potassium dichromate. Between stations II and III where the waste is discharged into the river, there is a sudden rise of the biochemical oxygen demand accompanied by a sudden fall in the amount of dissolved oxygen. BANERJEA & MOTWANI (1960) also observed the same pattern of rise of B.O.D. and fall of D.O. in Suvaon stream in Balrampur by the addition of sugar factory waste. MOTWANI, BANERJEA & KARAMCHANDANI (1956) also mentioned the complete absence of oxygen at certain spots of the river due to the pollution by the effluent of Rohtas industries at Dalmianagar. It is further observed that the point where the waste is discharged into the river, is not the place of maximum depletion of oxygen, due to continuous supply of dissolved oxygen by the addition of well oxygenated upstream water and long term oxygen demand of certain chemicals like lignin. However, the oxygen minima occurs at station IV with the maximum B.O.D. value. From the station V downwards, the oxygen condition improves with the lowering of B.O.D. The satisfaction of B.O.D. and C.O.D. and rising of oxygen occurs at all the stations from VI to X except at Station VIII where again the values of B.O.D. and C.O.D. rise while D.O. decreases which might be due to the discharge of local wastes into the river.

The satisfaction of B.O.D. and C.O.D. is very slow and takes place after the flow of 136 kilometers of the river. The average B.O.D. satisfaction rate works out to be as $K = 0.28$. It is difficult to explain the behaviour of B.O.D. and C.O.D. ratios. The oxygen sagcurve is a typical spoon with the shape of a handle. Such a shape of the curve has also been pointed out by PHELPS (1960) in the polluted river.

The same trend of variation of dissolved oxygen, B.O.D. and C.O.D. is maintained during all seasons with the only difference that the magnitude and the position of minima and maxima values for D.O., B.O.D. and C.O.D. respectively, show variations depending upon the temperature, dilution ratio, and self-purification of the river.

To assess the condition of the river at each stretch, as regards its oxygen balance, deoxygenation and reoxygenation rates, it is very important from which the self-purification constant can be calculated. The self-purification constant is indicative of the condition of the river or stream. STREETER & PHELPS (1925) classified the receiving rivers on the basis of self-purification constant. The river with rapid speed and waterfall, on the basis of self-purification constant, has the self-purification constant of 5, the swift rivers have 3.0 to 5.0, rivers with moderate velocity have 2.0 to 3.0, river with low velocity has 1.5 to 2.0, while the sluggish rivers and impoundments have the purification constant of 1.0 to 1.5. FAIR & GEYER (1954) have studied the effect of temperature on deoxygenation constant. GOTASS (1948) also carried out similar work but he got different results for the deoxygenation constant value. According to VELZ (1949), the greatest difficulty in self-purification has been encountered during the drought period. He considered that a statistical analysis of drought condition should be made in respect of the study of the river.

The close examination of self-purification constants of Hindan river at different sampling stations indicates that at stations IX and X, where the river-flow is swift, the self-purification constant is 3.02 and 4.8 respectively. At stations V to VIII, where the river-flow has low or moderate velocity, the self-purification constants range from 2.3 to 2.6 and the repurification of the river is very slow. The stretch of the river after the confluence of waste channel up to the station V represents the sluggish flow of river.

With the calculations based on self-purification studies it becomes quite apparent that the several waste channels especially from pulp and paper factory should be trapped and their waste water should be treated atleast to the tune of 80 percent before it is discharged into the river.

Presence of small quantity of hydrogen sulphide and free chlorine are also known to be highly toxic to fish. CHAMBERLAIN (1947) pointed out that H_2S is a limiting factor. Usually, the presence of 1.00 mg/l and under certain conditions, even as low as 0.1 mg/l of these substances have been stated to be lethal to the fish. DOUDOROFF & KATZ (1950) have concluded that even traces of these substances in polluted waters should be regarded as a possible hazard to fish life. In Hindan. the value of total sulphide varies between the maximum of 8.2 mg/l and minimum of 0.8 mg/l at different stations depending upon the distance from the outfall. Some of the sulphides are readily destroyed when they come in contact with the dissolved oxygen. But even the remaining portion of H_2S may prove to be lethal to the biolife specially during the critical summer months when there is a greatly attenuated river flow for prolonged periods and the quantity of sulphide is in excess of the considered safe minimum of 1.0 mg/l. As pointed out by CARPENTER (1930), the sensitivity for hydrogen sulphide varies from species to species and as such the absence of several forms of fish species along the 30 kilometers stretch of river Hindan is not surprising, since some of them may easily avoid water diluted with sulphide. The findings of SHELFORD (1917) are also in confirmity with this view.

DAVID (1956) has mentioned the presence of the high quantity of both H_2S and dissolved chlorine in Bhadravati river due to the discharge of pulp and paper factory wastes into it. MOTWANI, BANERJEA & KARAMCHANDANI (1956), on the other hand, have mentioned their absence in river Sone at Dalmianagar, inspite of the fact that pulp and paper factory wastes are discharged into this river. Normally, the hydrogen sulphide is present in the water of Hindan while the chlorine is found to be absent. Its absence can be attributed to the fact that most of the chlorine is used up in meeting out the chlorine demand of highly organic waste.

Mercaptans and resin acid, though present in the pulp and paper factory waste. but not to the level of being lethal.

It is, however, correct to assume that phosphorus and nitrogen values show either a rise or fall with reference to the degree of pollution as they are solely dependent on the extent of decomposition of various organic substances in the river. The final products of oxidation or organic matters such as nitrates and phosphates have a distinct effect on the luxuriance or otherwise of phyto-zooplankton and other organisms that depend upon microorganisms. This is evident by the estimated high values of nitrates and phosphates and also by the rich growth of vegetation and planktonic forms from stations V to VIII. Along the entire stretch of Hindan, the area between stations III to V is highly polluted which is also represented by the high percentage ratio of C/N.

Further, the decomposition of lignin sulphonate also produces various substances which act as specific poisons. Under prolonged exposure of dissolved toxic substances, the fish first gets narcotized and finally succumbs to the lethal effects as noted during the field survey.

The decomposition of organic matter by the action of certain bacteria and microorganisms which consume the organic matter and combine with oxygen available from the environment, affect the life in the river. Due to the stagnant condition of water in certain deep pools of the river for a long time, the biological action starts and abnoxious conditions soon develop in the region. This septic condition results in the production of sulphide which imparts black colour to the effluent. KLEIN (1957) pointed out that the absence of free oxygen and nitrates and the presence of organic matter and high temperature are the essential conditions for bacterial culture in the river. Therefore, the sulphur-reducing bacteria are likely to be active at stations III to V. The putrescent mud with sulphur reducing bacteria contains black ferrous sulphide which is formed by the interaction of hydrogen sulphide and ferrous compounds. HEUKELEKIAN (1948) noted that the sewage contains only a few sulphur reducing bacteria but their number increases in sewage sludge. Generally, active growth of these bacteria occurs at low redox potential. The high quantity of different types of nitrogen and sulphides at stations IV to VI may be correlated with the condition of the substratum at these stations. Redox potential being very low (0.20 to 0.40) at these stations, the favourable conditions for the activity of sulphur and other bacteria and continuous supply of sulphate and nitrate through the city sewage and paper factory waste to the fields of biological and chemical reaction, increases the activity of microorganisms, resulting in the increased quantity of hydrogen sulphide.

United States Public Health Service (USPHS) (1946) laid down that samples of water from 'approved' areas shall not show MPN of coliform in excess of 70/100 ml, while moderately polluted areas shall not contain more than 700 coliforms per 100 ml. In excess of this, the area has been classified as glossy polluted. PERRY (1939) considered *E. coli* and enterococci to be the logical indicators of faecalpollution.

On this basis, the Hindan water can be placed under the category of glossy polluted by bacteria, the value being very high at all the stations. Although the river is originally a mixture of sullage industrial waste and city sewage, the bacterial count comes down at stations IX and X after about 4 days travel of river water. The lower counts of bacterial growth at stations III and IV (in comparison to station V) may be considered due to the toxic effect of pulp and paper factory waste which results in the large mortality of bacteria. At station V, the dilution of Hindan water occured by the confluence of Damola river into it which increases the count of bacteria at this station. Overall, the bacterial quality of Hindan river water appears to be in no way good and indicates harmful pollution.

Outbreaks of innumerable cases of enteric fever and other epidemics traceable in polluted shell-fish, have been cited and reviewed in great detail by TANNER (1944) and SHRAEDER (1952). It can be presumed that most of the fishes inhabiting the heavy polluted area of this river picked up these bacteria during feeding which is ultimately passed on to the human body who fed on these polluted fishes and themselves become the victim of several diseases.

Trend of the count of Myxophyceae is quite significant, since it characterizes the pollution condition in the receiving water. Higher count was noted at station IV and V which was a mixture of sewage sludge and the wastes of pulp and paper factory. The count, however, comes down at stations VI and VII where the settlement of some of the matter had occurred and the organic matter gets stabilized.

Diatoms (Bacillariophyceae) form the predominant planktonic form of Hindan. However, their number is higher between stations III, IV and V. It is interesting to note that the flow of water between stations III to V is more steady and shows heavy pollution. These two factors increase the population of diatoms in between these stations.

The group Chlorophyceae is indicative of a progress in recovery and regeneration of polluted water, as most representatives of the group do not thrive in the deoxygenated waters. Many species also 'bloom' in the conditions of recovery. The higher number of Chlorophyceae at stations V and VI is due to the presence of high nutrients and a little recovery of the river water.

Unlike phytoplankton, most of the zooplankton show reverse relationship with the pollution except to Protozoa and Insecta. In polluted stretch the protozoans and insects occur in quite large numbers which indicate the polluted condition of water. Further, the number of Rotifera and Entomostraca was fairly low in polluted waters. ROUNSEFELL & EVERHART (1960) have pointed out that even when the pollutants do not kill or seriously harm the fish, the changes produced in their biological environment such as destruction of their food, indirectly affect the fish population.

The fungi and fungal spores are mainly available at stations III to V in polysaprobic, alpha and beta mesosaprobic regions and indicate the polluted conditions there.

ARORA et al. (1973) have pointed out that the bottom dwellers are important indicators of pollution. Among the benthos, sludge-worms (Oligochaeta and Annelida), blood-worms (Diptera, insects and insect larvae) and several molluscs indicate the condition of the river, although the status of molluscs is said to be uncertain, as also pointed out by KLEIN (1957). However, one thing is clear from the study of Hindan bottom-fauna that the number of molluscs is greatly reduced due to dissolved oxygen level at stations III to VI.

It is clear that the counts of molluscs, sludge-worms and blood-worms show a definite pattern of fluctuation at different stations according to the intensity of pollution. The number of sludge-worms and blood-worms is also reduced correspondingly with the decline in the counts of molluscs. Highest number of sludge-worms and blood-worms has been recorded at station III while that of molluscs at station I, both of which represent diametrically opposite water conditions. These conditions have a direct bearing on the bottom condition of the river. The same conditions of bottom-fauna have been recorded by MOTWANI, BANERJEA & KARAMCHANDANI (1956) in river Sone.

The indicator organism concept in its purest form is that the presence of a particular species is indicative of the existence of certain environmental conditions, whereas its absence is indicative of the absence of these conditions. WARREN (1971) pointed out that the continued persistence of a species at a location is a sure evidence that the conditions in that environment are suitable for its existance; but its absence does not always mean unsuitable conditions. From the data recorded, it is difficult to define any single species of fish as an indicator of pollution in the strict sense.

Some species of fish such as *Barbus sophore*, *Wallago attu*, *Saccobranchus fossilis*, *Clarias batrachus*, *Ophicephalus punctatus* and *Ophicephalus marulius*, generally occur in a number of polluted areas and seem to be more tolerant than other fishes. These are, therefore, commonly available in the polluted water and were found there when no other species were present especially during the period of low water flow. Yet, these species are common and often dominant at other stations. As such they cannot be regarded as indicator of pollution.

KATZ & GAUFIN (1952) hold the view that instead of taking a single species of fish as indicator, the number of species present in their relative abundance is a better criterion for evaluating the extent of pollution. It is also important to determine which of the species are more sensitive and are among the first to disappear from the polluted water. The species, *Labeo calbasu*, *Labeo gonius*, *Labeo rohita*, *Mugil corsula* and *Xenentodon cancila* can be included in this category. These forms are in great abundance at stations I, II, IX and X. At stations III to V they are completely absent while they occur intermittently at stations VI and VII.

The species, like *Gadusia chapra*, *Notopterus notopterus*, *Notopterus chitala*, *Esomus danrica*, *Mystus seenghala*, *Bagarius bagarius*, *Nandus nandus*, and *Colisa fasciatus* are only moderately sensitive.

As a group, the carps seem to be most-sensitive to pollution while murrels are the highly tolerant. The other groups consisting of featherbacks and mullets are among the moderately tolerant fishes.

Further, the total absence of several species of fishes such as *Barilius bola*, *Cirrhina mrigala*, *Cirrhina reba*, *Barbus tor*, *Rita rita*, and *Bagarius bagarius* at stations I and II and their presence at stations VI to X may be explained by the fact that they migrate from Yamuna or from the lower part of Hindan and that they cannot pass through the heavily polluted stretch (stations III to V) and as such they are absent in the upper region of fresh and unpolluted water.

Further, due to monsoon floods, all the signs of septic sludge and other substances in the river course are annually washed off at least in the case of premonsoon breeders and the postmonsoon spawning grounds are sure to be affected at the later stations for a distance of about 25 to 40 kilometers.

Among the plankton and bottom biota, it appears that *Scenedesmus* and *Eudorina*, among algae and several forms of mollusca such as *Viviparus*, *Melonoides*, *Parreysia* and *Unio* are sensitive to pollution. *Closterium*, *Gomphonema*, *Nitzschia* and *Oscillatoria* are moderately sensitive forms while *Synedra*, *Fragilaria* and *Navicula* and zooplankton, like *Arcella* and *Centropyxis* among Protozoa and several Entomostraca are also sensitive to pollution.

BECK (1954 and 1955) proposed the use of biotic index based on the sensitive and tolerant forms in polluted river. The biotic index can be represented as:

Biotic index $= 2$ (n class II) $+$ (n class 2)

where $n =$ number of macroscopic invertebrate species in class I (tolerant of no appreciable pollution) or, in class II (tolerant of moderate organic pollution).

With the help of the above formula and Table 14, the values of biotic index have been determined which lies between 0.3 and 0.5. BECK (1955) has further pointed out that the stream and river near septic conditions, will have a biotic index value of zero, whereas the stream receiving moderate amount of organic waste shall have the value between 1 and 6. The stream, receiving little or no waste shall usually have the values over 10. The present investigations show that the biotic index of Hindan river lies towards the lower side, showing heavy pollution of the river water.

Introduction of sewage into the river leads to differences in the environmental conditions and change in the aquatic communities. KOLKWITZ & MARSSON (1908, 1909) proposed another classification giving the names: degradation zone, active zone, recovery zone, and clear water zone. From the data on physico-chemical and biological conditions, the river Hindan can be distinguished into the various zones.

1. Oligosaprobic zone: This zone corresponds to stations I and II. The water in this zone is characterized by moderate alkaline medium, low turbidity, low biochemical and chemical oxygen demand and fair D.O. The species and number of fishes are quite good, ranging from 21 to 22 species and 40 to 51 numbers.
2. Polysaprobic zone: This zone corresponds with stations III and IV. In this zone there is a steep fall of the oxygen which is accompanied by the high value of B.O.D. and C.O.D. The pH is highly alkaline. The water is brownish in colour, containing sufficient amount of organic matter, paper fibres, cellulose and high total and dissolved solids. The species and number of fishes have been remarkably reduced and are represented only by 5 to 8 species and 7 to 10 fish-number. The bottom is made up of oozing black mud. The number of sludge-worm is maximum while the molluscs are completely absent.
3. α-Mesosaprobic zone: This zone corresponds to stations V, VI, and VIII. The D.O. value shows some improvement in the amount of dissolved oxygen coupled with the reduction of B.O.D. and C.O.D. The substratum is still made of oozing mud though not so much as in polysaprobic zone. There is some improvement in fish-

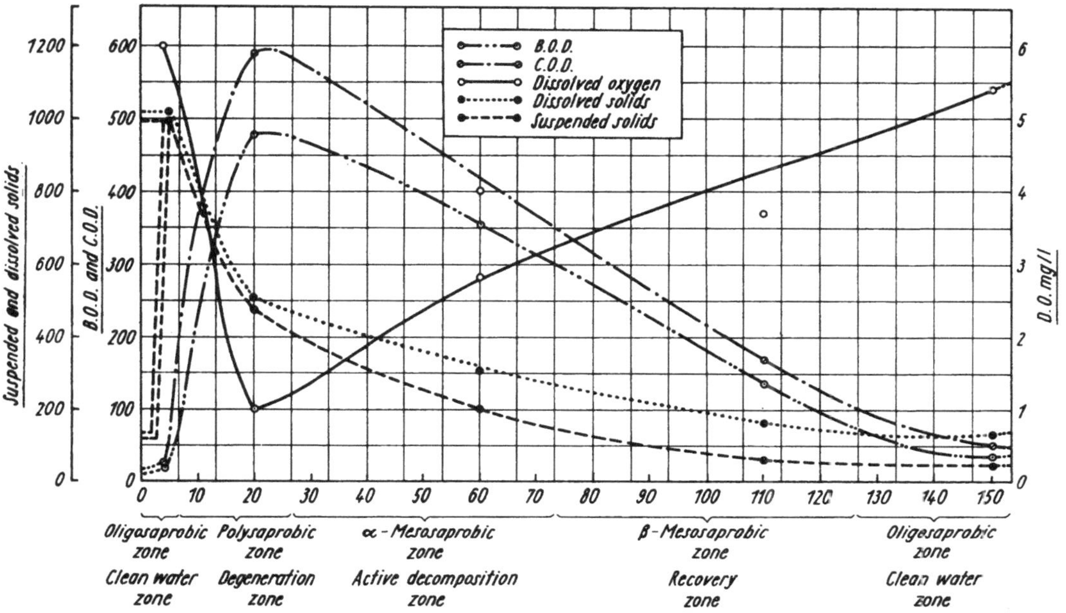

Fig. 25. The different chemical characteristics in different zonations of river Hindan

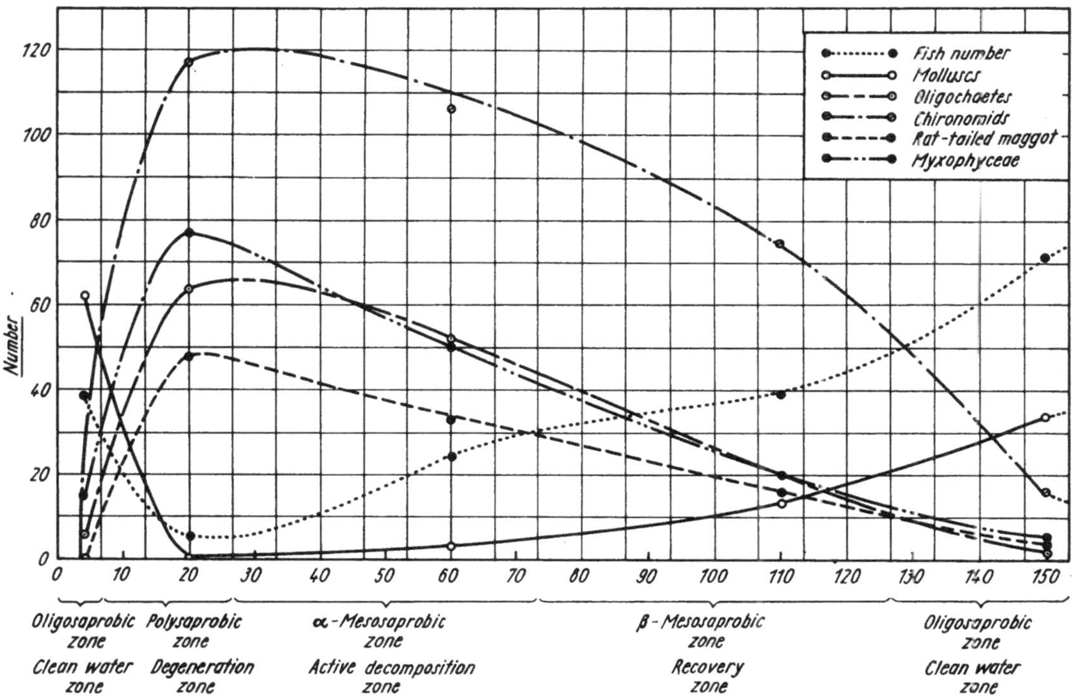

Fig. 26. The different biological characteristics in different zonations of river Hindan

species and fish-numbers. The number of protozoans had declined while that of the rotifers and Entomostraca had increased.

4. β-Mesosaprobic zone: The zone corresponds to station VII and a part of station IX and may be considered as the recovery zone. Here the dissolved oxygen attains saturation with the lowering of B.O.D. and C.O.D. values. The colour of the water changes to light brown. The zooplankton and molluscs which had disappeared at stations V, VI and VIII appear again. The fish-species and fish-number also increases to 25 and 42—44 respectively.
5. Oligosaprobic zone: The area between stations IX and X can be considered as the repurified zone. In this zone physico-chemical and biological conditions are almost similar to those of stations I and II. The different zonal conditions of the river Hindan is shown in Fig. 25 and 26.

Study of pathogenic conditions in fish reveal that continued exposure to the effluent diluted waters affect their physiological functions, causing degeneration of liver, congestion of blood vessels and appearance of suppurative spots by interfering with blood circulation.

The accumulated sludge when taken directly or along with the food by the fishes may release sulphur or its compound on digestion, which may affect the organs like liver, intestine, kidney and gills and ultimately causes the death of the fish (VERMA et al. 1976). Decomposition of lignin, sulphonates and pulps also produces various substances which also act as specific poisons. Most species of fishes that are unable to distinguish the toxicity in lower concentration are attracted towards the alpha and beta mesosaprobic zones of Hindan from the oligosaprobic zone of Hindan or Yamuna. This chemical attraction exerted by the pollutants in low dosage and the presence of increased food organisms, seems to impel several species to move up to the pollutional area. According to STEPHEN (1936) the fishes cannot distinguish some of the chemical wastes which result in their ultimate suffocation and mortality. By osmosis through gills, some of the dissolved gases can be transmitted directly to other parts of the body, causing stasis or stoppage of blood circulation within the capillaries, abdominal wall, intestine and even in the body proper. The mechanical injury to the gills by suspended material such as silt and dust is usually unimportant for healthy fish but sometimes these materials are accompanied by pollutants that may interfere with the flow of mucus or may itself injure the gills.

6. Suggestions

In recommending remedial measures, it may be stated that detrimental effects of pulp and paper factory wastes on river environment have progressed to a point from where a well directed effort can be made for abatement of such pollution. In the extensive survey made by Michigan Stream Control Commission (1938), it was shown that the pulp fibres loss in the wastes, amounted to as much as 10 to 20 percent of the paper production for some of the factories. ELDRIDGE (1942) has discussed in detail the use of various types of 'save-all' system to recover the loss of pulp fibres. According to BLACK (1952) the installation of such a system will prove to be of fundamental advantage to the factory. Though in paper factory of Saharanpur the loss of pulp fibres is not so high (only 8 to 13 percent), but the system for the recovery of pulp fibres, though very efficient, but may require a high initial expenditure for their installation and may not be adopted by the factory unless it is a binding on them by legislation.

As a result of these investigations, the following tentative suggestions can be offered to safe-guard fish life in river Hindan:

1. The digester relief condensate, instead of mixing them with 'black liquor' waste may be subjected to the separate treatment.
2. The sulphur content is high in the washing contributing to rich growth of sulphur-bacteria which indirectly affects the fish life. Perhaps the use of manganese oxide instead of calcium oxide as a base for digester cooking may be useful.
3. The contents like chlorine, sulphonates, sulphides, and mercaptans may be reduced or may be recovered by suitable means.
4. As far as possible, cellulose, pulp fibres and lignin should be removed as they start

disintegration in water only after a long time.

5. Percolation of effluents through river sand may be tried by removing the toxic wastes. The accumulated debris may be mechanically removed or may even be reused after purification.
6. The waste may be detoxified simply by subjecting it to a thorough aeration or agitation or both. This may be achieved by collecting the waste in a large lagoon-type of reservoir from where it may be allowed to overflow in a thin layer through a very broad channel, having cross-baffles which will simultaneously agitate and aerate the waste.
7. The 'black liquor' waste may be taken first in a separate concrete settling tank where the suspended matter may be allowed to settle and the soap may be recovered.

From the pollution point of view, the recovery of 'tall all', the chief constituents of soapy matter, removes essentially all the fatty and resin acids from the wastes. The wastes may now be drained into the lagoons and may be subjected to the same process of aeration and agitation for removing the soluable and colloidal organic matter. A number of such settling basins may be operated alternately, depending upon the volume of the waste to be treated. As the paper factory of Saharanpur do not have scarcity of land for the construction of lagoons and settling of basins, this method will be most suitable. During the high flow period (July to September), the factory discharge may be passed directly into the river while these lagoons and settling basins may be cleaned and kept ready for the use after the highest flow period.

7. Summary

Hindan is a tributary of Yamuna and flows along the western districts of U.P. viz Dehradun, Saharanpur, Muzaffarnagar, Meerut and Bulandshahr. The river lies between the latitudes 28° 4″ N and 30° 5″ N and longitudes 77° 5″ and 77° 9″ E. This river is mainly used for procuring fish, fish-seed, fingerlings and for several agricultural purposes. Near Delhi, this river is also used in summer for flushing the polluted water of Yamuna.

The total discharge into this river varies from 90×10^7 to 115×10^7 gallons per day with an average total solids of 58385 lbs/day, B.O.D. of 17670 lbs/day, C.O.D. 24232 lbs/day and lignin 9290 lbs/day. In addition to this, several other substances such as mercaptan, cellulose, resin, soap, sulphide, chlorine and pulp-fibres are also discharged into this river.

Hydrometric observations show that the maximum effect of pollution is seen during Dry Weather Flow (D.W.F.) of winter and summer.

The wastes affect the quality of river in a number of ways which are given below:

The deposition of cellulose, organic matter, pulp-fibres, and total solids adversely affect the substratum. The waste imparts brown colour to the river-water which affects the penetration of light and limits the growth of phytoplankton.

There appears to be no potential danger by the electrolyte pollution except at stations III and IV where the specific conductivity lies above the limiting values.

The temperature variations, though large, are not significant because of wide range of temperature tolerance by the aquatic biota. The high temperature variations, however, affect other factors such as dissolved oxygen and biochemical oxygen demand. The increased metabolic activity of the fish due to high temperature may cause asphyxiation.

Turbidity, suspended matter and colour of the water affect the water, the fauna, and the flora of the river in various ways. The cellulose fibres produce a blanketing effect on the river bed which adversely affects the production of biota. The brown colour decreases the light penetration and thus affects the spectrum of the wave length which penetrates into the river water. This change in the wave length and reduction in the intensity of light checks the growth of phytoplankton which is of great importance for the food-chain cycle and photosynthetic activity.

Presence of dissolved solids in excess creates an imbalance — a sudden change in the osmotical regulation or cause suffocation to fish even in the presence of high D.O.

The variation of pH at different sampling stations is well within the range of the tolerance for fish. This factor, therefore, does not appear to be of much significance. The alkalinity of the water does not have any direct affect on the fishes. The presence of sufficient amount of carbon dioxide in the river water encounters the increased pH which may otherwise cause fish mortality.

The high load of organic matter in the waste draws heavily on the oxygen budget of the river and adversely affects the quality of the river-bottom. This, naturally, changes the environmental conditions for the fish and fish-food.

The presence of sulphide has direct bearing on the fish and fish-food. The free chlorine, though present in the pulp and paper factory waste, does not show any sign due to high chlorine demand of the pulp and paper factory wastes.

The decomposition of organic matter under anaerobic conditions and other favourable conditions such as low redox potential and presence of sufficient amount of organic matter, stimulates the activation of sulphur reducing bacteria so that more of hydrogen sulphide is produced. This H_2S may be detrimental at the sublethal concentration in the presence of low oxygen saturation and high temperature.

The soil conditions and the values of C/N at each succeeding stations show that stations III to V are heavily polluted.

The decomposition of lignin sulphonate produces various substances which act as specific poisons. Under prolonged exposure to dissolved toxic substances the fish at first gets narcotised and may finally scumb to their lethal effects.

The bacterial quality of Hindan water indicates polluted condition of water.

The oxygen level increases at each succeeding stations through reaeration and photosynthesis with the lowering of B.O.D. and C.O.D. The oxygen sag-curve is a typical spoon shape with the handle.

The self-purification constants (f) of Hindan at different sampling stations indicate that the speed of the river-flow is moderate except at stations IX and X. The waste channel, especially from pulp and paper factory should be trapped and their waste water should be treated at least to a tune of about 80 percent.

From the biological data presented here the following important conclusion can be drawn:

The Myxophyceae are characteristic representatives of polluted water. Maximum count of these was noted on station V which is a mixture of sewage, sludge and waste of pulp and paper factory.

The diatoms are specially apparent at stations IV and V.

The presence of specimens of the group Chlorophyceae is indicative of progress in recovery and regeneration of polluted water, as most of the representatives of this group do not thrive in deoxygenated waters.

Unlike phytoplankton, the zooplankton shows inverse relation to pollution except protozoa and insecta. In polluted waters, they occur in fairly good number and as such they are the indicators of pollution.

Among the benthos sludge-worms (Oligochaetes), blood-worms (Diptera, and dipteran larvae) are represented in large number in polluted water. The low number of Mollusca indicates the condition of the river to some extent as the number of molluscs is reduced under reduced dissolved oxygen level.

It is, however, difficult to define any one species of fish as an indicator of pollution in the strict sense but the species like *Barbus sophore*, *Wallago attu*, *Saccobranchus fossilis*, *Clarias batrachus*, *Ophicephalus punctatus*, generally occur in good number in the polluted area and seem to represent more tolerant forms. The species *Labeo rohita*, *Labeo gonius*, *Labeo calbasu*, *Mugil corsula* and *Xenentodon cancila* are sensitive to pollution. Other species like, *Gadusia chapra*, *Notopterus notopterus*, *Notopterus chitala*, *Esomus danrica*, *Mystus seenghala*, *Bagarius bagarius* and *Colisa fasciata* are moderately sensitive forms.

As a group, carps seem to be the most sensitive group to pollution. The whole stretch of the polluted area is completely devoid of major carps and act as a barrier for the upward and downward migration of these fishes.

Among the planktonic forms, *Scenedesmus* and *Eudorina* (Algae) and among others *Viviparus*, *Melonoides*, *Parreysia* and *Unio* seem to be very sensitive to pollution. *Closterium*, *Gomphonema*, *Nitzschia* and *Oscillatoria* are moderately sensitive forms. Among algae, *Synedra*, *Fragilaria* and *Navicula* and among Protozoa, *Arcella* and *Centropyxis* are also sensitive to pollution.

BECK's biotic index value lies between 0.3 and

0.5 which indicates heavy organic pollution in the polysaprobic region.

The stretch under study, has been distinguished into the following five zones:

Oligosaprobic zone: It is characterized by enough oxygen, low B.O.D. and C.O.D. values with fairly rich fauna and flora.

Polysaprobic zone: It is characterized by low dissolved oxygen, high B.O.D. and C.O.D. values, and H_2S with restricted fauna and flora. It is also known as septic zone.

Alpha-Mesosaprobic zone: It is characterized by the presence of moderate oxygen, moderate B.O.D. and C.O.D., and improvement in fauna and flora. The region is also known as the zone of recovery.

Beta-Mesosaprobic zone: It is the region with fair amount of oxygen, low B.O.D. and C.O.D., and with the reappearance of fauna and flora.

Oligosaprobic zone: It shows conditions almost similar to the first zone. This is also known as repurified zone.

Study of the pathogenic condition in fishes shows that continued exposure to the water containing effluents directly affects their physiological functions, causing degeneration of liver, congestion of blood vessels and appearance of suppurative spots, interfering with blood circulation.

Apart from recommending the standard waste treatment practices, which may require heavy initial expenditure, some cheaper and easier but effective methods such as lagooning, sand filtration and dilution have been discussed and suggested so as to improve the ecological condition of the river.

8. References

ALDERICE, D. F., & J. R. BRETT, 1957: Some effect of craft mills effluents on Pacific Salmon. — J. Fish. Res. Bd. Canada **14**, 783—792.

ARORA, H. C., et al., 1973: A short term study on the eutrophication of Gomti River in Lucknow region. — Proc. Symposium environm. Pollut. (CPHERI) Nagpur, 44—58.

BANERJEA, S., & M. P. MOTWANI, 1960: Some observations of pollution of the Suvaon Stream by the effluents of a sugar factory, Balrampur (U.P.). — Ind. J. Fish. **7** (1), 105—128.

BECK, W. M., 1954: Studies in stream pollution I. A simplified ecological classification of organisms. — Quart. J. Florida Acad. Sci. **17**, 211—227.

— 1955: Suggested methods for reporting biotic data. — Sewage and ind. wastes **27**, 1193—1197.

BHIMACHAR, B. S., & A. DAVID, 1946: A study of the effects of factory effluents on the Bhadra river fisheries at Bhadravati. — Proc. 33rd Ind. Sci. Cong., Pt. **III**, 130 pp.

BHASKARAN, T. R., 1947: A plea for water pollution Research. — Ind. Med. Gazette **92** (12), 750—756.

BLACK, H. H., 1952: Conservation of wastes within industries. — 2nd Ann. Conf. Sanit. Eng. Univ. Kansas and Kansas State Board Health, Lawrence, 1—20.

BOSE, P. C., 1944: Calcutta Sewage and fish Culture. — A Symposium on the utilization of sewage for fish culture. — Proc. Nat. Inst. Sci., India **10** (4), 445—454.

CARPENTER, K. E., 1930: Further researches on the action of metallic salts on fishes. — J. exper. Zool. **56**, 407—422.

CHAMBERLAIN, T. K., 1947: Investigations of the effect of the water hyacinth on the fish of Florida waters. — U. S. Fish and Wildl. Serv. Sci. Dept. **39**, App. B, 66—77.

COTTEM, C., 1960: Pesticides and water pollution. — Proc. nat. Conf. Water Pollut., Washington, D.C. 266 pp.

DAVID, A., 1956: Studies on the pollution of the Bhadra river fisheries at Bhadravati (Mysore State) with Industrial effluents. — Proc. Nat. Inst. Sci., India **22**, 132—169.

DAVID, A., & P. RAY, 1960: Some measurements of toxicity of Tannery and Textile Wastes and their components to fish by bioassays. — Ind. J. Fish. **7** (2), 423—442.

— 1966: Studies on the pollution of the river Daha (N. Bihar) by sugar and Distillery Wastes. — Env. Health **8**, 6—35.

DAY, F., 1878: The fishes of India, being a natural history of fishes known to inhabit the seas and fresh water of India. Burma and Ceylon. — **I & II**, 787 pp.

*DIMICK, R. F., & E. MERRYFIELD, 1947: The fishes of the Willamette river system in relation to pollution. — Sewage Works J. **49**, 13—19.

DOUDOROFF, P., & M. KATZ, 1950: Critical review of literature on the toxicity of industrial wastes and their components to fish I. alkalies, acids and inorganic gases. — Sewage & ind. Wastes **22**, 1432—1458.

ELDRIDGE, E. F., 1942: Industrial Waste Treatment Practice. — New York, Mc Graw-Hill Book Co. 367 pp.

ELLIS, M. M., 1937: Detection and measurement of stream pollution. — Bull. U.S. Bur. Fish. **48** (22), 365—437.

ELLIS, M. M., B. A. WESTFALL, & M. D. ELLIS, 1946: Determination of water quality. — U.S. Fish and Wildl. Serv. Res. Dept. **38**, 122—136.

FAIR, G. M., & J. H. GEYER, 1954: Water supply and waste water Disposal.- New York, John Wiley & Sons. 487 pp.

GANAPATI, S. V., & K. H. ALIKUNHI, 1950: Factory effluent from the Mettur Chemical and Industrial Corporation. Ltd. Mettur Dam Madras and their effects on the fisheries of the river Cauvery. — Proc. Nat. Inst. Sci., India **16** (3), 189—206.

GANAPATI, S. V. & P. I. CHACKO, 1951: An investigation of the river Godavari and effect of the paper mills pollution at Rajahmundry. — Proc. Indo. Pacific. Fish. Coun. **3** (2 & 3), 70—74.

GHOSH, B. B. & A. K. BASU, 1968: Observations on Estuarine Pollution of the Hooghly by the effluents from a chemical Factory Complex at Rishra, West Bengal (India). — Env. Health **10** (3), 204—218.

GOPALAKRISHNAN, V., P. RAY, & B. B. GHOSH, 1973: Present status of pollution in the Hooghly Estuary with special reference to the adversely effects observed on the fishery resources. — Proc. Symposium environm. Pollut. (CPHERI) Nagpur, 1—8.

*GORDON, S., 1960: Impacts of pollution in fish and wild life, recreation and aesthetics values. — Proc. nat. Conf. Water Pollut., Washington, D.C.

GOTASS, H. B., 1948: Effect of temperature on biochemical oxidation of sewage. — Sewage Works J. **20**, 441—477.

HART, W. B., P. DOUDOROFF & J. GREENBANK, 1945: The evaluation of the toxicity of industrial wastes, chemicals and other substances to fresh water fishes. — Philadelphia, Atlantic Refining Co., 317 (14) pp.

HEUKELEKIAN, H., 1948: Bacteriological aspect of hydrogen sulphide production from sewage. — Sewage Works. J. **20**, 490—498.

HORA, S. L., 1942: The effect of dams on the migration of the Hilsa fish in Indian waters. — Curr. Sci. **11**, 470—471.

HORA, S. L., & K. K. NAIR, 1944: Pollution of stream and conservation of fisheries. Effluent of the Quainine Factory at Mungpoo, Darjeeling Dist. Bengal. — Proc. nat. Inst. Sci., India **10** (1), 147—165.

KATZ, M., & A. R. GAUFIN, 1952: The effect of sewage pollution on the fish population of a Mid Western Stream. — Trans. Amer. Fish. Soc. **81**, 156—165.

*KLEIN, L., 1957: Aspect of River pollution. — London, Butterworth Sci. Publ. 457 p.

*KOLKWITZ, R., & M. MARSSON, 1908: Ökologie der pflanzlichen Saprobien. — Ber. dtsch. bot. Ges. **26a**, 505—519. [Translated 1967: Ecology of Plant saprobia. p. 47—52. — Federal Water Pollution Control Administration, U.S. Dept.].

— 1909: Ökologie der tierischen Saprobien. Beiträge zur Lehre von der biologischen Gewässerbeurteilung. — Internat. Rev. ges. Hydrobiol. u. Hydrogr. **2**, 126—152. [Translated 1967: Ecology of animal saprobia, p. 85—95. Federal Water Pollution Control Administration, U.S. Dept.].

Michigan Stream Control Commission, 1938: Fourth Biennial Report 1937, 38 pp.

MOTWANI, M. P., S. BANERJEA & S. J. KARAMCHANDANI, 1956: Some observations on the pollution of the river Sone by the factory effluents of the Rohtas Industries at Dalmianagar (Bihar). — Ind. J. Fish. **3** (2), 334—367.

PERRY, C. A., 1939: A summary of studies on pollution in shell fish. — Food Res. **4**, 381—382.

PHELPS, B. E., 1960: Stream Sanitation. — New York, London, John Wiley & Sons, 4th print. 132 p.

ROBERTS, C. S., J. GRINDLEY & E. H. WILLIAM, 1940: Chemical Methods for the Study of River Pollution. — London, Ministry of Agriculture & Fisheries, H. M. S.O. Fisheries Investigations, Series I, **4** (2), 182 pp.

ROUNSEFELL, G. A., & W. H. EVERHART, 1960: Fishery Science, its methods and application. — New York, London, John Wiley & Sons, 2nd print. 444 p.

SAXENA, K. L., et al., 1966: Pollution studies of River Ganges near Kanpur. — Env. Health **8**, 270—285.

SHELFORD, V. E., 1917: An experimental study of the effect of gas wastes upon fishes, with special reference to stream pollution. — Bull. Ill. State, Lab. Nat. Hist. II, 381—386.

SHINYA, I., 1962: Behaviour of Fish Exposed to toxic substances. — Advances in Water Pollution Research, Proc. 2nd Internat. Conf., Tokyo, 126—142.

SHRAEDER, P. H., 1952: Food Control. — New York, John Wiley & Sons, 513 p.

*SOUTHGATE, B. A., 1948: Treatment and Disposal of Industrial Wastes. — London, Dept. Sci. ind. Research, H. M. Stationary Office.

SREENIVASAN, A., & R. SOUNDER RAJ, 1967: Effect of certain wastes on the water quality and fisheries of River Cauvery and Bhavani. — Env. Health. **9**, 13—21.

*STEPHEN, A. F., 1936: Some Dangers of Pollution. — Dept. Comm. Bureau Fisheries, Washington, **3**.

Standard Methods, 1965: 12th ed. — APHA, AWWA, & WPCF, New York.

— 1971: 13th ed. — APHA, AWWA, & WPCF, New York.

STREETER, H. W., 1958: The oxygen seg and dissolved oxygen relationship in streams. — Robert A. Text sanitary Engineering Centre. Technical Report No. W.S. **58** (2), 96 pp.

STREETER, H. W., & E. B. PHELPS, 1925: Study of the pollution and natural purification of Ohio River, III. Factors concerned in the phenomena of oxidation and reaeration. — Bull. U.S. Public Health Service No. 146, 75 pp.

*TANNER, F. W., 1944: Microbiology of Foods. — Champaign, Illinois, Garrards Press Champaign, 2nd ed.

U.S. Public Health Service, 1946: Manual of Recommended Practice for Sanitary Control of the Shell Fish Industry. — Publ. No. 33, 1—14.

VELZ, C. J., 1949: Factors influencing self purification

and their relation to pollution abatement II, sludge deposit and drought probabilities. — Sewage Works. J. **21**, 309—319.

VERMA, S. R., & R. C. DALELA, 1975: Studies on the Pollution of the Kalinadi by industrial wastes near Mansurpur. Part I & II. — Acta hydrochim. et hydrobiol. **3** (3), 239—274.

— 1976: Toxicity of distillery waste to *Puntius sophore* (Ham.) and *Mystus vittatus* (Bloch) (Pisces, Cyprinidae, Bagaridae) Part 3. Bioassay studies and TL_m determination. — Acta hydrochim. et hydrobiol. **4** (6), 547—556.

VERMA, S. R., et al., 1974: Studies on the characteristics and Disposal Problems of the Industrial effluents with reference to ISI Standard: Part I. — Indian J. environm. Health **16**, 289—299.

VERMA, S. R., & R. P. MATHUR, 1971: Characteristics and Pollutional Effect of Paper Mills Wastes on Hindan River. — Seminar Water Supply & Sanitat. Problems Urban Areas, Inst. Engineers, Roorkee Sub-Centre, India **2**, E, 4, 1—11.

— 1974: Studies on the Toxicity of Industrial Wastes to *Macrobranchium dayanum*. — Indian J. environm. Health **16**, 1—11.

VERMA, S. R., & G. R. SHUKLA, 1969: Pollution in a Perennial Stream Khala, by the Sugar Factory Effluent near Laksar (Dist. Saharanpur), U.P. India. — Env. Health, **11**, 145—162.

WARREN, C. E., 1971: Biology and Water Pollution. — London, WCIA, Control W.B. Saunders Co. 435 pp.

WHITNEY, A. N., & J. C. SPINDLER, 1952: Effect of Kraft Paper Wastes on a Montana Stream. — Trans. Amer. Fish Soc. **88**, 153—168.

*WIEBE, A. H., 1928: Biological survey of the upper Mississippi River with special reference to pollution. — Bull. U.S. Bur. Fish. **43**, 137—167.

* Not consulted in original.

Received January 26, 1976.

Addresses of the authors:
Dr. SEWA RAM VERMA
Dr. RAMESH CHAND DALELA
Pollution Relevant Research Lab., Post Box 264
Postgraduate Department of Zoology
D.A.V. College,
Muzaffarnagar — 251001 India

Mrs. Dr. GOPI RANI SHUKLA
Department of Zoology
D.A.K. College,
Moradabad (U.P.) India.

Limnologica (Berlin) **12** (1), 77—83, Februar 1980

HEM SAGAR VASISHT & RAJINDER JINDAL

Rheological survey of a pucka stream of Patiala (Punjab, India)

With 3 Tables

Abstract

The study of distribution and seasonal fluctuations of plankton in relation to certain physico-chemical factors, was conducted for a period of one year (August, 1974 to July, 1975) on a tributary of Bhakra Main Line Canal in District Patiala (Punjab). Relatively fast current of water and turbidity affected adversely both phyto- and zooplankton. Phytoplankton showed a direct relationship with penetration of light, pH, total alkalinity, dissolved oxygen and hardness of water. An inverse time lag relationship was observed between phytoplankton and concentration of dissolved salts (phosphates, nitrates, and silicates). Relatively low pH but above 7 and high values of chlorides coincided with zooplankton maxima. Both groups of plankton showed a bimodal pattern of fluctuation like the total plankton. The peaks of zoo- and phytoplankton mostly coincided with each other showing a direct relation. Amongst phytoplankton, Chlorophyceae and Myxophyceae showed their maxima during summer months while Bacillariophyceae showed better production in winter. Amongst zooplankton, rotifers were found throughout the period of investigation. Crustaceans showed their peak during summer months and protozoans followed the same pattern as that of total zooplankton.

1. Introduction

The plankton population, on which the aquatic life depends directly or indirectly, is largely governed by the interaction of a number of physical, chemical and biological conditions. The work on this aspect on Indian rivers has been done by CHACKO & GANAPATI (1949), ROY (1949, 1955), CHACKO et al. (1953), CHAKRABARTY et al. (1959), PAHWA & MEHROTRA (1966), RAY et al. (1966), RAI (1974), etc. The present paper deals with the study of pattern of fluctuations of phyto- and zooplankton in relation to hydrological features of a stream in district Patiala (Punjab).

We are grateful to Dr. G. P. SHARMA, Professor and Head of the Department of Zoology, Panjab University, Chandigarh, for providing us with the necessary research facilities to carry out the present investigations.
We are indeed obliged to Dr. S. C. VERMA of the Department of Botany, Panjab University, Chandigarh, for his valuable help in the identification of phytoplankton.
Our thanks are also due to the Punjab Fisheries Department for their cooperation.

2. Material and methods

The material for the present study was collected from a tributary of Bhakra Main Line Canal, 7 km from Patiala, on Patiala-Nabha road (lat. 30°-20' N; long. 76°-28° E), near the Pepsu Roadways Transport Corporation (PRTC) Workshop. The Bhakra Main Line Canal takes origin from Nangal Hydal Channel Reservoir and is 85000 m long, 20 m wide, and 6 m deep with 12800 Cusec. The studied tributary is 5000 m long, 4 m wide, and 1,5 m deep with 30 Cusec and velocity 1 m/s.
For collection of biota a specially designed conical terrycot ring-type net (mesh 24/mm^2) was kept in running water for one hour to enable the water to flow through it. Collections were made monthly for a period of one year (August, 1974 to July, 1975), preserved in 5% formalin and analyzed by the SEDGWICK-RAFTER Counting Cell according to the procedure described by WELCH (1948). The air and water temperatures were recorded at the time of each collection. Penetration of light was noted with the help of a SECCHI disc. Current of water was observed by ping-pong ball method. Water samples were taken during each collection for determining the chemistry of water and were analyzed according to the Standard Methods for the Examination of Water and Waste Water (A.P.H.A. 1971).

3. Results

Seasonal variations in physico-chemical factors like temperature, penetration of light, rainfall, water current, pH, alkalinity, dissolved oxygen, carbon-dioxide, hardness of water, and nutrient salts (phosphates, nitrates, and silicates) during the period of investigation, are given in Table 1.

The monthly numerical fluctuations of plankton (phyto- and zoo-) abundance showed two maxima, one during winter (December, 74) and the other during summer (April, 75). They were rather poorly represented during monsoon months (August, 74 and July, 75).

The data regarding seasonal distribution of various phytoplankton is given in Table 2. From this it is apparent that the phytoplankton formed the bulk of total plankton and showed a bimodal peak. The winter maxima (450 ind/ml) was recorded in December, 74 and the summer (415 ind/ml) in April, 75. The winter peak may be attributed to high values of alkalinity, dissolved oxygen and nutrient salts. The summer maxima was due to more penetration of light, hardness of water and pH of water. Low phytoplankton yield during monsoon months may be attributed to fast current of water, high turbidity and less alkalinity.

The high values of phytoplankton do not surprise us. TANDON & SINGH (1972) have described 15000 ind/ml from Nangal Hydal Channel Reservoir.

Bacillariophyceae, Chlorophyceae and Myxophyceae constituted the dominant component of phytoplankton while Euglenophyceae comprised a small group.

The diatom population (Bacillariophyceae) showed winter maxima (300 ind/ml) in December, 74 and summer maxima (250 ind/ml) in April, 75. Their peak was due to high alkalinity, pH and silicate content of water. The diatoms were dominated by *Navicula* sp., *Synedra* sp. and *Gyrosigma* sp. with frequency indices (F. I.) 75, 83, and 83 respectively. These showed maxima on December, 74 (80 ind/ml), December, 74 (105 ind/ml), and in May, 75 (26 ind/ml) respectively. *Fragilaria* sp., *Caloneis* sp., and *Diatoma* sp. with F. I. 67, 67, 58, formed the subdominant component. The maxima (27 ind/ml) of *Fragilaria* sp. was in December, 74, *Caloneis* sp. (14 ind/ml) in April, 75 and *Diatoma* sp. (19 ind/ml) was in December 74. *Nitzschia* sp., *Pinnularia* sp., *Cocconeis* sp. and *Surirella* sp. were rarely found.

Chlorophyceae formed the second dominant constituent of the phytoplankton. Its first maxima (70 ind/ml) was observed in November, 74 while the second (75 ind/ml) in May, 75. It was noted that its peak was accompanied with higher values of temperature, penetration of light, and hardness of water. *Closterium* sp., *Cosmarium* sp., *Pediastrum* sp. and *Spirogyra* sp. formed the dominant component with F. I. 83, 75, 58 and 67 and with maxima (27 ind/ml) and (11 ind/ml) in November, 74, (36 ind/ml) in May, 75, and (15 ind/ml) in March, 75 respectively. *Scenedesmus* sp., *Mougeotia* sp. and *Staurastrum* sp. were less common.

Myxophyceae was dominated by *Oscillatoria* sp., *Merismopedia* sp., and *Anabaena* sp. while *Phormidium* sp. and *Spirulina* sp. were comparatively found in fewer collections. The first maxima of Myxophyceae (80 ind/ml) was recorded in December, 74 with the peak (115 ind/ml) in April, 75. At the time of their abundance the temperature was high, hardness was comparatively more, and the values for nutrient salts were high. *Oscillatoria* sp. had F.I. 67 with maxima (39 ind/ml) in April, 75, *Merismopedia* sp. with F.I. 83 and maxima (59 ind/ml) in December, 74 while *Anabaena* sp. with F.I. 75 and maxima (50 ind/ml) was in April, 75. *Phormidium* sp., *Spirulina* sp., *Volvox* sp., and *Chlamydomonas* sp. were found comparatively in few collections.

Euglenophyceae did not show any definite trend of fluctuations and was represented by only 2 genera i.e. *Euglena* sp. and *Phacus* sp. with F.I. 83 and 67. The former had its maxima (20 ind/ml) in April, 75 and the latter (12 ind/ml) in March, 75.

The relevant data regarding the seasonal fluctuations of zooplankton have been given in Table 3. Like phytoplankton, these also showed a bimodal pattern of fluctuations. Their winter maxima (100 ind/ml) was observed in December, 74 and summer peak (120 ind/ml) in March, 75 with also a small rise (65 ind/ml) in July, 75. The period of abundance of zooplankton coincided with optimum values of pH, high values of chloride content, and moderate current of water. Protozoa, Roti-

Table 1. Fluctuations in the physico-chemical factors (August, 1974 to July, 1975)

Month of collection	Aug.	Sept.	Oct.	Nov.	Dec.	Jan.	Feb.	March	April	May	June	July
Temperature of air (°C)	31.5	29.7	28.5	22.8	15.2	14.2	16.0	26.7	29.5	32.0	33.5	31.0
Temperature of water (°C)	23.5	23.0	21.5	19.5	16.0	15.5	16.0	18.5	21.5	24.0	25.5	25.5
Penetration of light/cm (turbidity)	38.0	40.3	46.9	61.0	52.5	54.3	58.5	59.5	62.7	63.0	54.0	41.0
Current of water (cm/sec)	97.6	85.4	76.3	61.0	76.3	67.10	70.1	73.2	61.0	64.1	82.4	91.5
pH of water	7.3	7.3	7.4	7.6	7.7	7.4	7.4	7.3	7.5	7.4	7.3	7.2
Total alkalinity (ppm)	91	93	100	122	132	104	106	99	118	133	92	81
Dissolved oxygen (ppm)	7.55	8.65	9.15	9.00	10.50	9.00	9.70	9.80	9.60	9.05	8.60	8.25
Carbon dioxide (ppm)	3.00	1.95	0.50	—	0.90	1.10	0.65	—	—	—	1.35	1.75
Chloride (ppm)	22.0	23.0	20.0	23.0	23.5	23.0	22.5	23.5	25.5	24.5	23.0	23.0
Nitrate (ppm)	0.15	0.11	0.07	0.09	0.04	0.07	0.05	0.11	0.06	0.05	0.90	0.14
Phosphate (ppm)	0.05	0.04	0.06	0.07	0.03	0.05	0.04	0.06	0.04	0.03	0.04	0.05
Silicate (ppm)	6.1	4.2	5.1	6.6	6.3	5.0	5.2	5.7	6.9	6.0	6.2	7.6
Calcium hardness (ppm)	45.0	41.0	57.5	75.0	82.5	86.0	70.0	65.0	90.0	93.5	81.0	45.0
Total hardness (ppm)	90.5	77.5	86.0	92.5	95.0	100.0	90.5	97.5	140.0	135.0	122.5	102.5

Symbol — absent.

Table 2. Seasonal variations (August, 1974 to July, 1975) in the abundance of different phytoplankton (ind/ml)

Month of collection	Aug.	Sept.	Oct.	Nov.	Dec.	Jan.	Feb.	March	April	May	June	July
Bacillariophyceae:												
Caloneis sp.	4	2	3	—	—	—	—	6	14	7	7	10
Cocconeis sp.	—	—	—	—	13	4	2	1	—	—	—	—
Cymbella sp.	—	—	9	2	20	—	—	—	15	9	8	—
Cymatopleura sp.	—	—	—	—	—	17	14	7	11	11	—	—
Diatoma sp.	—	—	—	—	19	3	2	—	4	8	8	10
Fragilaria sp.	3	6	5	5	27	19	12	1	—	—	—	—
Gomphonema sp.	—	—	—	2	5	2	6	—	—	—	—	—
Gyrosigma sp.	6	4	9	11	24	—	8	7	10	26	25	—
Navicula sp.	—	—	—	15	80	30	20	16	50	5	12	31
Nitzschia sp.	3	3	1	—	—	—	—	—	14	15	7	—
Pinnularia sp.	—	—	—	—	7	3	5	—	12	12	15	7
Surirella sp.	5	7	—	—	—	3	6	5	26	10	—	—
Synedra sp.	7	10	13	45	105	16	—	7	94	21	18	—

Table 2. Seasonal variations (August, 1974 to July, 1975) in the abundance of different phytoplankton (ind/ml)

Month of collection	Aug.	Sept.	Oct.	Nov.	Dec.	Jan.	Feb.	March	April	May	June	July
Total Bacillariophyceae	28	32	40	80	300	97	75	50	250	124	100	58
Myxophyceae:												
Anabaena sp.	—	—	—	1	11	6	1	5	50	30	5	4
Oscillatoria sp.	—	—	3	2	10	3	14	10	39	16	—	—
Merismopedia sp.	3	8	10	18	59	26	—	—	14	12	3	7
Phormidium sp.	—	—	—	—	—	—	—	—	12	17	4	5
Spirulina sp.	3	7	5	—	—	—	—	—	—	—	3	2
Total Myxophyceae	6	15	18	21	80	35	15	15	115	75	15	18
Chlorophyceae:												
Chlamydomonas sp.	—	—	—	3	11	10	7	—	—	—	11	9
Closterium sp.	4	3	7	27	9	7	6	—	—	4	6	3
Cosmarium sp.	3	1	2	11	5	5	—	—	—	3	4	8
Mougeotia sp.	—	—	—	—	—	—	13	10	10	16	—	—
Pediastrum sp.	5	8	3	—	—	—	—	—	4	36	20	6
Scenedesmus sp.	—	—	—	—	7	5	3	—	—	—	5	—
Staurastrum sp.	—	—	6	8	3	3	—	—	—	6	3	—
Spirogyra sp.	—	—	4	11	13	—	11	15	11	10	—	5
Volvox sp.	—	—	3	10	12	—	—	—	—	—	2	5
Total Chlorophyceae	12	12	25	70	60	30	40	25	25	75	51	36
Euglenophyceae:												
Euglena sp.	—	—	5	4	10	3	6	3	20	11	9	3
Phacus sp.	9	11	7	—	—	5	4	12	5	—	—	5
Total Euglenophycae	9	11	12	4	10	8	10	15	25	11	9	8
Total Phytoplankton	55	70	95	175	450	170	140	105	415	285	175	120

Symbol — absent

Table 3. Seasonal variations (August, 1974 to July, 1975) in the abundance of different zooplankton (ind/ml)

Month of collection	Aug.	Sept.	Oct.	Nov.	Dec.	Jan.	Feb.	March	April	May	June	July
Protozoa:												
Ceratium sp.	3	7	5	2	12	—	5	28	14	4	—	5
Difflugia sp.	—	—	—	2	9	—	—	14	5	—	17	27
Peridinium sp.	5	5	6	6	16	4	5	34	30	6	—	—
Vorticella sp.	—	5	4	—	—	—	1	4	11	2	3	—
Total Protozoa	8	17	15	10	37	4	11	80	60	12	20	32
Rotifera												
Asplanchna sp.	—	—	—	1	3	1	—	—	1	6	5	2
Brachionus sp.	3	3	1	3	6	3	—	—	1	2	5	—
Filinia sp.	2	8	2	—	—	1	3	2	—	—	—	5
Keratella sp.	2	3	1	1	6	8	3	1	1	—	—	—
Lecane sp.	1	2	—	3	2	2	3	8	—	—	—	—
Monostyla sp.	2	3	1	2	9	2	—	—	4	3	3	6
Polyarthra sp.	—	—	—	1	4	8	—	—	1	4	5	—
Total Rotifera	10	19	5	11	30	25	9	11	8	15	18	13
Crustaceans:												
Cladocera:												
Alona sp.	2	1	—	—	—	1	2	4	5	3	—	—
Bosmina sp.	1	3	—	2	2	3	5	—	—	—	7	2
Ceriodaphnia sp.	—	—	5	1	2	2	2	4	2	7	—	—
Daphnia sp.	2	3	—	5	4	3	6	12	8	8	5	—
Total Cladocera	5	7	5	8	8	9	15	20	15	18	12	2
Copepoda:												
Cyclops sp.	3	2	3	3	9	5	4	4	2	—	6	10
Eucyclops sp.	—	—	—	7	5	3	—	2	5	—	2	2
Diaptomus sp.	—	—	—	—	4	2	1	3	—	—	2	2
Nauplii	—	—	2	1	7	2	—	—	5	—	—	4
Total Copepoda	3	2	5	11	25	12	5	9	12	—	10	18
Total Zooplankton	26	45	30	40	100	50	40	120	95	45	60	65

fera, Copepoda and Cladocera comprised the major component of zooplankton.

Amongst zooplankton rotifers formed the dominant group and were found throughout the period of investigation. They showed maxima 19, 30 and 18 ind/ml in September, 74, December, 74, and June, 75 respectively. The analysis of rotifer population indicated that *Brachionus* sp., *Monostyla* sp., *Keratella* sp., and *Lecane* sp. were dominant genera while *Polyarthra* sp., *Asplanchna* sp., and *Filinia* sp. constituted subdominant component and were found in a few collections. The F.I. of *Brachionus* sp. was 75 with maxima (6 ind/ml) in December, 74, *Monostyla* sp. F.I. 83 with maxima (9 ind/ml) in December, 74, *Keratella* sp. with F.I. 75 and maxima (8 ind/ml) in January, 75, and *Lecane* sp. with F.I. 58 and maxima (8 ind/ml) in March, 75.

Crustaceans were constituted by Copepoda and their nauplii and Cladocera. Their population density during the present study revealed that both these groups achieved equal success in the same niche. The peak of Cladocera (20 ind per ml) was recorded in March, 75. *Daphnia* sp. and *Ceriodaphnia* sp. were significant with F.I. 83 and 67 and maxima (12 ind/ml) in March, 75 and (7 ind/ml) in May, 75 respectively. *Cyclops* sp. and nauplii formed a major portion of Copepoda. *Cyclops* sp. had F.I. 95 and had maxima (10 ind/ml) in July, 75. *Eucyclops* sp. and *Diaptomus* sp. were rarely found.

Protozoans did not show a definite trend of fluctuations. However, their number was the largest (80 ind/ml) in March, 75. *Ceratium* sp., *Peridinium* sp., *Difflugia* sp., and *Vorticella* sp. were the genera encountered during present study.

4. Discussion

During present investigations in rainy season (August, 1974 and July, 1975), due to fast current of water causing churning and high turbidity resulting in the blanketing thereby lowering the penetration of light, a definite decrease in plankton was noted. BERNER (1951), CHAKRABARTY et al. (1959), ROY (1955), RAY et al. (1966), and RAI (1974) have also expressed similar views.

Temperature within the observed range did not appear to determine the plankton fluctuations because one maxima was recorded during low temperature and the other during high temperature period. However, it showed an inverse relation with dissolved oxygen.

The higher pH values in November—December, 1974 and April—May, 1975 resulted in the increase in number of phytoplankton. pH showed a direct relation with alkalinity. As observed by ROY (1949, 1955), WILLIAM (1964), JOHN & ALEXANDER (1968), chlorinity and alkalinity of water showed a direct relation with plankton production.

Dissolved oxygen was found directly related to phytoplankton crop and its values were found higher in winter months and low during monsoon months. The latter was due to less photosynthetic activity and relatively high temperature. The findings of REID (1961), PAHWA & MEHROTRA (1966), and RAI (1974) are in conformity with it.

During present study, in April—May, 1975, due to more hardness of water, there was better crop of phytoplankton which is in concurrence with the findings of PEARSALL (1923), REINHARD (1931), BLUM (1956), and WILLIAM (1964).

Phosphates and nitrates fluctuated within a narrow range with the maximum values recorded during monsoon months. However, contrary to the expectations the phytoplankton yield was low. This may be due to high turbidity and fast current of water. Fluctuations in silicate content showed a definite relation with phytoplankton. A time lag correlation was also noted because each peak of phytoplankton, especially diatoms, was followed by a fall in concentration of silicates. Similar views have also been expressed by GOVIND (1963), DAS et al. (1969), DAS (1970), VASISHT & SHARMA (1975).

A direct correlation between phyto- and zooplankton was noted probably due to rapid multiplication of phytoplankton which neutralized the effect of grazing by zooplankton. PAHWA & MEHROTRA (1966), RAY et al. (1966), RUP SINGH & SINGH (1973), and VASISHT & SHARMA (1975) have also found similar results.

5. References

A.P.H.A., 1971: Standard Methods for the Examination of Water and Waste Water. — American Public Health Association, New York.

BERNER, L. M., 1951: Limnology of the Lower Missouri river. — Ecology **32**, 1—12.

BLUM, J. L., 1956: The ecology of river algae. — Bot. Rev. **22**, 291—341.

CHACKO, P. I., & S. V. GANAPATI, 1949: Some observations on the Adyar River with special reference to the hydrobiological conditions. — Indian geogr. J. **24** (3), 1—15.

CHACKO, P. I., R. SRINIVASAN & G. EVANGELINE, 1953: Hydrobiology of the Malampuzha River with reference to development of fisheries in Malampuzha reservoir. — Indian Comm. J. Madras **8** (1), 118 bis 124.

CHAKRABARTY, R. D., P. ROY & S. B. SINGH, 1959: A quantitative study of the plankton and physico-chemical conditions of the river Jamuna at Allahabad. — Indian J. Fish. **16** (1), 186—203.

DAS, S. M., 1970: Ecology of Dal lake, Kashmir, India. — Kashmir Sci. **7** (1—2), 18—23.

DAS, S. M., & S. K. MOITRA, 1969: Studies on organic production in high altitude lakes of India. Part I. The general ecology and zooplankton of Kashmir lakes. — Kashmir Sci. **6** (1—2), 1—22.

GOVIND, B. V., 1963: Preliminary studies on plankton of the Tungabhadra reservoir. — Indian J. Fish. **10** (1), 148—158.

JOHN, J., & K. M. ALEXANDER, 1968: A preliminary report on the hydrobiology of Beypore river for the year, 1964. — Hydrobiologia **31**, 492—496.

PAHWA, D. V., & S. N. MEHROTRA, 1966: Observations on fluctuations in the abundance of plankton in relation to certain hydrological conditions of the river Ganga. — Proc. Nat. Acad. Sci. India **36** (2), 157—189.

PEARSALL, W. H., 1923: A theory of diatom periodicity. — J. Ecol. **11**, 165—183.

RAI, H., 1974: Limnological studies on the river Yamuna at Delhi India. II. The dynamics of potamoplankton populations in the river Yamuna. — Arch. Hydrobiol. **73** (4), 492—517.

RAY, P., S. B. SINGH & K. L. SEHGAL, 1966: A study of some aspects of ecology of the river Ganga and Yamuna at Allahabad (U.P.) in 1958—59. — Proc. Nat. Acad. Sci. India **36** (3), 235—272.

REID, G. K., 1961: Ecology of Inland waters and Estuaries. — Reinhold Publishing Corporation, New York.

REINHARD, E. G., 1931: The plankton ecology of the upper Mississippi Minneapolis to Winona. — Ecol. Monogr. **1**, 395—464.

ROY, H. K., 1949: Some potamological aspects of the river Hoogly in relation to Calcutta water supply. — Sci. Cult. **14** (8), 318—326.

— 1955: Plankton ecology of river Hoogly at Palta. — Ecology **36** (2), 169—175.

RUP SINGH, T. K., & S. B. SINGH, 1973: Studies on the physico-chemical factors affecting the plankton production in Brahmaputra lake (Muzaffarpur, Bihar). — Proc. 60th Ind. Sci. Congr., Part III, 307.

TANDON, K. K., & H. SINGH, 1972: Effect of certain physico-chemical factors on the plankton of the Nangal Lake. — Proc. Ind. Acad. Sci. **71** (1), 15—25.

VASISHT, H. S., & B. K. SHARMA, 1975: The ecology of the Municipal Park Pond, Ambala City, Haryana (India). — Indian J. Ecol. **2** (1), 79—86.

WELCH, P. S., 1948: Limnological Methods. — McGraw Hill Book Co. Inc., New York.

WILLIAM, L. G., 1964: Possible relationship between plankton diatom species, numbers and water quality estimates. — Ecology **45**, 809—823.

Received June 7, 1977.

Address of the authors:
Dr. HEM SAGAR VASISHT
Dr. RAJINDER JINDAL
Department of Zoology
Panjab University
Chandigarh — 160014, India

Limnologica (Berlin) **12** (1), 85—107, Februar 1980

HERMANN HEYNIG

Das Helme-Staubecken bei Kelbra (Kyffhäuser) IV. Limnologische und hygienische Verhältnisse in den Jahren 1970—1975

Mit 3 Abbildungen und 12 Tabellen

Abstract

The damned up river Helme represents a flat and wide reservoir of 600 ha which is utilized in several forms since 1969. Our limnological and hygienic investigations were started in 1967 (part I—III). In this paper (part IV) the results of the investigations from the following years 1970—1975 are reported and discussed. A wide measure of agreement with the findings of the previous years was stated: pollution of the rivers Helme and Zorge by sewages, high content of nutrients (especially phosphates), eutrophication and mass development of planktonic algae (Diatomeae, Cyanophyceae) in the reservoir. Especial attention was paid to the large and intensive fish holding (carp) and its possible influence on the quality of water with respect to its utilization for recreation and bathing. The evaluation of the results from a hygienic standpoint shows, that the water can be utilized for bathing. No negative influence of fish holding on the quality was observed. The account is completed by some data on hydrology, fishing, recreation and on the Numburg salt spring too.

1. Einleitung

Der vorliegende Bericht schließt an die 1. und 2. Mitteilung an und enthält die Untersuchungsergebnisse an der Helme und im Staubecken, sowie — im begrenzten Umfang — im Einzugsgebiet von Helme und Zorge, vgl. HEYNIG (1968b, 1974, auch 1976). Seit 1969 wird das Staubecken von der Wasserwirtschaft, Fischerei und Naherholung gemeinsam genutzt. Infolge der fischereilichen Bewirtschaftung (Karpfen-Intensivhaltung) erfolgt alljährlich im Oktober die vollständige Entleerung des Beckens, während der anschließende Wiederanstau je nach den wasserwirtschaftlichen Erfordernissen im Laufe des Winters geschieht. Der Bewirtschaftungsplan sieht im Prinzip den Beginn des Einstaus ab 1. Februar und die Erreichung des Vollstaus (12 hm³) bis 30. April eines jeden Jahres vor.
Die folgenden Ausführungen sollen hauptsächlich die aus den Jahren 1966 ... 1969 vorliegenden Ergebnisse ergänzen bzw. auf bemerkenswerte Abweichungen aufmerksam machen.

2. Methodik

Im allgemeinen gilt für diesen Beitrag das in der 1. und 2. Mitteilung Gesagte (HEYNIG 1968b, 1974). Die Entnahmestellen „Aumühle" an der Helme und „Durchlaßbauwerk I" am Damm des Stausees wurden beibehalten. Nur vereinzelt erfolgte die Entnahme der Wasserproben aus dem Stausee vom Boot aus. Wie bisher wurden Entnahme und Untersuchung komplex durchgeführt, d. h. also chemisch-physikalisch, bakteriologisch (einschließlich Salmonellennachweis) und biologisch.
Zur Bestimmung des gelösten Orthophosphats (PO_4^{3-}) wurde seit Juni 1972 die Methode in Anpassung an „Ausgewählte Methoden ..." (1971) gewechselt. Die Bestimmung erfolgt seitdem mit Ascorbinsäure als Reduktionsmittel, während vorher mit Zinn(II)-Chlorid (modifiziert nach OHLE 1938) gearbeitet wurde. Dabei war festzustellen, daß die mit Ascorbinsäure erhaltenen Werte geringfügig höher lagen.
Die Messung der elektrolytischen Leitfähigkeit erfolgte ab November 1971 mit dem Leitfähigkeitsmeßgerät

LM 301 des VEB Hydromat (Bannewitz/Dresden), während früher ein Zuckerasche-Bestimmer (VEB Labortechnik Ilmenau) Verwendung fand.
Für den Nachweis von Salmonellen benutzten wir eine geringfügig modifizierte Methode im Vergleich zu den „Ausgewählten Methoden“: statt des Nährbodens nach WILSON-BLAIR wurde nach der Anreicherung der Nährboden nach WILD eingesetzt; alle anderen Arbeitsgänge stimmten überein.
Für wertvolle Hilfeleistungen bei der Entnahme der Proben sowie die Durchführung der chemisch-physikalischen und bakteriologischen Untersuchungen danke ich besonders Herrn K. DROSDZIOK (Ingenieur für Labortechnik), den Med.-techn. Assistentinnen Frau M. KROST, H. RENNEBERG, A. STÜRZE sowie den chem. Laborantinnen Frau I. FRIEDRICH und H. WOLF. Die biologischen Untersuchungen, die Leitfähigkeitsmessungen und Phosphatbestimmungen (bis Mitte 1972) wurden vom Verfasser selbst ausgeführt. Die ehemalige Oberflußmeisterei „Untere Unstrut“ (Sondershausen) stellte mir wieder freundlicherweise die hydrologischen Daten zur Verfügung. Dem VEB Binnenfischerei Gotha (Herrn Direktor WENDLER und den Kollegen des Betriebsteils Auleben) bin ich für fischereiwirtschaftliche Angaben und gute Zusammenarbeit zu Dank verpflichtet.

3. Hydrologie

Im Beobachtungszeitraum bestätigte sich, daß der Gesamtabfluß der Helme an der Entnahmestelle Aumühle zu etwa 30% (27 ... 30%) aus dem Wasser der Helme und zu etwa 70% (70 ... 73%) aus dem Wasser der Zorge besteht. Die jährlichen Schwankungen sind in dieser Hinsicht also offenbar recht gering. Was dagegen die Verteilung des Abflusses auf das Winter- und Sommerhalbjahr betrifft, so traten in den letzten Jahren größere Unterschiede auf (vgl. Tab. 1). Etwa 60 ... 80% des Abflusses fallen in das Winterhalbjahr. Erstmalig seit 1967 blieb im Jahre 1972 der Abfluß des Winterhalbjahres mit nur 43% hinter dem des Sommerhalbjahres (57%) zurück, was durch die abnorme Niederschlagsverteilung bedingt war: Der Winter 1971/72 war sehr schneearm.
Für die langjährigen Mittelwerte konnten die neuen Jahresreihen 1958 ... 1970 (Helme) bzw. 1954 ... 1970 (Zorge) zugrunde gelegt werden. Diese Werte, die sich geringfügig von den älteren Jahresreihen (HEYNIG 1974) unterscheiden, sind in Tab. 2 zusammengestellt. Das Abflußgeschehen in den einzelnen Jahren und Monaten ist aus Abb. 1 zu ersehen. Extrem niedrig war der Gesamtabfluß besonders im hydrologischen Jahr 1972, aber auch im Jahre 1973 (71,4 bzw. 87,8 hm^3). Wie bereits erwähnt, ist das auf die geringen Niederschläge dieser Jahre zurückzuführen. Seit 1967 wies andererseits das Jahr 1967 den bisher höchsten Abfluß auf (237,6 hm^3), gefolgt vom Jahr 1970 mit 204 hm^3 und 1975 mit 200 hm^3. Die Monate mit den niedrigsten Abflußmengen — seit Beobachtungsbeginn 1967 — waren der August und September 1973 mit Werten unter 1 hm^3. Im Gegensatz dazu zeigten der April

Tab. 1. Helme (Pegel Sundhausen) und Zorge (Pegel Nordhausen). Abfluß in hm^3 für die hydrologischen Jahre 1970 bis 1975; das langjährige Mittel siehe in Tab. 2. WH — Winterhalbjahr; SH — Sommerhalbjahr

Jahr	Helme				Zorge				Σ Helme + Zorge		
	WH	SH	Σ	%	WH	SH	Σ	%	WH	SH	Σ
1970	33,2	25,8	59,0	29	91,9	53,1	145,0	71	125,1	78,9	204,0
	(56%)	(44%)	(100%)		(63%)	(37%)	(100%)		(61%)	(39%)	(100%)
1971	24,6	6,7	31,3	28	64,0	17,8	81,8	72	88,6	24,5	113,1
	(79%)	(21%)	(100%)		(78%)	(22%)	(100%)		(78%)	(22%)	(100%)
1972	8,5	11,1	19,6	27	22,3	29,5	51,8	73	30,8	40,6	71,4
	(43%)	(57%)	(100%)		(43%)	(57%)	(100%)		(43%)	(57%)	(100%)
1973	18,6	5,8	24,4	28	48,0	15,4	63,4	72	66,6	21,2	87,8
	(76%)	(24%)	(100%)		(76%)	(24%)	(100%)		(76%)	(24%)	(100%)
1974	22,0	11,5	33,5	27	63,9	26,1	90,0	73	85,9	37,6	123,5
	(66%)	(34%)	(100%)		(71%)	(29%)	(100%)		(70%)	(30%)	(100%)
1975	40,3	18,8	59.1	30	116,9	24,0	140,9	70	157,2	42,8	200,0
	(68%)	(32%)	(100%)		(83%)	(17%)	(100%)		(79%)	(21%)	(100%)

Tab. 2. Langjähriger mittlerer Abfluß der Helme (Pegel Sundhausen 1958 ... 1970) und der Zorge (Pegel Nordhausen 1954 ... 1970) in m^3s^{-1} und hm^3.
WH — Winterhalbjahr; SH — Sommerhalbjahr

		Nov.	Dez.	Jan.	Feb.	März	April	Mai	Juni	Juli	Aug.	Sept.	Okt.	WH	SH	Jahr
Helme	m^3s^{-1}	0,91	2,14	2,02	2,62	2,22	2,29	1,80	1,29	1,06	1,01	0,82	1,00	2,03	1,17	1,59
	hm^3	2,4	5,7	5,4	6,3	5,9	5,9	4,8	3,3	2,8	2,7	2,1	2,7	31,6	18,4	50,0
Zorge	m^3s^{-1}	2,36	5,90	5,02	5,71	5,86	6,64	3,17	2,22	1,99	1,63	1,48	2,21	5,25	2,12	3,67
	hm^3	6,1	15,8	13,4	13,8	15,6	17,2	8,5	5,7	5,3	4,4	3,8	5,9	81,9	33,6	115,5
Σ	m^3s^{-1}	3,27	8,04	7,04	8,33	8,08	8,93	4,97	3,51	3,05	2,64	2,30	3,21	7,28	3,29	5,26
	hm^3	8,5	21,5	18,8	20,1	21,5	23,1	13,3	9,0	8,1	7,1	5,9	8,6	113,5	52,0	165,5

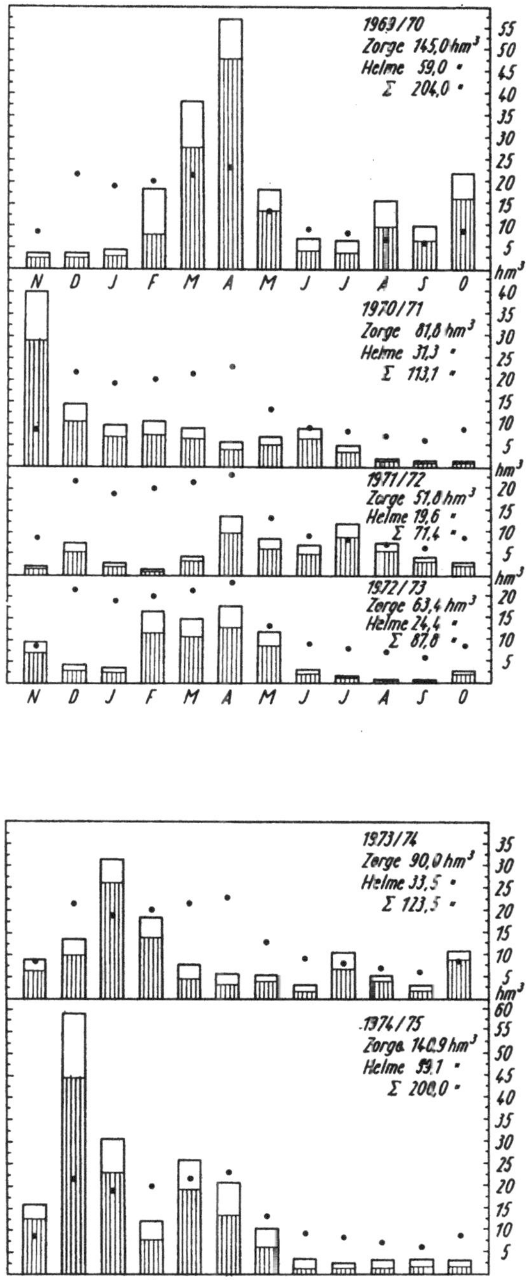

Abb. 1. Summierte Abflußmengen der Zorge (schraffiert) und der Helme (weiß) in den hydrologischen Jahren 1970 bis 1975; zum Vergleich die langjährigen Mittelwerte (schwarze Punkte).

1970 mit fast 57 m^3 und der Dezember 1974 mit knapp 59 hm^3 die bisher höchsten Abflußwerte. Das führte in diesen Monaten innerhalb weniger Tage zur maximalen Füllung des Staubeckens (einschließlich des Hochwasserschutzraums). Infolge heftiger Winde kam es im April 1970 zu starkem Wellenschlag, der am Hauptdamm beträchtliche Schäden anrichtete, so daß in der Folgezeit umfangreiche Arbeiten zur Ausbesserung und Veränderung der Dammkrone erforderlich wurden.

Während der Abfluß der Zorge den der Helme meist beträchtlich übertrifft, waren im Februar 1970 und im sehr niederschlagsarmen Zeitraum von Juli bis Oktober 1975 die Verhältnisse umgekehrt (Abb. 1).

Unmittelbar vor der Einmündung der Helme in die Talsperre ist kein Pegel vorhanden. Die hier mitgeteilten, summierten Werte der Pegel Sundhausen und Nordhausen sind zu niedrig, da von dem gesamten Einzugsgebiet (660 km^2) nur 503 km^2 erfaßt werden (Zorge: 304 km^2, Helme: 199 km^2). Allerdings erfolgen in dem nicht erfaßten Gebiet keine nennenswerten Zuflüsse mehr. Die Talsperrenmeisterei rechnet mit dem Faktor 1,1, um annähernd den wahren Zufluß zur Talsperre zu ermitteln. Diese Korrektur haben wir wie in den früheren Mitteilungen nicht durchgeführt.

4. Beschaffenheit der Zuflüsse

Von Dezember 1969 bis Mai 1971 wurden die Untersuchungen zwecks Klärung einiger Fragen auf drei weitere Entnahmestellen außer der Entnahmestelle Aumühle ausgedehnt (Abb. 2). Einerseits sollte die Be-

Tab. 3. Helme (Entnahmestellen Sundhausen und Aumühle). Schwankungsbreiten der Untersuchungsergebnisse von Dezember 1969 bis Mai 1971. In [ ] Extremwerte; PV — Kaliumpermanganat-Verbrauch; GH — Gesamthärte; KH — Karbonathärte; NKH — Nichtkarbonathärte; LF — elektr. Leitfähigkeit; SW — Sättigungswert; Q — mittl. Tagesabfluß; n. n. — nicht nachweisbar; Sp. — Spuren; m — Mittelwert

		Sundhausen (11 Unters.)		Aumühle (12 Unters.)	
			m		m
pH-Wert		7,4 ... 8,1 [8,5]		7,3 ... 8,1	
PV	mg/l	14 ... 28 [42]	23,9	17 ... 44	20,5
NH_4^+	mg/l	n. n. ... Sp. [1,6]		n. n. ... Sp.	
NO_2^-	mg/l	n. n. ... Sp. [0,8]		n. n. ... 0,35	
NO_3^-	mg/l	10 ... 17 [30]	15,4	8 ... 25	12,8
Cl^-	mg/l	20 ... 35	30	14 ... 38	28
SO_4^{2-}	mg/l	183 ... 440		144 ... 451	
PO_4^{3-}	µg/l	215 ... 750	508	150 ... 560	384
Ca^{2+}	mg/l	86 ... 201		59 ... 188	
Mg^{2+}	mg/l	17 ... 57		10 ... 34	
GH	°dH	16,0 ... 39,0		10,6 ... 33,0	
KH	°dH	5,6 ... 11,2		2,8 ... 9,0	
NKH	°dH	11,0 ... 27,8		7,8 ... 24,0	
LF ($\varkappa_{20}$)	µS	600 ... 1155	942	390 ... 1080	836
O_2 sofort	mg/l	9,0 ... 13,4		8,8 ... 15,7	
O_2	% des SW	88 ... 131		74 ... 150	
BSB_2	%	4 ... 32	20,1	12 ... 31	20,7
Temperatur	°C	1,7 ... 16,5		3,1 ... 17,0	
Q	$m^3 s^{-1}$	0,4 ... 4,2			
Kolif.-Titer	ml	10^{-1} ... 10^{-3} [1]		10^{-1} ... 10^{-4} [1]	
E.-coli-Titer	ml	> 100 ... 10^{-1}		100 ... 10^{-2}	
Enterok.-Titer	ml	100 ... 10^{-2}		100 ... 10^{-3}	
Endokeimzahl in 1	ml	10 ... 11800	2030	33 ... 1500	1650
Salmonellen		3 von 10 Proben positiv (= 30%)		8 von 11 Proben positiv (= 73%)	
Saprobie-Index		2,5 ... 3,4	2,8	2,5 ... 3,4	2,8

schaffenheit des Helmewassers vor Einmündung der Zorge überprüft werden (Sundhausen, Straßenbrücke, ca. 8 km oberhalb der Zorgemündung), andererseits wollten wir die Beschaffenheit des Zorgewassers ermitteln — Entnahmestellen Krimderode (vor Nordhausen) und Windehausen (Straßenbrücke, etwa 6 km unterhalb von Nordhausen). Nach einer weiteren Fließstrecke von ca. 3 km mündet die Zorge dann in die Helme.

4.1. Helme (Chemismus, Bakteriologie, Biologie)

In Tab. 3 sind die Untersuchungsergebnisse für den oben genannten Zeitraum an der Entnahmestelle Sundhausen denen der Entnahmestelle Aumühle (also nach Einmündung der Zorge) gegenübergestellt. Für einige der ermittelten Wasserinhaltsstoffe wurden Mittelwerte aus den Einzeluntersuchungen angegeben. Es ist zu erkennen, daß das Wasser der Helme bereits vor Sundhausen keine gute Qualität aufweist und besonders in chemischer Hinsicht in einigen Merkmalen sogar von etwas schlechterer Beschaffenheit ist als nach dem Zufluß der Zorge (PV, NO_3- und PO_4-Gehalt; auch der Gesamtsalzgehalt — ausgedrückt als elektrolytische Leitfähigkeit — liegt etwas höher). Vor allem fällt der deutlich höhere Phosphatgehalt (gelöstes PO_4^{3-}) auf.
Dagegen ist die biologische Beschaffenheit an beiden Entnahmestellen praktisch gleich, und auch die bakteriologischen Ergebnisse lassen keinen eindeutigen Unterschied erkennen.
Die schlechte Qualität des Helmewassers ist ohne Zweifel auf zahlreiche kleinere Abwassereinleitungen aus den Gemeinden und aus der Landwirtschaft zurückzuführen, wobei sicherlich auch die Bodenerosion an landwirtschaftlich genutzten Flächen eine nicht unerhebliche Rolle spielt. Darauf deutet schon die öfter anzutreffende lehmig-braune Verfärbung des Helmewassers hin, die sich nach Starkregen bis in die Talsperre Kelbra bemerkbar macht. Diese Auffassung wird auch von den Organen der Wasserwirtschaft geteilt (mdl. Mitt.).
Die bakteriologische Beschaffenheit in dem angegebenem Zeitraum scheint an der Entnahmestelle Aumühle etwas schlechter zu sein, obwohl die Abweichungen nicht eindeutig signifikant sind. Die Anzahl der positiven Salmonellenbefunde ist jedoch an der Aumühle mehr als doppelt so hoch. Wir möchten das als Ausdruck des Einflusses der Zorge (Abwässer der Stadt Nordhausen) deuten.
Vergleicht man die in Tab. 4 für die Entnahmestelle Aumühle enthaltenen Schwankungsbreiten der chemisch-physikalischen Werte in den Jahren 1970 ... 1975, so ist einerseits festzustellen, daß innerhalb der einzelnen Jahre keine wesentlichen Verschiebungen auftreten (obwohl jeweils nur eine recht begrenzte Zahl von Untersuchungen pro Jahr vorliegt) und daß andererseits auch zu den in Tab. 3 mitgeteilten Schwankungsbreiten kaum ein Unterschied sichtbar wird. Verglichen mit den Ergebnissen 1967 ... 1969 (Heynig 1974) sind ebenfalls nur geringfügige Abweichungen zu erkennen. Daraus läßt sich wohl der berechtigte Schluß ziehen, daß trotz der begrenzten Zahl von Untersuchungen (maximal 10, minimal 4 pro Jahr) doch ein zutreffendes Bild vom chemischen Zustand der Helme gewonnen wurde und daß das Zahlenmaterial als einigermaßen repräsentativ angesehen werden kann.
Das gleiche gilt für die bakteriologischen und saprobiologischen Untersuchungen. Die bakteriologischen Ergebnisse sind auch aus Tab. 4 zu ersehen. Was die Salmonellennachweise betrifft, so ist ebenfalls eine relative Konstanz für die einzelnen Jahre festzustellen — mit Ausnahme des Jahres 1970, wo fast in jeder Probe der Nachweis gelang. Im Vergleich zu den vorangegangenen Jahren 1966 ... 1969 (Heynig 1974) hat es fast den Anschein, als ob die Kontamination des Helmewassers mit Salmonellen ab 1971 zurückgegangen sei. Doch ist bei dem ausgesprochenen Stichprobencharakter der wenigen Untersuchungen und unter Berücksichtigung der relativen Schwierigkeiten des Nachweises in Oberflächenwässern darüber keine gesicherte Aussage möglich. Die übrigen bakteriologischen Untersuchungen (Nachweis der hygienisch wichtigen Indikatorkeime wie *E. coli*, Koliforme und Enterokokken) zeigen an sich keine Verbesserung an. Ebenso hat sich der biologische Zustand (Saprobie-Index) in der Schwankungsbreite praktisch nicht geändert.

In Tab. 5a sind alle bisherigen Funde von *Salmonella*-Arten (1966 ... 1975) an den 5 verschiedenen Entnahmestellen von Helme und Zorge zusammengestellt. Positive Nachweise gelangen jeweils 24mal in den Wassermengen von 100 oder 400 ml, d. h., die Chance des

Tab. 4. Helme (Entnahmestelle Aumühle). Schwankungsbreiten der Untersuchungsergebnisse in den Jahren 1970 bis 1975. Erläuterungen siehe Tab. 3. In ( ) Werte aus nur 2 Bestimmungen

		1970 (9)	1971 (5)	1972 (5)	1973 (5)	1974 (6)	1975 (4)
pH-Wert		7,3 ... 8,0	7,5 ... 8,2	7,7 ... 8,1	7,4 ... 8,1	7,5 ... 8,0	8,1 ... 8,3
PV	mg/l	14 ... 26 [44]	12 ... 26	6 ... 26	16 ... 38	19 ... 28	11 ... 25
NH_4^+	mg/l	n. n. ... Sp.	n. n. ... 2,75	n. n. ... Sp.	n. n. ... 5,0	n. n.	n. n. ... 1,75
NO_2^-	mg/l	n. n. ... 0,35	Sp. ... 0,08	n. n. ... Sp.	Sp. ... +	n. n. ... +	n. n. ... +
NO_3^-	mg/l	8 ... 25	8 ... 16	12 ... 15	9 ... 16	10 ... 19	17 ... 21
Cl^-	mg/l	13 ... 44	26 ... 47	20 ... 32	30 ... 45 [60]	24 ... 40	24 ... 44
SO_4^{2-}	mg/l	144 ... 451	290 ... 460	237 ... 378	350 ... 451	133 ... 357	184 ... 332
PO_4^{3-}	µg/l	150 ... 490	150 ... 560	285 ... 560	250 ... 510	250 ... 480	340 ... 920
Ca^{2+}	mg/l	59 ... 188	143 ... 216	100 ... 179	(169 ... 200)	64 ... 150	93 ... 206
Mg^{2+}	mg/l	10 ... 34	20 ... 28	13 ... 42	(15 ... 28)	13 ... 43	19 ... 35
GH	°dH	10,6 ... 33,0	24,6 ... 36,6	16,6 ... 32,2	27,2 ... 34,4	12,0 ... 31,2	17,6 ... 34,8
KH	°dH	2,8 ... 9,0	6,2 ... 9,5	4,5 ... 6,7	5,6 ... 9,0	3,4 ... 7,3	5,0 ... 10,6
NKH	°dH	7,8 ... 24,0	18,4 ... 27,6	11,6 ... 25,5	21,6 ... 26,6	8,6 ... 23,9	12,4 ... 25,3
LF ($\varkappa_{20}$)	µS	390 ... 1080	800 ... 1060	540 ... 940	840 ... 1080	405 ... 860	540 ... 1040
O_2 sofort	mg/l	8,8 ... 12,9	9,2 ... 15,7	9,2 ... 14,1	(10,9 ... 14,1)	11,3 ... 15,8	9,6 ... 12,9
O_2	% des SW	84 ... 113	81 ... 150	87 ... 116	(106 ... 145)	95 ... 146	77 ... 128
BSB_2	%	12 ... 31	14 ... 42	12 ... 43	(14 ... 31)	16 ... 29	5 ... 21
Temperatur	°C	3,1 ... 17,0	7,8 ... 17,5	3,4 ... 14,8	7,7 ... 17,5	8,2 ... 18,0	6,0 ... 14,6
Q*	m^3s^{-1}	2,0 ... 31,6	0,9 ... 3,2	0,7 ... 5,4	0,6 ... 4,8	1,2 ... 16,6	1,2 ... 11,7
Kolif.-Titer	ml	10^{-1} ... 10Ê^{4}	1 ... 10^{-3}	10^{-1} ... 10^{-2}	10^{-1} ... 10^{-3}	1 ... 10^{-3}	10^{-1} ... 10^{-3}
E.-coli-Titer	ml	10 ... 10^{-2}	1 ... 10^{-3}	10^{-1} ... 10^{-2}	10^{-1} ... 10^{-3}	10 ... 10^{-2}	1 ... 10^{-3}
Enterok.-Titer	ml	10 ... 10^{-3}	100 ... 10^{-2}	10 ... 10^{-2}	100 ... 1	10 ... 10^{-2}	1 ... 10^{-2}
Endokeimzahl in	1 ml	33 ... 9500	30 ... 420	22 ... 1700	14 ... 5200	14 ... 5200	140 ... 1200
Salmonellen		8 von 8 Proben positiv (100%)	1 von 5 Proben positiv (20%)	0 von 5 Proben positiv (0%)	0 von 3 Proben positiv (0%)	1 von 5 Proben positiv (20%)	0 von 4 Proben positiv (0%)
Saprobie-Index		2,7 ... 3,1	2,4 ... 2,8	2,3 ... 2,9	2,7 ... 2,8	2,5 ... 2,9	2,5 ... 3,1

* Summe der Tagesmittelwerte der Pegel Sundhausen + Nordhausen

Tab. 5a. In Helme und Zorge nachgewiesene *Salmonella*-Arten. Häufigkeit des Nachweises und Fundstellen. In ( ) die Anzahl der Untersuchungen

Salmonella-Art	Helme (10) Sundhausen	Zorge (9) vor Nordhsn.	Zorge (10) Windehsn.	Helme (57) Aumühle
S. anatum	—	—	—	4
S. bovis morbificans	—	—	—	1
S. cottbus	—	—	1	1
S. enteritidis	1	1	1	2
S. give	—	—	1	2
S. infantis	—	—	—	1
S. isangi	—	1	—	2
S. meleagridis	—	—	2	—
S. mendoza	—	—	—	1
S. newington	—	1	—	1
S. newport	—	—	1	—
S. paratyphi B	—	2	—	5
S. schleissheim	1	—	—	—
S. senftenberg	1	—	—	—
S. sofia	—	—	—	1
S. stanleyville	1	1	—	—
S. thompson	—	—	1	1
S. typhi murium	—	—	2	2
S. Gruppe B	—	1	—	—
	4 = 3 pos. Proben	7 = 5 pos. Proben	9 = 9 pos. Proben	24 = 23 pos. Proben

Nachweises war 1 : 1, bezogen auf die beiden Volumina. Insgesamt zweimal wurden je zwei Arten in der gleichen Wasserprobe ermittelt, in einem Falle sogar drei Arten gleichzeitig. Der Nachweis derselben *Salmonella*-Art in zwei unterschiedlichen Volumina der gleichen Probe glückte insgesamt viermal. Diese genannten Fälle sind also relativ selten.

Die Funde der *Salmonella*-Arten spiegeln nur bedingt die jeweilige epidemiologische Lage wider, da durch die starke Verdünnung im Vorfluter, das große Einzugsgebiet sowie die unterschiedliche Überlebensfähigkeit der einzelnen Keime bzw. Arten eine Verschiebung des Spektrums zwangsläufig eintritt (vgl. u. a. KADLECOVÁ 1975). Salmonellen in Oberflächenwässern stammen vorwiegend aus Siedlungsabwässern, zum Teil auch aus landwirtschaftlichen und gewerblichen Abwässern, vgl. ROTTMANN (1973), RITTER (1974) u. a. Diese Autoren stellten außerdem fest, daß im Flußwasser der Mosel und Sauer bzw. des Neckars am häufigsten *Salmonella paratyphi B* und *S. typhi murium* gefunden wurden; diese beiden Arten sind auch in unseren Nachweisen relativ häufig: *S. paratyphi B* beispielsweise in 16% aller positiven Befunde (ROTTMANN gibt 19% an, RITTER 18,8%), gefolgt von *S. enteritidis* (ca. 11%), *S. anatum* und *S. typhi murium* (je 9%). Auch infizierte Tiere, insbesondere Wassergeflügel, können zur Verbreitung von Salmonellen beitragen.

4.2. Zorge (Chemismus, Bakteriologie, Biologie)

Das größere Einzugsgebiet der Zorge, zusammen mit den höheren Niederschlägen im Südharz, zeigt sich in dem Anteil von reichlich zwei Dritteln des Gesamtzuflusses zur Talsperre (Abb. 2). Infolge des anders gearteten Einzugsbereichs weist das Wasser der Zorge einige qualitative Unterschiede zu dem der Helme auf. Ein Vergleich der Tab. 3 und 6 bestätigt dies, besonders wenn man die Entnahmestelle Krimderode (vor Nordhausen) in Betracht zieht: Das Wasser ist deutlich weicher und salzärmer, dennoch ist ein ziemlich hoher Sulfatgehalt bemerkenswert. Dieser dürfte in erster Linie durch die Gipsvorkommen im Südharz bedingt sein.

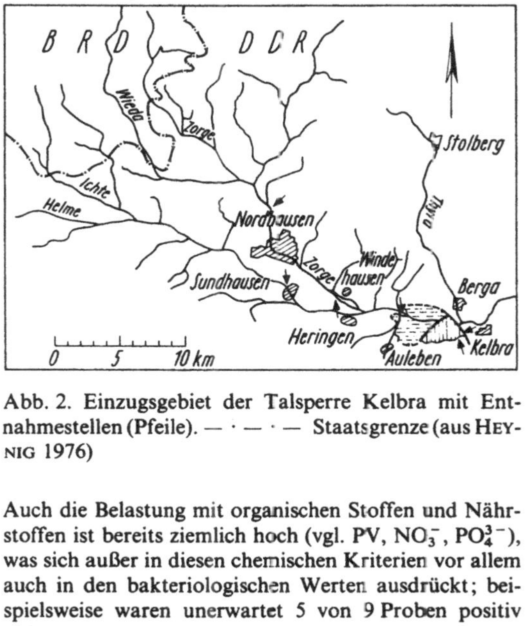

Abb. 2. Einzugsgebiet der Talsperre Kelbra mit Entnahmestellen (Pfeile). — · — · — Staatsgrenze (aus HEYNIG 1976)

Auch die Belastung mit organischen Stoffen und Nährstoffen ist bereits ziemlich hoch (vgl. PV, NO_3^-, PO_4^{3-}), was sich außer in diesen chemischen Kriterien vor allem auch in den bakteriologischen Werten ausdrückt; beispielsweise waren unerwartet 5 von 9 Proben positiv auf Salmonellen (vgl. auch Tab. 5a). Wenn man jedoch bedenkt, daß bereits mehrere Ortschaften (Niedersachswerfen, Ilfeld, Wofflében, Ellrich u. a.) oberhalb unserer Entnahmestelle liegen, ist diese Situation erklärlich.

Tab. 6 zeigt beträchtliche Unterschiede in der Qualität des Zorgewassers vor und nach Nordhausen (Entnahmestelle Windehausen), die Fließstrecke beträgt ca.

Tab. 5b. Anzahl und Prozentsatz der bakteriologischen Proben, die einen bestimmten Titerwert unterschritten haben, an den 4 verschiedenen Entnahmestellen von Zorge und Helme im Vergleich zur Talsperre Kelbra (Dezember 1969 bis Mai 1971)

	Zorge		Helme		Talsperre
	vor Nordhausen	Windehausen	Sundhausen	Aumühle	
Koliformen-Titer $< 10^{-1}$	6 von 8 = 75%	8 von 10 = 80%	6 von 10 = 60%	8 von 11 = 73%	3 von 8 = 37%
E.-coli-Titer < 1	5 von 8 = 63%	7 von 10 = 70%	3 von 10 = 30%	8 von 11 = 73%	0 von 8 = 0%
Enterokokken-Titer < 1	7 von 9 = 78%	9 von 10 = 90%	5 von 11 = 45%	6 von 12 = 50%	0 von 8 = 0%

Tab. 6. Zorge (Entnahmestellen Krimderode und Windehausen). Schwankungsbreiten der Untersuchungsergebnisse von Dezember 1969 bis Mai 1971 (Erläuterungen siehe Tab. 3)

		Krimderode (9 Unters.)		Windehausen (11 Unters.)	
			m		m
pH-Wert		7,3 ... 8,1 [8,4]		7,3 ... 8,3 [8,8]	
PV	mg/l	8 ... 19	14,6	13 ... 37 [142]	30,2
NH_4^+	mg/l	n. n.		n. n. ... Sp. [2,5]	
NO_2^-	mg/l	n. n. ... Sp.		n. n. ... 0,51	
NO_3^-	mg/l	6 ... 13	10,3	7 ... 16	11,7
Cl^-	mg/l	10 ... 20	17,1	12 ... 40	24,9
SO_4^{2-}	mg/l	101 ... 351		103 ... 388	
PO_4^{3-}	µg/l	110 ... 390	267	135 ... 610 [900]	417
Ca^{2+}	mg/l	42 ... 163		49 ... 180	
Mg^{2+}	mg/l	8 ... 15		7 ... 22	
GH	°dH	7,6 ... 26,4		8,4 ... 30,4	
KH	°dH	1,7 ... 5,6		2,2 ... 7,3	
NKH	°dH	5,9 ... 20,8		6,2 ... 24,2	
LF ($\varkappa_{20°}$)	µS	300 ... 825	610	325 ... 930	738
O_2 sofort	mg/l	11,1 ... 13,9		6,5 ... 16,0	
O_2	% des SW	91 ... 122		50 ... 160	
BSB_2	%	10 ... 24 [37]	17,5	15 ... 98	46,3
Temperatur	°C	4,1 ... 13,1		4,2 ... 16,1	
Q	$m^3 s^{-1}$	Pegel Nordhausen: 0,2 ... 27,6			
Kolif.-Titer	ml	$10^{-1} ... 10^{-3}$		$10^{-1} ... 10^{-4}$	
E.-coli-Titer	ml	$1 ... 10^{-2}$		$10 ... 10^{-3}$ [> 100]	
Enterok.-Titer	ml	$10 ... 10^{-4}$		$10 ... 10^{-4}$ [10^{-6}]	
Endokeimzahl in 1	ml	210 ... 5400		330 ... 47500	
Salmonellen		5 von 9 Proben positiv (= 56%)		9 von 10 Proben positiv (= 90%)	
Saprobie-Index		2,3 ... 2,7	2,5	3,0 ... 3,6	3,2

12 km. Hier macht sich der Einfluß der Abwässer der Stadt Nordhausen sehr deutlich bemerkbar, obwohl ein Teil des Abwassers in den Sommermonaten landwirtschaftlich verwertet wird; man betrachte beispielsweise den $KMnO_4$-Verbrauch (PV), den PO_4-Gehalt und den BSB_2 (= Sauerstoffzehrung). Von 10 untersuchten Proben waren 9 positiv auf Salmonellen (Tab. 5a). Auch die übrigen bakteriologischen Werte zeigen eine deutliche Verschlechterung (Tab. 5b). Untersuchungen von POPP (1974) an der Oker zeigen, daß auch die Abläufe von vollbiologischen Kläranlagen zu einer starken bakteriellen Verunreinigung des

Vorfluters führen, während sich die landwirtschaftliche Verwertung der Abwässer sehr günstig auf die Wasserqualität im Vorfluter auswirkt. POPP stellte außerdem jahreszeitliche Schwankungen in der bakteriellen Verunreinigung fest, wobei in den Sommermonaten bessere Verhältnisse im Vorfluter angetroffen wurden (stärkerer Selbstreinigungseffekt durch die stark entwickelte Mikrobiozönose) als in der kalten Jahreszeit. In unseren eigenen Untersuchungen sind diese Erscheinungen höchstens angedeutet, jedoch nicht deutlich ausgeprägt — vermutlich in erster Linie wegen der zu geringen Probenzahl.

Sehr aussagekräftig ist bei den Untersuchungen von Fließgewässern vor allem der Saprobie-Index, der sich an unseren beiden Entnahmestellen fast um einen ganzen Saprobiegrad unterscheidet: während vor Nordhausen fast durchweg noch beta-mesosaprobe Verhältnisse angetroffen werden, sind sie nach Nordhausen alphameso- bis polysaprob!
Nach Einmündung der Zorge in die Helme ist die Vermischung beider Flußwässer bis zur Entnahmestelle Aumühle erfolgt; außerdem hat eine gewisse biologische Selbstreinigung stattgefunden. Die Fließstrecke von Windehausen bis Aumühle beträgt knapp 8 km. Nennenswerte Mengen von Abwässern gelangen auf dieser Strecke praktisch kaum noch in die Zorge, in die Helme dagegen vorwiegend aus der Gemeinde Heringen, die zwischen den Entnahmestellen Sundhausen und Aumühle direkt an der Helme liegt (Abb. 2).
Aus dem Vergleich von Tab. 6 (Zorge) mit Tab. 3 (Helme) ist zu erkennen, wie sich die Wasserqualität verändert. (Die Werte beider Tabellen stammen aus dem gleichen Zeitraum.) Zwar ist eine Besserung der bakteriologischen Beschaffenheit gegenüber den sehr schlechten Verhältnissen an der Entnahmestelle Windehausen (Zorge) festzustellen (besonders hinsichtlich des Enterokokkengehalts), andererseits fällt aber eine deutliche Verschlechterung gegenüber Sundhausen (Tab. 5b) auf. Hierbei kann sich sowohl noch die stark verunreinigte Zorge bemerkbar machen, als auch ein Einfluß der inzwischen eingeleiteten Abwässer von Heringen. Besondere Untersuchungen hierzu liegen nicht vor, doch wird auch in der Literatur bestätigt, daß eine Verschlechterung der hygienischen Verhältnisse in Fließgewässern (durch Bestimmung der fäkalen Indikatorbakterien nachweisbar) in der Regel auf die Zufuhr von Abwässern zurückgeht (vgl. u. a. RITTER 1974; dort weitere Literatur).

In jüngster Zeit hat THOMAS (1975) auf die „gewässerfeindliche Wirkung“ von starker Nährstoffzufuhr in Bächen und Flüssen hingewiesen und auf die Ursachen und Folgen eines übermäßigen Pflanzenwachstums an Fließgewässern in der Schweiz aufmerksam gemacht. Dazu eine eigene Beobachtung vom Juli 1973: Das Bett der Helme war an der Entnahmestelle Aumühle weitgehend von flutenden Algensträhnen in so auffallender Weise ausgekleidet, wie es weder früher noch in den folgenden Jahren gesehen wurde (vorwiegend *Cladophora*, vermischt mit einigen anderen fädigen Grünalgen). Zur gleichen Zeit trat auch die enorm starke Verkrautung des Stausees mit *Potamogeton* auf (vgl. Abschn. 5.4.).

4.3. Stofffrachten

Wie bereits für das Jahr 1969 versucht (HEYNIG 1974), soll nochmals die Nährstofffracht berechnet und diskutiert werden, die dem Stausee ständig zugeführt wird. Wenn auch nur wenige Einzelwerte während der Stauperiode vorliegen, so läßt sich doch zumindest für die jeweiligen Entnahmetage mit Hilfe des Tagesmittelwertes des Abflusses annähernd die Stofffracht errechnen. Problematisch wird es dagegen, wenn

Tab. 7. Wasserführung und Nährstofffrachten der Helme an den Untersuchungsterminen der Jahre 1970 und 1974

1970	Q	Phosphat		Nitrat	
	m^3/s	g/m^3	kg/d	g/m^3	kg/d
11. 02.	6,07	0,47	247	25	13110
30. 03.	17,51	0,26	386	13	19660
21. 04.	31,59	0,15	410	8	21840
01. 06.	3,68	0,40	127	10	3180
23. 06.	2,53	0,45	98	10	2190
13. 07.	2,02	0,31	54	11	1920
18. 08.	2,99	0,38	98	12	3100
14. 09.	3,90	0,35	118	14	4720
26. 10.	7,97	0,49	337	11	7570
1974					
08. 04.	2,23	0,41	79	16	3082
28. 05.	1,25	0,40	43	10	1080
27. 07.	3,01	0,36	93	16	4161
26. 08.	1,50	0,48	62	16	2073
08. 10.	0,95	0,25	21	18	1477
03. 12.	16,60	0,38	545	19	27250

eine Aussage für eine längere Zeitperiode gemacht werden soll, weil zu wenige Meßwerte zur Verfügung stehen. Hier kann man höchstens zu einer ungefähren Größenordnung der Fracht gelangen.

Die Tagesfrachten an gelöstem Orthophosphat und Nitrat wurden für die Jahre 1970 und 1974 in der gleichen Weise wie für 1969 berechnet (Tab. 7). Sie schwanken in weiten Grenzen, was durch die sehr unterschiedlichen Wasserführungen an den Entnahmetagen bedingt sein dürfte. Größenordnungsmäßig liegen sie aber etwa im gleichen Bereich wie 1969.

Auf Grund der langjährigen Untersuchungen ist es jetzt möglich, die von uns festgestellten Minimal- und Maximalwerte für die Nährstofffrachten anzugeben; bei der geringen Probenzahl im Jahr haben wir sicher nicht die absoluten Maxima und Minima erfaßt, aber vermutlich doch annähernd. Als Maximalwerte für Phosphat wurden bisher 545 kg/d und 410 kg/d ermittelt; diese Mengen korrespondieren etwa mit den größten Tagesabflußsummen. Die Minima lagen dagegen bei nur 16 und 18 kg/d; auch diese fallen annähernd mit dem geringsten Tagesabfluß zusammen. Für Nitrat betrug der errechnete Minimalwert bisher 536 kg/d, der Maximalwert dagegen 27250 kg/d.

Unter Verwendung der vorliegenden Tagesfrachten läßt sich mit allen schon genannten Vorbehalten die Größenordnung des Phosphateintrags in die Talsperre von April bis September 1970 (= ca. 160 Tage) mit rund 30 t PO_4 angeben — das entspricht etwa 10 t $P(PO_4)$. Dieser Wert liegt etwa doppelt so hoch wie 1969, was ohne Zweifel mit der wesentlich höheren Wasserführung 1970 zusammenhängt. Die entsprechenden Berechnungen für Nitrat ergeben ca. 1400 t NO_3, was etwa 316 t $N(NO_3)$ entspricht. Das ist, verglichen mit 1969, knapp das Doppelte.

Im Jahre 1974 betrug für den gleichen Zeitraum (160 Tage) die Zufuhr an PO_4 9,6 t (= 3,2 t P) und 380 t NO_3 (= 85 t N); sie liegt also unter den Werten von 1969. Die Ursache dafür dürfte in der geringeren Wasserführung (0,95 bis 3,01 m^3/s) zu suchen sein. Für diese Berechnungen fanden nur die Zahlenwerte aus Tab. 7 Verwendung, die annähernd in den Zeitraum April bis September fielen. In den anderen Jahren lagen die einzelnen Entnahmetermine weniger günstig.

In jüngster Zeit haben einige Autoren versucht, aus wenigen Einzeluntersuchungen die Gesamtjahresfrachten zu ermitteln bzw. ihre Fehlerbreite zu erfassen (UNGER 1970, TREUNERT et al. 1974). UNGER führte beispielsweise die Berechnungen für den Bodenseezufluß Argen (mittlere Wasserführung 18,6 m^3/s) durch, TREUNERT für einen kleinen Mittelgebirgsbach, den die Wahnbachtalsperre speisenden Wahnbach (mittlere Wasserführung 1,07 m^3/s). Die Helme liegt mit ca. 4,7 m^3/s zwischen beiden Gewässern, ist jedoch dem kleineren Wahnbach in der Wasserführung ähnlicher.

UNGER kommt zu dem Ergebnis, daß man genügend genaue Werte erhält (Fehler unter 10%), wenn 10 bis 20 Probenentnahmen im Jahr vorgenommen werden; die Messung der Abflußmenge ist selbstverständlich Voraussetzung dafür. Bei großen Schwankungen des Abflusses sind häufigere Untersuchungen notwendig.

TREUNERT et al. stellten fest, daß Proben im Abstand von 4 bzw. 2 Wochen erforderlich sind, je nach der gewünschten Genauigkeit, und daß wesentliche Unterschiede im Hinblick auf die Abweichungen von der wahren Nährstofffracht bestehen, je nachdem, ob diskontinuierliche Abflußmengen (Meßwehr) oder kontinuierliche Messungen (Schreibpegel) zur Verfügung stehen (an Helme und Zorge sind Schreibpegel vorhanden). Aufzeichnungen mit Schreibpegel ergeben wesentlich bessere Ergebnisse (zwei- bis vierfache Genauigkeit!). Für kleine bis mittlere Bäche wird ein Entnahmeabstand von 14 bis 21 Tagen als notwendig erachtet.

In beiden zitierten Arbeiten wird auch die große Bedeutung von Hochwässern an der Gesamtstofffracht des Jahres betont. Im Falle der Argen sind beispielsweise an nur 9 Hochwassertagen des Jahres etwa 20% der Wasserinhaltsstoffe (außer Nitrat und Chlorid) transportiert worden!

Interessant erschien auch der Versuch, die Größenordnung der Schwebstofffrachten der Helme in ähnlicher Weise wie die Mengen der Nährstoffe zu errechnen. Im Jahre 1970 wurde bei 7 von 9 Proben die Schwebstoffmenge nach mindestens einstündiger Sedimentation in geeigneten graduierten Röhrchen gemessen. Sie schwankte zwischen 0,2 und 0,7 ml/l. Die höchste beobachtete Menge betrug 0,8 ml/l am 3. 12. 1974. In den anderen Jahren wurden wegen meist sehr geringer Mengen keine Messungen angestellt (es waren die Jahre mit den geringen Niederschlägen bzw. Wasserführungen). Wir glauben, somit in etwa die Schwankungsbreite des Schwebstoffgehalts des Helmewassers erfaßt zu haben, was natürlich nicht ausschließt, daß gelegentlich noch höhere Werte (über 1 ml/l) auftreten können.

Tab. 8. Wasserführung und Schwebstoffgehalt der Helme an den Untersuchungsterminen des Jahres 1970

1970	Q	Schwebstoffe	
	m^3/s	ml/l	m^3/d
11. 02.	6,07	0,70	0,37
01. 06.	3,68	0,25	0,08
23. 06.	2,53	0,40	0,08
13. 07.	2,02	0,30	0,05
18. 08.	2,99	0,40	0,10
14. 09.	3,90	0,25	0,08
26. 10.	7,97	0,20	0,14

Bei der Berechnung der Gesamtmengen an den 7 Entnahmetagen des Jahres 1970 (Tab. 8) ergaben sich relativ geringe Werte (maximal 0,37 m^3/d, in der Regel aber nur um 0,1 m^3/d oder darunter). Das erscheint im ersten Moment überraschend, wenn man die zeitweise lehmig-braune Verfärbung des Helmewassers kennt. Es wird aber verständlich, wenn man bedenkt, daß es sich eben vorwiegend um feinste lehmig-tonige Partikel handelt, deren Masse nach der Sedimentation ziemlich gering ist. Für den Zeitraum von Februar bis Oktober 1970 (= ca. 270 Tage) ergaben sich Schwebstoffgehalte in der Größenordnung von etwa 35 m^3, die von der Helme transportiert wurden. Auf das ganze Jahr bezogen wären das rund 45 m^3. Sicherlich wird der größte Teil im Stausee abgelagert, obwohl vermutlich gerade bei starker Wasserführung ein Teil davon auf direktem Wege wieder zum Abfluß gelangt, was sich aus dem lehmig-braunen Band schließen läßt, das an solchen Tagen die Talsperre durchzieht.

5. Beschaffenheit des gestauten Wassers

5.1. Temperatur und Sichttiefe

Bis auf wenige Ausnahmen wurden in dem flachen Staugewässer nur die Oberflächentemperaturen gemessen, da Schichtungen nicht oder höchstens gelegentlich zu erwarten waren. Die Temperaturamplitude schwankte im Beobachtungszeitraum zwischen 5,5 °C (März 1970) und 26,3 °C (Juli 1971), doch traten im Juli oder August in anderen Jahren auch nur Temperaturen von 20 °C auf.

Im August 1970 ergab sich die Gelegenheit im ehemaligen Helmebett einige Temperaturmessungen an dieser Stelle durchzuführen. Die Tiefe bis zum Grund des Helmebetts betrug 2,80 m, die Temperatur an der Oberfläche 18,0 °C. Dagegen war die Wassertemperatur dicht über dem Grund um 3° niedriger (15,0°). Die Wassertemperatur der Helme (Aumühle) betrug 14,4 °C. Es besteht also gute Übereinstimmung zwischen beiden Messungen. Im Juli 1971 konnten diese Beobachtungen etwa an der gleichen Stelle wiederholt werden: Oberfläche 24,0°, in ca. 3 m Tiefe 20,2°. Auch vom Fischereimeister wurden ähnliche Werte an anderen Tagen ermittelt (pers. Mitt.). Daß das zufließende Helmewasser den Stausee im alten Flußbett durchquert, ist bei günstiger Gelegenheit auch rein optisch zu erkennen: nach Starkregen zieht sich ein lehmbraunes Band im Bereich des alten Flußbetts durch die Talsperre von der Einmündung nach dem Bauwerk II hin, wo die Helme die Talsperre wieder verläßt.

Die Sichttiefe schwankte in den 5 Jahren zwischen 0,20 m und 2,80 m. Im Stausee wird die Sichttiefe in erster Linie durch aufgewirbelten Auelehm reduziert, ist also an windreichen Tagen stets gering Die stärkste Trübung ist dabei am S-Ufer zu beobachten (vgl. HEYNIG 1974). Bei ruhiger Wetterlage ist an den flacheren Stellen dagegen unter Umständen Sicht bis zum Grund vorhanden. Die Trübung und damit Verminderung der Sichttiefe durch Plankton spielt nur eine untergeordnete Rolle. Sie ist nur in den Frühjahrsmonaten (März bis April) während der Massenentwicklung von *Stephanodiscus hantzschii* von Bedeutung.

5.2. Chemismus

In Tab. 9 ist die Schwankungsbreite der chemisch-physikalischen Werte für die 6 Jahre zusammengestellt. Beim Vergleich mit den früher veröffentlichten Werten (HEYNIG 1974) zeigt sich, daß nur geringe Abweichungen festzustellen sind. Die 1974 diskutierte Erhöhung des Nitratgehalts war lediglich vorübergehender Natur. Ebenso wie im Jahre 1969 wiederholte sie sich zwar Anfang 1970 sowie zu Beginn und gegen Ende der Stauperiode 1972; es handelt sich dabei um Nitratwerte über 10 mg/l

Tab. 9. Talsperre Kelbra. Schwankungsbreiten der Untersuchungsergebnisse in den Jahren 1970 bis 1975. Erläuterungen siehe Tab. 3. In ( ) Werte aus nur einer oder zwei Bestimmungen

		1970 (7)	1971 (5)	1972 (3)	1973 (4)	1974 (5)	1975 (3)
pH-Wert		7,7 ... 8,4	8,1 ... 8,6	8,1 ... 8,3	7,9 ... 8,5 [9,5]	7,4 ... 8,7	7,8 ... 8,8
PV	mg/l	13 ... 29 [47]	11 ... 35	28 ... 53	18 ... 44 [64]	19 ... 30	13 ... 42
NH_4^+	mg/l	n. n.	n. n. ... [2,5]	n. n. ... 0,20	n. n.	n. n. ... Sp.	n. n.
NO_2^-	mg/l	n. n. ... 0,26	n. n. ... 0,1	n. n. ... (+)	n. n. ... +	n. n. ... +	n. n. ... Sp.
NO_3^-	mg/l	2 ... 12	4 ... 7	4 ... 12	2 ... 6	5 ... 8	1 ... 13
Cl^-	mg/l	24 ... 52	44 ... 66	36 ... 48	30 ... 70	40 ... 76	40 ... 60
SO_4^{2-}	mg/l	163 ... 351	298 ... 344	256 ... 315	277 ... 351	302 ... 367	232 ... 328
PO_4^{3-}	µg/l	35 ... 230	13 ... 210	32 ... 45	62 ... 120 [600]	46 ... 190	30 ... 190
Ca^{2+}	mg/l	70 ... 151	117 ... 146	110 ... 136	(147)	119 ... 147	97 ... 177
Mg^{2+}	mg/l	14 ... 26	16 ... 52	16 ... 26	(28)	19 ... 23	22 ... 28
GH	°dH	13,0 ... 27,2	20,2 ... 28,4	21,4 ... 23,6	20,4 ... 27,0	21,0 ... 27,6	18,8 ... 31,4
KH	°dH	2,8 ... 7,8	3,4 ... 6,7	2,8 ... 5,6	3,9 ... 6,2	4,5 ... 6,7	3,4 ... 9,5
NKH	°dH	10,2 ... 21,6	16,8 ... 21,7	17,2 ... 18,6	16,5 ... 20,8	16,0 ... 21,8	15,4 ... 21,9
LF ($\varkappa_{20}$)	µS	500 ... 890	800 ... 990	675 ... 780	690 ... 900	710 ... 835	630 ... 1010
O_2 sofort	mg/l	9,3 ... 12,3	9,1 ... 17,5	9,6 ... 11,5	(12,0 ... 13,4)	9,4 ... 15,9	8,8 ... 17,7
O_2	% des SW	95 ... 129	94 ... 155	99 ... 112	(142 ... 148)	85 ... 150	94 ... 145
BSB_2	%	10 ... 38	13 ... 34 [61]	26 ... 33	—	12 ... 50	21 ... 36
Temperatur	°C	5,5 ... 25,0	10,2 ... 26,3	9,5 ... 18,0	16,0 ... 23,8	12,0 ... 20,2	7,2 ... 19,2
Sichttiefe	m	0,2 ... 1,5	0,3 ... 2,8	(0,4 ... 0,5)	(0,5 ... 2,0)	0,6 ... 1,6	0,4 ... 0,6
Kolif.-Titer	ml	10 ... 10^{-2}	10 ... 1 [10^{-2}]	> 100 ... 1	> 100 ... 10	> 100 ... 10^{-1}	10 ... 10^{-1}
E.-coli-Titer	ml	> 100 ... 1	100 ... 10	> 100 ... 1	> 100 ... 10	> 100 ... 10^{-1}	100 ... 1
Enterok.-Titer	ml	10 ... 1	> 100 ... 10	100 ... 1	> 100	> 100 ... 1	100 ... 1
Endokeimzahl in	1 ml	10 ... 500	0 ... 48 [6300]	13 ... 42	0 ... 520	1 ... 1840	24 ... 3000

(Höchstwert bisher 17 mg/l im September 1969), während sich die Mehrzahl der übrigen Bestimmungen zwischen 2 und 8 mg/l bewegt. Eine besondere Bedeutung dürfte dieser Erscheinung kaum zukommen.

Der Phosphatgehalt (PO_4^{3-}) ist zwar gegenüber den Werten im Zufluß deutlich reduziert, liegt aber dennoch wenigstens zeitweise beachtlich hoch. 14 von insgesamt 26 Untersuchungen innerhalb von 6 Jahren ergaben Werte unter 100 µg/l; die übrigen lagen mit zwei Ausnahmen zwischen 100 und 200 µg/l. Der Extremwert von 600 µg/l im September 1973 könnte mit dem Absterben der in jenem Jahr besonders stark entwickelten Unterwasserflora und dem Abklingen der Blaualgenwasserblüte zusammenhängen. Es fällt ohnehin auf, daß die meisten der höheren Werte in der Regel zu Beginn oder am Ende der Stauperioden festzustellen waren. Die Verminderung des PO_4-Gehalts während der übrigen Jahreszeit läßt sich mit dem Verbrauch dieses wichtigen Pflanzennährstoffs durch die Entwicklung des Phytoplanktons, der Fadenalgen und der höheren submersen, krautigen Flora erklären, bei deren Absterben erhebliche Nährstoffmengen wieder freigesetzt werden. Allerdings verbleiben sie zum größten Teil nicht im Stausee, da dieser im Herbst völlig abgelassen wird.

Berechnet man aus allen von 1970 ... 1975 vorliegenden Werten aus Helme und Stausee den Mittelwert, so ergibt sich für die Helme ein durchschnittlicher PO_4-Gehalt von ca. 400 µg/l (aus 33 Untersuchungen), für die Talsperre jedoch „nur" ca. 100 µg/l (bei Weglassung des Extremwertes von 600 µg/l; sonst erhöht sich der Durchschnitt auf 118 µg/l). Man sieht, daß trotz der starken Reduktion des PO_4-Gehalts um fast 75% noch immer reichlich von diesem wichtigen Nährstoff und Eutrophierungsfaktor vorhanden ist (vgl. u. a. NUSCH & KOPPE 1975). Es ist also sehr unwahrscheinlich, daß im Stausee das Phosphat ins Minimum gerät. Die Produktionsbegrenzung muß demnach andere Ursachen haben, über die jedoch keine sichere Aussage gemacht werden kann. Möglicherweise handelt es sich um Spurenstoffe, denn auch Nitrat und CO_2 bzw. Bikarbonat kommen praktisch nicht in Frage. Über die Natur dieser Spurenstoffe, die zweifellos entwicklungsfördernd wirken und nach ihrem Verbrauch eine weitere Entwicklung der pflanzlichen Organismen verlangsamen oder unmöglich machen, kann man derzeit nur Spekulationen anstellen. Möglicherweise könnte es sich um bestimmte Spurenelemente wie Kupfer, Molybdän, Kobalt oder Vanadium handeln. Aber auch organische Substanzen wie Vitamine und andere, nicht näher bekannte Komponenten (z. B. aus Siedlungsabwässern) kämen eventuell in Frage, vgl. YOUNGMAN et al. (1973), CLESCERI (1973).

Die Schwankungen des Gesamtsalzgehalts sind am besten aus der elektrolytischen Leitfähigkeit zu ersehen (Tab. 9). Die Minimalwerte wurden stets zu Zeiten hoher Wasserführung ermittelt (Verdünnungseffekt!), in der Regel also im Frühjahr. Zur Zeit des Aprilhochwassers 1970 betrug die Leitfähigkeit nur 500 µS. Dieser Wert wurde bisher lediglich durch das Winterhochwasser im Jahre 1968 mit 460 µS unterschritten. In den Jahren mit den relativ geringen Niederschlägen — etwa von 1971 bis 1974 — war die Schwankungsbreite der Leitfähigkeit dagegen recht gering, da gewissermaßen das Verdünnungswasser fehlte.

Abschließend noch einige Bemerkungen zum Sauerstoffhaushalt: Untersättigungen kommen praktisch kaum vor, wenn man von einem Wert von 85% im Jahre 1974 absieht; sonst liegen die niedrigsten Werte bei 94 ... 95% (Tab. 9). Übersättigungen um 150% sind dagegen in mehreren Jahren festgestellt worden. Einmal dürfte die starke Entwicklung der planktischen Cyanophyceen daran beteiligt sein, doch ist u. E. der Einfluß der großen Massen von submersen, krautigen Pflanzen und der Fadenalgen dabei nicht zu unterschätzen (siehe Abschn. 5.4.), worauf u. a. von STUNDL (1975) hingewiesen wird. Durch die starke Photosynthesetätigkeit der Pflanzen wird natürlich die freie Kohlensäure aus dem Wasser weitgehend verbraucht. Als Folge davon liegen die pH-Werte meist über 8,0. Bei 27 Untersuchungen in den 6 Jahren wurde aber nur einmal eine Überschreitung des pH-Wertes von 9,0 beobachtet (9,5 im Juli 1973).

5.3. Bakteriologie

In der Talsperre wurden die gleichen bakteriologischen Untersuchungen durchgeführt wie in den Zuflüssen. Aus Abb. 3 ist für die ver-

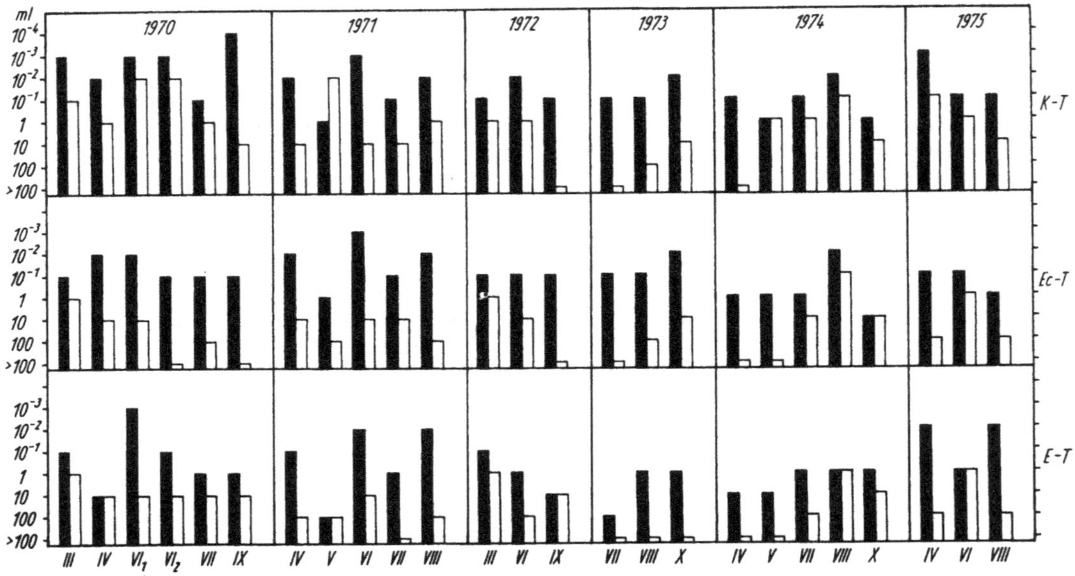

Abb. 3. Bakteriologisch-hygienische Beschaffenheit des Wassers der Helme (schwarz) und der Talsperre Kelbra (weiß). K-T — Koliformentiter, Ec-T — *Escherichia-coli*-Titer, E-T — Enterokokkentiter (ergänzt aus HEYNIG 1976)

schiedenen Stauperioden die Verbesserung der bakteriologischen Beschaffenheit der Zuflußwassers nach dem Stau recht deutlich zu erkennen, was gleichbedeutend mit einer biologischen Selbstreinigung ist. Das trifft besonders auf die empfindlicheren Bakterien wie *E. coli* und die Enterokokken (fäkale Streptokokken) zu, die als typische Darmbewohner von Mensch und warmblütigen Tieren einen längeren Aufenthalt im Wasser nicht ohne Schädigung überstehen bzw. absterben; denn bei diesen sogenannten fäkalen Indikatorbakterien handelt es sich um gewässerfremde, d. h. allochthone Mikroorganismen.

So stellte DAUBNER (1974) fest, daß *E. coli* bereits nach wenigen Stunden Aufenthalt im Wasser sowohl morphologische als auch physiologische Veränderungen zeigt, die außerdem vom Salzgehalt des Wassers abhängen: je höher der Salzgehalt, desto stärker die Veränderungen. Demgegenüber ist die Gruppe der koliformen Keime widerstandsfähiger, was im Diagramm auch in einer geringeren Elimination dieser Keime zum Ausdruck kommt. Das gleiche Ergebnis ist aus Tab. 5b abzulesen. Auch POPP (1974) stellte fest, daß der Selbstreinigungseffekt im Hinblick auf die bakterielle Verunreinigung in Stauhaltungen am stärksten bei langer Verweilzeit des Wassers, speziell im Sommer, ausgeprägt ist. Dabei spielt sicher eine Rolle, daß viele Algen bei Sonneneinstrahlung peroxidaseähnliche Stoffe erzeugen, die bakterizid wirken (vgl. u. a. EMEIS 1955). In diesem Zusammenhang soll auch erwähnt werden, daß in jüngster Zeit die Bildung und Ausscheidung bakteriostatischer Stoffe ebenfalls in höheren Wasserpflanzen, speziell der Flechtbinse, nachgewiesen werden konnten (KICKUTH & KAITZIS 1975).

Ein Nachweis von Salmonellen gelang in keiner der darauf untersuchten 23 Wasserproben. Die Ergebnisse der hygienisch-bakteriologischen Wasseruntersuchungen entsprechen somit völlig den früher festgestellten Gegebenheiten (HEYNIG 1974).

Wenn auch keine Salmonellen an der Badestelle im Stausee nachgewiesen werden konnten, so ist doch von Interesse, wie sich in jüngster Zeit MEYER (1975) zur epidemiologischen Bedeutung von Salmonellen in einem Badegewässer geäußert hat. Er vertritt die Auffassung, daß Salmonellen nur in der Wachstumsphase als „infektiöse Vollkeime“ angesehen werden können, während sie das in der „Degenerationsphase“ nicht sind. Deshalb seien auch Badesalmonellosen so relativ selten.

5.4. Biologie

5.4.1. Verkrautung

Infolge der Flachheit des gesamten Stausees kommt es sowohl zu einer guten Durchwärmung als auch Durchlichtung der Wassermasse.

Diese Tatsache fördert zusammen mit dem reichlichen Nährstoffgehalt des Wassers wie auch des Untergrunds (Auelehm) außer der Entwicklung des Planktons vor allem die üppige Ausbildung von krautigen Wasserpflanzen (submerse und amphibische Arten) (HEYNIG 1968, 1974). Auch festsitzende und freischwimmende Fadenalgen (vorwiegend Chlorophyceen, aber auch Conjugatophyceen und Cyanophyceen) spielen eine nicht geringe Rolle.
Von den höheren, krautigen Wasserpflanzen haben sich in den letzten Jahren vor allem Laichkräuter enorm ausgebreitet. Der Höhepunkt dieser Entwicklung lag im Jahre 1973, wo etwa zwei Drittel der gesamten Wasserfläche zugewachsen waren. Nach Angaben von Mitarbeitern der Wasserwirtschaft soll es sich um *Potamogeton pectinatus* L. gehandelt haben. Nach unseren Bestimmungsversuchen könnte auch *P. trichoides* CHAM. & SCHL. in Frage kommen. Die Bestände waren stellenweise so dicht, daß es unmöglich war, mit dem Motorboot durch diese Teile des Stausees zu fahren. Ebenso stark war die Behinderung für den Fischereibetrieb bei der Ausbringung des Körnerfutters auf den Futterstraßen. Es mußte ein Unterwassermähboot eingesetzt werden, um wenigstens „Gassen" in diese dichten Bestände zu schneiden. Die einzelnen *Potamogeton*-Pflanzen waren von einem dichten Filz von Fadenalgen in Form von Aufwuchs bedeckt (u. a. *Spirogyra*- und *Cladophora*-Arten). Vereinzelt traten auch *Potamogeton crispus* L. und in den flachsten westlichen Teilen Bestände von *Polygonum amphibium* L. auf.
Im Jahre 1974 war die Verkrautung nicht so ausgeprägt, vielleicht infolge der wesentlich ungünstigeren Witterung (überwiegend kühles und sonnenscheinarmes Wetter). Auch 1975 erreichte die Verkrautung keine solchen Ausmaße, obwohl zeitweise hohe Luft- und Wassertemperaturen auftraten.
Der Umfang des Kraut- und Algenwachstums zeigt die große Produktivität des Gewässers — oder anders ausgedrückt — den großen Nährstoffreichtum an. Die Kraut- und Algenmassen stellen sowohl für den wasserwirtschaftlichen Betrieb als auch für Fischerei und Naherholung erhebliche Probleme dar. Die mechanische Beseitigung ist bei der großen Flächenausdehnung (600 ha) praktisch unmöglich. Ähnliches gilt für die theoretisch mögliche chemische Bekämpfung, bei der aber gleichzeitig auch potentielle Gefahren für Fischerei und Badenutzung ebenso wenig von der Hand zu weisen sind, wie eventuelle Störungen des biologischen Gleichgewichts, vgl. u. a. JOHANNES & KEMMERLING (1972). Eine biologische Bekämpfung durch den Einsatz von Amurkarpfen — auch Graskarpfen oder Weißer Amur = *Ctenopharyngodon idella* (VAL.) — oder von Silberkarpfen — auch Weißer Tolstolob = *Hypophthalmichthys molitrix* (VAL.) genannt — wird zwar erwogen, ist aber bis jetzt aus verschiedenen Gründen noch nicht durchgeführt worden.

Über die Methode der biologischen Krautbekämpfung besteht bereits eine umfangreiche Literatur. Eine Übersicht und Zusammenfassung bietet die unter Redaktion von JÄHNICHEN (1973) vom Institut für Binnenfischerei herausgegebene Broschüre. JOHANNES (1972) wertete mehr als 100 Arbeiten über herbivore Fische aus und kommt zu der Schlußfolgerung, daß eine optimale Gewässerunterhaltung nur durch sinnvolle Anwendung mechanischer, chemischer und biologischer Methoden möglich ist. Ausführliche Angaben über dieses Problem findet man auch bei BOHL (1972). Die hier zitierten Arbeiten beziehen sich vor allem auf Erfahrungen an Fischteichen und Gräben, nicht aber auf Gewässer von der Größenordnung einer Talsperre. Nach Angaben des Fischereibetriebes wären schätzungsweise 150000 Stück Amurkarpfen zur biologischen Krautbekämpfung für die Talsperre Kelbra erforderlich!

5.4.2. Planktonproduktion

Das Hauptinteresse bei der biologischen Untersuchung der Talsperre galt wiederum dem Plankton. Auf die Wiedergabe einer ausführlichen Artenliste wird aus Platzgründen verzichtet, zumal eine gesonderte Mitteilung über spezielle Beobachtungen am Plankton in Vorbereitung ist, vgl. HEYNIG (1968b, 1972, 1974).
Die Besiedlung des neuen Wasserkörpers erfolgte recht schnell (HEYNIG 1968b). Inzwischen ist eine gewisse Stabilisierung der Biozönose eingetreten, so daß sich einige allgemeine Aspekte herausarbeiten lassen. Nach dem Wiederanstau im Spätwinter bzw. im zeitigen Frühjahr kommt es zur Ausbildung eines Frühjahrsmaximums in der Planktonentwicklung: Diatomeen, Chrysophyceen und Rotatorien treten in reicher Entfaltung auf. Es sind

vor allem solche Arten, die im kühlen Wasser ihre optimale Entwicklung finden. Aspektbeherrschend ist in jedem Frühjahr die zentrische Kieselalge *Stephanodiscus hantzschii*, die im allgemeinen bei Massenentwicklung als typischer Indikator für alpha-mesosaprobe bzw. eutrophe Wasserverhältnisse gilt (vgl. LIEBMANN 1962, FOTT 1971, Ausgewählte Methoden Bd. II, SLÁDEČEK 1973). Die bisher beobachteten höchsten Individuenzahlen pro Milliliter Wasser betrugen 70000 Zellen (14. 4. 1975), 40000 Zellen (5. 4. 1971) und 31000 Zellen (20. 3. 1972); alle Angaben sind Mittelwerte aus drei Zählungen. Eine gleichzeitig durchgeführte Bestimmung von Chlorophyll a (Methodik vgl. HEYNIG 1968a) ergab am 20. 3. 1972 250 µg/l bzw. 460 µg/l am 14. 4. 1975. Das sind also infolge des Nährstoffreichtums erhebliche Zellzahlen und Chlorophyllwerte, die allerdings in anderen Gebieten noch beträchtlich übertroffen werden können (vgl. HEYNIG 1972).

Benutzt man das Maximum von 40000 Zellen pro ml vom 5. 4. 1971 zu einer Volumenberechnung dieser dominierenden Kieselalge, so kommt man auf einen Wert von 37 mm^3/l oder 37 cm^3/m^3 Wasser. Für die Berechnung wurden weder die von NAUWERCK (1963) noch die von AHLGREN (1970) mitgeteilten Werte des Volumens für *Stephanodiscus hantzschii* var. *pusillus* benutzt, der die Form von Kelbra nahekommt, obwohl sie im Durchschnitt etwas größer ist. Vielmehr berechneten wir das Volumen auf Grund von etwa 50 Messungen des eigenen Materials. Während NAUWERCK für die Zelle 150 μm^3 angibt, liegt dieser Wert bei AHLGREN mit 300 μm^3 doppelt so hoch. Für die typische Art *St. hantzschii*, die bis zu 20 µm im Durchmesser erreicht, nennt NAUWERCK ein Volumen von 2500 μm^3. Die eigenen Berechnungen auf Grund der Messungen — Zelldurchmesser und Zellhöhe im Durchschnitt etwa 10 µm — ergaben einen Wert von rund 750 μm^3. Das zeigt deutlich, daß es nur unter größten Vorbehalten möglich ist, Werte von anderen Autoren einfach zu übernehmen. Legt man die Meßwerte des Frühjahrsmaximums von 1975 (14. 4.) zugrunde, so ergibt sich ein Zellvolumen von 690 μm^3, da die Zellen im Durchschnitt ein wenig kleiner waren.

Da das spezifische Gewicht der Planktonorganismen kaum von dem des Wassers abweichen dürfte, kann man das ermittelte Volumen dem Frischgewicht des Planktons annähernd gleichsetzen (NAUWERCK 1963), d. h. 10^6 μm^3 entsprechen somit 1 µg, bzw. 10^{12} $\mu m^3 = 1$ g, denn 10^{12} $\mu m^3 = 1$ cm^3. Bei der oben errechneten Menge von 37 cm^3 Kieselalgen/m^3 Wasser bedeutet das also, daß im Kubikmeter Wasser ca. 37 g Frischsubstanz vorhanden gewesen sind (oder 37 mg/l Wasser). Dieses Ergebnis stimmt in der Größenordnung interessanterweise mit den Angaben von AHLGREN (1970) am eutrophen See Norrviken (Schweden) überein; sie nennt für Diatomeen (im Mai) Werte zwischen 17 und 35 mg/l, obwohl es sich um einen ganz anders beschaffenen See handelt. NAUWERCK (1963) stellte dagegen beim Frühjahrsmaximum der Diatomeen im See Erken (Schweden) nur etwa ein Zehntel dieser Menge fest.

Die gleiche Berechnung mit den Werten des Frühjahrsmaximums vom April 1975 durchgeführt ergibt ca. 50 cm^3/m^3 oder 50 g Frischgewicht/m^3 Wasser. Da an jenem Untersuchungstag der Stauinhalt genau 11,0 hm^3 betrug und man beim Nannoplankton eine wenigstens annähernd gleichmäßige Verteilung in der gesamten Wassermasse annehmen kann, so ergäbe das ein Gewicht an Frischsubstanz allein durch *Stephanodiscus* von 530 t in der gesamten Talsperre! Für das weiter oben angegebene Maximum von 40000 Zellen/ml am 5. 4. 1971 errechnet sich eine Menge von 111 t Frischgewicht für *Stephanodiscus*; der Stauinhalt betrug an jenem Tag nur ca. 3 hm^3. Selbstverständlich sind derartige Berechnungen mit Fehlern behaftet, doch gestatten sie einen anschaulichen Einblick zumindest in die Größenordnung der Primärproduktion, die in der Talsperre Kelbra eine beachtliche Größe erreicht. Es ist ja so, daß die in ungereinigten Siedlungsabwässern vorhandenen Düngestoffe ein Zellwachstum ermöglichen, das roh geschätzt „rund zehnmal mehr organische Substanz durch Algenwachstum hervorbringt, als im selben Abwasser in Form primärer Schmutzstoffe vorhanden ist" (AMBÜHL 1975).

Gegenüber der Massenentwicklung von *Stephanodiscus* treten im Frühjahrsaspekt alle anderen Phytoplankter weitgehend zurück. So war z. B. im April 1970 neben 11000 Zellen von *Stephanodiscus* nur noch *Chroomonas acuta* mit 475 Zellen/ml häufig (HEYNIG 1972). Alle anderen Phytoplankter lagen unter 100 Zellen pro ml. Ähnliche Beobachtungen konnten in den anderen Jahren gemacht werden. Lediglich im Mai 1971, als *Stephanodiscus* bereits auf 2800 Zellen/ml zurückgegangen war, traten zwei *Trachelomonas*-Arten mit rund 10000 Zellen und *Nitzschia acicularis* mit 2000 Zellen/ml in beträchtlicher Menge auf. Doch blieb das eine Einzelbeobachtung. Trotzdem ist in der Regel während des Frühjahrs ein artenreiches Teichplankton vorhanden.

Über einige interessante Phytoplankter, die als Begleiter des Frühjahrsaspekts auftreten, ist schon ausführlich berichtet worden (HEYNIG 1972); über einige andere, wie z. B. *Echinosphaerella limnetica*, *Siderocystopsis fusca*, *Golenkiniopsis solitaria*, *Microcystis ferruginea*, *Phacus longicauda* var. *insecta*, soll das noch geschehen.

Beim Zooplankton sind im Frühjahr vor allem die Rotatorien zahlreich vertreten, wie einige *Brachionus*-Arten, *Keratella cochlearis* und *K. quadrata*, *Polyarthra dolichoptera*, *Notholca squamula*, während Cladoceren (*Daphnia*) und Copepoden (*Cyclops*- und *Diaptomus*-Arten) meist nur vereinzelt vorhanden sind.

Bereits im April finden sich gleichzeitig einzelne Kolonien von Cyanophyceen im Plankton, die im Sommer und Herbst fast ausschließlich das Bild beherrschen. Schon im Juni pflegt das artenreiche Frühjahrsplankton auffallend zu verarmen. Von nun an sind die wasserblütebildenden Cyanophyceen (*Aphanizomenon flos-aquae*, *Anabaena flos-aquae* und *Microcystis flos-aquae*) bis in den Herbst, also bis zur Entleerung des Stausees neben *Daphnia*-Arten (besonders *D. pulex*) und verschiedenen Copepoden vorherrschend. Der anfangs regelmäßig vorhandene und interessante, weil ziemlich seltene *Acanthodiaptomus denticornis* (vgl. HEYNIG 1972), war seit 1972 nur noch ganz sporadisch nachweisbar.

Unter den Cyanophyceen steht mengenmäßig eindeutig *Aphanizomenon flos-aquae*, die „Sichelalge“ der Fischer, an der Spitze; doch trat seit 1971 vorübergehend auch *Microcystis* verstärkt auf. An windstillen Tagen sammeln sich große Mengen dieser Wasserblütebildner an der Wasseroberfläche und können sie stellenweise wie mit einem grünen Teppich bedecken. Diese Ansammlungen strömen einen ausgesprochen aromatischen Geruch aus, wie ich mich selbst überzeugen konnte. Es ist ja bekannt, daß die von den Algen ausgeschiedenen Substanzen auch dem Wasser einen charakteristischen Geruch und Geschmack verleihen, was besonders in Trinkwassertalsperren zu großen Problemen bei der Wasseraufbereitung führen kann.

Die genannten Wasserblütebildner sind kennzeichnend für eutrophe Gewässer und gelten alle als Leitformen für beta-mesosaprobe Verhältnisse (LIEBMANN 1962, FOTT 1971, Ausgewählte Methoden Bd. II, SLÁDEČEK 1973). Die Beobachtung, daß bei einer Wasserblüte von *Aphanizomenon* andere Phytoplankter ganz oder teilweise unterdrückt werden, während sich besonders *Daphnia pulex* gut entwickelt, ist eine schon seit langem bekannte Erscheinung speziell in Fischteichen (vgl. u. a. FOTT 1971; dort auch andere Literatur). FOTT gibt Individuenzahlen von 60 bis 300 Daphnien im Liter Wasser an. Diese Angaben werden durch gelegentliche Zählungen in der Talsperre Kelbra bestätigt, z. B. am 9. 6. 1969: 780 Krustazeen (einschließlich Nauplien), davon 265 Daphnien; am 1. 6. 1970: 190 Krustazeen, davon 42 Daphnien; am 10. 9. 1973: 470 Krustazeen, davon 375 Daphnien! Bei diesen Zahlen ist allerdings zu bedenken, daß die Verteilung der Kleinkrebse oft nicht gleichmäßig ist; vor allem Cladoceren neigen bekanntermaßen zu Schwarmbildung. Besondere Untersuchungen zu diesem Problem konnten aus Zeitmangel nicht angestellt werden. Jedenfalls dürfen die genannten hohen Individuenzahlen nicht ohne weiteres auf die gesamte Wassermenge bzw. -fläche übertragen werden.

Was die Hemmung der übrigen Phytoplankter während der Cyanophyceen-Wasserblüte betrifft, so ist die Vermutung ausgesprochen worden, daß von den betreffenden Arten ausgeschiedene algostatische Substanzen dafür verantwortlich seien (LEFÈVRE, JACOB & NISBET, 1952 ŠTĚPÁNEK 1977). Wenn auch bekannt und nachgewiesen ist, daß manche Blaualgenarten (u. a. die oben erwähnten Gattungen *Aphanizomenon*, *Anabaena*, *Microcystis*) für warmblütige Tiere oder Fische giftig wirkende Substanzen bilden, so ist aber wohl noch nicht bewiesen, daß die Massenentwicklung einer solchen Art die Entfaltung anderer Algen oder Zooplankter eben durch die Bildung dieser Stoffe unterdrückt, obwohl die immer wieder gemachten Beobachtungen diese Annahme nahelegen. Hinsichtlich der Giftigkeit von Phytoplanktern bzw. der Bildung von Phytoplanktontoxinen vergleiche man die ausführliche Literaturstudie von VOGLER (1967). Über die Versorgung mit Nährstoffen, die ja eine wesentliche Voraussetzung für jede Massenentwicklung ist, wurden bereits im Abschnitt 4.3. und 5.2. Ausführungen gemacht.

Manche Forscher sind der Ansicht, daß allein schon das Zusammenspiel von pH-Wert, Nährstoffen und

CO_2-Gehalt darüber entscheidet, ob beispielsweise Grünalgen oder Blaualgen im Gewässer dominieren, vgl. SHAPIRO (1973). Er konnte an Hand von Experimenten in besonderen Behältern feststellen, daß niedriger pH-Wert und höherer CO_2-Gehalt auf Blaualgen hemmend oder abtötend wirkten. Umgekehrt stimulierte die Zugabe von Nährstoffen und ein hoher pH-Wert die Entwicklung von Blaualgen, besonders bei fädigen Formen. SHAPIRO stützt seine Ergebnisse mit dem Hinweis, daß man bei künstlich hervorgerufener Zirkulation (z. B. durch Einblasen von Preßluft) eines geschichteten Gewässers, in dem Blaualgen vorherrschten, wiederholt einen auffälligen Wechsel von Blau- zu Grünalgen beobachten konnte. Er erklärt auf Grund seiner Experimente dieses Phänomen mit der Anreicherung von Nährstoffen und CO_2 im ehemaligen Epilimnion, welche wiederum eine Senkung des pH-Wertes zur Folge hat (s. o.). Diese Ergebnisse schließen natürlich nicht aus, daß von den Blaualgen ausgeschiedene Stoffwechselprodukte evtl. außerdem eine Rolle spielen könnten!

6. Fischerei

Die Talsperre Kelbra wird vom VEB Binnenfischerei Gotha zur Karpfenintensivhaltung genutzt. Einige Angaben dazu sind bereits veröffentlicht worden (HEYNIG 1974, 1976). In dem Beitrag von 1976 ist über die Ergebnisse bis einschließlich 1973 berichtet worden, so daß weitgehend auf diese Ausführungen verwiesen werden kann. Über die Mengen an eingesetzten Fischen, den Futtermittelverbrauch (vorwiegend Mais, daneben auch Weizen), das Abfischergebnis sowie die Verlustquote gibt Tab. 10 Auskunft. Daraus ist zu erkennen, daß das beste Abfischergebnis im ersten Jahre

Tab. 10. Fischereiwirtschaftliche Ergebnisse 1969—1975 (ergänzt aus HEYNIG 1976)

Jahr	eingesetzte Karpfen (Stückzahl)	eingesetzte Futtermittel (in t)	Abfischergebnis (in t)	Verlustquote (in %)
1969	250000	600	352	31
1970	350000	749	298	39
1971	487000	708	326	49
1972	568000	500	258	64
1973	439000	139	70	88
1974	284000	508	197	31
1975	276000	527	274	18

(1969) erzielt wurde. Als man dann versuchte, die Einsatzmengen und den Ertrag systematisch zu steigern, stellten sich in zunehmendem Maße Verluste durch Fischsterben ein, so daß der hohe Ertrag von 1969 trotz der annähernden Verdoppelung der Einsatzmenge bis 1975 nicht wieder erreicht werden konnte. Obgleich alle eingesetzten Fische (K_2) mit Antibiotika (Chloramphenikol, Oxytetrazyklin) geimpft wurden, traten in einzelnen Jahren große Fischsterben ein, die zeitweise auch zu hygienischen Mißständen beim Badebetrieb führten. Von den Fischereifachleuten wurde u. a. angegeben, daß infektiöse Bauchwassersucht, Kiemennekrose und Schwimmblasenentzündung in Verbindung mit ungünstigen Witterungsverhältnissen nach dem Einsetzen ins Gewässer die Hauptursache für die hohen Verluste waren. Sicher spielte dabei auch eine wichtige Rolle, daß man Satzfische aus verschiedenen Aufzuchtanlagen eingesetzt hat, womit sich das Risiko der Einschleppung von Seuchen beträchtlich erhöhte. Aus Tab. 10 ist zu ersehen, daß der Fischereibetrieb zwangsläufig die angestrebten hohen Besatzzahlen wieder reduzieren mußte. Erstmalig seit Jahren trat 1974 kein nennenswertes Fischsterben ein; dafür gab es allerdings unerwartete Verluste zu Beginn der Abfischung durch plötzlich eintretendes Hochwasser, das ca. 30 t Speisekarpfen aus der Talsperre herausschwemmte und die Fischerei mehrmals zur Unterbrechung der Abfischung zwang. Erst in der zweiten Hälfte des Februar 1975 war das gesamte Staubecken so weit entleert, daß die Abfischung zu Ende geführt werden konnte. Ein gutes Ergebnis und die bisher geringste Verlustquote wurden 1975 erreicht (Tab. 10).
Zur Gesunderhaltung der Fischbestände erfolgte 1975 nach Absprache mit dem Hygiene-Institut erstmals der Einsatz von Chlorkalk in Einzelgaben von 50 bis 250 kg je Futtertag auf den Futterstraßen (prophylaktisch gegen Kiemennekrose von Juli bis September) und von sogenanntem „Medizinalfutter“ (Pellecarp), das Chloramphenikol (0,5 %) bzw. Furazolidon (1 %) enthält und prophylaktisch gegen infektiöse Bauchwassersucht und Schwimmblasenentzündung wirken soll. Diese vom Staatlichen Veterinär-Prüfungsinstitut Berlin getesteten und genehmigten Mittel sind nach ca. 6 Tagen im Fisch umgewandelt. Es besteht außerdem

eine geforderte Karenzzeit von 14 Tagen (mündl. Mitt.).
Im Jahre 1971 wurden nach einem Vorversuch (1970) ca. 50000 Forellen in Netzgehege von 3×4 m Größe und 2,5 m Tiefe eingesetzt. Diese Netze hatte man im alten Helmebett installiert, wo die Wassertiefe knapp 3 m betrug. Man hoffte an diesem Standort auf eine günstige Wasserdurchströmung der Gehege, die jedoch durch den sehr starken Bewuchs mit Fadenalgen beträchtlich vermindert wurde; hinzu kamen die relativ hohen Wassertemperaturen. Die Folge war auch hier ein hoher Verlust an Forellen, so daß die Fische vorzeitig aus den Gehegen entfernt und in ein anderes Gewässer umgesetzt werden mußten. Gefüttert wurde ausschließlich mit eiweißreichem, pelletiertem Futter. Infolge des ungünstigen Ausgangs dieses Experiments verzichtete der Fischereibetrieb in den folgenden Jahren auf die Forellenmast in der Talsperre.

Im Plankton wurden gelegentlich Karpfenläuse (*Argulus pellucidus* WAGLER) festgestellt (vgl. HEYNIG 1974). Auch an gefangenen lebenden Karpfen fanden sich diese Parasiten häufig. Es ist interessant, daß LAURENT (1975) im Genfer See seit 1972 eine starke Zunahme der Karpfenläuse beobachten konnte, die auch andere Fische befallen. Das wird in Verbindung mit der starken Zunahme der krautigen Unterwasserflora (besonders *Potamogeton*) infolge von Eutrophierungsvorgängen gebracht. Auf diesen Wasserpflanzen erfolgt nach STAMMER (zit. nach LAURENT) die Eiablage von *Argulus*; außerdem begünstigt die Ausbreitung der krautigen Wasserpflanzen die Vermehrung kleiner Fischarten, wie Stichlinge, Plötzen und Barsche, die ebenfalls passende Wirte für *Argulus* darstellen (loc. cit.).

Zwei Probleme sollen im Zusammenhang mit der Fischbewirtschaftung an dieser Stelle noch diskutiert werden: die Verschmutzung bzw. der Nährstoffeintrag in das Gewässer und die mögliche Verbreitung von pathogenen Keimen durch Fische.

Zum erstgenannten Problem ist festzustellen, daß durch die Intensivzucht mit ihrer zusätzlichen Fütterung und durch die Exkremente der Fische zwangsläufig eine Verschmutzung des Wassers eintritt. Hierzu ist von SCHERB (1972) eine wichtige Arbeit erschienen, die sich allerdings mit der Verschmutzung von üblichen Fischteichen, also wesentlich kleineren Gewässern befaßt. Die organische Verschmutzung (einschließlich von eutrophierenden Nährstoffen) entstammt einmal den Futterresten selbst — sie dürfte bei Körnerfutter und sachgemäßer Verabreichung im Gegensatz zu eiweißreichem Futter tierischer oder auch pflanzlicher Herkunft (meist in pelletierter Form) relativ gering sein — und zum anderen den Fischexkrementen. Eingehende Untersuchungen haben ergeben, daß bei der Mast von Karpfen und Forellen 1 kg Fisch im Mittel eine organische Belastung von ca. 3 g BSB_5/d bei einer Schwankungsbreite von 2 ... 4 g verursacht. Bezogen auf einen Einwohner ist das etwa 1/18 — oder anders ausgedrückt — die Exkremente von 1 kg Fisch entsprechen etwa 0,06 Einwohnergleichwerten (EGW). Bei einer Produktion von beispielsweise 25 t Fischen fallen etwa 75 kg BSB_5/d an, was ungefähr 1400 EGW entspricht. Das ist ein erstaunlich hoher Wert. Allerdings ist dabei zu berücksichtigen, daß diese Verschmutzung infolge der starken Verdünnung in wesentlich geringerer Konzentration vorliegt im Vergleich zu Abwassereinleitungen aus kommunalen Kläranlagen oder dgl. Nicht berücksichtigt sind bei diesen Berechnungen die anfallenden Nährstoffe, die zur Eutrophierung führen. — Sehr wesentlich ist auch die Art des Gewässers, seine Größe, der Wasserinhalt, die Durchströmung u. a. mehr. Nach SCHERB (1972) muß mindestens eine Verdünnung von 1:2 bis 1:3 durch Zuflußwasser gewährleistet sein, sonst sind Schäden im Gewässer unausbleiblich.

Zum zweiten Problem der möglichen Verbreitung von pathogenen Keimen durch Fische (Karpfen) stellte schon REICHENBACH-KLINKE (1966) fest, daß eine Infektion von Fischen mit humanpathogenen Keimen möglich und bekannt ist. In letzter Zeit ist vor allem durch KOHL (1972) und HEUSCHMANN-BRUNNER (1974) diese Frage näher untersucht worden. KOHL fand auf Fischen, die aus einem stark mit Salmonellen verseuchten Gewässer stammten, diese Keime sowohl auf der Haut als auch auf den Kiemen. HEUSCHMANN-BRUNNER experimentierte mit *Salmonella enteritidis* und *S. typhi murium*. Dabei zeigte sich, daß Fische zwar keine idealen Wirtsorganismen für Salmonellen sind, daß es sich aber „bei genügend starker Infektion nicht nur um ein bloßes Überleben der Keime im Fischorganismus handelt“, sondern daß diese sogar bei den niederen Wassertemperaturen „eine echte Enteritis und Bakteriämie hervorzurufen vermögen“ (loc. cit. S. 428). Sehr interessant ist dabei, daß die Aufnahme der Bakterien mit der Nahrung sehr rasch vor sich geht und daß die Keime nicht etwa nur den Darm passieren, sondern sich auf dem Wege über Blut und Lymphe schnell im gesamten Fisch einschließlich seiner Muskulatur ausbreiten können. Dennoch bleiben sie am längsten im Darm bzw. im Kot nachweisbar, bei Karpfen beispielsweise bei 9 ... 12 °C noch nach 68 Tagen, bei höheren Temperaturen (16 ... 17 °C) sogar noch nach 110 Tagen. Nach massiver Infektion zeigten die Fische selbst Krankheitserscheinungen (Darmentzündungen). Daß diese Befunde unter Umständen eine gewisse epidemiologische Bedeutung erlangen können, liegt zwar nahe, doch sollte man diese auch nicht überschätzen, da selbst in Abwasserfischteichen die pathogenen Keime nicht in solchen Konzentrationen vorkommen, wie unter den ausgewählten Versuchsbedingungen.

7. Naherholung und Hygiene

Über die Einrichtung eines großen Strandbades, Campingplatzes und Bootshafens am S-Ufer der Talsperre wurde bereits berichtet (HEYNIG 1974, 1976). Neuerdings haben wir zur Mehrfachnutzung von Flachspeichern ausführlich Stellung genommen, wobei unsere Erfahrungen an der Talsperre Kelbra unter besonderer Betonung des hygienischen Aspekts dargestellt wurden (HEYNIG 1976). Man vergleiche auch die Ausführungen von PROSKE & BRANDENBURGER (1970), die sich mit der planerischen und baulichen Seite des Erholungsgebiets befaßt haben.
Unsere hygienischen Untersuchungen hatten sowohl die Aufgabe, das Wasser auf seine Eignung für Badezwecke zu überprüfen als auch die Frage zu klären, ob sich Badenutzung und intensive Fischzucht am gegebenen Objekt miteinander vertragen — oder anders gesagt: ob durch die Fischzucht eine Verschlechterung der Wasserqualität nachweisbar ist. Für diesen Fall waren Auflagen zur Beschränkung des Fischbesatzes vorgesehen, nachdem durch die Organe des Rates des Bezirkes der Vorrang der Volkserholung vor der Fischbewirtschaftung verbindlich festgelegt war.

Der bereits für das erste Jahr der Bewirtschaftung geäußerte Eindruck (HEYNIG 1974), daß keine negativen Auswirkungen auf die Wasserqualität feststellbar waren, ist in den folgenden Jahren trotz steigender Besatzzahlen bestätigt worden. Das beweisen auch die in Abschn. 5.2. (Tab. 9) mitgeteilten Analysenergebnisse: Die Schwankungsbreiten der verschiedenen untersuchten Kriterien haben sich praktisch nicht geändert. Für diese zunächst etwas unerwartete Feststellung sind nach unserer Ansicht folgende Gründe maßgebend:

- die große Wassermenge und Wasseroberfläche der Talsperre,
- die von vornherein relativ hohe Belastung des Wassers mit Nährstoffen und
- die alljährliche Entleerung des Staubeckens, wodurch kaum eine zusätzliche Akkumulierung des Nährstoffgehalts eintreten kann.

Es soll aber hier nochmals betont werden, daß aus dieser relativ günstigen Feststellung nicht abgeleitet werden kann, daß sich Fischintensivzucht und Badenutzung in jedem Falle vertragen müssen. In kleineren Gewässern wird eher das Gegenteil zu erwarten sein, wobei natürlich jeweils die örtlichen Gegebenheiten zu prüfen sind.

Ein zeitweises hygienisches Problem an der Talsperre Kelbra waren lediglich die Belästigungen der Badegäste durch angeschwemmte tote Fische nach den in manchen Jahren recht umfangreichen Fischsterben, vgl. HEYNIG (1976).
Ein anderes, wenigstens zum Teil hygienisches Problem ergibt sich aus der Schlammaufwirbelung bei stärkeren Winden, wodurch nicht nur die Sichttiefe auf wenige Dezimeter vermindert werden kann, sondern auch eine Verschmutzung der Badenden und ihrer Badekleidung erfolgt.
Auch die auf die Eutrophierung zurückgehende starke Entwicklung der Unterwasserflora einschließlich der Fadenalgen schafft gewisse Probleme, die besonders nach stürmischen Winden aus W bis N auftreten, wenn die losgerissenen Pflanzenmassen am Badestrand angeschwemmt werden, wo sie bald in Fäulnis übergehen. Die regelmäßige Beseitigung hat in den vergangenen Jahren zeitweise erhebliche Schwierigkeiten verursacht.

Trotz der geschilderten Mängel war die Wasserqualität im Untersuchungszeitraum im allgemeinen für Badezwecke brauchbar, obwohl nicht zu übersehen ist, daß die Talsperre Kelbra infolge der natürlichen Gegebenheiten kein ideales Badegewässer darstellt.
Tab. 11 gibt einen Einblick in die beträchtlichen Besucherzahlen seit der Eröffnung des Badebetriebes. Daraus ist die Bedeutung der Talsperre für die Volkserholung trotz der geschilderten Mängel klar zu ersehen. Der

Tab. 11. Talsperre Kelbra. Besucherzahlen des Strandbades und des Campingplatzes in den Jahren 1969 bis 1975 (ergänzt aus HEYNIG 1976)

Jahr	Strandbad	Campingplatz	
		Zeltler	Besucher
1969	162300	6370	—*
1970	134450	5100	4100
1971	125200	5800	5880
1972	103700	6350	—*
1973	143500	5900	—*
1974	51600	5550	5900
1975	134600	8850	7680

* Besucherzahlen nicht gesondert erfaßt

Spitzenbesuch an einem Sonntag im Sommer 1975 lag bei einer Veranstaltung zwischen 13000 und 14000 Menschen! Das ist bisher absoluter „Rekord“.

8. Numburger Salzquelle

Die östliche der beiden Salzquellen wurde wegen ihrer leichten Zugänglichkeit mit untersucht. Die Austrittsstelle der Quelle verlagert sich jeweils etwas entsprechend dem Wasserstand in der Talsperre. Sie befindet sich am Fuße von Gipsfelsen.

Die Untersuchungsergebnisse von 1967 bis 1969 wurden bereits veröffentlicht (HEYNIG 1968, 1974). Jetzt liegen Analysenwerte aus 8 Jahren vor. Die Ergebnisse aus der Zeit von 1970 bis 1974 sind in Tab. 12 zusammengestellt. Die früher festgestellte Schwankungsbreite hat sich im allgemeinen bestätigt oder sogar noch etwas vergrößert, z. B. für Chlorid, Sulfat, Härte und Leitfähigkeit. Die 1974 ausgewiesenen Extremwerte wurden in der Regel nicht wieder erreicht, mit Ausnahme der Härte, die in allen folgenden Jahren maximal 140° dH überschritten hat. Die Bestimmung des Abdampfrückstandes wurde ab 1971 durch die Messung der elektrolytischen Leitfähigkeit ersetzt.

Das Wasser dieser Salzquelle fließt in eine kleine Bucht des Stausees. Dort befinden sich am Lande auf einer sumpfigen Stelle einige Salzpflanzen, wie z. B. *Aster tripolium* L., *Plantago maritima* L., *Triglochin maritima* L. Das ganze westliche Gebiet der Talsperre mit den Abhängen des Kyffhäusers steht unter Naturschutz.

An der Einmündungsstelle der Quelle kommt es alljährlich im Wasser zur mehr oder weniger reichlichen Entwicklung der Grünalge *Enteromorpha intestinalis* (L.) LINK sowie anderen salzliebenden Faden- und Kieselalgen, die jedoch nicht näher bestimmt wurden. Im August 1974 beobachteten wir an dieser Stelle im Wasser einen auffälligen weißgrauen Belag auf Steinen, Grashalmen und dergleichen. Es handelte sich um dichte Rasen von *Thiothrix nivea* (RABENH.) WINOGR.; auch *Beggiatoa alba* (VAUCHER) TREVIS. war nachweisbar. Sowohl in der mitgenommenen Probe als auch in der unmittelbaren Umgebung der Quelle wurde ein schwacher Geruch nach Schwefelwasserstoff festgestellt. Die Herkunft des Schwefelwasserstoffs ist schwer erklärlich. Man könnte an Sulfatreduktion denken, denn Sulfate sind im Quellwasser ja reichlich vorhanden. Doch ist die Tätigkeit der sulfatreduzierenden Bakterien an anaerobe Verhältnisse gebunden. An der Fundstelle sind solche Bedingungen jedoch sehr unwahrscheinlich, allein schon durch die reichlich vorhandene Algenvegetation (siehe *Enteromorpha*). Es bleibt höchstens die Möglichkeit, daß die Sulfatreduktion bereits in der Quelle vor ihrem Austritt stattgefunden hat.

9. Zusammenfassung

Das Helme-Staubecken (Talsperre Kelbra) ist ein Flachspeicher mit einer seit 1969 erfolgenden Mehrfachnutzung. In der vorliegenden

Tab. 12. Numburger Salzquelle. Schwankungsbreite der Untersuchungsergebnisse 1970 bis 1974. Erläuterungen siehe Tab. 3

		1970 (7)	1971 (6)	1972 (4)	1973 (3)	1974 (4)
pH-Wert		6,9 ... 7,1	7,0 ... 7,2	6,8 ... 7,4	7,0 ... 7,5	6,9 ... 7,7
Cl^-	mg/l	2870 ... 4120	2300 ... 4750	1060 ... 3900	1640 ... 2500	3040 ... 4080
SO_4^{2-}	mg/l	1850 ... 2250	1910 ... 2380	1600 ... 2260	1760 ... 1930	2100 ... 2370
Ca^{2+}	mg/l	728 ... 828	725 ... 865	673 ... 828	(678 ... 700)	(779 ... 837)
Mg^{2+}	mg/l	77 ... 134	77 ... 126	48 ... 116	(70)	(96 ... 107)
GH	°dH	120,0 ... 143,2	121,6 ... 149,8	106,0 ... 143,0	(111,2 ... 114,0)	100,0 ... 142,0
KH	°dH	10,1 ... 11,2	10,6 ... 11,2	9,0 ... 11,2	(9,0 ... 9,5)	9,5 ... 10,1
NKH	°dH	109,4 ... 133,1	111,0 ... 139,2	94,8 ... 133,5	(101,7 ... 105,0)	91,5 ... 132,5
LF ($\varkappa_{20°}$)	µS	—	(8000)	5600 ... 13000	6400 ... 9050	10200 ... 12700
Temperatur	°C	10,8 ... 12,2	10,3 ... 12,5	10,2 ... 13,0	10,7 ... 11,5	11,0 ... 13,0

Arbeit wird über die Fortsetzung der 1967 begonnenen limnologischen und hygienischen Untersuchungen an Talsperre und Zuflüssen im Zeitraum von 1970 bis 1975 berichtet. Es kann eine weitgehende Übereinstimmung mit den früheren Ergebnissen festgestellt werden. Durch die zeitweise Ausdehnung der Untersuchungen auf einige Teile des großen Einzugsgebiets sind neue Erkenntnisse über die Beschaffenheit der Zuflüsse Helme und Zorge gewonnen worden. Besondere Aufmerksamkeit wurde dem Eutrophierungsproblem, der Fischzucht und der gleichzeitigen Badenutzung sowie den daraus resultierenden hygienischen Problemen gewidmet. Wesentliche negative Beeinflussungen waren nicht nachzuweisen. Die Gründe dafür werden unter Auswertung der einschlägigen Literatur eingehend diskutiert. Angaben zur Hydrologie der Zuflüsse und des Stausees sowie Untersuchungen an der Numburger Salzquelle vervollständigen die vorliegenden Ausführungen, die einen Beitrag zur Kenntnis der Limnologie und Hygiene einer großen neuerstandenen Talsperre vom sogenannten Flächenseetypus vom Beginn des ersten Anstaus an liefern.

Резюме

Водохранилище Хельме (водоём Кельбра) является мелководным резервуаром, который с 1969 года используется разными способами. В настоящей работе толкуется о продолжении лимнологических и гигиенических исследований на водохранилище и притоках в 1970—1975 гг., начатых в 1967 году. Было установлено, что результаты исследований почти согласуются с ранее полученными. Получены новые данные о свойствах притоков Хельме и Цорге на основе временного распространения исследований на некоторые участки большой области питания. Особенное внимание уделено вопросам эвтрофикации, рыбоводства и одновременного пользования для купания, а также отсюда вытекающим гигиеническим проблемам. Не были обнаружены значительных отрицательных влияний. Подробно обсуждены причины этого с оценкой соответствующих литературных данных. Данными о гидрологии притоков и водохранилища, а также исследованиями на соляном источнике в Нумбурге дополняются наши изложения, которые вносят свой вклад в знания о лимнологии и гигиене большого нового водохранилища так называемого типа мелководного озера, с начала первого подпора воды.

10. Literatur

AHLGREN, G., 1970: Limnological studies of Lake Norrviken, a eutrophicated Swedish lake. II. Phytoplankton and its production. — Schweiz. Z. Hydrol. **32** (2), 353—396.

AMBÜHL, H., 1975: Seenreinhaltung — ein ökologisches Problem. — Österr. Wasserwirtsch. **27**, 253—260.

Autorenkollektiv, 1971: Ausgewählte Methoden der Wasseruntersuchung, Bd. 1 und 2. — VEB Gustav Fischer Verlag Jena.

BOHL, M., 1972: Wasserpflanzenbekämpfung in intensiv bewirtschafteten Teichen. — In: Münchner Beitr. Abwasser-, Fischerei- u. Flußbiol. **23**, 120—136.

CLESCERI, N. L., 1973: Organic nutrient factors effecting algal growths. — Environmental Protection Agency Rep. No. EPA-660/3-73-003 (Washington), 1—302.

DAUBNER, I., 1974: Zum Einfluß des Lebensraumes Wasser auf Morphologie und physiologische Eigenschaften von *E. coli*. — Z. ges. Hygiene **20**, 771—776.

EMEIS, C. C., 1955: Über die Bedeutung der Algen bei der biologischen Reinigung des Oberflächenwassers. — Desinf. u. Gesundheitswes. **47**, 153—159.

ERNET, M., H. GÜBITZ, & K. STUNDL, 1973: Untersuchungen von künstlichen Badeseen in der Steiermark. — Mitt. naturwiss. Ver. Steiermark **103**, 221—243.

FOTT, B., 1971: Algenkunde. — 2. Aufl., VEB Gustav Fischer Jena.

HEUSCHMANN-BRUNNER, G., 1974: Experimentelle Untersuchungen über Möglichkeiten und Verlauf einer Infektion mit *Salmonella enteritidis* und *Salmonella typhimurium* bei Süßwasserfischen. — Zbl. Bakt. Hyg. I. Abt. Orig. **B 158**, 412—431.

HEYNIG, H., 1968a: Die Bestimmung des Chlorophyllgehaltes in Binnengewässern. — Wasser- u. Abwasserforsch. Nr. 6/68, 203—207.

— 1968b: Das neuerrichtete Helme-Staubecken bei Kelbra (Kyffhäuser) in ersten Jahre seines Anstaus. — Limnologica **6** (1), 117—133.

— 1972: Das Helme-Staubecken bei Kelbra (Kyffhäuser). III. Das Plankton im Zeitraum 1967 bis 1970. — Arch. Protistenkd. **114**, 14—33.

— 1974: Das Helme-Staubecken bei Kelbra (Kyffhäuser). II. Limnologische und hygienische Verhältnisse im Zeitraum 1968 ... 1969. — Limnologica **9** (1), 63—79.

— 1976: Mehrfachnutzung von Flachspeichern unter hygienischen Gesichtspunkten, dargestellt am Beispiel der Talsperre Kelbra. — Acta hydrochim. et hydrobiol. **4** (1), 25—34.

JÄHNICHEN, H. (Red.), 1973: Die biologische Krautung (von einem Autorenkollektiv). — Inst. Binnenfisch., 44 S.

JOHANNES, H., 1972: Biologische Gewässerunterhaltung — eine Schrifttumsübersicht. — Wasser u. Boden **24**, 241—243.

JOHANNES, H., & W. KEMMERLING, 1972: Chemische Krautbekämpfung. — Wasser u. Boden **24**, 235 bis 237.

KADLECOVÁ, O., 1975: Die *Salmonella*-Verunreinigung der Donau durch Abwässer in Bratislava. — Zbl. Bakt. Hyg. II. Abt. **130**, 144—156.

KICKUTH, R., & G. KAITZIS, 1975: Mikrobizid wirksame Aromaten aus *Scirpus lacustris* L. — Forum Umwelthyg. **1**, 134—135.

KOHL, W., 1972: Salmonellen auf Haut und Kiemen von Fischen. — Zbl. Bakt. Hyg. I. Abt., Ref. **230**, 404.

LAURENT, P. J., 1975: Les argules du Léman. — Schweiz. Z. Hydrol. **37** (2), 249—252.

LEVÈVRE, M., H. JACOB, & M. NISBET, 1952: Auto- et hétéroantagonisme chez les algues d'eau douce. — Ann. Stat. centr. Hydrobiol. **4**, 1—198.

LIEBMANN, H., 1962: Handbuch der Frischwasser- und Abwasserbiologie. Band II. — 2. Aufl., VEB Gustav Fischer Verlag Jena.

NAUWERCK, A., 1963: Die Beziehungen zwischen Zooplankton und Phytoplankton im See Erken. — Symb. Bot. Upsal. **17** (5), 1—163.

NUSCH, E. A., & P. KOPPE, 1975: Die Veränderung der Wasserqualität durch Stauhaltungen in Talsperren. — Wasserwirtsch. **65** (1), 7—12.

OHLE, W., 1938: Zur Vervollkommnung der hydrochemischen Analyse. III. Phosphorbestimmung. — Angew. Chemie **51**, 906—911.

POPP, L., 1974: Salmonellen und natürliche Selbstreinigung der Gewässer. — Zbl. Bakt. Hyg. I. Abt. Orig. B **158**, 432—445.

PROSKE, E., & K. BRANDENBURGER, 1970: Erholungsschwerpunkt Helme-Talsperre Kelbra. — Dtsch. Architektur **90**, 530—536.

REICHENBACH-KLINKE, H., 1966: Krankheiten und Schädigungen der Fische. — Gustav Fischer Verlag Stuttgart.

RITTER, R., 1974: Ergebnisse bakteriologischer Untersuchungen am Neckar 1972/73. — GWF **115**, 542—545.

ROTTMANN, W., 1973: Salmonellenvorkommen im Flußwasser von Mosel und Sauer. — Städtehyg. **24**, 201—208.

SCHERB, K., 1972: Durch Fischexkremente verschmutztes Wasser — Grundlagen der biologischen Reinigung. — Münchner Beitr. Abwasser-, Fischerei- u. Flußbiol. **23**, 147—162.

SHAPIRO, J., 1973: Blue-green algae: why they become dominant. — Science **179**, 382—384.

SLÁDEČEK, V., 1973: System of water quality from the biological point of view. — Ergebn. Limnol. (Beih. Arch. Hydrobiol.) 7, 1—218.

ŠTĚPÁNEK, M., 1977: Ein weiterer Beitrag zum Puffervermögen von Binnengewässern. — Acta hydrochim. hydrobiol. **5** (2), 185—190.

STUNDL, K., 1975: Zur Problematik künstlicher Badeseen. — Österr. Wasserwirtsch. **27**, 43—48.

THOMAS, E. A., 1975: Gewässerfeindliche Wirkungen von Phosphaten in Flüssen und Bächen. — Schweiz. Z. Hydrol. **37** (2), 273—288.

TREUNERT, E., A. WILHELMS & H. BERNHARD, 1974: Einfluß der Probenentnahmehäufigkeit auf die Ermittlung der Jahres-Phosphor-Frachtwerte mittlerer Bäche. — Hydrochem. hydrogeol. Mitt. Inst. Wasserchem. u. Chem. Balneol. (München) **1**, 175—198.

UNGER, U., 1970: Berechnung von Stofffrachten in Flüssen durch wenige Einzelanalysen im Vergleich zu kontinuierlichen einjährigen chemischen Untersuchungen, gezeigt am Beispiel des Bodenseezuflusses Argen (1967/68) — Schweiz. Z. Hydrol. **32** (2), 453—474.

VOGLER, G., 1967: Intoxikationen von Mensch und Tier durch Phytoplanktontoxine aus Oberflächengewässern. — Arch. Hyg. Bakt. **151**, 1—22.

YOUNGMAN, R. E., D. JOHNSON & P. BELLIN, 1973: Some initial studies on vitamins in relation to the phytoplankton crops in a eutrophic reservoir. — Water Treatm. Exam. **22**, 233—249.

Eingegangen am 21. 5. 1976.

Anschrift des Verfassers:
Dr. HERMANN HEYNIG
Bezirks-Hygieneinstitut
DDR-4010 Halle/S.
Burgstr. 40—41

Anmerkung bei der Korrektur:
Zu Abschn. 5.4.2. (S. 101) ist zu ergänzen, daß in der inzwischen erschienenen Bearbeitung der Copepoden von KIEFER (Das Zooplankton der Binnengewässer, 2. Teil. In: Die Binnengewässer Band XXVI, Schweizerbart'sche Verlagsbuchhandlung Stuttgart 1978) eine kurze Darstellung der Besiedlung eines neuentstandenen Gewässers am Beispiel des Helme-Staubeckens an Hand unseres gesammelten Copepodenmaterials gegeben wurde (loc. cit. S. 41—44).

Hinsichtlich der Giftwirkung durch Algentoxine (S. 101) sei noch auf die neuere Übersicht von COLLINS hingewiesen (COLLINS, M., 1978: Algal Toxins. — Microbiol. Rev. **42** (4), 725 bis 746).

Limnologica (Berlin) **12** (1), 109—119. Februar 1980

RÜDIGER WAGNER

Lunzer Psychodiden (Diptera, Nematocera)

Schlitzer produktionsbiologische Studien (21)

Mit 3 Abbildungen und 4 Tabellen

Inhalt

Abstract

Greenhouses were set over two mountain streams near Lunz am See, Lower Austria. The quantitative results of the Psychodidae emergence from 1972—1974 are presented. The Psychodidae emergence is between 35,95 mg/m^2 and 124,88 mg/m^2 for the Schreierbach but between 13,49 mg/m^2 and 32,66 mg/m^2 for the Teichbach. Probable reasons for these differences, mainly temperature and moss-vegetation, are discussed.

1. Einleitung

1.1. Einführung

Seit vielen Jahren und zum Teil noch bis heute beschränkt sich ein Teil der Limnologen und Ökologen bei der Zusammenstellung von Fluß- und Bachmonographien auf den qualitativen Aspekt: Welche Arten leben in einem zu untersuchenden Gewässer? Beim Sammeln und Determinieren des Materials beschränkt man sich zudem oft noch auf die „großen" Insektenordnungen: Plecoptera, Ephemeroptera, Trichoptera und Neuroptera. Dipteren werden fast immer wenig oder gar nicht beachtet. Das liegt zum Teil an den Sammlern und ihren Sammelmethoden und nicht zuletzt daran, daß viele Gruppen schwierig, und nur von Spezialisten zu bestimmen sind, von denen es zu wenige gibt. So sind heute noch eine Reihe von Dipterenfamilien ökologisch und taxonomisch weitgehend unbearbeitet.

Seit 1969 werden in Schlitz Emergenzmessungen mit Hilfe von Gewächshäusern durchgeführt, die man über einem Bach errichtet. Das Hauptanliegen der Emergenzmessung mit Gewächshäusern ist, einen quantitativen Einblick in das Ökosystem Bach, mit all seinen bewohnenden Arten, zu bekommen. Nachdem eine Reihe von Ergebnissen aus Schlitz vorlagen (ILLIES 1971, 1972, 1973, MENDL 1973, RINGE 1974), erwuchs der Wunsch, ähnliche Untersuchungen auch in anderen Regionen durchzuführen. BÖTTGER (1975) betrieb von April 1972 bis Juli 1973 ein Emergenzhaus über einem Bergbach des zentralafrikanischen Grabens.

Etwa zur gleichen Zeit wurden in Lunz am See in Niederösterreich zwei Gewächshäuser über Alpenbächen errichtet und in Betrieb genommen. Einige Insektenordnungen sind bereits für die Jahre 1972—1974 ausgewertet und determiniert und die Ergebnisse wurden veröffentlicht (MALICKY 1975, ZWICK 1977). In der vorliegenden Arbeit soll die Dipterenfamilie der Psychodiden von Schreierbach und Teichbach für die Jahre 1972—1974 bearbeitet werden.

1.2. Material und Methoden

Die Methode, die bei ILLIES (1971) beschrieben ist, wird auch in Lunz angewandt. Es gibt jedoch einige Abwandlungen. Die Gewächshäuser sind kleiner als die in Schlitz. Außerdem wird nur jeden zweiten oder dritten Tag abgesammelt. Das Sammelgerät ist, wie in Schlitz, ein gedrosselter Staubsauger. Alle Tiere werden beim Absammeln sofort in 80% Alkohol fixiert. Die einzelnen Familien und Ordnungen werden aussortiert, determiniert und verwogen. Die Trockengewichtsbestimmung erfolgt wie bei ILLIES (1971) angegeben. Männchen und Weibchen werden getrennt ausgewertet.

Von vielen Exemplaren wurden mikroskopische Präparate angefertigt, Methoden nach JUNG (1952, 1956). Alle zu Präparaten verarbeiteten Imagines wurden in Kanadabalsam eingedeckt.

An beiden Bächen wurden im September 1975 Moosproben entnommen. Die darin lebenden Psychodidenlarven wurden durch langsames Austrocknen ausgetrieben und in Petrischalen gehältert. Abgestorbene Larven wurden ebenfalls nach der Methode von JUNG (1952, 1956) zu Präparaten verarbeitet.

Im Verlaufe dieser Arbeit wurden im Untersuchungsgebiet drei neue Arten gefunden, die in einer gesonderten Arbeit geschrieben worden sind (WAGNER 1975).

1.3. Fehlerdiskussion

Die mit der Untersuchungsmethode verbundenen Fehlerquellen sind bereits von verschiedenen Autoren (ILLIES 1971, S. 49—54; RINGE 1974, S. 218—223) besprochen worden. Auf einige Fehlerquellen muß aber erneut hingewiesen werden.

Es ist kaum möglich, die Emergenz hundertprozentig zu erfassen. Durch die mit Gaze bespannten Wände können kleine Insekten ungehindert von innen nach außen gelangen und umgekehrt. Das wurde für Ceratopogoniden (HAVELKA 1976) und Chironomiden (RINGE 1974) festgestellt, gilt aber nach meinen Beobachtungen auch für kleine Psychodiden (*Psychoda*-Arten).

Durch die starke sommerliche Erwärmung der Gewächshäuser sterben vor allem kleine Tiere ab, fallen ins Wasser und werden so in der Emergenz nicht miterfaßt. Dies gilt verstärkt bei einem zweitägigen Sammelrhythmus, wie er in Lunz praktiziert wird. Durch einen eintägigen oder noch kürzeren Sammelrhythmus ließe sich die Emergenz noch vollständiger erfassen (RINGE 1974).

2. Die Untersuchungsgebiete

Die untersuchten Bäche liegen in der Umgebung von Lunz am See, in Niederösterreich (Österreichische Karte 1:50000, No. 71, Ybbsitz). Diese Gegend gehört vor allem durch die Arbeit von THIENEMANN (1950) über „Lunzer Chironomiden" zu den limnologisch bestuntersuchten in Österreich. Dort gibt es ungewöhnlich viele verschiedenartige Bäche, die sich vor allem in bezug auf Thermik, Bodenstruktur, Hangexposition, Insolation und die Art des Gesteinsuntergrundes unterscheiden (MALICKY 1975).

Beide Bäche gehören zum Einzugsgebiet des oberen Seebaches. Dieser fließt vom Mittersee bis zum Untersee (= Lunzer See) und von dort weiter zur Ybbs. Oberhalb des Mittersees liegt er den größten Teil des Jahres trocken, aber dort fließt er auf weiten Strecken unterirdisch (MALICKY, briefl. Mitt.).

2.1. Der Schreierbach

Der Schreierbach entspringt in etwa 700 m Höhe am Fuße des Hetzkogelmassives und hat eine Länge von etwa 200 m. Er wird nicht von einer Quelle gespeist, sondern es tritt Wasser entlang der gesamten Bachstrecke zutage. Dies bedingt die ungewöhnliche Temperaturkonstanz. Die Wassertemperatur liegt meist bei 6,0 bis 6,3 °C. Die Extremwerte liegen bei 4 °C bei Hochwasser im Frühling und Frühsommer und bei 8 °C nach langen Wärmeperioden und Trockenheit im Spätsommer (MALICKY 1975).

Im Bereich des Glashauses am Schreierbach und weiter zur Quelle hinauf sind der Bachuntergrund und seine Umgebung reichlichst mit verschiedenen Moosen bewachsen, die zum Teil dauernd submers leben. Es seien hier die Gattungen *Platyhypnidium* (HEDWIG) und *Hygrohypnum* LINDBERG genannt, die hauptsächlich in der Bachmitte wachsen. Sie hängen in dichten und starken Büschen über den Kaskaden des Baches. Zwischen ihren Blättern und Ranken bilden sich viele strömungsarme Räume, die den Larvenstadien vieler aquatischer Insekten Halt bieten. In diesen Räumen lagert sich auch Detritus ab, der ein Teil der Nahrung für die Larvenstadien vieler Insekten ist. Zwischen den Ranken der Moose wachsen Fäden von *Mougeautia* und auf ihren Blättchen leben Diatomeen aus den Gattungen *Diatoma* und *Navicula*. Am Grunde der Büschel sind die Moosblättchen mit einer dicken $CaCO_3$-Schicht überzogen. Unterhalb des Gewächshauses ist der Bachgrund kaum noch mit Moosen bewachsen. Die Bachfläche im Gewächshaus beträgt 4,56 m^2 bei Niedrigwasser.

Abb. 1. Das Gewächshaus am Schreierbach bei Niedrigwasser (1. 9. 1975)

Abb. 2. Das Gewächshaus am Teichbach

2.2. Der Teichbach

Der Teichbach fließt in etwa 600 m Höhe im Verlandungsgebiet des Lunzer Sees auf Kalkschotter. Sein Wasser bezieht er durch einen künstlichen Graben vom Seebach, der durch einen Teich geleitet wird. Der Ausfluß dieses Teiches ist der etwa 200 m lange Teichbach.

Der Bach ist oberhalb des Gewächshauses reichlich bewachsen. Aus dem Wasser ragen die Blätter der Pestwurz (*Petasites*). Im Wasser wachsen in dichten Beständen Wasserpest und Wasserhahnenfuß. Im Bereich des Gewächshauses (Abb. 2), das von Laubbäumen stark beschattet wird, zeigt der Bachboden kaum Vegetation im und am Wasser. Nur auf einigen größeren Steinen, die über die Wasseroberfläche ragen, wachsen Moose aus verschiedenen Gattungen. Ich fand *Fontinalis antipyretica L.* und *Thamnium alopecurum* (L. ap. Hedwig). Zwischen den Moosästchen wachsen reiche Watten der Fadenalge *Spirogyra*, die diese fest zusammenhalten. In diesem Pflanzennetz lagert sich Detritus ab. Die Moosblättchen hatten einen starken Diatomeenaufwuchs von *Navicula* und *Diatoma*.

Die Temperatur des Teichbaches schwankt im Jahresverlauf zwischen 0 und 19 °C. Kurzfristige Schwankungen können im Frühling innerhalb weniger Tage 10 °C und mehr betragen. Dies wird durch den kleinen, flachen Teich bewirkt, in dem sich bei Sonnenschein das Wasser rasch erwärmt (Malicky 1975). Die Wasseroberfläche im Gewächshaus beträgt bei Niedrigwasser 3,11 m^2 (Malicky ibd.).

In thermischer Hinsicht sind beide Bäche extreme Gegensätze. Malicky (1973) vergleicht solche extremen Unterschiede im Temperaturgang mit den Verhältnissen auf dem Land und kommt zu dem Ergebnis, daß der Schreierbach aufgrund seiner konstanten Verhältnisse mit dem Regenwaldklima zu vergleichen ist und der Teichbach mehr dem Steppenklima entspricht.

3. Artenbesprechung

Im Untersuchungszeitraum von 1972 bis 1974 traten an den untersuchten Bächen 39 Psychodidenarten in 13 Gattungen auf. Zum Bestimmen der Arten benutzte ich die gesamte vorliegende Psychodidenliteratur. In den systematischen Bezeichnungen folge ich Vaillant (1971—1975), der zur Zeit an einer Revision dieser Gruppe der paläarktischen Region arbeitet.

Berdeniella VAILLANT 1971
Die Gattung *Berdeniella* wurde 1971 für die *Pericoma*-Arten der „*unispinosa*-Gruppe" geschaffen. Die Gattung ist nun systematisch und ökologisch gut von anderen abgegrenzt. Die männlichen Imagines zeichnen sich durch ein oder zwei Retinacula auf ihren Cercopoden aus. Die Weibchen der verschiedenen Arten sind kaum voneinander zu unterscheiden.
Die Larven der *Berdeniella*-Arten sind alle rheophil bis rheobiont und bewohnen oft in großer Zahl die Moosüberzüge an und in kalten und sauberen Gebirgsbächen. Sie sind mit einer großen Zahl von Retentionsorganen ausgerüstet, die in verschiedener Form den gesamten Larvenkörper bedecken und die ein Verdriften der Larven verhindern sollen.
Da alle Psychodidenlarven im oder am Wasser leben, aber Luft atmen, haben besonders die Rheophilen das Problem, ihre Stigmen vor Wasser zu schützen. Die *Berdeniella*-Larven haben dazu einen charakteristischen „Flabelarapparat". Die dorsalen und ventralen Flabellarfortsätze sind sehr lang und tragen zudem noch sehr lange Borsten, die den Tieren eine große Atemgrube offenhalten. Gewaltsam untergetauchte Larven können eine Luftblase um ihre Stigmen festhalten und so tagelanges oder wochenlanges Hochwasser überstehen (VAILLANT 1975). Diese Luftblase verhindert auch, daß verdriftete Larven unter Wasser gedrückt werden. Die Nahrung der Larven besteht aus Detritus und Aufwuchsalgen (meist Diatomeen).

Berdeniella alpina WAGNER 1975
Diese Art ist am Schreierbach sehr stark verbreitet. Am Teichbach kommt sie nur in geringer Individuenzahl vor. Sie ist univoltin und ein Frühsommerflieger. Die Larven entwickeln sich in beiden Bächen, doch bevorzugen sie eindeutig den stark mit Moosen bewachsenen und kälteren Schreierbach. Larve und Puppe dieser Art sind noch unbekannt. *Berdeniella alpina* WAGNER ist möglicherweise nur in den östlichen Alpen verbreitet.

Berdeniella helvetica (SARA 1957)
Berdeniella helvetica ist ebenfalls am Schreierbach in sehr großer und am Teichbach in geringer Zahl vorhanden. Die Imagines fliegen von Ende Mai bis September, doch sind einzelne Exemplare bis Ende November im Emergenzhaus am Schreierbach gefangen worden.
Diese recht lange Flugzeit setzt voraus, daß über das ganze Jahr hin verpuppungsreife Larven dieser Art am Schreierbach vorhanden sind.
VAILLANT (1975) gibt an, daß Weibchen ihre Eier in übersickerte Moospolster ablegen, die Gesteinsblöcke und dicke Steine der Gebirgsbäche überziehen. Weiter schreibt er, daß bei Saint-Grat, das etwa 1500 m hoch liegt, die Eiablage in der Hauptsache gegen Ende Juni stattfindet, wenn die Temperatur des Wassers dauernd unter 10 °C bleibt.
Der Vergleich mit dem Schreierbach und seinen dauernd um 6 °C liegenden Wassertemperaturen wirft hier eine recht interessante Frage auf: Kann die Flugzeit dieser Art durch eine Grenztemperatur des Wassers für die Eiablage eingeschränkt oder ausgedehnt werden?
Um diese Frage beantworten zu können, habe ich im September 1975 am Schreierbach Moosproben entnommen und alle Tiere durch langsames Austrocknen ausgetrieben. Die Larven wurden determiniert. Es ergab sich folgendes: Nur Larven von *Berdeniella helvetica* waren in den Larvenstadien 3 und 4. (Jüngere Larvenstadien konnten bei der Determination nicht berücksichtigt werden.) Von den gehälterten Larven dieser Art verpuppten sich einige schon nach wenigen Tagen und bald darauf schlüpften die ersten Imagines.
Die Entwicklung von *Berdeniella helvetica* scheint sich am Schreierbach also so zu vollziehen, daß immer verpuppungsreife Larven vorhanden sind, die sich dann verpuppen, wenn die äußeren klimatischen Bedingungen (z. B. Lufttemperatur) den Imagines die Möglichkeit zur Fortpflanzung bieten.
Die Larven dieser Art sind rheophil. Sie leben in den dichten Moospolstern am Schreierbach, die ihnen gute Bedingungen bieten.

Berdeniella unispinosa (TONNOIR 1919)
Berdeniella unispinosa ist die dritte Art, die am Schreierbach in großer Zahl vorkommt. Sie fliegt ebenfalls von Ende Mai bis Anfang September in einer lang ausgedehnten Generation. Dies wird wohl auch durch die gleichbleibend niedrige Wassertemperatur des Schreierbaches bedingt.

VAILLANT (1971) berichtet, daß ein und dieselbe Art mit weiter vertikaler Verbreitung mono-, bi- oder polyvoltin sein kann, je nach den Bedingungen, die das Klima in ihren Wohngebieten bietet. *B. helvetica* und *B. unispinosa* sind in den Flußläufen in niedriger Höhe um Grenoble tri- oder tetravoltin, während sie in den Alpen der Dauphine über 2000 m monovoltin oder unvollständig bivoltin sind.
Eigene Hälterungsversuche mit verschiedenen Larvenstadien ergaben aber Werte, die denen von JUNG (1956) etwa entsprechen. Er schreibt, daß Larven des 2. und 3. Stadiums 2 bis 3 Monate zu ihrer Entwicklung benötigen, und daß die Larven des 4. Stadiums etwa 4 Monate bis zur Verpuppung brauchen. Das alles zusammen mit der Eientwicklung, dem ersten Larvenstadium und der Puppenruhe führt wieder zu einer Generationsdauer von einem Jahr. Ich vermute also: Alle Arten der Gattung *Berdeniella* VAILLANT sind univoltin. Nur an besonders bevorzugten Standorten kann im gleichen Jahr eine zweite Generation heranwachsen. Durch konstante Temperaturverhältnisse im Wasser, wie am Schreierbach, können sich die Schlüpfzeiten über die gesamte warme Jahreszeit erstrecken.
Die weiteren Arten, die in den Gewächshäusern der beiden Bäche vorkommen, sind aus Tab. 1 und 2 zu ersehen. Auf die Ökologie ihrer Larven soll in diesem Zusammenhang nicht näher eingegangen werden. Zwar ist ein Teil der Larven noch nicht bekannt, doch kann man verallgemeinernd sagen, daß sie alle dem rheophoben Typ angehören. Sie leben bevorzugt im feuchten und nassen Uferboden und sind daher der Strömung nicht so direkt ausgesetzt wie die Larven der *Berdeniella*-Arten. Nichtaquatisch sind die Larven von *Psychoda lobata*, *Ps. minuta*, *Ps. trinodulosa*, *Copropsychoda brevicornis* und *Trichopsychoda hirtella*. Die Larven von *Philosepedon humeralis* und *Ph. austriacus* leben in sich zersetzendem Gewebe toter Landschnecken (VAILLANT 1961a). Sie alle werden hier nur der Vollständigkeit halber erwähnt und sind in den Tabellen nicht berücksichtigt.

4. Vergleich der Psychodidenfaunen in den Gewächshäusern am Schreierbach und Teichbach

Die Dipterenfamilie der Psychodiden hat im Laufe ihrer Entwicklung eine große Zahl verschiedener Lebensräume erobern können. Ein so großer Erfolg, wie den Chironomiden, war ihnen dennoch nicht beschieden, da die Atmung ihrer Larven an Luftsauerstoff gebunden ist.

Tab. 1. Psychodidenemergenz am Schreierbach 1972—1974

Spezies	Zahl der Tiere			Gewicht der Tiere in mg		
	1972	1973	1974	1972	1973	1974
Berdeniella alpina	368	562	474	46,49	51,62	43,18
Berdeniella helvetica	1063	1717	453	215,01	336,92	64,16
Berdeniella unispinosa	733	1085	455	114,76	178,51	55,19
Pericoma blandula	2	—	—	0,20	—	—
Ulomyia cognata	4	—	—	0,30	—	—
Satchelliella mutua	1	6	—	0,05	0,60	—
Satchelliella plumicornis	2	7	4	0,12	0,71	0,55
Satchelliella trivialis	4	—	6	0,12	—	0,08
Panimerus sp.	1	2	1	0,04	0,08	0,04
Mormia eatoni	1	1	3	0,04	0,03	0,12
Mormia nigripennis	1	4	2	0,04	0,16	0,08
Psychoda alticola	32	14	14	1,03	0,73	0,51
Psychoda gemina	2	1	—	0,08	0,04	—
Psychoda phallaenoides	3	1	2	0,09	0,03	0,04
Summe	2217	3400	1414	378,37	569,43	163,95

Tab. 2. Psychodidenemergenz am Teichbach 1972—1974

Spezies	Zahl der Tiere			Gewicht der Tiere in mg		
	1972	1973	1974	1972	1973	1974
Berdeniella alpina	4	2	20	0,39	0,33	1,79
Berdeniella helvetica	29	17	21	4,58	2,51	1,61
Berdeniella unispinosa	6	10	27	1,42	1,72	2,66
Pericoma blandula	346	109	139	26,44	12,35	17,38
Clytocerus ocellaris	26	10	3	2,36	0,88	0,31
Ulomyia cognata	1	—	—	0,08	—	—
Ulomyia fuliginosa	1	7	5	0,28	1,81	1,25
Satchelliella trivialis	50	31	21	14,91	10,38	6,07
Threticus incurvus	4	—	—	0,09	—	—
Threticus lucifugus	1	—	—	0,04	—	—
Jungiella longicornis	1	5	—	0,07	0,38	—
Jungiella pseudolongicornis	2	4	18	0,14	0,30	1,56
Panimerus albifacies	12	12	21	1,16	1,01	1,84
Panimerus incanus	131	68	11	23,41	9,35	1,57
Panimerus sp.	1	2	1	0,04	0,08	0,04
Mormia eatoni	—	—	2	—	—	0,08
Peripsychoda auriculata	1	5	2	0,25	1,44	0,95
Psychoda alternata	—	1	1	—	0,05	0,05
Psychoda cinerea	8	—	—	0,19	—	—
Psychoda erminea	18	1	5	0,60	0,01	0,16
Psychoda gemina	201	4	32	6,13	0,13	1,03
Psychoda grisescens	85	5	25	4,01	0,16	0,84
Psychoda lativentris	—	—	1	—	—	0,03
Psychoda parthenogenetica	194	6	3	12,22	0,30	0,15
Psychoda phallaenoides	56	3	70	2,61	0,13	2,61
Psychoda pusilla	3	—	—	0,12	—	—
Psychoda sp.	1	4	—	0,03	0,14	—
Summe	1172	306	428	101,57	43,46	41,98

Psychodidenlarven sind Substratfresser. Sie ernähren sich von organischen Überresten (VAILLANT 1971). Außerdem weiden sie Algen (hauptsächlich Diatomeen) ab; in ihrem Darm und Kot findet man Diatomeenschalen, Detritusteilchen und Reste von Pflanzenzellen. Die Puppen bewohnen den gleichen Ort wie die Larven, sie bevorzugen aber trockenere Stellen.

4.1. Verteilung der Arten- und Individuenzahl auf Tribus

Die an den Untersuchungsstellen gefundenen Psychodiden lassen sich in drei Tribus zusammenfassen: Pericomini, Psychodini und Telmatoscopini.

In jedem Tribus gibt es sowohl euryöke als auch stenöke Arten, doch kann man verallgemeinernd sagen, daß jeder Tribus sein spezielles ökologisches Gewicht hat.

In allen Arten von Gewässern findet man die Psychodini, die auch stärkere organische Verschmutzung ihrer Wohngewässer ertragen. Die meisten Arten sind Kulturfolger und bewohnen heute vom Menschen geschaffene Habitate.

Die Larven der Telmatoscopini bevölkern die verschiedensten Habitate. Man findet sie aber nie in zu sehr organisch verschmutzten Gewässern, dort leben an ihrer Stelle die Larven der Psychodini (VAILLANT 1970).

Die Larven der Pericomini bevölkern ebenfalls verschiedene Lebensräume. Insbesondere die Larven der Gattung *Berdeniella* sind empfindlich gegen Wasserverunreinigung und Sauerstoffdefizit (VAILLANT 1970).

Tab. 3. Zusammensetzung der Psychodiden beider Bäche in den Jahren 1972—1974

	Schreierbach 1972				**Teichbach 1972**			
	AZ	%	IZ	%	AZ	%	IZ	%
Pericomini	7	46,66	2175	97,93	8	25,80	463	34,35
Telmatoscopini	4	26,66	8	0,36	10	32,25	200	14,83
Psychodini	4	26,66	38	1,71	13	41,95	685	50,82
Total	15	100,00	2221	100,00	31	100,00	1348	100,00
	Schreierbach 1973				**Teichbach 1973**			
	AZ	%	IZ	%	AZ	%	IZ	%
Pericomini	6	40,00	3385	99,18	7	30,43	186	54,54
Telmatoscopini	4	26,66	10	0,29	6	26,09	110	32,26
Psychodini	5	33,33	18	0,53	10	43,48	45	13,20
Total	15	100,00	3407	100,00	23	100,00	341	100,00
	Schreierbach 1974				**Teichbach 1974**			
	AZ	%	IZ	%	AZ	%	IZ	%
Pericomini	5	45,40	1386	97,96	7	28,00	236	51,53
Telmatoscopini	4	36,40	13	0,92	7	28,00	70	15,28
Psychodini	2	18,20	16	1,12	11	44,00	152	33,19
Total	11	100,00	1421	100,00	25	100,00	458	100,00

AZ = Artenzahl IZ = Individuenzahl

Die folgende Tabelle soll zeigen, wie sich die Faunen von Schreierbach und Teichbach in den Untersuchungsjahren zusammensetzten:
Aus Tab. 3 ist zu erkennen, daß am Schreierbach die Pericomini nach der Individuenzahl die bestimmende Tribus sind. Telmatoscopini und Psychodini fallen dagegen sehr weit ab. Bemerkenswert ist die absolute Konstanz der prozentualen Anteile der einzelnen Tribus für die drei untersuchten Jahre. Von einer Konstanz kann man bei Schwankungen, die unter 2% liegen, schon reden. Dies gilt noch mehr, da die Individuenzahlen in den einzelnen Untersuchungsjahren stark schwanken.
Am Teichbach haben wir ein ganz anderes Bild. Hier sind die Anteile der drei Tribus in jedem Jahr verschieden. Die Psychodini sind 1972, die Pericomini 1973 und 1974 mit je etwa 50% der Individuen die bestimmenden Tribus. Die Telmatoscopini nehmen jeweils eine mittlere Stellung ein, jedoch schwankt ihr Anteil selbst, vergleicht man 1972/73 und 1973/74, um über 100%.

4.2. Gemeinsame und differente Arten beider Bäche

Tab. 4 zeigt, daß der Teichbach mit einer großen Zahl von Arten (22) aufwarten kann, die nur in ihm vorkommen. Sogar die Gattungen *Clytocerus*, *Threticus*, *Trichopsychoda*, *Jungiella*, *Peripsychoda* und *Copropsychoda* treten nur dort auf. Von diesen sind aber nur *Clytocerus*, *Jungiella* und *Peripsychoda* zahlenmäßig wichtig. Die Gattungen haben alle Larven, die den feuchten und nassen Uferbereich bewohnen und rheophob sind. Bei den gemeinsamen Arten finden wir die *Berdeniella*-Arten und *Pericoma blandula* Eaton.

Tab. 4. Gemeinsame und differente Arten an Schreierbach und Teichbach

Schreierbach		Gemeinsame Arten		Teichbach
Satchelliella mutua	←---	*Berdeniella alpina*		*Clytocerus ocellaris*
Satchelliella plumicornis	←---	*Berdeniella helvetica*		*Ulomyia fuliginosa*
Mormia nigripennis	←---	*Berdeniella unispinosa*		*Satchelliella trivialis*
Psychoda alticola		*Pericoma blandula*	---→	*Threticus incurvus*
		Ulomyia cognata		*Threticus lucifugus*
		(*Philosepedon humeralis*)		(*Philosepedon austriacus*)
		Mormia eatoni		(*Trichopsychoda hirtella*)
		Psychoda albipennis		*Jungiella longicornis*
		Psychoda gemina	---→	*Jungiella pseudolongicornis*
		(*Psychoda lobata*)		*Panimerus albifacies*
		Psychoda phallaenoides		*Panimerus incanus*
				Peripsychoda auriculata
				Psychoda alternata
				Psychoda cinerea
				Psychoda erminea
				Psychoda grisescens
				Psychoda lativentris
				(*Psychoda minuta*)
				Psychoda parthenogenetica
				Psychoda pusilla
				(*Psychoda trinodulosa*)
				(*Copropsychoda brevicornis*)

Die Pfeile in die verschiedenen Richtungen sollen die eindeutigen Präferenzen einiger Arten für den einen oder anderen Bach aufzeigen. Streicht man diese Arten heraus, so bleiben den beiden Bächen noch 5 gemeinsame Arten. *Ulomyia cognata* und *Mormia eatoni* treten nur sporadisch auf, so daß ich als gemeinsame Arten *Psychoda albipennis*, *Psychoda lobata* und *Psychoda phallaenoides* angeben kann. Davon ist *Psychoda lobata* nicht aquatisch und bei den beiden anderen Arten besteht die Möglichkeit, daß sie von außen ins Gewächshaus eingedrungen sind, vgl. Fehlerdiskussion.

Die Zahl der Arten, die ausschließlich am Schreierbach vorkommen, ist mit 4 sehr gering. Es sind auch keine zahlenmäßig häufigen Arten darunter.

Alles zusammengenommen ergibt sich eine große Unterschiedlichkeit der Faunen beider Bäche, so daß man grundsätzlich sagen kann: Im Schreierbach spielen rheophile, kälteliebende und moosbewohnende Arten die dominierende Rolle. Im Teichbach überwiegen eindeutig euryöke, eurytherme und bodenbewohnende Arten.

5. Geschlechterverhältnis

Bei fast allen Psychodidenarten fällt auf, daß der Anteil der Weibchen größer ist als der der Männchen. Dies gilt für alle Untersuchungsjahre und für fast alle Arten. Für die folgenden Angaben wurden nur individuenreiche Arten herangezogen.

Bei den Psychodini variiert der Männchenanteil am stärksten, nämlich von 3,5% (bei *Psychoda grisescens* 1972) bis 66,2% (bei *Psychoda trinodulosa* 1972). Bei allen Psychodini muß aber an der Exaktheit dieser Werte gezweifelt werden, da anscheinend Weibchen von Licht und Wärme eher angezogen werden als Männchen. Hier könnten aufgeheizte Gewächshäuser eine Anlockung von Weibchen bewirken, die wegen ihrer geringen Körpergröße auch wenig Schwierigkeiten haben, von außen durch den Gazedraht ins Gewächshaus einzudringen.

Für die Telmatoscopini liegen wenige Zahlen vor, da nur die Art *Panimerus incanus* mit ausreichend vielen Exemplaren vertreten war. Ihr Männchenanteil schwankte in den Untersuchungsjahren zwischen 36,4% und 57,4%.

Für die Pericomini liegen die meisten Daten vor. Der Anteil der Männchen beträgt für *Satchelliella trivialis* 1972 und 1974 bei 42% bzw. 47,6%, sinkt aber 1973 auf 16,1% ab. Bei *Pericoma blandula* sind die Schwankungen geringer. Hier bewegt sich der Männchenanteil zwischen 33% und 45%. Noch geringer sind die Schwankungen bei den *Berdeniella*-Arten. Bei *B. helvetica* liegen sie zwischen 34% und 46% und bei *B. unispinosa* zwischen 23% und 38%. Die individuenmäßig konstanteste Art über drei Jahre, *Berdeniella alpina*, hat auch die geringsten Schwankungen im Geschlechterverhältnis. Bei ihr schwankt der Männchenanteil zwischen 31,7% und 36,1%, also um weniger als 5%.
Wir sehen: Bei den Psychodiden ist die theoretisch zu erwartende Sexratio von 50:50 nie verwirklicht. Das liegt möglicherweise daran, daß bei dem zweitägigen Sammelrhythmus, wie er in Lunz praktiziert wird, ein Teil der Männchen verloren geht, vgl. Fehlerdiskussion. Durch ihr geringeres Körpervolumen sind sie eher vom Austrocknen bedroht (Aufheizung der Häuser im Sommer). In meinen Zuchten konnte ich außerdem beobachten, daß Männchen 3—4 Tage eher starben als gleichalte Weibchen, die noch Eier abzulegen hatten.
Bemerkenswert ist, daß am Schreierbach mit seinen konstanten abiotischen Bedingungen auch die Geschlechterverhältnisse der einzelnen Arten konstanter sind als am Teichbach.

6. Emergenzschwankungen

Über Emergenzschwankungen berichtet Illies (1973) im Zusammenhang mit der Plecopterenemergenz eines Mittelgebirgsbaches. Als eine Ursache der Schwankungen wird die Wasserführung des Baches herausgearbeitet. Durch sinkende Wasserführung fallen Flächen eines Gewässers trocken. Unbewegliche Stadien der Wasserinsekten (Eier, Puppen) werden vernichtet, die beweglichen Larven auf eine kleinere Fläche zusammengedrängt, was eine größere inter- und intraspezifische Konkurrenz zur Folge hat. Ähnliches gilt auch für die Psychodiden, vor allem am Schreierbach. Abb. 3 zeigt die Abhängigkeit der Psychodidenemergenz am Schreierbach von der Menge der im jeweils vorherigen Jahr gefallenen Niederschläge. Die recht hohen Individuenzahlen von 1972 kamen zusammen mit hohen Niederschlagswerten in den Monaten Juni bis September. Sie ließen die vergleichsweise hohe Zahl an Psychodiden im Jahre 1973 heranwachsen.

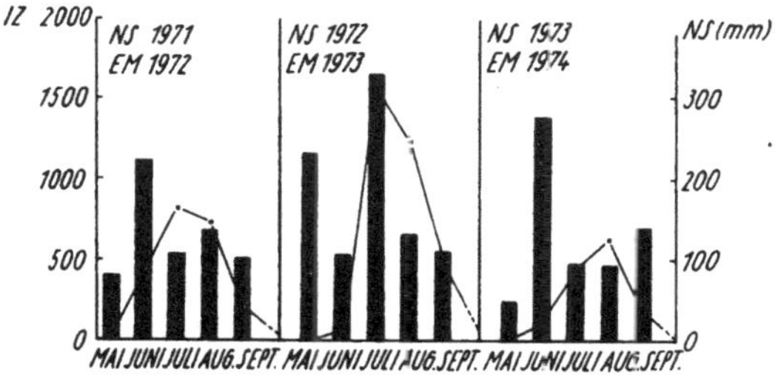

Abb. 3. Die Abhängigkeit der Psychodidenemergenz am Schreierbach von der Menge der im Vorjahr gefallenen Niederschläge (NS — Niederschläge; IZ — Individuenzahl; EM — Psychodidenemergenz)

Welche einschneidenden Folgen für die Psychodidenemergenz weniger Niederschläge und daraus resultierend eine geringere Wasserführung haben, zeigen anschaulich die Monate Juli und August 1973. Zu dieser Zeit flogen zwar viele Psychodiden und hatten die Chance ihre Eier abzulegen, doch bei geringen Niederschlägen und folglich sinkender Wasserführung sind wahrscheinlich viele der in feuchte Moose abgelegten Eier vertrocknet. Zu dem selben Ergebnis kam auch Illies (1973, S. 141 f.), der für Plecopteren dieses Phänomen feststellte. Er führt aus: „Niedriger Wasserstand ... wirkt sich vor allem auf das Eistadium sehr schädlich aus, was durch die unbewegliche Fixierung dieses Stadiums an den Ankergrund und seine Exposition an das Risiko des Trockenfallens zu erklären ist.“ Dies trifft in vollem Umfange auch für die Psychodiden zu.
Am Teichbach ist aber ein anderes Phänomen zu beobachten. Bei den individuenmäßig wichtigsten Arten nimmt die Individuenzahl von Jahr zu Jahr ab. Bei *Panimerus incanus*, *Satchelliella trivialis* und, mit Einschränkung, *Pericoma blandula* ist dies zu erkennen. Es ist möglicherweise darauf zurückzuführen, daß die Larven dieser Arten, die den feuchten Uferboden bewohnen und der Strömung nicht so stark ausgesetzt sind, wie z. B. *Berdeniella*-

Larven, kaum verdriftet werden. Da sich die Larven nicht über größere Strecken bewegen, ist durch das Gewächshaus in diesem Bachabschnitt die Wiederbesiedlung vermindert.

7. Biomasse

Methode: Alkoholfixiertes Material wurde in Schälchen aus Aluminiumfolie bei 60 °C getrocknet und bis zur Gewichtskonstanz, die nach 3—4 Tagen erreicht wird, gewogen. Männchen und Weibchen wurden immer getrennt behandelt, und es wurde Wert auf möglichst vollständig erhaltene Exemplare gelegt. In einem Vorversuch wurde festgestellt, daß die Gewichte von Individuen der *Berdeniella*-Arten über die Dauer ihrer Flugzeit nicht meßbar schwanken.
Die ermittelten Gewichte wurden mit der Individuenzahl multipliziert und so das Jahresgewicht der jeweiligen Art errechnet. Der von MACKAY & KALFF angegebene und von ILLIES (1971, S. 36) verwendete Korrekturfaktor von 25% wird mit berücksichtigt. Er gibt den Prozentsatz an, um den man das gemessene Gewicht der Insekten erhöhen muß, da durch die Alkoholfixierung organische Substanz aus den Körpern der Tiere herausgelöst wurde.

Ergebnisse:

Am Schreierbach ist die Gattung *Berdeniella* nicht nur individuenmäßig, sondern auch gewichtsmäßig eindeutig dominierend. Sie macht in jedem der drei Untersuchungsjahre mehr als 99% der Psychodidenemergenz aus.

	1972	1973	1974
Berdeniella (3 Spezies)	376,26 mg	567,05 mg	162,53 mg
Rest (7—10 Spezies)	2,11 mg	2,38 mg	1,42 mg
Summe:	378,37 mg	569,43 mg	163,95 mg

Auf die Fläche von einem Quadratmeter umgerechnet ergeben sich für den Schreierbach folgende Werte für die Psychodidenemergenz der untersuchten Jahre: 1972: 82,97 mg/m², 1973: 124,88 mg/m² und 1974: 35,95 mg/m².

Am Teichbach sind neben den Individuenzahlen auch die Gewichte der Psychodiden gleichmäßiger auf die drei Tribus Pericomini, Telmatoscopini und Psychodini verteilt.

Pericomini	50,46 mg	29,98 mg	31,07 mg
Telmatoscopini	25,20 mg	12,56 mg	6,04 mg
Psychodini	25,91 mg	0,92 mg	4,87 mg
Summe:	101,57 mg	43,46 mg	41,98 mg

Auf die Fläche von einem Quadratmeter bezogen ergeben sich für den Teichbach folgende Werte für die Psychodidenemergenz der untersuchten Jahre: 1972: 32,66 mg/m², 1973: 13,97 mg/m², und 1974: 13,49 mg/m².
Hier bestätigt sich noch einmal die Unterschiedlichkeit von Schreierbach und Teichbach. Sie beginnt im unterschiedlichen Temperaturgang beider Bäche und zieht sich über tierische und pflanzliche Besiedler und deren Individuenzahlen bis hin zur Biomasse der Psychodiden.

8. Zusammenfassung

In zwei Gewächshäusern in Lunz wurden 37 Psychodidenarten festgestellt.
Die ökologischen Ansprüche ihrer Larven werden aufgeführt. Die Verschiedenartigkeit der Faunen der beiden Bäche wird festgestellt und ihre Abhängigkeit von Strömung, Temperatur, Bewuchs und Larvenökologie wird diskutiert.
Die theoretisch zu erwartende Sexratio von 50:50 ist bei den untersuchten Arten nie verwirklicht. Es herrscht Weibchenüberschuß.
Die Emergenzschwankungen am Schreierbach lassen sich auf unterschiedliche Niederschlagswerte zurückführen. Am Teichbach ist die Wiederbesiedlungsmöglichkeit durch Larven im Bereich des Gewächshauses vermindert.
Die von den Psychodiden produzierte Biomasse wird für alle untersuchten Jahre und beide Bäche angegeben.

Summary

37 species of Psychodidae, two of them new to science were collected in two greenhouses set over two mountains streams. Data on ecological demands of their larvae are presented. The psychodidae faunas of the two streams are shown to be different. Differences depend on watershed, temperature, moss-vegetation

and the larval ecology. The theoretical sex-ratio of 50:50 is observed in none of the species, there is always a surplus of females.

Emergence variations in Schreierbach are attributed to variing rainfalls in the preceding year. Several species occurring in Teichbach are semi-terrestrial, recolonisation of the area under the trap is therefore reduced.

Data of Psychodidae biomass are presented for both greenhouses from 1972 to 1974.

Резюме

Было найдено в двух теплицах в Лунце 37 видов Psychodidae. Изложены экологические требования их личинок. Обнаружена разнородность фаун двух ручьев и обсуждена их зависимость от течения, температуры, растительного покрова и экологии личинок. Никогда не наблюдалось теоретически ожидаемое соотношение полов 50:50 у исследованный видов. Доминируют самки. Вариации появления на Шрейербахе вызваны разным количеством осадков. На Тейхбахе редуцирована возможность реколонизации личинками в области теплицы.

Приведена биомасса, продуцированная бабочницами в период исследования и в двух ручьях.

9. Literatur

Böttger, K., 1975: Produktionsbiologische Studien an dem zentralafrikanischen Bergbach Kalengo. — Arch. Hydrobiol. **75** (1), 1—31.

Havelka, P., 1976: Ceratopogoniden-Emergenz am Breitenbach und am Rohrwiesenbach (1971—1972). Schlitzer produktionsbiologische Studien (16). — Arch. Hydrobiol., Suppl. **50** (1), 54—95.

Illies, J., 1971: Emergenz 1969 im Breitenbach. Schlitzer produktionsbiologische Studien (1). — Arch. Hydrobiol. **69** (1), 14—59

— 1972: Emergenzmessung als neue Methode zur produktionsbiologischen Untersuchung von Fließgewässern. — Schlitzer produktionsbiologische Studien (2). — Verh. dtsch. zool. Ges. **1971**, 65—68.

— 1973: Emergenzschwankungen — Ein produktionsbiologisches Problem. Schlitzer produktionsbiologische Studien Nr. 7. — Verh. Ges. Ökol. Saarbrücken **1973**, 131—142.

Jung, H. F., 1952: Einige Winke für die Herstellung von Insekten-Dauerpräparaten. — Mikrokosmos **41** (6), 144.

— 1956: Beiträge zur Biologie, Morphologie und Systematik europäischer Psychodiden (Diptera). — Dtsch. entomol. Z. **3** (2—4), 97—257.

Malicky, H., 1973: Gebirgsbach und Gebirgsbachleben. — Verein Schutze Alpenpflanzen u. -Tiere **38 (1973)**.

— 1976: Trichopteren-Emergenz in zwei Lunzer Bächen 1972—74. — Arch. Hydrobiol. **77** (1), 51—65.

Mendl, H., 1973: Limoniinen aus dem Breitenbach (Diptera, Tipulidae). — Schlitzer produktionsbiologische Studien (4). — Arch. Hydrobiol. **71** (2), 255—270

Ringe, F., 1974: Chironomidenemergenz 1970 im Breitenbach und Rohrwiesenbach. Schlitzer produktionsbiologische Studien (10). — Arch. Hydrobiol., Suppl. **45** (2/3), 212—304.

Thienemann, A., 1950: Lunzer Chironomiden. — Arch. Hydrobiol., Suppl.-Bd. **18**.

Vaillant, F., 1961: Diptères Psychodidae se nourrissant de escargots morts. — Trav. Lab. Hydrob. Pisc. Grenoble **52/53**, 1—9.

— 1970: Les exigences écologiques des larves de Diptères Psychodidae. — Bull. Soc. Zool. France **95** (2), 305—315.

— 1971: Psychodidae Psychodinae. — In E. Lindner: „Die Fliegen der palaearktischen Region" **3**; **9d**; Lieferungen 287, 291, 292, 305, 310.

Wagner, R., 1975: Sechs neue Psychodidenarten aus Deutschland und Österreich (Diptera, Psychodidae). — Mitt. dtsch. ent. Ges. 34, 1—9.

Zwick, P.: Die Plecopterenemergenz zweier Lunzer Bäche 1972—1974. — Schlitzer produktionsbiologische Studien (20). — Arch. Hydrobiol. **80** (4), 458—505.

Eingegangen am 9. 9. 1976.

Anschrift des Autors:

Dr. Rüdiger Wagner
Fuldastation (Postfach 260)
D-6407 Schlitz

Limnologica (Berlin) **12** (1), 121–126, Februar 1980

MOHINDER KUMAR JYOTI & HARJEET SEHGAL

Rotifer fauna of Jammu (J & K), India, Part I. Loricates

With 11 Figures

Contents

1. Introduction

EDMONDSON & HUTCHINSON (1934) described mostly the rotifers from high altitudes (Tibet, Kashmir and Ootacumund) except for a few from Punjab. Later some more scattered reports (ANDERSON 1889, STEWART 1908, AHLSTROM 1940, 1943, BREHM 1950, PASHA 1961, GEORGE 1961, ARORA 1963a–c, 1964, 1965, 1966a–c, NAYAR 1964, 1968, VASISHT & GUPTA 1967, NAYAR & NAIR 1969, DAS & PEER 1971, NASAR 1973, CHANDRAMOHAN & RAO 1976) have come forth on Indian rotifers, but none of these workers appear to have made survey of lower Himalaya (Sub-Shivalik areas) which is of considerable interest (since this part forms connection between the Southern plains and Northern lofty Himalayas and is an ecologically distinct portion). Some of the water bodies of the area are even distinctly isolated.

The present report describes the loricate rotifers collected from Jammu and its vicinity (mostly from an isolate lake Surinsar, located at an altitude of about 596 meters above the mean sea level).

Authors are grateful to the U.G.C. for financing the project in the form of a scheme, „Productivity of Surinsar Lake“, and to Dr. Y. R. MALHOTRA, Professor and Head of the Department of Biosciences, University of Jammu, for providing facilities and his keen interest and suggestions in preparation of manuscript.

2. Material and methods

Collections were made by filtering the water through a silk (Crave) conical net (900 meshes/cm^2) with a vial attached to its cone. The animals were killed by dropwise addition of formalin in the concentrate and finally preserved in 10% formalin for future qualitative determinations. Later specimens were mounted in a mountant prepared by mixing equal parts of lactophenol (lactic acid, 100 ml + phenol, 100 gm + glycerol, 100 ml + distilled water, 100 ml) in which a drop of blue black ink per 10 ml was added, and RENY's mountant (chloral hydrate 50 gm + gum arabica, 30 gm + glycerol, 12.5 ml + distilled water 50 ml). For taxonomic confirmations, a thorough study of the living specimens was also made.

3. List of species described

1. *Anuraeopsis fissa fissa* (GOSSE, 1851)
2. *Brachionus calyciflorus* PALLAS, 1776
3. *B. patulus* MUELLER, 1786
4. *B. quadridentatus* HERMANN, 1783
5. *Keratella tropica* (APSTEIN, 1907)
6. *Platyias quadricornis* (EHRENBERG, 1832)
7. *Mytilina ventralis* (EHRENBERG, 1832)
8. *Lecane ludwigi* ECKSTEIN, 1883
9. *L.* (*Monostyla*) *bulla* (GOSSE, 1851)
10. *L.* (*Monostyla*) *decipiens* (MURRAY, 1913)
11. *Trichocerca similis* (WIERZEJSKI, 1893)

4. Observations and discussion

Order — Monogononta
Suborder — Ploima
Family — Brachionidae
Sub-family — Brachioninae
Genus *Anuraeopsis* LAUTERBORN, 1900

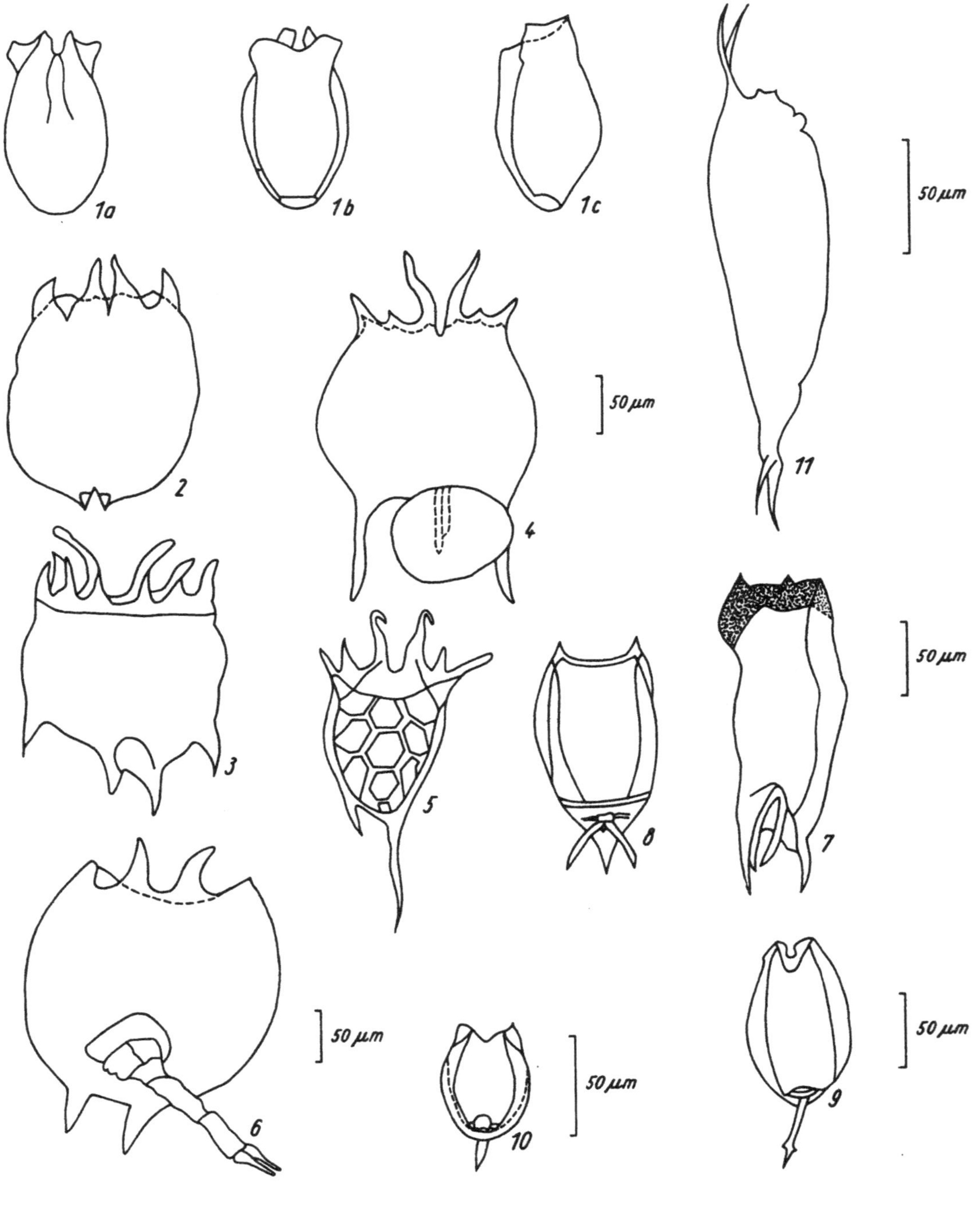
1a
1b
1c
2
3
4
5
6
7
8
9
10
11
50 µm
50 µm
50 µm
50 µm
50 µm
50 µm

Anuraeopsis fissa (GOSSE, 1851)

Anuraeopsis fissa GOSSE, 1851, NAYAR 1968, NAYAR & NAIR 1969, CHENGALATH et. al. 1973.

Anuraeopsis fissa fissa (GOSSE, 1851)
Fig. 1

Anuraeopsis fissa fissa GOSSE, 1851, NAYAR & NAIR 1969.

Lorica with two plates, dorsal and ventral, dorsal plate arched; foot and spines absent; a sinus present at the anterior ventral margin.

Measurements:
Length of the dorsal plate 82 µm
Width of the ventral plate 39 µm
Length of the ventral plate 70 µm
Anterior dorsal margin 11 µm
Width of the dorsal plate 47 µm
Anterior ventral margin 39 µm

The present form differs from the one reported from Kerala (NAYAR & NAIR 1969) only in being little smaller in its width and having a comparatively deeper sinus at the anterior ventral margin. The species is widely distributed throughout the country and has been reported from Rajasthan (NAYAR 1968), Kerala (NAYAR & NAIR 1969) and Sri Lanka (CHENGALATH et al. 1973). Its occurrence from the J & K State is recorded for the first time.

Genus *Brachionus* PALLAS, 1766

Noteus EHRENBERG, 1832; *Schizocerca* DADAY, 1883; *Brachionus* PALLAS, 1766, BERZINS 1973, NASAR 1973, p. 56.

Brachionus calyciflorus PALLAS, 1776
Fig. 2

B. longispinus SCHRANK, 1803; *B. bicornis* BORY DE ST. VINCENT, 1826; *Anuraea pala* EHRENBERG, 1830; *A. divaricata* WEISSE, 1845; *Arthracanthus quadriremis* SCHMARDA, 1854; *Brachionus pala villeyi* APSTEIN, 1907; *B. pala* HUTCHINSON, 1932; *B. calyciflorus* PALLAS, 1776, GREEN 1960, ARORA 1964, NAYAR 1968, NAYAR & NAIR 1969, CHENGALATH et al. 1973, NASAR 1973.

◀

Fig. 1. *Anuraeopsis fissa fissa;* a — dorsal view; b — ventral view; c — lateral view.
Fig. 2. *Brachionus calyciflorus*
Fig. 3. *Brachionus patulus*
Fig. 4. *Brachionus quadridentatus*
Fig. 5. *Keratella tropica*
Fig. 6. *Platyias quadricornis*
Fig. 7. *Mytilina ventralis*
Fig. 8. *Lecane ludwigi*
Fig. 9. *Lecane (Monostyla) bulla*
Fig. 10. *Lecane (Monostyla) decipiens*
Fig. 11. *Trichocerca similis*

Lorica smooth and flexible, oval in shape; anterior dorsal spines 4, bluntly pointed, broad basally, medians longer than laterals; two posterior spines present but postero-laterals missing in the specimens examined.

Measurements:

Total length	214 µm
Length of lorica	160 µm
Width of body	157 µm
Length of anterior middle spines	50 µm
Length of anterior lateral spines	30 µm

The distribution of the species has been recorded throughout the country.

Brachionus patulus MUELLER, 1786
Fig. 3

Platyias patulus EDMONDSON, 1959, GREEN 1960, ARORA, 1966a, *Brachionus patulus* MUELLER, 1786, WULFERT 1965, FERNANDO 1969, CHENGALATH, et al. 1973.

Lorica stiff and well developed, broader than long with ten anterior spines, 4 projecting from the dorsal plate, 4 from the ventral plate and 2 are lateral, dorsomedian pair being the longest; posterior spines four, medians longer than laterals. Mostly confined to littoral zone.

Measurements:
Maximum length 200 µm
Length of lorica 80 µm
Maximum width 130 µm

The present form differs from those reported by CHENGALATH et al. (1973) from Sri Lanka (Ceylon) in having posterior median spines longer than laterals.

Two different views exist regarding the taxonomy of this species. EDMONDSON (1959), GREEN (1960), NAYAR & NAIR (1969) place the species within the genus *Platyias* while WULFERT (1965) and CHENGALATH et al., (1973) within the genus *Brachionus*. Present authors agree with WULFERT (1965) who on revising the genus *Platyias* removed all the species of this genus except for *quadricornis* and placed them within *Brachionus*.

Brachionus quadridentatus HERMANN, 1783
Fig. 4

B. quadridentatus HERMANN, 1783, GREEN 1960, ARORA 1963c, VASISHT & GUPTA 1967, NAYAR & NAIR 1969, CHENGALATH et al. 1973, NASAR, 1973.

Lorica firm, compressed dorsoventrally, dorsal anterior margin with six outwardly curved spines, medians longest and laterals longer than intermediates; foot sheath well developed; foot opening bound by two blunt and asymmetric spines.

Measurements:

Total length	300 µm
Length of lorica	150 µm
Maximum width	185 µm
Occipital spines	35, 13, 75 µm
Posterior spines	85 µm
Anterior margin	122 µm

The species is widely distributed and reports of it's occurrence are available from every part of the country (ARORA, 1963c; VASISHT & GUPTA, 1967; NAYAR & NAIR, 1969; NASAR, 1973) but its recorded for the first time from J & K State.

Genus *Keratella* BORY DE ST. VINCENT, 1822

Anuraea EHRENBERG, 1832, *Keratella* BORY DE ST. VINCENT, 1822, ARORA 1966a, p. 483

Keratella tropica (APSTEIN, 1907)
Fig. 5

Anuraea valga forma *tropica* Apstein, 1907, *A. aculeata* MURRAY, 1913, *A. aculeata* var. *tropica* TSCHUNGUNOFF, 1921, *Keratella quadrata* var. *tropica* ff. *heterospina, monospina, reducta*, and *aspina* FODEER, 1927, *K. valga* forma *tropica* Hauer, 1937—38, *K. valga* forma *asymmetrica* Hauer, 1937—38, *K. tropica* Apstein, 1907, Green 1960, Arora 1966a, NAYAR & NAIR 1969, CHENGALATH et al. 1973, NASAR 1973.

Lorica with arched dorsal and flat ventral surface, narrow markedly at the base of posterior spines; anterior dorsal margin with six spines, medians stoutest, longest and curved ventrally, laterals directed outwards and longer than intermediates; posterior spines two and unequal, right longer than left; dorsal surface of lorica with 3 hexagons and a small four sided figure between posterior border of lorica and last hexagon.

Measurements:

Total length	215 µm
Length of lorica	100 µm
Maximum width	75 µm
Occipital spines	27, 20, 45 µm
Posterior spines	20, 74 µm
Anterior margin	68 µm
Posterior margin	34 µm

Genus *Platyias* HARRING, 1913

Noteus EHRENBERG, 1832; *Platyias* HARRING, 1913, ARORA 1966.

Platyias quadricornis (EHRENBERG, 1832)
Fig. 6

Platyias quadricornis EHRENBERG, 1832, NAYAR & NAIR 1969, CHENGALATH et al. 1973.

Lorica firm and well developed, compressed dorsoventrally, dorsal plate convex, anterior margin of ventral plate concave and circular; anterior dorsal margin with raised edge having two median spines curved ventralward; posterior spines 2, widely separated and smaller than the anterior spine; foot 3 jointed with two long sharp toes.

Measurements:

Total length	266 µm
Length of lorica	165 µm
Maximum width	207 µm
Anterior spine	52 µm
Posterior spine	35 µm

Genus *Mytilina* BORY DE ST. VINCENT, 1826

Mytilina BORY DE ST. VINCENT, 1826, ARORA 1965, CHENGALATH et al. 1973.

Mytilina ventralis (EHRENBERG, 1832)
Fig. 7

Mytilina ventralis EHRENBERG, 1832, GREEN 1960, ARORA 1965, NAYAR 1968, NAYAR & NAIR 1969, CHENGALATH et al. 1973.

Lorica stiff, well built with a dorsal sulcus, anterior portion granulated; two short ventral spines present at the anterior end, posterior spines well developed, ventral longer than dorsal; foot with two toes.

Measurements:

Total length	220 µm
Length of lorica	175 µm
Anterior spine	12 µm
Posterior ventral spines	60 µm
Posterior dorsal spine	32 µm
Toe	50 µm

The species has been observed to occur littorally and samples, from Lake Surinsar go closer to those reported from Rajasthan (NAYAR 1968), Kerala (NAYAR & NAIR 1969) and Sri Lanka (CHENGALATH et al. 1973). Forms with bigger dimensions have been reported from Nagpur (ARORA 1965).

Family Lecanidae
Genus *Lecane* NITSCH, 1827

Lecane NITSCH, 1827, ARORA 1965, p. 446.

Lecane ludwigi ECKSTEIN, 1883
Fig. 8

Anterior margins not coincident and have a deep sinus with their lateral angles raised into short sharp spines; posterior segment almost round projecting posteriorly into a spine.

Measurements:

Length of dorsal plate	112 µm
Length of ventral plate	142 µm
Width of dorsal plate	83 µm
Width of ventral plate	73 µm
Width of anterior end	52 µm
Foot	19 µm
Toe	45 µm

The only other record of its occurrence in India is from Andhra Pradesh (DHANAPATHI 1976). The present recovery from the northern part of the country however is indicative of its wide distribution.

Lecane (*Monostyla*) *bulla* (GOSSE, 1851)
Fig. 9

Monostyla bulla GOSSE, 1851, HARRING & MYERS, 1926, p. 388, PASHA 1961, CHENGALATH & FERNANDO 1973.
Lorica elongate, ovate with narrow anterior margin; dorsal anterior notch present for the protrusion of dorsal antenna.

Measurements:

Total length	157 µm
Length of dorsal plate	108 µm
Length of ventral plate	115 µm
Width of dorsal plate	70 µm
Width of ventral plate	70 µm
Width of anterior end	30 µm
Foot	8 µm
Toe	36 µm
Claw	12 µm

The species has been earlier recorded from Madras (PASHA 1961), Nagpur (ARORA 1965) and Rajasthan (NAYAR 1968). The occurrence of this species in northern part of the country is recorded for the first time and specimens collected are a little longer and wider in their dimensions from the earlier recorded forms.

Lecane (*Monostyla*) *decipiens* (MURRAY, 1913)
Fig. 10

Lecane (Monostyla) decipiens MURRAY, 1913, CHENGALATH & FERNANDO 1973.
Dorsal and ventral plates not coincident; toe smaller and pointed at the end.
Measurements:

Length of dorsal plate	50 µm
Length of ventral plate	61 µm
Width of dorsal plate	43 µm
Width of ventral plate	41 µm
Width of anterior end	23 µm
Foot	6 µm
Toe	12 µm
Claw	8 µm

The specimens were recovered from the planktonic samples of the limnetic zone of the lake Surinsar. The number of specimens in collection was comparatively lesser than *L.* (*Monostyla*) *bulla* GOSSE. However, its occurrence from Indian waters is recorded for the first time.

Family Trichocercidae.
Genus *Trichocerca* LAMARCK, 1801

Trichocerca LAMARCK, 1801, GREEN 1960, CHENGALATH et al. 1973.

Trichocerca similis (WIERZEJSKI, 1893)
Fig. 11

Trichocerca similis WIERZEJSKI, 1893, NAYAR 1968, CHENGALATH et al. 1973.
Body slender; anterior spines two and equal; foot clearly visible with two short and unequal toes.

Measurements:

Total length	238 µm
Body length	163 µm
Foot	12 µm
Toes	38, 23 µm

The species has earlier been recorded from India by WULFERT (1965) and NAYAR (1968). In its dimensions the present form agrees with the one reported from Rajasthan (NAYAR 1968) but differs from the one reported from Sri Lanka (CHENGALATH et al. 1973). The species has been recorded for the first time from J & K State.

5. Summary

In the present report are described 11 species of the rotifers belonging to 7 genera and 3 families out of which *Lecane decipiens* MURRAY is recorded for the first time from India and *Anuraeopsis fissa fissa* GOSSE, *Brachionus quadridentatus* HARMANN, *Lecane* (*Monostyla*) *bulla* GOSSE, *Lecane ludwigi* ECKSTEIN, and *Trichocerca similis* WIERZEJSKI are the first records for Jammu and Kashmir State.

Резюме

Описано 11 видов ротиферов, принадлежащих к 7 родам и 3 семьям. *Lecane decipiens* MURRAY впервые обнаружено в Индии. Пока не было известно, что *Anuraeopsis fissa fissa* GOSSE, *Brachionus quadridentatus* HERMANN, *Lecane* (*Monostyla*) *bulla* GOSSE, *Lecane ludwigi* ECKSTEIN и *Trichocerca similis* WIERZIJSKI встречаются в государстве Ямму и Кашмире.

6. References

AHLSTROM, E. H., 1940: A revision of the rotatorian genera *Brachionus* and *Platyias* with description of one new species and two new varieties. — Bull. Am. Mus. Nat. Hist. 77, 143—184.

— 1943: A revision of the rotatorian genus *Keratella* with description of three new species and five new varieties Ibid. **80**, 411—457.

ANDERSON, H. H., 1889: Notes on Indian rotifers. — J. Asiatic. Soc. Bengal **58**, 345—358.

ARORA, H. C., 1963a: Studies on Indian rotifers I. Small collection of illoricate Rotifera from Nagpur, India with notes on their bionomics. — J. zool. Soc. India **14**, 33—44.

— 1963b: Studies on Indian Rotifera IV. On some species of sessile rotifera from India. — Arch. Hydrobiol. **59**, 502—507.

— 1963c: Studies on Indian Rotifera — Part II. Some species of the genus *Brachionus* from Nagpur. — J. zool. Soc. India **15** (2), 112—121.

— 1964: Studies on Indian Rotifera — Part. III. On *Brachionus calyciflorus* and some varieties of the species. — J. zool. Soc. India. **16** (1 & 2), 1—6.

— 1965: Studies on Indian Rotifera — Part VI. On a collection of Rotifera from Nagpur, India, with four new species and a new variety. — Hydrobiologia **26** (3—4), 444—456.

— 1966a: Studies on Indian Rotifera V. On species of the some genera of the family Brachionidae, subfamily Brachioninae from India. — Arch. Hydrobiol. **61**, 482—493.

— 1966b: Cyclomorphosis (for variations) in some species of Indian planktonic Rotatoria. — Internat. Revue ges. Hydrobiol. **51** (4), 623—632.

— 1966c: Responses of Rotifera to variations in some ecological factors. — Proc. Ind. Acad. Sci. **LXIII**, 57—66.

BĒRZIŅŠ, B. 1973: Some Rotifers from Cambodia. — Hydrobiologia **41** (4), 453—459.

BREHM, V., 1950: Fresh water fauna of India pt. II. Rec. Ind. Mus. **48**, 9—28.

CHANDRAMOHAN, P., & RAMESWARA R. RAO, 1976: A note on the morphometric Studies of rotifer *Brachionus angularis* GOSSE. — Sci. & Culture **42** (5), 287—288.

CHENGALATH, R., & C. H. FERNANDO, 1973: Rotifera from Sri Lanka (Ceylon) I. The genus *Lecane* with descriptions of two new species. — Bull. Fish. Res. Stn. Sri Lanka (Ceylon) **24** (1 & 2), 13—27.

CHENGALATH, R. C. H. FERNANDO, & W. KOSTE, 1973: Rotifera from Sri Lanka (Ceylon) 2. Further studies on Eurotatoria including new records. — Ibid. **24** (1 & 2), 29—62.

DAS, S. M., & S. PEER, 1971: A survey of rotifers of Kashmir with some new records. — Proc. 58th Session Indian Sci. Congr. Assoc., Pt. III, 517—518.

DHANAPATHI, M. V. S. S., 1976: Rotifers from Andhara Pradesh, India — III. Family Lecanidae including two new species. — Hydrobiologia. **48** (1), 9—16.

EDMONDSON, W. T., 1959: Fresh water biology (2nd ed.) by H. B. WARD & G. C. WHIPPLE. — Wiley & Sons, New York.

EDMONDSON, W. T., & G. E. HUTCHINSON, 1934: Report on Rotatoria of Yale North Indian Expedition, New Haven. — Mem. Conn. Acad. Arts & Sci. **10**, 153—186.

FERNANDO, C. H., 1969: A guide to the freshwater fauna of ceylon. — Bull. Fish. Res. Stn. Ceylon. **20**, 15—25.

GEORGE, M. G., 1961: Observations on the rotifers from shallow ponds in Delhi. — Curr. Sci. **30**, 268—269.

GREEN, J., 1960: Zooplankton of river Sokoto. The Rotifera. — Proc. zool. Soc. London **135**, 491 to 523.

NASAR, S. A. K., 1973: The zooplankton fauna of Bhagalpur: Rotifera. — Bhagalpur Univ. J. (Nat. Sci.) **VI** (1), 55—62.

NAYAR, C. K. G., 1964: Morphometric studies on the rotifer *Brachionus calyciflorus* PALLAS. — Curr. Sci. **34**, 469—470.

— 1968: Rotifer fauna of Rajasthan. — Hydrobiologia **31**, 168—185.

NAYAR, C. K. G., & K. K. NAIR, 1969: A collection of brachionid rotifers from Kerala. — Proc. Ind. Acad. Sci. **4**, 223—233.

PASHA, S. M. K., 1961: On a collection of fresh water rotifers from Madras. — J. zool. Soc. India **13**, 50—55.

STEWART, F. H., 1908: Rotifers and Gastrotricha from Tibet. — Rec. Ind. Mus. **2**, 316—323.

VASISHT, H. S., & C. L. GUPTA, 1967: The rotifer fauna of Chandigarh. — Res. Bull. (N.S.). Punjab Univ. **18**, 495—496.

WULFERT, K., 1965: Revision der Rotatorien-Gattung, *Platyias* HARRING 1913. — Limnologica (Berlin) **3** (1), 41—64.

Received May 17, 1977.

Address of the authors:

Dr. MOHINDER KUMAR JYOTI
HARJEET SEHGAL
Department of Biosciences,
University of Jammu,
Jammu—180001 (J & K), India

Limnologica (Berlin) **12** (1), 127—135, Februar 1980

FRIEDERIKE WAWRIK

Algologische Untersuchungen der Eisschluß- und Eisbruchvegetationen in Teichen des südlichen Waldviertels (Niederösterreich; 1975)

Mit 6 Abbildungen

Inhalt

Abstract

9 ponds of the southern Waldviertel (Niederösterreich) have been examined in 1975 concerning their algological colonization during the period of breaking and closing of ice, normally at pH 5,4—7,0 and SBV 0,10—0,20 mval/l. In late autumn the weak-light-cold forms were dominating, in late of winter they were accompanied by increasing numbers and quantities of Euglenales, Chlorococcales, and Volvocales. New species: *Chloromonas reitereri* n. sp. New observations for the Waldviertel: *Chromulina vestita* SCHILLER, *Uroglena lindii* BOURRELLY, *Chlamydomonas cingulata* var. *globilifera* (KORSCHIKOV) PASCHER, *Lobomonas butzii* WAWRIK. Some remarks on sexuality in Chrysomonades are added.

1. Vorbericht

Nachfolgende Studie behandelt die algologischen Verhältnisse in Teichen des südlichen niederösterreichischen Waldviertels zur Zeit des Eisbrechens und Eisschließens im April und November/Dezember 1975. Eine vergleichende Zusammenstellung über das Auftreten sexueller Reproduktion bei Chrysomonaden schließt die Darstellung ab.

2. Die Wetterlage im Untersuchungsgebiet

Exkursionen in das Untersuchungsgebiet im Frühling und Spätherbst versprechen gute Ergebnisse, weil dann normalerweise starke ökologische Einflüsse wirksam werden: Schmelzwasserzufluß, Nährsalzzufuhr, kräftige Zu- oder Abnahme des Licht- und Wärmefaktors. Die spezifischen Situationen in den Wasserbecken sind wetterbedingt.

Der Winter 1974/75 war extrem mild und trocken. Anfang Februar 1975 war die Gegend bis in 850 m Seehöhe nahezu schneefrei, doch trugen die Teiche eine bis zu 40 cm dicke Klareisdecke. Zufolge der wachsenden Lichteinstrahlung hätte auch in den Höhenlagen des Waldviertels der Teichfrühling beginnen können. Da überzog in der zweiten Märzhälfte ein strenger Nachwinter mit kräftigem Schneefall das Waldland. In der zweiten Aprilwoche kam Föhn auf und schmolz innerhalb von drei Tagen Eis und Schnee ab. Nur der sehr windgeschützt liegende Pfaffenstegteich war am 18. IV. noch zu einem Drittel eisbedeckt.

Im Spätherbst 1975 war es ebenfalls trocken; den Teichen fehlte jegliche Schmelzwasserzufuhr. Es gab Randeis, das rasch wieder abschmolz, aber kein richtiges Eisschließen, das sich über mehrere Tage bis zu 1—2 Wochen hinziehen kann. Um den 10. XI. schneite es bei Oberflächentemperaturen um 4 °C. Es fielen einige cm Niederschlag, und am 15. XI.

schloß sich bei — 6° Lufttemperatur auch über dem großen Edlesbergerteich (878 m) die Eisdecke, die rasch eine Dicke von 8 cm erreichte.
Nach 6wöchigem Eisschluß gab es im Jänner 1976 eine echte Tauwettersituation.

3. Die Teiche und ihre phytoplanktische Besiedlung

3.1. Die Besiedlung zwischen dem 18. IV. und 28. IV. 1975 zur Zeit des Eisbrechens

3.1.1. Gebiet III Gutenbrunn

Stifterteich (900 m, 1,9 ha; 5,1 °C, pH 5,4, SBV 0,10 mval/l):

Kleine Flagellaten	cc
Dinobryon pediforme	c
Mallomonas reginae	c

Im Eisbruchplankton dieses Teiches sind, wie auch in einigen anderen Teichen, *Dinobryon*-Arten häufig, ebenso Teilungsstadien und Zystenbildung. Sexuelle Reproduktion, wie sie Skuja (1950) bei *D. borgei* bei einer Wassertemperatur von 4,1 °C in Form der isogamen Hologamie feststellen konnte, vermochte ich trotz intensiver Suche nicht nachzuweisen.

Edlesbergerteich (878 m, 13,7 ha; 6,2 °C, pH 6,1, SBV 0,10 mval/l):

Tabellaria flocculosa	r	(in Zickzackketten; vgl. Marvan 1973)
Closterium kützingii	r	
Mallomonas reginae	+	
Mallomonas akrokomos	+	
Dinobryon bavaricum	c	(mit Zysten)
Synura uvella	+	
Chromulina sp.		(ellipsoidische Zellen mit 2 hellgelben Chromatophoren)

Die Zellen der indeterminierten *Chromulina*-Sippe wurden mehrfach in Geißelkontakt und weit fortgeschrittener Zellverschmelzung angetroffen — sexuelle Reproduktion. Im Mai 1974, bei Wassertemperaturen zwischen 4 und 10 °C, konnte bei *Chromulina sphaeridia* im benachbarten Steckteich 3 der Kopulationsvorgang erstmals in der Gattung *Chromulina* verfolgt werden (Wawrik 1977).

Hanslteich (840 m, 0,7 ha; 6,6 °C, pH 6,3, SBV 0,10 mval/l):

Viele kleine Flagellaten	
Mallomonas acaroides	+
Synura uvella	c

Gutenbrunn, Zierfisch-Gartenbecken (830 m, 2 m²; 5,6 °C, pH 6,1, SBV 0,20 mval/l):

Chlamydomonas sp. (*Amphichloris*-Typ)	cc	
Chlamydomonas cingulata	r	
Cryptomonas sp.	+	(viele Paare in Kopulation)
Mallomonas akrokomos	r	
Chrysococcus rufescens f. *tripora*	cc	
Synura sp.	+	

Gutenbrunn, *Nymphaea*-Becken (833 m, 1 m²; 7,0 °C, SBV 0,16 mval/l):
Das Becken wird durch Leitungswasser gespeist, dessen Wasserstoffionenkonzentration im schwach sauren Bereich liegt. Der gemessene pH-Wert ist assimilationsbedingt.

Chloromonas reitereri n. sp. (Abb. 1a—m)
Haematococcus pluvialis (Zwillingsteilungen Abb. 1n)

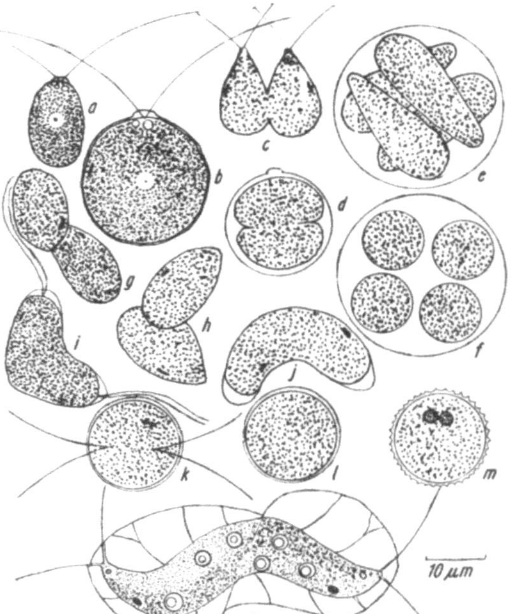

Abb. 1. a—m — *Chloromonas reitereri* n. sp.; n — *Haematococcus pluvialis*: Zwillingsteilung.

Die nahezu in Reinkultur auftretende neue *Chloromonas*-Art rief im Becken eine dunkelgrüne Vegetationsfärbung hervor. Die Zellen von *Haematococcus pluvialis* waren durchschnittlich 50 × 25 µm groß und meist ohne Haematochrom.

Streckteich 3 in Gutenbrunn (830 m, 45 m^2; 8,2 °C, pH 6,5, SBV 0,16 mval/l):

Chromulina sphaeridia	+
Closterium ehrenbergii	+
Hemitoma meandrocystis	rr
Nephroselmis angulata	r
Syncrypta globosa	r
Synura adamsii	rr

Syncrypta globosa beherrschte in vielen kleinen Kolonien den Aspekt; sie befand sich häufig in vegetativer und sexueller Reproduktion (isogame Hologamie; Nachweis der Kopulation in dieser Gattung). Die an der Oberfläche leicht scrobiculierte Zygote maß D = 15 µm. Die Kopulation dauerte 95—150 min. *Synura adamsii* fand sich erstmalig und nur sehr vereinzelt im Waldviertel.[1]

Halterteich (820 m, 0,02 ha; 8,5 °C, pH 9,0, SBV 0,20 mval/l):

Cryptomonas sp.	c	
Lobomonas butzii	cc	(23800 Z/ml)

Beide Flagellaten verursachten eine hellgrüne Vegetationsfärbung. *Lobomonas butzii* wurde erst kürzlich (WAWRIK 1974) aus dem oben erwähnten Zierfischbecken, das 1,5 km westlich liegt, beschrieben und lebte damals in Gesellschaft von Scenedesmen, Pediastren und Cryptomonaden bei 14 °C, pH 9,6 und SBV 0,30 mval/l, mit 3800 Z/ml untergeordnet. Vegetative und sexuelle Reproduktion traten zu nachmitternächtlicher Stunde auf. Die neuerliche Beobachtung der Art im Gebiet Gutenbrunn bestätigt die ökologischen Ansprüche des Flagellaten als Frühjahrsform. Seine Morphologie stimmt mit der Beschreibung weitgehend überein, kann aber durch einige neue Feststellungen ergänzt werden (Abb. 2a—g):

a) 8 nackte, kugelige Gameten ($D = 7$ µm) werden durch das Aufreißen der Muttermembran frei (Abb. 2a),
b) Kopulation (Abb. 2b),

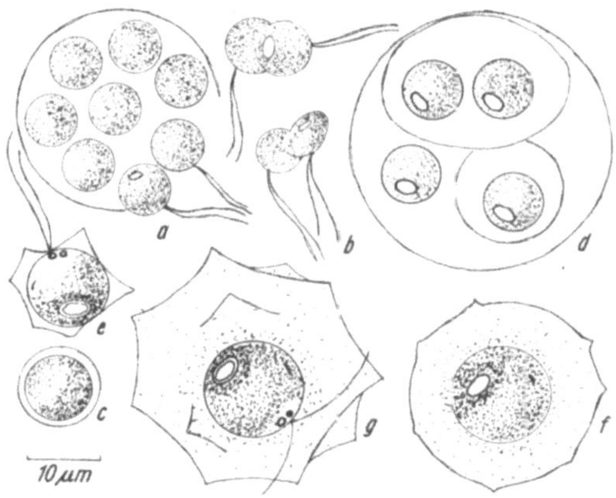

Abb. 2. a—g — *Lobomonas butzii* WAWRIK

c) Multiple Teilung: Zoosporen innerhalb einer gemeinsamen Membran in Mehrfachteilung (Abb. 2d),
d) Entstehung der Membranausstülpungen: Es gab viele Zysten im Material (Abb. 2c). Die geschlüpften Zoosporen (Abb. 2e) entwickeln nur verhältnismäßig kleine, spitzliche Membranausstülpungen: Durchmesser des Protoplasten $D = 18—25$ µm, der Gesamtzelle $D = 18—25$ µm. Diese Beobachtungen dürften jenen entsprechen, die nach PASCHER in HUBER-PESTALOZZI (1961, S. 517) erwähnt werden: „Die jungen Zellen entwickeln ihre definitive Membrangestalt und damit die warzenförmigen Verdikkungen oft recht spät; unter Umständen können sich diese Zellen in noch unvollständig ausgebildeten Stadien teilen“. In meinem Material habe ich Teilungsstadien dieser kleinen Individuen nicht gesehen; aber es gab Zysten, die während des Aufstieges in die oberflächennahen Wasserschichten ihre ursprünglich 1—2 µm dicke, ungeschichtete Gallerthülle mächtig entwickelten (Abb. 2f) — ob durch Quellung oder Wachstum, kann hier nicht entschieden werden —, so daß ihre Dicke 5—6 µm erreichte. Dann erst kamen kleine Membranausstülpungen zur Ausbildung, die sich zunehmend vergrößerten. Keinesfalls handelt es sich bei diesen Membranausstülpungen um Verdickungen der Zellmembran. Unter Methylenblaufärbung kann man eindeutig beobachten, daß die Gallerte zwi-

1 Für die Bestimmung danke ich Herrn Prof. P. BOURRELLY, Paris.

schen Protoplast und Membran in Richtung Zellmembran deutlich an Dichte abnimmt (Abb. 2f, g). Auch im Tuschepräparat läßt sich diese Feststellung machen. Ausgewachsene Zellen weisen bis zu 12 (?) Membranausstülpungen auf und erreichen einen Durchmesser von 44 µm! Bei der Erstbeobachtung (WAWRIK 1974) traten diese Erscheinungen nicht auf. Es fanden sich nur kleine Zellen ($D = 18—25$ µm) bei Wassertemperaturen zwischen 6 und 14 °C. Möglicherweise sind diese Entwicklungen temperaturbedingt. Es wäre vorstellbar, daß die Volumenvergrößerung der Gallerthülle den Aufstieg der Akineten vom Boden unterstützen könnte. Doch gab es in allen Schichten auch Zysten, die noch keine weite Gallerthülle entwickelt hatten. Dazu ist zu bemerken, daß der kleine Halterteich am Zapfen nur maximal 1,5 m tief ist und das Gewässer flach ausläuft. Es liegt windexponiert und hat kräftige Turbulenz.

Die 8 bisher bekannten Arten in der Gattung *Lobomonas* sind meist unzureichend beschrieben. Nähere Untersuchungen wären von Interesse.

3.3.2. Gebiet IV Bärnkopf

Schlesingerteich (920 m, 5,7 ha; 4,2 °C, pH 6,3, SBV 0,10 mval/l):

Kleine Flagellaten	cc	
Dinobryon cylindricum var. *palustre*	c	(mit Zysten)
Dinobryon bavaricum	c	(mit Zysten)

Pfaffenstegteich (865 m, 7,2 ha; 3,3 °C, pH 5,6 SBV 0,10 mval/l):

Kleine Flagellaten	cc	
Chlorogonium maximum	r	
Mallomonas doignonii	+	
Mallomonas schwemmlei	+	(3800 Z/ml)
Gymnodinium pascheri	+	

Mallomonas schwemmlei ist bisher aus der BRD und ČSSR als kaltstenotherme Frühlingsform gemeldet (GLENK & FOTT 1971). Im Pfaffenstegteich hatte sie im Herbst und Frühling eine Sexualperiode: isogame Hologamie mit Kaudalkontakt.

3.2. Die Besiedlung zwischen dem 2. XI. und 9. XI. 1975 zur Zeit des Eisschließens

3.2.1. Gebiet III Gutenbrunn

Stifterteich (pH 6,0, SBV 0,10 mval/l):

Eunotia rhomboidea (aspektbeherrschend)	c
Goniostomum semen	+
Mallomonas akrokosmos	+
Synura petersenii	c
Lagenoeca variabilis	r

Edlesbergerteich (pH 6,2, SBV 0,10 mval/l):

Asterionella formosa	+
Chrysococcus diaphanus	+
Chrysococcus minutus	r
Melosira ambigua	r

Hanslteich (pH 6,4, SBV 0,10 mval/l):

Ankyra ancora var. *spinosa* (KORSCHIKOV) FOTT	+

Insgesamt spärliches Plankton im stark durchströmten Teich. Die Alge (75—90 × 6 bis 7,5 µm) glich habituell völlig der Abb. 135 in KORSCHIKOV (1953), doch waren die Arme des Ankers nicht in dem Maße verbreitert wie dort dargestellt. Dieselbe Beobachtung wurde bei einem Sommervorkommen gemacht.

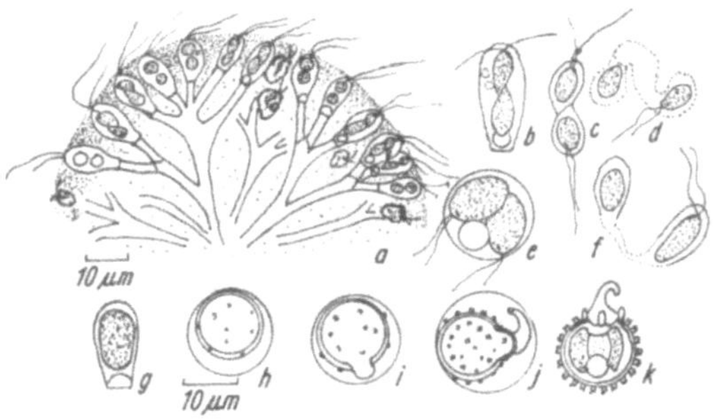

Abb. 3. a — *Uroglena lindii* BOURR. mit raumparasitären Cryptomonaden in der Koloniengallerte; b—f — Zellteilungsstadien; g—k — Entwicklung der Zyste

Gutenbrunn, Zierfisch-Gartenbecken (pH 7,0, SBV 0,40 mval/l):

Chromulina sp. (aspektbeherrschend; 110000 Z/ml)	cc
Mallomonas akrokomos	c
Chlamydomonas cingulata var. *globulifera* (960 Z/ml)	+

Die 4—5 µm große *Chromulina*-Art konnte mangels Zysten nicht bestimmt werden. Bei einer Kontrolle im Dezember war die Situation

praktisch unverändert. *Chlamydomonas cingulata* var. *globulifera* (D = 13—30 µm) konnte erstmalig im Waldviertel nachgewiesen werden (Abb. 4a—c). Der Flagellat fällt durch 4—6 (bei KORSCHIKOV 1953: 4!) unregelmäßig geformte Pyrenoide auf und trat rein auf. Im Dezember wurde auch vegetative Reproduktion beobachtet: Bildung von 4 Zoosporen; die erste Teilung verlief senkrecht, zuweilen etwas schräg (Abb. 4b).

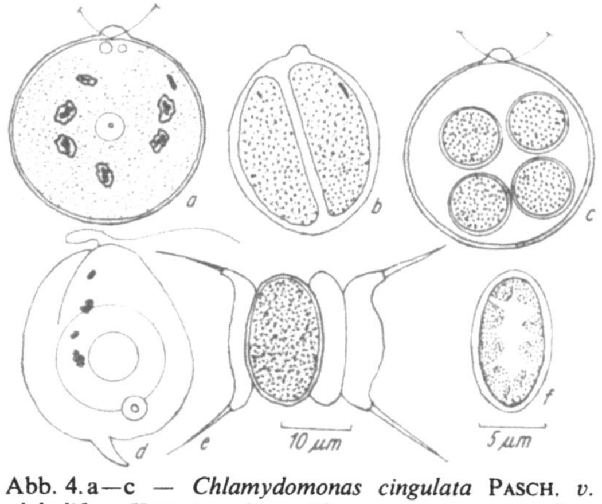

Abb. 4. a—c — *Chlamydomonas cingulata* PASCH. *v. globulifera* KORSCH; d — *Phacus acuminatus*; e, f — Autosporen von *Scenedesmus opoliensis* P. RICHT. und *S. arcuatus* LEMM.

Gutenbrunn, *Nymphaea*-Becken (pH 6,6, SBV 6,40 mval/l; durch Düngung bedingt!):

Euglena intermedia (aspektbeherrschend)	c
Euglena spirogyra abrupte-acuminata	+
Phacus acuminatus var. *megaparamylica* (Abb. 4d)	+
Rhabdomonas incurva	+
Bakterien (Siderocapsen, Ochrobien, Lamprocystis)	+

Die Zellen von *Phacus acuminatus* var. *megaparamylica* erreichten eine Größe von 30—40 × 35—37 µm (vgl. HUBER-PESTALOZZI 1961), der Paramylonring einen Durchmesser von 15—20 µm. Seitlich basal gab es noch einen kleinen Paramylonring. In diesen Zellen wurde etwas Karotinausfällung beobachtet, die dunkler war als das apikale Stigma. Die Varietät ist bisher aus der UdSSR und Ungarn bekannt.

Streckteich 4 in Gutenbrunn (pH 7,0, SBV 0,10 mval/l):

Ankistrodesmus longissimus var. *acicularis* (in rasanter Reproduktion)	cc
Chromulina vestita	r
Chrysococcus diaphanus	+
Ch. rufescens f. *tripora*	r
Chrysolykos planctonicus	rr (mit Zysten)
Lagerheimia wratislawiensis	r
Micractinium pusillum	+
Uroglena volvox	+
Uroglena lindii	+
Scenedesmus opoliensis	r

Im artenreichen Plankton konnten *Chromulina vestita* und *Uroglena lindii* erstmalig für das Waldviertel nachgewiesen werden.

Uroglena lindii wurde 1957 in Frankreich au einem saurem Gewässer beschrieben. Sie unterscheidet sich schon bei schwacher Vergrößerung auffallend von *U. volvox*. Infolge der Anordnung ihrer Zellen auf Gallertstielen (ähnlich *Dictyosphaerium*) stehen an der Oberfläche der Kolonie die Zellgruppen locker, die Einzelzellen aber einander genähert; sie sind auch nicht so beweglich wie jene, die auf Stielchen sitzen. Der kennzeichnende bandförmig-spiralgedrehte Chromatophor (Abb. 3a—d) war nicht immer deutlich, weil zahlreiche Zellen im Teilungsstadium bereits 2 Plastiden enthielten. Die jungen Zellen maßen 5—6 µm, waren also wesentlich kleiner als bei BOURRELLY (1957), erreichten aber vor der Teilung 15 × 7 µm. Sie waren basal abgeflacht, 3,5 µm breit, so breit wie die Gallertstiele, auf denen sie aufsitzen. Die Kolonien, etwa 20 im Zentrifugat von 10 ml Probenwasser, maßen im Durchmesser 100—160 µm, waren also mehr als doppelt so groß wie bei BOURRELLY (1957).

Während *U. volvox* zahlreiche Zysten bildete, fanden sich solche bei *U. lindii* erst im Dezember; ihre Entwicklung (Abb. 3g—k) konnte verfolgt werden. In den Koloniengallerten von *Uroglena lindii* lebten kleine Cryptomonaden (erstmalige Beobachtung von Raumparasitismus in einer Gattung in den Teichen des Waldviertels).

Bei *Scenedesmus opoliensis* wurde ein Akinet beobachtet. UHERKOVICH (1966) versteht darunter „dickwandige ovale Zellen, die rötliches Öl speichern". In unserem Fall (Abb. 4e) handelte es sich um eine Innenzelle mit den Maßen 17 × 6 µm, deutlich größer als die drei übrigen Zellen des Zönobiums, von denen nur die leeren Zellhüllen vorhanden waren. Ölspeicherung wurde nicht beobachtet. Erstmalig sah ich einen Akinet von *Scenedesmus arcuatus* im Auteich, südliches Waldviertel, im Sommer 1960 (Abb. 4f). Auch damals gab es kein „rotes Öl" in der Ruhezelle, deren Protoplast sich bereits im Teilungsstadium befand.

Halterteich (pH 8,5, SBV 0,20 mval/l):

Stephanodiscus hantzschii	cc	(Vegetationsfärbung; lange Borsten)
Mallomonas akrokomos	+	
Lobomonas butzii	+	(5200 Z/ml)

Bei *Lobomonas butzii* traten nur kleine Zellen (D = 20—25 µm) auf. Der Flagellat fand sich auch noch im Dezember unter Eis mäßig häufig.

3.2.2. Gebiet IV Bärnkopf

Schlesingerteich (pH 6,4, SBV 0,10 mval/l):

Gymnodinium sp.	cc	(aspektbeherrschend)
Mallomonas akrokomos	+	
Phacus acuminatus var. *megaparamylica*	+	

Bei der undeterminierten *Gymnodinium*-Art, die durch dunkelbraune Zysten auffiel, handelt es sich nicht um *Gymnodinium fuscum*.

4. Beschreibung von *Chloromonas reitereri* n. sp. Abb. 1a—m

Diagnose: Cellulae iuvenes ellipsoidae, in frontem reductae, 12—15—25 × 7—10 µm veteriores globosae D = 15—25 µm, membrana tenuis, papilla membranae semiglobosa, applanata, 5 µm lata, protoplasma cellulam implet, chromatophor compositum, forte, omnio in frontem pertinens, ibi 2 vacucuolae, 2 flagellae plus quam corporis longitudine angustae collocatae, nucleus centraliter, stigma lineaformis, aequatorialiter vel pauciter altius, reproductio vegetativa, partito prima transversa. 4 cellulae filiatae D = 10 µm; hologamia isogama observata est.
Zygota scrobiculate D = 15—16 µm.

Junge Zellen ellipsoidisch, vorn und hinten breit gerundet, 12 × 15 µm (Abb. 1a); seltener nach vorn stark verschmälert, 12—15—25 × 7—10 µm (Abb. 1c); ältere Zellen kugelig D = 15—25 µm (Abb. 1b). Die Zellwand ist zart, die Membranpapille halbkugelig-abgeflacht, bis 5 µm breit. Der Protoplast füllt die Zelle aus. Der dunkel-sattgrüne Chromatophor ist ähnlich wie bei *Chlorogonium maximum* aus winzigen Partikeln zusammengesetzt, kräftig und ganz nach vorn reichend, so daß er die beiden pulsierenden Vakuolen bisweilen völlig verdeckt. Die feinen Geißeln sind etwas über körperlang und inserieren knapp nebeneinander. Der Zellkern liegt zentral und ist nur selten deutlich erkennbar. Das dunkelrote, strichförmige Stigma liegt äquatorial oder etwas höher. Es kamen nicht nur alle Entwicklungs-, sondern auch alle Vermehrungsstadien zur Beobachtung. Vegetative Längsteilung bei jungen Zellen (Abb. 1c); enzystierte Protoplasten vollziehen die erste Teilung quer (Abb. 1d). Es werden vier Tochterzellen gebildet. Sie sind entweder kugelig D = 10 µm (Abb. 1f), oder seltener hinten breit gerundet und vorn zusammenlaufend 25 × 8 µm (Abb. 1e); möglicherweise handelt es sich dabei um Entwicklungsstadien. Gametenkontakte waren häufig; sie erfolgten selten apikal (Abb. 1g), sondern meist seitlich-basal (Abb. 1h). Bei der Zellverschmelzung (isogame Hologamie) entstehen plump mondförmige Gebilde. Der Protoplast hebt sich apikal von der Zellwand ab (Abb. 1i—j); manche Kopulationspaare werfen die Geißeln bald nach erfolgtem Zellkontakt ab (Abb. 1h—j), andere behalten sie bis zur völligen Zellfusion und Abkugelung der Zygote (Abb. 1k), die im Durchmesser 15—16 µm mißt und an der Oberfläche leicht scrobiculiert ist (Abb. 1m). Nach Färbung mit Karmin-Essigsäure treten beide Zellkerne, genähert gelagert, deutlich hervor.
Ich benenne die neue Art nach Herrn Oberförster Hugo Reiterer, der mir durch viele Jahre, oft in Eis und Schnee und bei Transportfahrten, behilflich gewesen ist. Herr Dr. H. Ettl[2]), Chrastavec-Pulpecen, verifizierte freundlicherweise die Art brieflich. Er teilte zum Vergleich folgende Diagnosen ähnlicher Arten mit:

„*Ch. ulla* (Skuja) Gerloff & Ettl — unterscheidet sich durch ausgesprochen kugelrunge Zellen, halbkugelige Papille. großen Augenfleck, Längsteilung; Ausmaße sind dieselben: 12—25 µm.
Ch. vulgaris (Anachin) Gerloff & Ettl — unterschei-

2 Ich danke Herrn Dr. Ettl herzlich für die Prüfung des Materials und die lateinische Diagnose.

det sich durch eine niedrig-konvexe Papille, körperlange Geißeln, Längsteilung, Ausmaße 12—25 µm.
Ch. tenebraria (SKUJA) GERLOFF & ETTL — Membran zart, Augenfleck rund, Ausmaße 12—15 µm.
Meiner Meinung nach stellt der Fund eine selbständige Art dar, die zwar den obigen erwähnten Arten ähnlich sieht, aber vor allem durch den zusammengesetzten Chromatophoren und den geschlechtlichen Vorgang deutlich verschieden ist. Auch die Gestalt der Tochterzellen ist auffallend."

5. Anmerkungen zur Sexualität bei Chrysomonaden

In einem „Kopulationskalender" für Chrysophyceen (in der Hauptsache handelt es sich um die Gattungen *Kephyrion* und *Stenokalyx*) hat FOTT (1955) für die Jahre 1937—1959 Beobachtungen an 13 Arten in 33 Fällen bekanntgegeben (Jahresdurchschnitt 1,5 Beobachtungen). Jahreszeitlich verteilen sich danach die Kopulationsfälle wie folgt:

Januar	3%	März	26%	Mai	12%
Februar	3%	April	51%	Oktober	3%

Die maximale Kopulationsbereitschaft bestand bei steigender Wärme- und Lichtintensität im April.

Ich verzeichnete 11 Beobachtungen an 6 Arten der Gattung *Mallomonas* im Zeitraum 1958 bis 1975 (Jahresdurchschnitt 0,65 Beobachtungen). Die Häufigkeit der Beobachtungen ist um rund 50% geringer. Die Standorte lagen auf Seehöhen zwischen 550 und 850 m. Jahreszeitlich verteilen sich die Kopulationsfälle wie folgt:

Februar (bei 3—4 °C) 18%: *Mallomonas doignonii, M. schwemmlei*
April (bei 8—12 °C) 27%: *M. akrokomos, M. tonsurata*
Juli (bei 15—20 °C) 18%: *M. fastigata* var. *kriegeri*
August (bei 16—23 °C) 18%: *M. fastigata* var. *kriegeri*
November (bei 3,6 °C) 9%: *M. schwemmlei*
Dezember (bei 3,8 °C) 9%: *M. schwemmlei, M. lichenensis*

Abb. 5. Pfaffenstegteich im südlichen Waldviertel; Fotostudio SANDMANN

Abb. 6. Edlesbergerteich im südlichen Waldviertel; Fotostudio SANDMANN

Auch hier bestand die optimale Kopulationsbereitschaft bei steigender Wärme-Lichtintensität im April bei Wassertemperaturen zwischen 8 und 12 °C mit 27% der beobachteten Fälle. Die Sexualität ist offensichtlich in der Gattung *Mallomonas* sehr selten. Die Sommerbeobachtungen bei Wassertemperaturen über 20 °C beziehen sich ausschließlich auf *Mallomonas fastigata* var. *kriegeri*. Es liegt auch eine sporadische Beobachtung von Zygoten dieser Art im Frühjahrsplankton vor, die in der Aufstellung nicht berücksichtigt worden ist. *M. fastigata* var. *kriegeri* ist in unseren Teichen vorzüglich Sommerform. Auffallend ist, daß Sexualität bei dieser Art — es handelt sich in allen bekannten Fällen um isogame Hologamie mit Kaudalkontakt —, stets nach dem Niedergang eines Gewitters auftrat. Bei der ersten Beobachtung im Löschteich, südliches Waldviertel, am 5. 8. 1958, gab es sämtliche Phasen der Kopulation, in den beiden letzten Fällen im Neu- und Sägeteich, nördliches Waldviertel, am 31. 7. und 1. 8. 1975, sah ich nur Kaudalkontakte und fortgeschrittene Zellfusionen in Strecklage. Vielleicht hängt die Kopulationsbereitschaft dieses Protisten mit einer gewissen „Wetterfühligkeit" zusammen.

6. Sippenliste

Chlorophyta

Nephroselmis angulata (KORSCHIKOV) SKUJA
Haematococcus pluvialis FLOT emend. WILLE
Chlamydomonas cingulata PASCHER
Chlamydomonas cingulata var. *globulifera* (KORSCHIKOV) PASCHER
Chloromonas reitereri WAWRIK n. sp.
Chlorogonium maximum SKUJA
Lobomonas butzii WAWRIK
Hemitoma meandrocystis SKUJA
Ankyra ancora var. spinosa (KORSCH.) FOTT
Closteriopsis longissima (LEMMERMANN) WILLE emend. HINDÁK
Lagerheimia wratislawiensis SCHRÖDER

Micratinium pusillum FRESENIUS
Scenedesmus arcuatus LEMMERMANN
Scenedesmus opoliensis RICHTER
Closterium ehrenbergii MENEGHINI
Closterium kützingii BREBISSONI

Euglenophyta

Euglena intermedia (KLEBS) SCHMITZ
Euglena spirogyra abrupte-acuminata LEMMERMANN
Phacus acuminatus STOCKES var. *megaparamylica* (ROLL) HUBER-PESTALOZZI
Rhabdomonas incurva FRESENIUS

Chrysophyta

Chrysococcus diaphanus SKUJA
Chrysococcus diaphanus SKUJA var. *astigmata* SKUJA
Chrysococcus rufescens f. *tripora* LUND
Dinobryon bavaricum IMH.
Dinobryon cylindricum IMHOF var. *palustre* LEMMERMANN
Dinobryon pediforme (LEMMERMANN) STEINECKE
Chrysolykos planktonicus MACK
Mallomonas acaroides PERTY emend. KRIEGER
Mallomonas doignonii BOURRELLY
Mallomonas fastigata ZACHARIAS var. *kriegeri* BOURRELLY
Mallomonas lichensis CONRAD emend. BOURRELLY
Mallomonas reginae TEILING
Mallomonas schwemmlei GLENK
Mallomonas tonsurata TEILING
Chromulina sphaeridia SCHILLER
Chromulina vestita SCHILLER
Synura adamsii G. M. SMITH em. NYGARD
Synura petersenii KORSCHIKOV
Synura uvella EHRENBERG
Syncrypta globosa (SCHILLER) BOURRELLY
Syncrypta volvox (EHRENBERG) BOURRELLY
Uroglena lindii BOURRELLY
Uroglena volvox EHRENBERG

Farblose Chrysophyta

Lagenoeca variabilis SKUJA
Monas vulgaris (CIENKOWSKY) SENN

Bacillariophyta

Asterionella formosa HASSAL
Eunotia rhomboidea HUSTEDT
Melosira ambigua (GRUNOW) O. MÜLLER
Stephanodiscus hantzschii GRUNOW
Tabellaria flocculosa (ROTH) KÜTZING

Pyrrhoophytha

Goniostomum semen (EHRENBERG) DIESING
Gymnodinium pascheri (SUCHLAND) SCHILLER

7. Literatur

BOURRELLY, P., 1957: Recherches sur les Chrysophycees. — Rev. Algol. Mem. Hors.-Ser. No. 1, 409 S.

FOTT, B., 1959: Algenkunde. — VEB G. Fischer Verlag, Jena 482 S.

GLENK, H.-O., 1956: *Mallomonas schwemmlei*, eine neue Chrysomonade aus dem Plankton eines fränkischen Teiches. — Ber. dt. bot. Ges. **69**, 189—192.

GLENK, H.-O., & B. FOTT, 1971: Zur Frage der Validität der Art *Mallomonas schwemmlei* GLENK und ihre Unterscheidung von *Mallomonas coronifera* MATVIENKO. — Arch. Protistenkd. **113**, 220—229.

HUBER-PESTALOZZI, G., 1955: Euglenophyceen. 4. Tl. — In: HUBER-PESTALOZZI. Phytoplankton des Süßwassers. — Schweizerbart'sche Verlagsbuchhandlung Stuttgart, 606 S.

— 1961: Chlorophyceae. — 5 Tl., Ibid., 744 S.

KORSCHIKOV, A. A., 1953: Protococcales V. — Ukrainische Akad. Wiss., Kiev, 438 S.

MARVAN, P., 1973: Zur Frage der Kettenbildung bei benthisch lebenden Fragilariaceen. — Arch. Hydrobiol., Suppl. **41** (Algolocical studies **8**), 289—316.

SKUJA, H., 1950: Körperbau und Reproduktion bei *Dinobryon borgei* LEMM. — Sv. Bot. Tidsk. **44**, 1, Uppsala.

— 1956: Taxonomische und biologische Studien über das Phytoplankton schwedischer Binnengewässer. — Nova acta reg. soc. scient. Upsaliensis, Ser. IV, vol. **16**, No. 3.

UHERKOVICH, G., 1966: Die Scenedesmusarten Ungarns. — Verl. Ung. Akad. Wiss. 173 S.

WAWRIK, F., 1974: Drei neue Flagellaten aus Streckteichen des Waldviertels. — Nov. Hedw. XXV, 665—671.

— 1977: Phytoplankton aus neu angelegten Streckteichen (Waldviertel, Niederösterreich). — Internat. Rev. ges. Hydrobiol. **62** (2), 295—313.

Eingegangen am 17. 5. 1977.

Anschrift des Verfassers:
Dr. FRIEDERIKE WAWRIK
Biologische Station Waldviertel
A-3943 Schrems/Gebharts
Österreich

Limnologica (Berlin) **12** (1), 137—139, Februar 1980

S. A. K. Nasar & Jayashree Datta Munshi

Studies on the seasonal variations in the fungal population of a freshwater pond of Bhagalpur, India[1]

With one Table

Contents

1. Introduction

The activity of fungi, in breaking down complex compounds of dead organism is well known. In this process they absorb some of the decomposed products, and release inorganic nutrients in the environment. Fungi are universally present in all types of natural waters and form one of the most important components of an ecosystem as decomposer.

Many comprehensive reports are available for the mineralization of pond materials but very little is known about the seasonal fluctuation of the fungal populations, especially in India. The present work, therefore, was undertaken with a view to understand the trends of seasonal variations in the number of colonies of fungi in a freshwater perennial pond of Bhagalpur (India). We acknowledge the help from Prof. J. S. Datta Munshi while engaged in this research work. We have benefited from the comments made by Prof. S. Mori of Otsu Hydrobiological Station (Japan). Thanks are also due to Dr. R. N. Verma for his help during this work.

2. Description of the pond

The pond selected for the present study is known as T.N.B. Pond and is situated in the premises of T.N.B. College, Bhagalpur. Geographically, the pond falls at the intersections of 86° 57′ 13″ and 25° 14′ 21″. It is rectangular in shape, having an area of about 0.2 ha with a maximum depth of 2.3 m at its centre. The rain is the main source of water supply to this pond.

The range of various physico-chemical properties of the pond water were as follows: Temperature — 25.0 to 37.0 °C; dissolved oxygen — 4.2 to 15.2 mg/l; pH — 6.9 to 8.5; carbonate alkalinity — nil to 34.0 mg/l (as $CaCO_3$); bicarbonate alkalinity — 84.0 to 122.0 mg/l (as $CaCO_3$) and the total hardness — 96.0 to 123.0 mg/l (Nasar 1975).

3. Materials and methods

The study concerns the period from November, 1972 to September, 1973. The water samples were randomly collected from five different places of the pond at eight week intervals. After bringing the collected samples to the laboratory they were transferred aspectically into a 250 ml Erlenmeyer flask of 100 ml. sterilized in advance with quarter strength Ringer's solution (composition: NaCl — 225 gm, KCl — 0.105 gm, $CaCl_2$ — 0.12 gm, $NaHCO_3$ — 0.05 gm, and distilled water — 1000 ml). The flask was then shaken subjected to get a homogenous suspension of the sample. From this suspension, a dilution of 1:10000 was prepared and 1 ml of this aliquot was transferred to sterilized 100 mm-Petri-plates, to each of which about 20 ml of appropriate agar medium was added when just in a molton condition. The Petri-plates were subsequently rotated in different directions, so that the suspension was thoroughly mixed up with the culture medium and inocula was uniformly distributed in the plates. Martin's Rose Bengal Streptomycin agar media was employed.

The study was carried out with five replicates. The seeded plate was incubated at 25.0 °C for three weeks. Subsequently, the number of colonies developing on each plate, were counted by the following formula (Verma 1973, Nasar 1975):

Number of colonies/ml = Average no. of colonies X dilution factor.

1 This paper formed part of a thesis approved for Ph.D. degree by the Bhagalpur University.

4. Results

The study revealed that the fungal population in the pond is mainly composed of the *Aspergillus* sp., *Penicillium* sp., *Fusarium* sp., *Cladosporium* sp., *Epicoccum* sp., and *Mucor* sp. Apart from these genera, the black sterile mycelium was also recorded.
The seasonal variations in the abundance of fungal colonies as observed during the present study are presented in Table 1. The maximum number recorded was 67×10^4 colonies/ml during November 1972 and the minimum was 13×10^4 colonies/ml during May 1973. Among all the genera recorded, *Aspergillus* was the most dominant genus qualitatively and *Cladosporium* sp. quantitatively.

Table 1. Seasonal variations in the fungal colonies

Fungal species	Number of colonies $\times$ 10^4/ml of water					
	Nov. 1972	Jan. 1973	Mar.	May	July	Sept.
Aspergillus flavus	—	20	12	5	8	—
Aspergillus niger	11	—	—	—	8	5
Aspergillus nidulans	9	—	—	—	—	—
Aspergillus sp.	—	—	—	—	—	4
Cladosporium sp.	12	18	—	—	—	4
Penicillium sp.	8	4	5	6	12	—
Epicoccum sp.	8	3	—	2	—	—
Fusarium sp.	16	12	8	—	3	9
Mucor sp.	—	2	—	—	1	—
Black sterile mycelium	—	—	3	—	—	—
Unidentified	3	—	—	—	—	—
total	67	59	28	13	32	22

5. Discussion

In the present study, qualitatively the most dominant genus was *Aspergillus* represented by four species. This justifies the following statement of BARRON (1968):

"*Aspergillus* is biologically one of the most successful of all fungi and shows a great physiological versatility. It is to be expected that it will occur on all sorts of organic debris. Members of the genus are readily recovered from soil by dilution plate techniques and are particularly common in tropical and subtropical soils, but less dominant in temperate regions."

Most of the species recorded in this investigations belong to the order Moniliales, which is known to constitute the most common flora of cosmopolitan distribution. They are also well known as cellulose decomposers (KELLERMANN & MCBETH 1912).
And among this order the genus like *Aspergillus*, *Penicillium*, and *Fusarium* are strong cellulose decomposers.
A small number of Ascomycetes also appeared in this pond. They simulated miniature mushrooms (which they are not) on decaying plants. Similar forms have also been recorded by REID (1961). The genus *Penicillium* which is especially well known for producing antibiotic substances (REID 1961) has also been recorded in the present investigation.
Although different fungal species predominated in different seasons, yet *Aspergillus* was found to be the largest represented genus in all three seasons, viz., summer, rainy and winter and showed good ecological tolerance. VERMA (1973) also holds similar views. The presence of *Aspergillus* during the summer confirms the findings of JENSON (1931) that *Aspergillus* are a group of somewhat thermophilic organisms; able to withstand high temperature. These species also could tolerate a wide range of pH, as it is evident from the present study.
Results of the present investigation also indicated a seasonal periodicity in the fungal population both in quality and quantity. The highest quantitative count and the largest variety in pond water (Table 1) have been recorded during winter. During summer season, however, the fungal population is at their lowest, both in the quality and quantity. The lowest ebb, was obviously due to high atmospheric and water temperature. The temperature during winter months tends to remain within the optimal range viz., 20—30 °C (ALEXOPOULOS 1962) for most of the fungi. A slight increase in the rainy season has also been observed, might be due to the further enrichment of the pond through organic and inorganic matter by inflow of water from the catchment area.
This study also indicated that different fungi

responded in different ways to temperature. Among the dominant fungi *Cladosporium* sp., *Aspergillus flavus*, *A. nidulans*, and *A. niger* preferred the winter season while the *Penicillium* sp., *Aspergillus* sp., and *Fusarium* preferred the rainy and winter season.

6. References

ALEXOPOULOS, C. J., 1962: Introductory Mycology. — Wiley & Sons, Chichester.

BARRON, G. L., 1968: The genera of Hyphomycetes from soil. — Robert E. Kriegn Pub. Co. Inc., New York.

GARRET, S. D., 1961: Ecological groups of soil fungi: a survey of substrate relationships. — New Phyt. **50**, 149—166.

JENSON, H. L., 1931: The fungus flora of the soil. — Soil Sci. **31**, 123—150.

KELLERMANN, K. E., & I. G. MCBETH, 1912: The fermentation of cellulose. — Zbl. Bakt. II. Abt. **34**, 485—494.

KUZNETSOV, S. I., 1958: A study of the size of bacterial populations and organic matter formation due to photo- and chemosynthesis in water bodies of different types. — Verh. internat. Ver. Limnol. **13**, 156—169.

NASAR, S. A. K., 1975: Studies on some aspects of pond ecosystem at Bhagalpur. — Ph. D. thesis, Bhagalpur University.

REID, G. K., 1961: Ecology of Inland waters and Estuaries. — Reinhold Book Corp. New York.

VERMA, R. N., 1973: Microbiological studies on rhizophore fungal population of some medicinal plants common at Bhagalpur. — Ph. D. thesis, Bhagalpur University.

WAKSMAN, S. A., 1952: Soil Microbiology. — John Wiley & Sons. Inc., New York.

Received February 9, 1977.

Addresses of the authors:

Dr. S. A. K. NASAR
Dept. of Zoology
School of Life Sciences
North-Eastern Hill University
Shillon-793014
India

Dr. JAYASHREE DATTA MUNSHI
Ecological Research Laboratory
Post-Graduate Dept. of Zoology
Bhagalpur University
Bhagalpur 7, Bihar 812007
India

Limnologica (Berlin) **12** (1), 141—145, Februar 1980

Rainer Koschel

Untersuchungen zur Phosphataffinität des Planktons in der euphotischen Zone von Seen[1]

Mit 3 Abbildungen und 2 Tabellen

1. Einleitung

Angaben zur Phosphataufnahme und -abgabe der Mikroorganismengesellschaften sind für die Einschätzung der wachstumsbegrenzenden Wirkung der Phosphate in Seen von grundlegender Bedeutung. Zu deren Gewinnung bieten sich besonders Methoden mit radioaktiv markierten Phosphaten an. — Unter Verwendung von $^{32}PO_4$-P wurde die Phosphataffinität pelagischer Mikroorganismengesellschaften untersucht. Dabei sollten besonders Angaben zur Dynamik der Phosphataffinität und zu den Anteilen des Mikro-, Nanno- und Ultranannoplanktons daran sowie zur P-Limitierung der Primärproduktion im euphotischen Bereich von Seeökosystemen erbracht werden. Die Untersuchungen wurden im Stechlinsee und anderen Gewässern der Mecklenburger Seenplatte durchgeführt.

2. Methodik

Die Bestimmung der Phosphataffinität erfolgte im batch-Versuch. Die Wasserproben wurden in 10-l-Rundkolben unter standardisierten Versuchsbedingungen mit trägerfreier $H_3{}^{32}PO_4$ (etwa 5 μCi l^{-1}) versetzt. Anschließend wurde die Geschwindigkeit der $^{32}PO_4$-P-Inkorporation durch die Mikroorganismen erfaßt [Filtration von aliquoten Mengen (5 ml) durch Membranfilter (0,6 µm Porenweite) in Zeitabständen von 5—60 min]. Die Radioaktivität der Filterrückstände wurde gemessen. Die Aktivitätsbestimmung der trägerfreien $H_3{}^{32}PO_4$-Standardlösung erfolgte gesondert [je 5 Proben von 0,01, 0,02 und 0,03 ml einer 1 : 10 verdünnten $H_3{}^{32}PO_4$-Standardlösung wurden auf Membranfilter (0,2 µm Porenweite) aufgetropft, getrocknet und gemessen].

Die Verdünnung der Standardlösung erfolgte mit Trägerphosphat (100 µg P l^{-1}) angereichertem aqua dest.

Die Phosphataffinität läßt sich durch eine Reaktion 1. Ordnung annähernd genau beschreiben. Es gilt:

$$k_1 = \frac{1}{t} \cdot \ln \frac{a}{(a - x)} \qquad (1)$$

k_1 — Phosphataffinitätskonstante (t^{-1}); t — Zeit (min); a — „steady-state"-Konzentration des $^{32}PO_4$-P in der Biomasse (%); x — in der Zeit (t) umgesetzte Menge an $^{32}PO_4$-P (%)

Aus der Reaktionsgeschwindigkeitskonstanten (k_1) läßt sich die Umsatzzeit (T_t) ableiten. Die Umsatzrate (T_R) zur Phosphataffinität ergibt sich aus dem Quotienten von PO_4-P-Konzentration und Umsatzzeit. Die k_1-Werte zur Phosphataffinität wurden an Hand der experimentell ermittelten Daten auf einem Computer (Robotron 300) errechnet. Die mittlere Standardabweichung aller modellierten k_1-Werte beträgt 12%. Bei hohen und mittleren Phosphataffinitäten ist die Standardabweichung $< 5\%$.

3. Ergebnisse

Die ermittelten Werte zur Phosphataffinität weisen im Jahresverlauf eine ausgeprägte Rhythmik auf (Abb. 1). Sie durchlaufen eine Spanne von 3—4 Zehnerpotenzen.

Im oligotrophen Stechlinsee liegen die Minima der Phosphataffinität bei k_1-Werten von 0,0001 min^{-1} ($T_t = > 100$ h; $T_{R_1} = < 0{,}01$ µg

1 Eine ausführliche Darstellung und Diskussion der Ergebnisse erfolgt an anderer Stelle.

P $l^{-1} \cdot h^{-1}$) und die Maxima bei k_1-Werten von 0,3—0,5 min^{-1} (T_t = 0,03—0,05 h; T_R = 10 bis 20 µg P $l^{-1} \cdot h^{-1}$). Hohe Phosphataffinitäten treten während der gesamten Vegetationsperiode auf.

Im eutrophen Dagowsee weisen die Maxima und Minima der Phosphataffinität etwa die gleiche Größenordnung auf (Abb. 1). Hohe Phosphataffinitäten ergeben sich jedoch nur in einem relativ kurzen Zeitraum.

Der Vergleich zwischen Phosphataffinität und PO_4-P-Konzentration im Freiwasser zeigt, daß mit abnehmender PO_4-P-Konzentration eine Steigerung der Phosphataffinität einhergeht. Zwischen Phosphataffinität und extrazellulärem PO_4-P besteht allerdings nur ein unbefriedigender linearer Zusammenhang (Tab. 1).

Hohe Phosphataffinitäten spiegeln sich in der Regel in einer verminderten Primärproduktion des Phytoplanktons wider. Besonders deutlich wird der Zusammenhang, wenn man die Phosphataffinität der inneren Energieeffektivität (Eff_{in} — Lichtausnutzungsrate pro Biomasseeinheit bei der Primärproduktion) und dem Sättigungskoeffizienten (Sätt. — extrazellulärer PO_4-P/Phytoplanktonbiomasse) gegenübergestellt (Abb. 2). In Phasen niedriger Phosphataffinitäten sind hohe Sättigungskoeffizienten und hohe innere Energieeffektivitäten zu finden. Mit Zunahme der Phosphataffinität nimmt der Sättigungskoeffizient ab. Gleichzeitig verringert sich die innere Energieeffektivität. Das immer ungünstiger werdende Verhältnis von exogener PO_4-P-Konzentration

Tab. 1. Korrelationen zwischen Phosphataffinität (k_1), extrazellulärem PO_4-P, innerer Energieeffektivität und Sättigungskoeffizienten im euphotischen Bereich des oligotrophen Stechlinsees und des eutrophen Dagowsees

Untersuchungsgewässer	Zusammenhang		
	$k_1 \leftrightarrow PO_4$-P	$k_1 \leftrightarrow Eff_{in}$	$k_1 \leftrightarrow$ Sätt.
Stechlinsee ϱ	0,640	0,940	0,854
BE	41	73	88
FW	6,9	26,9	84
Dagowsee ϱ	0,592		
BE	35		
FW	5,4		

ϱ — Korrelationskoeffizient; BE — Bestimmtheit; FW — F-Wert

zur phytoplanktischen Primärproduktion führt zu maximalen Phosphataffinitäten bei einer stark verminderten inneren Energieeffektivität. Dieser Zusammenhang drückt sich auch in hohen Korrelationskoeffizienten zwischen Phosphataffinität, innerer Energieeffektivität und Sättigungskoeffizient aus (Tab. 1).

In den Phasen hoher Phosphataffinitäten ist die Sestonfraktion I (Partikelgröße >10 µm) mit nur durchschnittlich 7% an der Gesamtphosphataffinität beteiligt (Tab. 2). Dagegen tragen die Sestonfraktion II (Partikelgröße 10 bis 1,5 µm) 56% und die Sestonfraktion III (Partikelgröße 1,5—0,6 µm) 37% zur Gesamtphosphataffinität bei.

Tab. 2. Anteil der Phosphataffinität einzelner Sestonfraktionen an der Gesamtphosphataffinität des Sestons im euphotischen Bereich verschiedener Seen

Gewässer	Datum	Phosphataffinität (T_t) (h)	Anteil der Sestonfraktion an der Gesamtphosphataffinität I	II	III
			> 10 µm (%)	10 — 1,5 µm (%)	1,5 — 0,6 µm (%)
Dagowsee (eutroph)	7. 6. 72	0,11	6	65	29
Werbellinsee (eutroph)	17. 8. 72	0,43	24	36	40
Binnenmüritz (eutroph)	1. 8. 72	1,1	2	43	55
Außenmüritz (mesotroph)	1. 8. 72	2,6	9	40	51
Parsteiner See (schwach eutroph)	14. 8. 72	0,5	5	65	30
Nehmitzsee-Nord (schwach eutroph)	10. 8. 72	0,15	2	68	30
Nehmitzsee-Süd (schwach eutroph)	10. 8. 72	0,14	4	63	33
Stechlinsee (oligotroph)	17. 7. 72	0,03	5	67	28

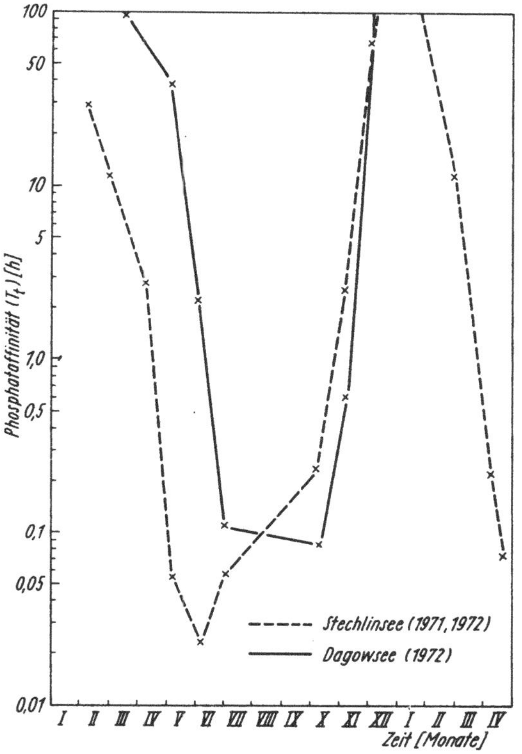

Abb. 1. Dynamik der Phosphataffinität des Sestons im euphotischen Bereich eines oligotrophen (Stechlinsee) und eines eutrophen (Dagowsee) Sees

4. Diskussion

Den kinetischen Kenngrößen zur Phosphataffinität liegt im wesentlichen eine Bivalenz von Stoffwechselaktivitäten und Phosphatverarmung der Mikroorganismen zugrunde. Eine Diskussion der Ergebnisse im Sinne von Nettowerten zum PO_4-P-Umsatz würde deshalb zu Fehleinschätzungen führen. Eine große Phosphataffinität und ein entsprechend schnelles Ausbilden von steady-state-Bedingungen innerhalb weniger Minuten bis Stunden spricht für eine phosphatverarmte Zönose. Die Phosphatpools der Zellen sind ungesättigt. Die Zelle ist bestrebt, ihre ungesättigten Phosphatpools schnell aufzufüllen, um eine intensive Überführung von Zellorthophosphat in kondensierte Verbindungen auf einem konstanten Niveau zu halten (JUNGNICKEL 1969). Kann die Zelle auf Grund ausgeschöpfter exogener Orthophosphatvorräte ihre Phosphatpools nicht mehr ausreichend auffüllen, so tritt eine Begrenzung der Phosphorylierungsprozesse und damit der Stoffwechselaktivität (z. B. Primärproduktion) ein. Eine geringe Phosphataffinität und ein entsprechend langsames Ausbilden von steady-state-Bedingungen zwischen extra- und intrazellulärem $^{32}PO_4$-P zeigt eine gut mit Phosphor versorgte Zönose an. In diesem Falle nähert sich die gemessene Phosphataffinität der (ohne P-Limitierung) durch Wachstumsprozesse bedingten PO_4-P-Aufnahme. Entsprechend liegt die spezifische Leistung der Mikroorganismen über den Werten, die bei vergleichsweise hohen Phosphataffinitäten (Phosphatverarmung) gemessen werden können. Die Phosphataffinität erlaubt somit zumindest eine grobe Quantifizierung der P-Limitierung von autotrophen Produktionsprozessen im Pelagial (Abb. 3).
Inwieweit man aus den hohen Phosphataffinitäten der Ultrasestonfraktion (Sestonfraktion II + III) auch auf eine P-Limitierung der heterotrophen Bakterienproduktion schließen kann, bleibt abzuwarten. Möglicherweise ist die hohe Phosphataffinität in diesen Fraktionen durch losgelöste Algenfibrillen verfälscht [LEAN (1976) und PEARL & LEAN (1976)].

5. Zusammenfassung

Mit trägerfreiem ^{32}P-PO_4 wurde die Phosphataffinität des Sestons in Wasserproben aus oligo- ... eutrophen Seen der Mecklenburger Seenplatte untersucht. Die Phosphataffinität weist im Jahresgang Schwankungen von 10^{-4} — 5×10^{-1} auf [k_1-Konstante (min^{-1})]. Hohe Phosphataffinitäten stehen dabei in direktem Zusammenhang mit der P-Limitierung der Primärproduktion des Phytoplanktons. Bei hohen Phosphataffinitäten lassen sich etwa 90% der Gesamtphosphataffinität in nanno- bis ultranannoplanktischen Fraktionen nachweisen.

Summary

The affinity of seston for phosphate using carrier-free ^{32}P-PO_4 were analysed on samples of water from oligo- ... eutrophic lakes in the Mecklenburger Seenplatte. The affinity for phosphate exhibits a difference from 10^{-4} — 5×10^{-1} k^1-constant (min^{-1}). High values of affinity for phosphate were connected with

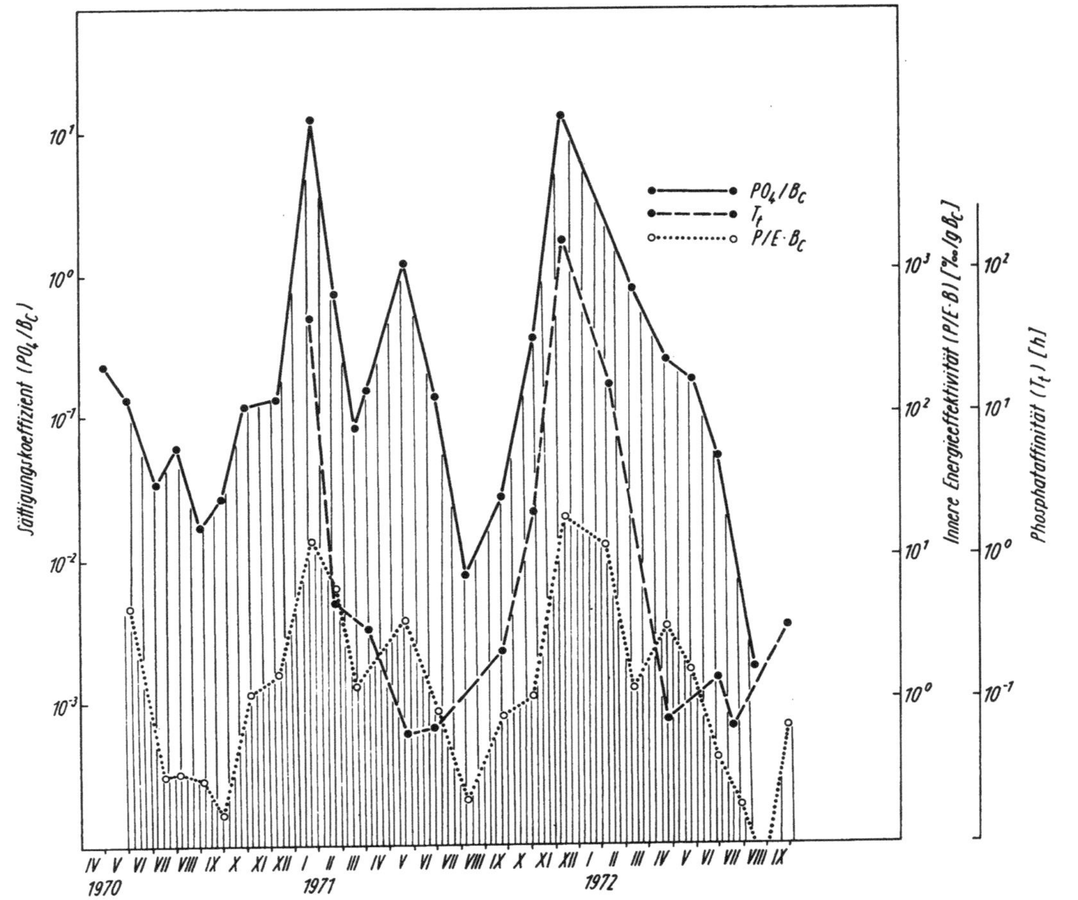

Abb. 2. Phosphataffinität, innere Energieeffektivität (Lichtausnutzungsrate pro Phytoplanktonbiomasseeinheit bei der Primärproduktion) und Sättigungskoeffizient (PO_4-P/Phytoplanktonbiomasse) in der euphotischen Zone des Stechlinsees (Koschel 1976, verändert)
(P — Primärproduktion [J · m^{-2} d^{-1}], E — Globalstrahlung [J · m^{-2} d^{-1}]; B_C — Phytoplanktonbiomasse [yCm^{-2} (euphotische Schicht)]; PO_4 — Orthophosphat [mg PO_4 m^{-2} (euphotische Schicht)])

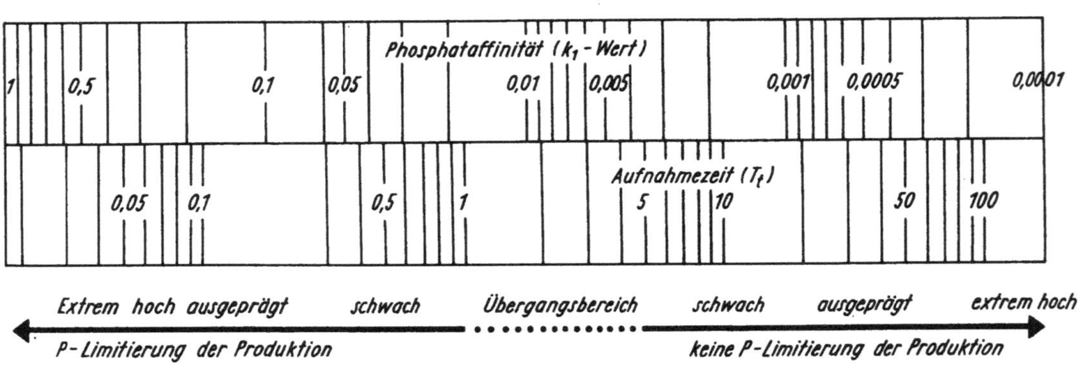

Abb. 3. Phosphataffinität und P-Limitierung der phytoplanktischen Primärproduktion

the P-limitation of primary production directly. About 90% of the affinity for phosphate were indicated in nanno — ultranannoplankton fractions when the values of affinity were high.

Резюме

С $^{32}P-PO_4$ без носителя был анализирован фосфорное сродство сестона в воде ев– ... олиготрофных озёр Mecklenburger Seenplatte. Фозфорное сродство показывает в летнюю динамику разности от 10^{-4} до 5×10^{-1} [$к_1$ — константа (мин$^{-1}$)]. Высокие величины фосфорного сродства имеют связь с P-органичением примерной продукции фитопланктона. При высоких величинах фосфорного сродства может быть около 90% фосфорного сродства в нанно-до ультрананнопланктонных фракциях.

6. Literatur

Jungnickel, P., 1969: Zur Orthophosphatsättigung bei Phosphatmangelzellen von *Candida utilis*. — Zbl. Bakteriol. Abt. II, **123** (7), 685—691.

Koschel, R., 1976: Der Einfluß des Phosphorangebotes auf die Primärproduktion des Phytoplanktons in einem geschichteten Klarwassersee (Stechlinsee, DDR). — *Limnologica* (Berlin) **10** (2), 325—346.

Lean, D. R. S., 1976: Phosphorus Kinetics in Lake Water: Influence of Membran Filter Pore Size and Low-Pressure Filtration. — J. Fish. Res. Board Can. **33** (12), 2800—2804.

Pearl, H. W., & D. R. S. Lean, 1976: Visual Observations of Phosphorus Movement between Algae, Bacteria and Abiotic Particles in Lake Waters. — J. Fish. Res. Board Can. **33** (12), 2805—2813.

Eingegangen am 17. 4. 1978.

Anschrift des Verfassers:

Dr. Rainer Koschel
Akademie der Wissenschaften der DDR
Forschungszentrum f. Molekularbiologie u. Medizin
Zentralinstitut für Mikrobiologie
und experimentelle Therapie Jena
— Abteilung Limnologie —
DDR-6900 Jena, Beutenbergstr. 11

Limnologica (Berlin) **12** (1), 147—149, Februar 1980

GISELA GUTHKE

Glukoseabbauaktivitäten einer Bakterien-Mischpopulation der Saale

Mit 3 Abbildungen

1. Einleitung

Die bakterielle Abbauaktivität ist ein Maß für die Selbstreinigungspotenz eines Gewässers. Auf Grund der vielgestaltigen organischen Belastung der Flüsse sind unter natürlichen Verhältnissen konkrete Abbauleistungen der Bakterien nur schwer erfaßbar. Es ist daher nötig, mit Hilfe von Modellsubstanzen unter reproduzierbaren naturnahen Bedingungen die mikrobiellen Aktivitäten zu ermitteln.

2. Methodik

Aus der Saale (Probepunkt Maua, vgl. KREY 1976, S. 18) wurde ein Keimgemisch entnommen. Aus ihm wurden die Keime K 1 und K 2 isoliert, die nach Ausspatelung des Gemischs auf ein nährstoffreiches Agarmedium häufig auftraten. Das Mikrobengemisch wurde membranfiltriert (Porengröße 12 µm), anschließend auf 0,2-µm-Membranfiltern angereichert und mit einer Ausgangskeimzahl von ca. $1 \cdot 10^5$ K/ml in 100 ml eines flüssigen Glukosemediums nach BERGTER & ROTH (1977; mit doppelter NH_4Cl-Konzentration und einer Glukosekonzentration von 200 µg/ml) eingeimpft. Die Glukosemenge entsprach der Konzentration leicht abbaubarer organischer Substanzen im Gewässer (UHLMANN 1975). Die Standkulturen wurden bei 22 °C bebrütet und nach 0, 15, 18 h sowie nach Eintreten der Keimstagnation untersucht. Die Keimzahl wurde mit Hilfe der THOMA-Kammer, die Glukosekonzentration mit Hilfe des Fermognost-Blutzuckertests-Methode B (VEB Arzneimittelwerk Dresden) ermittelt.
Die Keime K_1 und K_2 wurden auf dem nährstoffreichen Nährboden nach HEYER (pers. Mitt.) angereichert, mit physiologischer NaCl-Lösung abgeschwemmt, 15 min bei 6000 U/min zentrifugiert, in physiologischer NaCl-Lösung resuspendiert, 3 Stunden bei 22 °C geschüttelt, unter den oben genannten Bedingungen nochmals zentrifugiert, resuspendiert und in das Glukosemedium nach BERGTER & ROTH (1977) mit einer Kolbenendkonzentration von ca. 10^5 K/ml eingeimpft. Bebrütung und Untersuchungen entsprachen denen des Mikrobengemischs.

3. Ergebnisse

Aus den Abb. 1—3 sind die Keimzahlveränderungen und der Glukoseverbrauch (µg/ml) im gesamten Versuchszeitraum ersichtlich. Das Keimgemisch (Abb. 1) benötigt eine lag-Phase von 7 h. In weiteren 13 h konnte ein exponentielles Wachstum, verbunden mit einer exponentiellen Abnahme der Glukosekonzentration, beobachtet werden. Nach insgesamt 25 h Inkubationszeit war die zugegebene Glukosemenge verbraucht. Die Keimzahl stieg nicht weiter an. Während des exponentiellen Wachstums lag die Teilungsrate bei $v = 0{,}85$/h, die Generationszeit betrug $g = 70$ min.

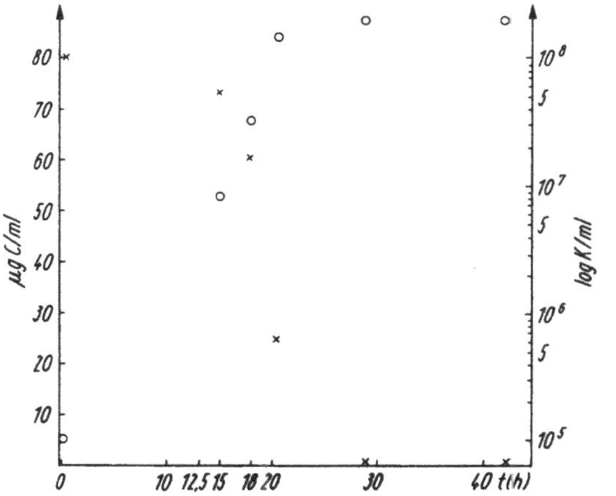

Abb. 1. Keimzahlveränderung und Glukoseverbrauch des Keimgemischs; × — µg C/ml; ○ — log K/ml

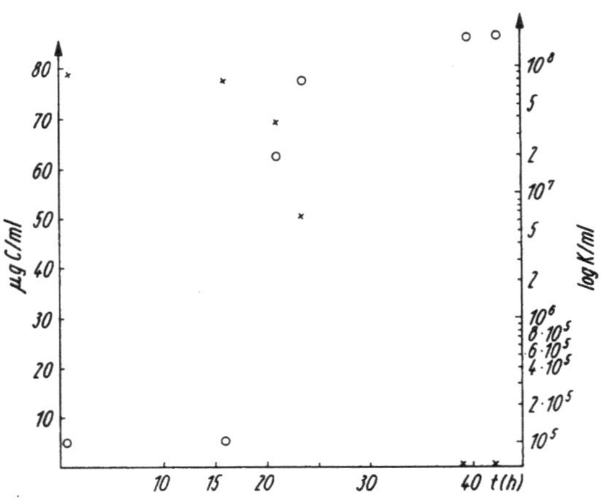

Abb. 2. Keimzahlveränderung und Glukoseverbrauch des isolierten Keimes K_1; × — μg C/ml; ○ — log K/ml

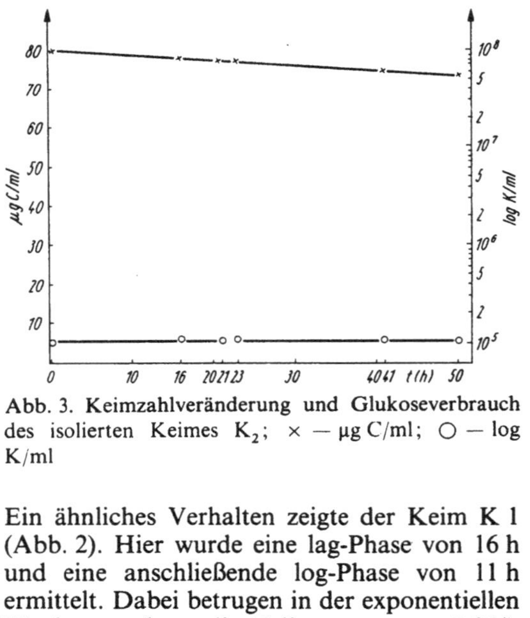

Abb. 3. Keimzahlveränderung und Glukoseverbrauch des isolierten Keimes K_2; × — μg C/ml; ○ — log K/ml

Ein ähnliches Verhalten zeigte der Keim K 1 (Abb. 2). Hier wurde eine lag-Phase von 16 h und eine anschließende log-Phase von 11 h ermittelt. Dabei betrugen in der exponentiellen Wachstumsphase die Teilungsrate $v = 0{,}95$/h und die Generationszeit $g = 63$ min. Innerhalb dieser 11 h fiel die Glukosekonzentration ebenfalls exponentiell ab. Nach 27 h war die Glukose verbraucht, und es kam zu einer Keimstagnation (stationäre Phase bei $2 \cdot 10^8$ K/ml).

Der isolierte Keim K 2 zeigte, trotz seiner Häufigkeit im Gemisch, ein anderes Verhalten. Nach 50 h Inkubationszeit war noch keine deutliche Erhöhung der Keimzahl festzustellen. Die Glukosekonzentration sank kontinuierlich um 0,3 μg/ml · h.

4. Diskussion

Die erzielten Ergebnisse erlauben den folgenden Vergleich. Bei etwa gleicher Ausgangskeimzahl (ca. 10^5 K/ml) erreichten die Untersuchungsobjekte Keimgemisch und Einzelkeim K 1 eine annähernd gleiche Endkeimzahl von ca. $2 \cdot 10^8$ K/ml. Beim Erreichen der stationären Wachstumsphase war die Glukose verbraucht. Folglich limitierte Glukose tatsächlich die Keimvermehrung.

Nach Umrechnung der Keimzahl in Biomasse (nach DAUBNER 1967) kann der Ertragskoeffizient $Y = (x_{max} - x_0)/s_0$ (x_0 und x_{max} sind dabei die anfängliche bzw. maximale Biomasse, s_0 ist der Substratverbrauch) berechnet werden. Innerhalb der Fehlergrenze sind die Ertragskoeffizienten für die Mischpopulation und den Einzelkeim K 1 mit jeweils $Y = 0{,}3$ identisch. Offensichtlich unterscheiden sich die Ertragskoeffizienten der schnellwachsenden Keime aus der Mischpopulation untereinander nur wenig. Trägt man graphisch die Substratkonzentration über der Keimzahl auf, so läßt sich eine nahezu lineare Abhängigkeit erkennen, die auf einen konstanten (differentiellen) Ertragskoeffizienten ($-\mathrm{d}x/\mathrm{d}s$) während der Versuche deutet. Die spezifische Substrataufnahmerate $\frac{\mu}{Y}$ als Maß für die Abbauaktivität der Mischpopulation ist damit proportional der spezifischen Wachstumsrate μ bzw. der Teilungsrate v.

Während des Wachstums traten in allen Versuchen Teilungsraten zwischen Null und 1 h^{-1} auf. KUSNETSOV & ROMANENKO (1966) und STRAŠKRABOVÁ (1966) fanden im Gewässer Teilungsraten zwischen 0,06 und 0,6 h^{-1}.

Beim Vergleich der isolierten Keime und des Keimgemischs bezüglich ihrer Generationszeiten während der exponentiellen Wachstumsphasen zeigt der isolierte Keim K 2 unter den vorgegebenen Bedingungen keinen intensiven Glukose-Abbau. Die kontinuierliche, schwache Glukoseabnahme deutet auf einen reinen Betriebsstoffwechsel dieser Keime hin. Ähnliches Verhalten wurde an einem weiteren isolierten Keim beobachtet. Zwei andere aus dem Gemisch isolierte Keime, die in dieser Arbeit nicht näher diskutiert werden, zeigen Generationszeiten von $g = 84$ min bzw. $g = 180$ min. Das Keimgemisch und der isolierte Keim K 1 weisen während des exponentiellen Wachstums einen annähernd gleichen g-Wert auf (für das Gemisch $g = 70$ min, für K 1 $g = 63$ min). Diese Beobachtung bestätigt die theoretisch ableitbare Regel, daß die Generationszeit g der Mischpopulation nur wenig größer als die des am schnellsten wachsenden Keimes ist. Gleichzeitig erklärt diese Beobachtung die aus der Praxis bekannte Tatsache, daß adaptierte Mischpopulationen sich wie eine Reinkultur eines ihrer leistungsstärksten Keime verhalten können (UHLMANN 1975).

5. Literatur

BERGTER, F., & M. ROTH, 1977: Bistabilität der Pyruvatproduktion von *Escherichia coli* ML 30 in kontinuierlicher Kultur. — Z. allg. Mikrobiol. **17**, 3—6

DAUBNER, J., 1967: Mikrobiologie des Wassers. — 224 S., Berlin.

KREY, L., 1976: Zur Physiographie der mittleren Saale. — Limnologica (Berlin) **10** (1), 9—44.

KUSNETSOV, W. S., & V. ROMANENKO, 1966: Produktion der Biomasse heterotropher Bakterien und die Geschwindigkeit ihrer Vermehrung im Rybinsk-Stausee. — Verh. internat. Verein. Limnol. **16** (3), 1493—1500.

STRAŠKRABOVÁ, V., 1966: Seasonal Changes in the Reproduction Rate of Bacteria in two Reservoirs. — Verh. internat. Verein. Limnol. **16** (3), 1527—1533.

UHLMANN, D., 1975: Hydrobiologie. — 162 S., Jena.

Eingegangen am 17. 5. 1978.

Anschrift des Verfassers:

Dipl.-Biol. GISELA GUTHKE
Akademie der Wissenschaften der DDR
Forschungszentrum f. Molekularbiologie u. Medizin
Zentralinstitut für Mikrobiologie
und experimentelle Therapie Jena
— Abteilung Limnologie —
DDR-6900 Jena, Beutenbergstr. 11

Limnologica (Berlin) **12** (1), 151—152, Februar 1980

Heinz-Dieter Krausch

Untersuchungen über die makrophytische Biomasse der mittleren Saale 1977

Mit einer Abbildung und einer Tabelle

In Ergänzung und Abrundung unserer Untersuchungen über die Makrophyten der mittleren Saale und ihrer Biomasse (Krausch 1976) wurden im Laufe des Jahres 1977 nochmals Biomasse-Bestimmungen durchgeführt. Die Probeentnahmen erfolgten jeweils Ende April und Ende Juli an folgenden Untersuchungsstellen:
Eichicht (ehemalige Eisenbahnbrücke), Kaulsdorf (Fähre), Tauschwitz (Ortsausgang), Fischersdorf (Brücke), Saalfeld (Zeißwerk), Remschütz (Einmündung der Lache) und Rothenstein (Brücke). Die Methodik war die gleiche wie bei den vorangegangenen Untersuchungen.
Im Jahre 1977 bestanden für Biomasse-Untersuchungen in der Saale recht günstige Bedingungen. Um das Wasserdefizit der vorangegangenen beiden Trockenjahre ausgleichen zu können, gaben die Talsperren nur wenig Wasser ab. Die Saale zeigte daher das ganze Jahr hindurch eine meist unternormale, aber doch sehr gleichmäßige Wasserführung, welche den Makrophytengesellschaften eine störungsfreie Entwicklung ermöglichte. Die Ergebnisse der Biomasse-Untersuchungen des Jahres 1977 sind in Abb. 1 dargestellt.
Die Moosgesellschaft war bei Eichicht 1977 besonders üppig entwickelt und erreichte dort Biomassewerte von rund 300 g Trockenmasse (TM)/m^2. Zwischen den Frühjahrs- und Hochsommerwerten gab es nur geringfügige Unterschiede. Das bestätigt frühere Feststellungen und Beobachtungen, daß diese wintergrüne, in auch sommerlich sehr kühlem Wasser wachsende Gesellschaft während des Sommers keinen größeren Zuwachs hat als im Winter. Ein anderes Bild bietet sich freilich an dem zweiten untersuchten Vorkommen dieser Gesellschaft bei Fischersdorf. Dort betrug die Biomasse im Frühjahr nur etwa ein Sechstel der im Hochsommer vorhandenen. Letztere lag mit 139 g TM/m^2 in derselben Höhe wie im August 1971. Ob bei diesen Beständen, die nicht mehr das Optimum der Gesellschaft darstellen, tatsächlich ein höherer sommerlicher Zuwachs erfolgt als bei Eichicht, kann vorerst nicht entschieden werden.
Im Ranunculetum fluitantis lagen die Frühjahrswerte zwischen 100 und 200 g/m^2 und die Sommerwerte zwischen 300 und 500 g/m^2. Den höchsten Sommerwert erhielten wir erwartungsgemäß in Rothenstein, wo auch schon in den Jahren 1971 und 1972 sehr hohe Sommerwerte (570 und 634 g/m^2) festgestellt wurden. Es handelt sich hierbei um die bereits α-mesosaprobe Verhältnisse kennzeichnende Ausbildung des Ranunculetum fluitantis mit *Potamogeton pectinatus*. Insgesamt liegen die Sommerwerte im Ranunculetum fluitantis etwa um 1,5 bis knapp 5mal höher als die Frühjahrs-

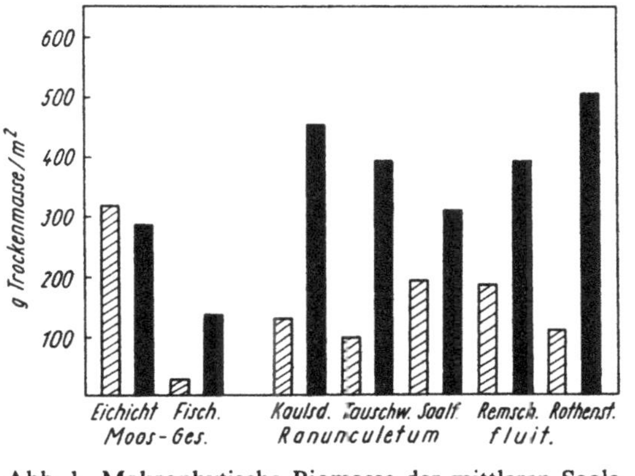

Abb. 1. Makrophytische Biomasse der mittleren Saale 1977. Schraffierte Säulen — Frühjahrswerte; schwarze Säulen — Hochsommerwerte

Tab. 1. Durchschnittliche (abgerundete) Biomasse-Werte für den Saaleabschnitt Eichicht — Rudolstadt in g Trokkenmasse/m² Flußbett

a) unter Zugrundelegung der 1970 und 1971 gewonnenen Daten (Moosgesellschaft 150 g/m², Ranunculetum fluitantis 290 g/m²)

b) unter Zugrundelegung der 1970—1972 gewonnenen Daten (Moosgesellschaft 120 g/m², Ranunculetum fluitantis 330 g/m²)

c) unter Zugrundelegung sämtlicher von 1970—1977 gewonnener Daten (Moosgesellschaft 140 g/m², Ranunculetum fluitantis 323 g/m²)

Deckungsstufe	Moos-Gesellschaft			Ranunculetum fluitantis		
	a	b	c	a	b	c
1— 5%	3,5	3,0	3,5	7,0	8,25	7,0
5— 25%	20,0	18,0	20,0	40,0	50,0	50,0
25— 50%	60,0	45,0	52,0	100,0	125,0	120,0
50— 75%	100,0	75,0	90,0	175,0	200,0	200,0
75—100%	150,0	100,0	120,0	250,0 (—400,0)	300,0	280,0

werte. Das bedeutet einen recht erheblichen Zuwachs an Biomasse während der Sommermonate. Dabei ist die Biomasse-Produktion in den *Ranunculus-fluitans*-Beständen mit einem höheren Anteil an sommergrünen Arten (*Potamogeton pectinatus* u. a.), wie sie z. B. in Rothenstein vorliegen, am höchsten. Hier betrug der sommerliche Zuwachs an oberirdischer Biomasse rd. 400 g TM/m². In sehr heißen Sommern kann er, wie die Ergebnisse des Jahres 1972 zeigen, noch erheblich höher (bei rd. 600 g TM/m²) liegen. In den reinen *Ranunculus-fluitans*-Beständen wurden 1977 sommerliche Zuwachsraten zwischen 117 und 325 g TM/m² ermittelt.

Durch die 1977 gewonnenen Ergebnisse der Biomasse-Untersuchungen können die bisher ermittelten Daten weiter präzisiert werden (Tab. 1).

Literatur

KRAUSCH, H.-D., 1976: Die Makrophyten der mittleren Saale und ihre Biomasse. — Limnologica (Berlin) **10** (1), 57—72.

Eingegangen am 10. 4. 1978.

Anschrift des Verfassers:
Dr. habil. HEINZ-DIETER KRAUSCH
Akademie der Wissenschaften der DDR
Forschungszentrum f. Molekularbiologie u. Medizin
Zentralinstitut für Mikrobiologie
und experimentelle Therapie Jena
— Abteilung Limnologie —
DDR-6900 Jena, Beutenbergstr. 11

Limnologica (Berlin **12** (1), 153—187, Februar 1980

Rezensionen

MILENA RYCHNOVSKÁ & BLANKA ÚLEHLOVÁ: **Autökologische Studie der tschechoslowakischen *Stipa*-Arten (Vegetace ČSSR A 8).** Praha: Akademia 1975. 170 S., 55 Abb., 38 Tab. Geb. Kčs 70,—

Eine Pflanzenphysiologin und eine Bodenbiologin legen mit diesem Buch eine inhaltsreiche autökologische Studie über die 5 in der ČSSR vorkommenden Spezies der Gattung *Stipa* vor: *stenophylla*, *joannis*, *dasyphylla*, *pulcherrima* u. *capillata*. Zum Vergleich zog man ferner das mediterran-ozeanisch verbreitete Gras *Bromus erectus* heran, untersucht wurden Vorkommen dieser Arten in der Tschechoslowakei, im westlichen Ungarn und in Österreich.

Nach einer ökologischen Analyse der Areale und Standorte werden die Befunde über die Bodeneigenschaften der *Stipa*-Standorte und über die mineralische Zusammensetzung der *Stipa*-Arten dargelegt. Eine eingehende Untersuchung erfuhren die ökophysiologischen Eigenschaften der Federgräser, insbesondere Wachstumsverhältnisse, Wasserhaushalt, Photosynthese und Respiration. Ein abschließender „Versuch einer kausalen Erklärung der natürlichen Verbreitung der Federgräser auf Grund ihrer ökophysiologischen Eigenschaften" wertet die Arbeitsergebnisse in chorologischer Hinsicht aus. Bemerkt soll hier lediglich werden, daß auch *Stipa joannis* in verschiedenen, sich in standörtlicher Hinsicht unterschiedlich verhaltenden Kleinarten auftritt (so besiedelt *St. sabulosa* [PACZ.] SLJUSSARENKO Sandstandorte), was bei weiteren Untersuchungen dieser Art beachtet werden sollte.

Das Buch zeichnet sich durch eine klare Konzeption, eine präzise Darstellung und eine Fülle von Einzelergebnissen aus. Es ist ein gutes Beispiel für eine überwiegend physiologisch orientierte ökologische Arbeit und dürfte auch über seinen eigentlichen Themenkreis hinaus anregend und richtungsweisend wirken.

H.-D. KRAUSCH, Potsdam

E. A. GEORGE (ed.): **List of Strains, 3rd Edition.** Cambridge: Natural Environment Research Council. Institute of Terrestrial Ecology. Culture Centre of Algae and Protozoa 1976. IV + 120 S. Geh. £ 1.00

Die Stammsammlung in Cambridge geht auf E. G. PRINGSHEIM zurück, der 1928 in Prag mit 48 Stämmen begann. 1947 übernahm die Universität von Cambridge die Kulturen und seit 1970 bilden sie die Basis des „Culture Centre of Algae and Protozoa". Die Sammlung umfaßt heute über 2000 Stämme von Algen (keine Tange) und freilebenden Protozoen. Die vorliegende Liste bietet außerdem einige Moose und die Wasserlinse *Wolffia* an. Hinweise auf Typuskulturen, Aufbewahrung, Kulturmedien sowie eine systematische Aufzählung der Gattungen sind willkommene Ergänzungen.

S. J. CASPER, Jena

RENSING, L., R. HARDELAND, M. RUNGE & G. GALLING: **Allgemeine Biologie.** Eine Einführung für Biologen und Mediziner. (Uni-Taschenbücher 417). Stuttgart: E. Ulmer 1975. 411 S., 190 Abb. Brosch. DM 23,80

Es ist zu begrüßen, daß trotz der unaufhaltsam fortschreitenden Spezialisierung auch auf dem Lehrbuchsektor wieder der Versuch einer Gesamtschau gemacht wird: Das Bemühen, molekulare, zytologisch-histologische, organismische und ökologische Beziehungsgefüge in ihrer horizontalen wie vertikalen Verflechtung verständlich zu machen. Hier geht es in einem erfreulichen Sinne über das lexikalische Nebeneinander hinaus um die Förderung von Einsichten in die Lebenserscheinungen in ihrem allgemeinen Zusammenhang.

Dem Grundanliegen ist durch das Zusammenwirken von vier Fachleuten in folgender Weise entsprochen worden: In den 9 Kapiteln werden zunächst allgemeine Prinzipien der Struktur und Funktion von Zellen (chemische Bausteine, strukturelle Organisation, Biokatalyse, Proteinsynthese, Energiestoffwechsel; 80 S.), der klassischen und molekularen Genetik (Organisation, Variabilität, Weitergabe und Realisierung genetischer Information einschließlich extranukleärer Vererbung; 37 S.) sowie von Entwicklung (Protobionten, mehrzellige Pflanzen und Tiere, Sexualität, Entwicklungssteuerung, Krebsproblem; 41 S.) und Evolution (8 S.) behandelt. Auf organismischer Ebene werden in den folgenden Kapiteln Bau und wichtige Funktionen vielzelliger Pflanzen (36 S.) und Tiere (110 S.) an Bei-

spielen demonstriert. Den Abschluß bilden zwei Kapitel zur Ökologie (Beschränkung auf Standortfaktoren und Wechselbeziehungen in terrestrischen Ökosystemen; 41 S.) und zum tierischen Verhalten (19 S.).
Sicher ist es nicht leicht, bei einer solchen Darstellung auf wenigen Seiten das optimale Verhältnis von Allgemeingültigem und Speziellem zu finden und auch die Auswahl und Wertung der Stoffinhalte unterliegt naturgemäß subjektiven Einflüssen. Und gewiß liegt in der notwendigen Komprimierung des Stoffes auch die Gefahr nicht ganz präziser Formulierungen. Diese Bemerkungen können jedoch den guten Gesamteindruck des Buches nicht schmälern. Hier liegt eine ergiebige Informationsquelle vor, die auch für das Selbststudium eine wertvolle und solide Basis bietet. Besonders hervorzuheben ist die gelungene Einbeziehung didaktischer Elemente in die Gestaltung des Buches: Die zahlreichen, in vielen Fällen bekannten Lehrbüchern entlehnten Abbildungen sind oft durch Zweifarbendruck besonders einprägsam und die drucktechnisch ebenfalls hervorgehobenen merksatzartigen Zusammenfassungen der einzelnen Kapitel erleichtern das Aneignen des Stoffes.
So ist das vorliegende Taschenbuch als Einführung zu begrüßen, besonders für den, der sich als „Rand-" oder „Nebenfächler" moderne Kenntnisse biologischer Mechanismen in leicht verständlicher, einprägsamer und übersichtlicher Form verschaffen möchte.

W. Braune, Jena

Karl von Frisch: **Erinnerungen eines Biologen.** 3., erw. Aufl. Berlin, Heidelberg, New York: Springer-Verlag 1973. X, 196 S., 42 Abb., 1 Falttaf. Geh. DM 32,—

Bereits in dritter Auflage erscheint dieses 1957 zuerst herausgekommene Büchlein. Es bringt die Darstellung des Lebensweges seines Autors, hervorgegangen aus einer Anforderung der Österreichischen Akademie der Wissenschaften, deren Mitglied der Autor seit 1938 ist. Diese 3. Auflage ist nach Ansicht des Resenzenten der Beweis dafür, daß ein Bedürfnis nach solchen Schilderungen besteht. Dem Verfasser waren „die Anlagen für eine wissenschaftliche Tätigkeit in die Wiege gelegt" und er hatte „das Glück, ihr mit Lust und Liebe folgen zu können". Die Darstellung der wissenschaftlichen Arbeiten nimmt denn auch in dieser Autobiographie einen breiten Raum ein, vor allem natürlich die Versuche an und mit den Bienen, die dem Autor vielfältige Anerkennungen und Würdigungen erbrachten, u. a. den Nobelpreis für Medizin 1973. Die Schilderung seiner persönlichen Entwicklung und seiner wissenschaftlichen Arbeiten ist stets mit der Zeitgeschichte verbunden. Dies, der gute Stil der Darstellung, die angefügten Gedichte des Autors und sicher auch die Vielzahl der in dem sorgfältig gedruckten Büchlein enthaltenen Ratschläge und Anregungen begründen seinen bleibenden Wert.

D. Storch, Jena

Peter von Sengbusch: **Einführung in die Allgemeine Biologie.** Berlin, Heidelberg, New York: Springer-Verlag 1974, VI, 475 S., 221 Abb., 64 Schemata. Geh. DM 29,80/US $ 12,20

Das Buch geht auf Vorlesungen des Autors zurück und will das Interesse an der Biologie wecken sowie „einen Einblick in heute noch offene Fragen" vermitteln. Es ist also kein Lehrbuch im engeren Sinne; der Leser findet viele interessante Fakten und Gedanken, methodische Details, z. T. durch umfangreiche Zitate belegte historische Bezüge und am Ende der einzelnen Abschnitte eine Liste ausgewählter Literatur.
Gliederung und Textgestaltung sind subjektiv stark geprägt. Schwerpunktmäßig werden die Molekularbiologie und die Mikrobengenetik behandelt. Kapitel mit elementaren Ausführungen über die Grundbegriffe der organischen Chemie sind in dieser „Einführung in die Allgemeine Biologie" aber auch enthalten, ebenso einige Abschnitte zur Evolution, Paläontologie und Systematik und zum Thema „Stammesgeschichte des Menschen: Sprache, Intelligenz". Dafür kommt vieles andere zu kurz oder wird überhaupt nicht erwähnt. Diese Feststellung betrifft den zoologischen und insbesondere den botanischen Bereich; während z. B. den tierischen Hormonen unter der Überschrift „Fernverbindungen" (S. 309) immerhin noch knapp 2 Seiten gewidmet sind, finden sich unter der Überschrift „Hormone bei Pflanzen" (S. 310) nur wenige Zeilen, die völlig unzureichend sind und außerdem mehrere Fehler enthalten. Während die vom Autor bevorzugten Abschnitte bis zur aktuellen Fragestellung moderner Forschung geführt werden und zum Teil sogar Meßwerte und Versuchsprotokolle enthalten, sind andere im Rahmen einer „Allgemeinen Biologie" ebenso wichtigen Kapitel überhaupt nicht behandelt worden (Düngung, Chemosynthese, Aktivitätswechsel, wichtige Aspekte der Anatomie und Morphologie usw.).
Auch die Anordnung des Stoffes wirft manches Problem auf. Ein Beispiel: Die Funktion der Mitochondrien wird ab S. 87 und die Photosynthese ab S. 94 behandelt. Auf S. 102 steht dann die triviale Feststellung „Die Chemie des Kohlenstoffs wird als organische Chemie bezeichnet. Es ist ein Arbeitsgebiet der Chemiker, ...". Die Besprechung der Eiweißmoleküle beginnt schließlich auf S. 124, auf S. 145 wird man mit Ribulose-1,5-Diphosphat bekanntgemacht und ab S. 228 schließlich mit den Enzymmechanismen.
Besonders im Hinblick auf eine eventuelle Neuauflage sei es gestattet, aus der Sicht des Botanikers auch auf einige Fehler und Ungenauigkeiten aufmerksam zu machen. Agar gewinnt man nicht aus einer Braunalge, sondern aus verschiedenen Rotalgen (S. 27, 428); unter dem Begriff „Spurenelemente" faßt man nicht „selten vorkommende Ionen" zusammen (S. 102), die Formel auf S. 117 zeigt nicht α-, sondern β-Karotin; Glycogen kommt auch bei Pilzen, Bakterien und Cyanophyceen

vor (S. 144); man sollte von Primär- und Sekundärwand und nicht von Membranen sprechen (S. 144); die Glykolyse ist kein Beispiel für eine Biosynthesekette (S. 221); Assimilations- und Leitungsgewebe (es heißt übrigens richtig „Leitgewebe“) sind keine Organe (S. 285), das Wasserleitungssystem besteht nicht aus „Leitbündel, Xylem und Phloem“ (S. 315); das Kambium ist keine „Wachstumsschicht“ (S. 432). Die Ausführungen über Protoplasmaströmung (S. 72), Wachstum und Differenzierung (S. 281), Phototropismus (S. 321) und Photoperiodismus (S. 323) sollten insgesamt überarbeitet werden. Schließlich noch der Hinweis auf einige Schreib- bzw. Druckfehler; es muß z. B. heißen: Thylacoide (S. 82, 83, 473), Porphyrinring (S. 135), *Aspergillus* (S. 259); Fehler enthalten 2 Formeln auf S. 94 und die Formel auf S. 98; das „Indol“ auf S. 115 muß nach oben neben die entsprechende Formel gesetzt werden. Auch einige Ausdrücke wären bei einer Neuauflage zu korrigieren; z. B.: die technisch optimalsten Röntgenröhren (S. 48), Bakterienlösung (S. 95) usw.

Abschließend noch einmal die Feststellung: Die Biologie der molekularen Ebene ist das Kernstück des vorliegenden Buches und für diese Darstellung sollten wir dem Autor sehr dankbar sein. Andererseits kann der Auffassung, daß „die subjektive Auswahl von Beispielen und Experimenten auch eine Eigenart dieses Buches“ ist, nicht widersprochen werden. Das Themenspektrum ist zu breit, um von einem Autor ausgewogen behandelt werden zu können.

H. AUGSTEN, Jena

Wasser und Abwasser Band 1971: Seen- und Grundwasserschutz — Forschungen und Fortschritte. Wien: Hrsg. u. Verl. Bundesanstalt für Wasserbiologie und Abwasserforschung 1973. 208 S., 57 Abb., 12 Tab., 1 Falttaf. Geb. ÖS 280,—

Der 16. Band faßt den Wissensstand von 1973 im Hinblick auf den Stoffhaushalt von Seen und den Einfluß von Abwässern auf das Grundwasser zusammen. Im einzelnen beschäftigen sich 5 Beiträge mit der Seengefährdung: H. J. ELSTER: Stoffhaushalt und Selbstreinigung der Seen; E. PESCHECK: Gefährdung und Sanierung stehender Gewässer, erläutert am Beispiel Neusiedler See und Donau-Oder-Kanal; L. J. OTTENDORFER: Schadstoffe in Seen und Grundwässern; W. KOHL: Hygiene der Seeufer; R. UHL: Die wirtschaftliche Bedeutung des Seenschutzes für die Entwicklung des Fremdenverkehrs. Weitere 8 Arbeiten geben der Problematik der Grundwassergefährdung Raum. Dabei reicht die Skala von Hydraulik und Technik des Grundwassers und der Grundwasserentnahme (F. SCHMIDT: Hydraulik und wasserwirtschaftliche Bedeutung des Grundwassers; H. BREINER & H. REITNIGER: Technik der Grundwasserentnahme aus flußnahen Gebieten) bis zum Einfluß von Sickerwässern aus Mülldeponien und Kleinkläranlagen (F. FISCHER: Grundwasserschutz durch geordnete Müllbeseitigung; K. H. HARTKORN: Der Einfluß von Abwässern und Sickerwässern aus Mülldeponien auf das Grundwasser; K. MEGAY: Hygienische Aspekte beim Schutz des Grundwassers; L. BERNHART: Öl im Grundwasser; H. DONNER: Gefährdung des Grundwassers durch Überläufe aus Kleinkläranlagen; H. FLÖGL: Gefährdung des Grundwassers im Traun-Ager-Tal).

Die einzelnen Beiträge schwanken zwischen Literaturzusammenstellung und -besprechung und Übersichtsarbeit. Der Band ist eine gelungene Zusammenstellung, der vor allem auf die vielfältigen Gefahren und Probleme der Wasserreinhaltung ausgerichtet ist.

D. RONNEBERGER, Jena

Ausgewählte Methoden der Wasseruntersuchung Bd. I. Chemische, physikalisch-chemische, physikalische und elektrochemische Methoden. Lfg. 3. (Hrsg.: Institut für Wasserwirtschaft Berlin, unter Mitwirkung des Forschungsinstitutes für Mikrobiologie und Hygiene. Bad Elster). — Jena: VEB Gustav Fischer 1973. 81 S. M 9,90 (Ausland M 16,—)

Die Ausgewählten Methoden der Wasseruntersuchung haben sich in vielen Laboratorien bereits gut eingeführt. Die 3. (Schluß-) Lieferung folgt der bewährten Konzeption und fügt sich ergänzend in die bereits erschienenen Teile I und II ein, so daß bei der Besprechung auf die Rezensionen der ersten beiden Teillieferungen verwiesen werden kann.

Die Lieferung 3 enthält folgende Analysenmethoden: Dünnschichtchromatographie — eine allgemeine Beschreibung der Methode und Techniken. Spezifische elektrische Leitfähigkeits-Messung, Eichung der Meßzelle und eine Tabelle für die Temperaturkorrektur. Trübung — photometrische Messung bei 520 nm, Eichung mit Formazin-Standard-Suspension. Der im Vorspann geäußerten Meinung „Grundwasser wird vorwiegend durch ungelöste Mineralsalze getrübt“, kann nicht beigepflichtet werden. Chlor — eine Feldmethode mit o-Tolidin und visueller Farbvergleich gegen Kaliumdichromat-Kupfersulfatlösung. Ozon — ein qualitativer Nachweis mit o-Tolidin-Lösung und die quantitative Bestimmung jodometrisch oder photometrisch mit Mangan(III)-Diphosphat. Kobalt — Quantitative Bestimmung mit β-Nitrose-α-naphthol. Nitrit — als Azofarbstoff mit Sulfanilamid und N-(1-Naphthyl)-äthylen-diamindihydrochlorid. Sulfat — maßanalytisch mit ÄDTA. Sulfit — qualitativ mit $Na_2(HgCl_4)$ und Fuchsin, quantitativ maßanalytisch über Jod. Es wird eine Spezialmethode für geringe CSV-Werte beschrieben, wobei besonderer Wert auf gleichbleibende Siedeverhältnisse gelegt wird. Salzgehalt — über einen Anionenaustauscher in Cl-Form. Das freigesetzte Chlor wird mit $AgNO_3$ titriert. Eliminierungsanalyse — eine Analysenmethode, welche sich zur Charakterisierung der organischen Wasserinhaltsstoffe bewährt hat und in vergleichbaren Methodensammlungen noch nicht zu finden ist. Formaldehyd — photometrische Bestimmung mit Phenylhydrazin. Eine quantitative dünnschichtchromatographische Bestimmung chlororganischer Insektizide nach Extraktion mit Chloroform erlaubt, diese Problemstoffe einfach zu erfassen.

Die Methoden der 3. Lieferung bringen wieder eine wertvolle Bereicherung der Sammlung.

G. PROFT, Jena

JEREMY PICKETT-HEAPS: **Green Algae.** Structure, reproduction and evolution in selected genera. Sunderland, Mass.: Sinauer Associates, Inc., Publishers 1975. 606 S., 882 Mikrofotos, 44 Strichzeichnungen. Kst. £ 23.40

Die Grünalgen stellen eine besonders anregende Gruppe der Algen dar, anregend deshalb, weil ihre Struktur und Individualentwicklung viele Züge aufweist, die sie mit den höheren Pflanzen verbinden. Es fehlt daher nicht an Versuchen, sie als direkte „Ahnen" der Kormophyten auszuweisen und dieser Vorstellung dadurch Gewicht zu verleihen, daß sie zusammen mit diesen zu einer einheitlichen Abteilung „Chlorophyta", wenigstens nomenklatorisch, verschmolzen werden. Aber unabhängig von diesen spekulativ „belasteten" Aspekten, die im vorliegenden Werk gebührend diskutiert und kritisch beleuchtet wurden, stellen die etwa 11000 Arten quantitativ einen erheblichen Prozentsatz aller Algen dar, wohl geeignet, spezielles Interesse zu erregen. Und so betont der Autor, sicher etwas überspitzt, in seiner klugen, dabei „kämpferischen" Einleitung, daß es eigentlich gar keinen Grund dafür gibt, daß noch immer bekannte und bewährte Lehr- und Handbücher unter Pflanzenzelle nur die Zelle der höheren Pflanzen verstehen und daß „any plant smaller than a pea seadling" nur eine Belastung darstellt. Auf jeden Fall bietet der durch zahlreiche Spezialarbeiten über die Substruktur der Grünalgenzelle ausgewiesene Autor eine hervorragende, kompetente Übersicht über die Zellmorphologie, Anatomie und Organographie der Grünalgen, von denen die Volvocales (*Chlamydomonas*, *Volvox*, *Tetraspora*), Chlorococcales (*Chlorococcum*, *Chlorella*, *Kirchneriella*, *Ankistrodesmus*, *Tetraëdron*, *Scenedesmus*, *Hydrodictyon*, *Pediastrum*, *Sorastrum*), Ulotrichales (*Stichococcus*, *Klebsormidium*, *Coleochaete*, *Ulothrix*, *Microspora*, *Stigeoclonium*, *Ulva*, *Fritschiella*), Oedogoniales (*Oedogonium*, *Bulbochaete*), Conjugales (*Netrium*, *Spirogyra*, *Zygnema*, *Mougeotia*, *Closterium*, *Micrasterias*, *Cosmarium*) und Charales eingehend auf der Grundlage licht- und (vornehmlich) elektronenmikroskopischer Befunde vorgestellt werden. Das Buch ist im Prinzip so aufgebaut, daß einer Textseite eine Bildseite gegenübergestellt ist, ein Verfahren, das der Verlag durch großzügige Raumaufteilung und hervorragenden Druck zum Vorteil der Gesamtdarstellung honoriert hat. Es ist ein einzigartiges Werk entstanden, ausgezeichnet durch die Eigenart, Frische und das Engagement der Textbehandlung, durch die Menge und Güte der Abbildungen, das bisher in der Algenkunde ohne Beispiel ist. In 3 Anhängen werden die Steroelektronenmikroskopie in Stereobildern vorgeführt, Filme über Grünalgen nachgewiesen und der Nutzen von Felduntersuchungen erörtert. Bibliographie und Index runden die Darstellung ab, ein modernes Buch über eine Algengruppe, das in so gelungener Weise aktuelles und traditionelles Wissen zu verbinden weiß.

S. J. CASPER, Jena

HELMUT KINDL & GÜNTER WÖBER: **Biochemie der Pflanze.** Ein Lehrbuch. Berlin, Heidelberg, New York: Springer Verlag 1975. XII, 364 S., 271 Abb. Geb. DM 78,—

Ein Lehrbuch für den fortgeschrittenen Studenten der Fächer Biologie, Biochemie oder Chemie sowie für tangierende Fächer, zu denen wir auch die Limnologie rechnen können. Es ist keine Einführung in die Biochemie, sondern als Komplement zu dem „Lehrbuch der Pflanzenphysiologie" von H. MOHR gedacht.

In 8 Kapiteln werden folgende Gebiete behandelt: Die pflanzliche Zelle, Enzyme, Informationsfluß und Regulation, Energiefluß, Heterotrophe Ernährung, Phototrophe Ernährung, Cytoplasmatische Syntheseleistungen, Biologische Membranen und Zellwände. In der modernen Limnologie ist ein Eindringen in dieses Fachgebiet in immer stärkerem Maße erforderlich. Das Lehrbuch von KINDL & WÖBER gibt in klarer und ausgewogener Weise einen guten Überblick und eine solide Grundlage.

G. PROFT, Jena

HEINRICH WALTER/HERBERT STRAKA: **Arealkunde.** Floristisch-historische Geobotanik. 2. Aufl., neubearbeitet von HERBERT STRAKA (Einführung in die Phytologie III/2). Stuttgart: Verlag Eugen Ulmer 1970. 478 S., 366 Abb., 2 Taf., 20 Tab. Ln. DM 78,—

H. STRAKA hat die verdienst- und mühevolle Aufgabe übernommen, die Neubearbeitung der 2. Auflage des 1954 zuerst erschienenen Werkes durchzuführen. Dabei hat sich der Umfang (ursprünglich 245 S. mit 216 Abb.) mehr als verdoppelt, was vor allem auf die Erweiterung der Abschnitte „Floren- und Vegetationsentwicklung in historischer Betrachtung (historische Geobotanik)" und „Die Geoelemente der Flora" zurückzuführen ist. Außerdem wurden Nordeuropa und die Alpen stärker berücksichtigt.

Der Aufbau des Buches wurde im wesentlichen beibehalten. Dem ersten Abschnitt „Das Wesen der Areale"

folgen die beiden schon genannten und der vierte „Florenverhältnisse in Mitteleuropa und den Nachbargebieten". Den Band beschließen ein 33seitiges Literaturverzeichnis sowie ein Pflanzennamen- und Sachregister (24 S.), wobei das erstere noch Angaben aus dem Jahre 1968 enthält. Den Hauptumfang nimmt der 2. Abschnitt ein, der von 87 auf 204 S. erweitert wurde. Die Florenentwicklung im und seit dem Pleistozän wird sehr detailliert dargestellt, ist sie doch die Grundlage für das Verständnis der heutigen Pflanzenverbreitung. Hier zeigen sich vor allem die großen Erfahrungen aus eigenen Untersuchungen des Autors. Demgegenüber erscheint dem Rezensenten die Florenentwicklung des Paläozoikums und Mesozoikums mit 18 S. zu stark unterrepräsentiert; dem Tertiär sind ebenfalls 18 S. gewidmet.
In einer zukünftigen Neuauflage sollte diese Diskrepanz beseitigt werden, auch wären die Ergebnisse der „Plattentektonik" in den Abschnitt 2.2. einzuarbeiten. Auf S. 87 u. 474 ist *Schizonema* in *Schizoneura* zu verbessern. — Diese umfassende Darstellung des Themas darf als sehr gelungen bezeichnet werden. Dem Autor und dem Verlag für den guten Druck ist zu danken.

D. STORCH, Jena

Ausgewählte Methoden der Wasseruntersuchung. Bd. II. Biologische, mikrobiologische und toxikologische Methoden. Lfg. 3. Jena: VEB Gustav Fischer 1975. 126 S., 6 Abb., 8 Tab., Lose-Blatt-System, M 11,80

Die vorliegende Schlußlieferung erweitert die Möglichkeiten zur routinemäßigen Gewässeruntersuchung sehr. Anleitungen zur Bestimmung der Sedimentzehrung und des Chlorophyllgehalts wurden aufgenommen; Atmungsaktivität, Protein- und DNS-Gehalt des Belebtschlamms und des Sestons können nun in größerem Umfang gemessen werden. Eine Überarbeitung erfuhren die Beschreibungen des Toxizitäts- und Keimungstests sowie der Daphnientest, wobei besonders bei den ersteren auf die Berechnung der Ergebnisse und deren statistische Sicherung anhand ausführlicher Beispiele mit Recht großer Wert gelegt wurde.
Sehr zu begrüßen ist die erhebliche Erweiterung bakteriologischer Gewässeruntersuchungsmethoden, die über die reine Beurteilung ihrer hygienischen Eigenschaften hinausreicht. So enthält der Ergänzungsband Methoden zur Bestimmung physiologischer Leistungen wie: Nitrifikation, Ammonifikation, Kohlenwasserstoff- und Phenolabbau sowie Schwefeloxydation. Sie sind für die Beurteilung der potentiellen Fähigkeiten der Mikroflora eines Flusses unerläßlich. Eine seit langem klaffende Publikationslücke konnte endlich geschlossen werden.
In zunehmendem Maße gewinnen virologische Untersuchungen zum Nachweis pathogener Erreger im Gewässer an Bedeutung. Diesem wird ebenfalls in ersten Ansätzen Rechnung getragen. Die vorliegenden Versuchsanleitungen sind eine notwendige und zu begrüßende Bereicherung bzw. Verbesserung des bereits vorliegenden Bandes. Sie werden auch im Routinelabor Eingang finden.

G. GUTHKE, Jena

Proceedings of the First International Congress of Ecology. Structure, Functioning and Management of Ecosystems. The Hague, the Netherlands, September 8—14, 1974. Congress secretary A. J. CAVÉ. Wageningen: Centre for Agricultural Publishing and Documentation 1974. 414 S., 127 Abb., 71 Tab. Brosch.

Aus dem ehemaligen Stiefkind Ökologie ist eine führende biologische Disziplin geworden. Vom 8.—14. 9. 1974 wurde ihr der erste internationale Kongreß in Den Haag gewidmet. Organisiert wurde er von der „International Association of Ecology" (INTECOL) und stand unter dem Thema „Structure, Functioning and Management of Ecosystems". Der Begriff „Ökosystem", 1935 von TANSLEY geprägt, hat sich als stark genug erwiesen, der jungen Wissenschaft das Rückgrat zu geben. Aus der Verschmelzung des noch qualitativen Biotop- und Biozönosebegriffes entstand der ökologische Systembegriff, der sich nun mathematischer Methoden und Modellierungen als zugänglich erwies.
Die klassische Raum- und Zeitstrukturforschung war auf dem Kongreß nicht mehr präsent. An ihre Stelle traten die Untersuchungen über die abstrakten Strukturen „Stabilität", „Mannigfaltigkeit" und „Reife", die es gestatten, den Zustand eines Systems mathematisch zu beschreiben. In den letzten 20 Jahren wurde auch der ökologische Funktionsbegriff entwickelt und schließlich auf das Ökosystem übertragen. Das Ökosystem hat die Funktion, Stoff und Energie zu produzieren und zu transportieren. Produktion und Transport von Stoff und Energie erwiesen sich als meßbar. So stand der Kongreß folgerichtig ganz im Zeichen dieser quantitativen Kriterien. Etwa 30% der publizierten Vorträge waren der „Funktion" des Ökosystems gewidmet und 15% den mathematisch erfaßbaren Strukturen.
Die klassische synökologische Strukturforschung entstand in Europa, die neueren Auffassungen kommen von außerhalb. Dies spiegelt auch der Kongreß wider: Etwa 60% der Referenten kamen aus den USA und Kanada. Noch eine andere Tendenz zeigte der Kongreß: Die ursprünglichen, lebensraumbetonten Abgrenzungen der Spezialgebiete der Synökologie (Ozeanologie, Limnologie, Epeirologie) werden weitgehend zugunsten einer „Allgemeinen Ökologie" aufgegeben. Dennoch kamen auf dem Kongreß auch die einzelnen Fachdisziplinen in Form von Symposien zu Wort. Einen breiten Raum nahm die angewandte Ökologie ein, speziell

das ökologische Management. Etwa 34% der abgedruckten Vorträge befassen sich mit angewandten Problemen. Es war ein weiter Weg bis zu der Auffassung der Lebensgemeinschaften und der sie beeinflussenden abiotischen Faktoren als Ökosystem oder (noch technischer ausgedrückt) als „Schaltsystem", in dem Stoff und Energie fließen. Aber erst diese Auffassung machte die Synökologie für die Praxis interessant.

Einige Referenten haben ihre Ausführungen leider nicht rechtzeitig eingesandt und blieben daher unberücksichtigt. Die Plenarvorträge erschienen bereits unter dem Titel „Unifying concepts in ecology" bei Dr. W. Junk, Den Haag (s. Besprechung in *Limnologica* **11** (2) 512, 1978) und sind in dem vorliegenden Band nur als Kurzfassungen vertreten. Alle Vorträge der „Proceedings" sind in Offsetdruck wiedergegeben.

Der Kongreß zeigt sehr gut die Tendenzen in der Entwicklung der gegenwärtigen ökologischen Forschung. Jeder Ökologe, der nicht Teilnehmer des Kongresses sein konnte, sollte den vorliegenden Band aufmerksam lesen. Dies gilt auch von dem erwähnten Sonderband der Plenarvorträge. Zu bedenken bleibt, daß Raumstruktur, Zeitstruktur, Stabilität, Mannigfaltigkeit, Produktion und Transport von Stoff noch in keinen Zusammenhang gebracht werden konnten. Die Produktion und der Transport von Stoff und Energie sind auch sicherlich nicht die einzigen Funktionen des Ökosystems und vielleicht nicht einmal die wichtigsten. Doch müssen sie erst ergründet werden, um über sie hinausgehen zu können.

W. SCHÖNBORN, Jena

„Meteor" Forschungsergebnisse Reihe C — No. 23. Berlin, Stuttgart: Gebrüder Borntraeger 1975. 94 S., 47 Abb., 2 Taf., 9 Tab. Brosch. DM 96,—

Die „Meteor" begann die Ozeanforschung 1964 mit der Expedition in den Indischen Ozean. Die Ergebnisse dieser und anderer Expeditionen auch in den Atlantischen Ozean werden von der Deutschen Forschungsgemeinschaft in 4 Reihen herausgegeben. Die vorliegende Nr. 23 der Reihe C (Geologie und Geophysik) enthält 2 Arbeiten: Late Quaternary stratigraphy based on planktonic foraminifera off Senegal (U. PFLAUMANN) und Tiefenverteilung benthischer Foraminiferen am portugiesischen Kontinentalhang (W. CHR. SEILER).

In Tiefseekernen kann PFLAUMANN deutlich drei Warm- und zwei Kaltzeiten erkennen, die er mit Holozän, Würm-Kaltzeit, Riß/Würm-Interglazial, Riß-Kaltzeit und Mindel/Riß-Interglazial gleichsetzt. Die Planktonforaminiferen sind in den Tiefseesedimenten wesentlich häufiger als in denen des Kontinentalhangs (untersuchte Größenordnung > 160 µm; geschätzt 25000 gegenüber bis zu 100 Exemplaren/g Sediment), was auf Verdünnung durch andere Faunenkomponenten und terrigenes Material zurückgeführt wird.

SEILER untersucht rezente benthische Foraminiferen aus 26 Greiferproben (Tiefenbereich 45 bis 3905 m), wobei nur die Fraktion 0,063—2 mm berücksichtigt wurde. Die Siedlungsdichten sind auf dem Schelf (bis 200 m Tiefe) am höchsten (bis 420 Ex./10 cm^3), unterhalb 1000 m Wassertiefe betragen sie 5—24 Ex. pro 10 cm^3.

Von 151 erfaßten Arten und Artgruppen werden 41 beschrieben und meist abgebildet. Die meisten Arten treten lebend in einem sehr weiten Tiefenbereich auf, *Epistominella rugosa convexa* z. B. von 430—3910 m. Faunengrenzen ergeben sich in 50—100, 600—800 und ca. 1000 m Wassertiefe. Verf. kommt zu dem Schluß: „Ein Einfluß auf die Fauna und Faunenzonierung wird der Wassertiefe (hydrostatischer Druck) oder einem von ihr abhängigen anderen Faktor (Verringerung des Nahrungsangebotes) zugeschrieben."

Beide Arbeiten sind sehr beachtenswert und über ihren lokalen Rahmen hinaus von großer Bedeutung, wegen der in ihnen enthaltenen regionalen Vergleiche und der Anregungen für benachbarte Arbeitsgebiete. Bedauerlich ist eigentlich nur der sehr hohe Preis des hervorragend gedruckten Heftes.

D. STORCH, Jena

J. B. HARBORNE & C. F. VAN SUMERE (eds.): **The Chemistry and Biochemistry of Plant Proteins** (Phytochemical Society Symposia Series No. 11). London, New York, San Francisco: Academic Press 1975. VIII, 326 S., 88 Abb., 33 Tab., Geb. £ 11.60

Dieser Tagungsbericht enthält die 10 Vorträge, jedoch nicht die Diskussionsbeiträge, eines Symposiums über „Die Chemie und Biochemie von Pflanzenproteinen", das im September 1973 an der Universität Gent (Belgien) veranstaltet wurde. Auf den jeweiligen Sektoren führende Wissenschaftler berichteten zusammenfassend und kritisch über aktuelle Schwerpunkte dieses sowohl wissenschaftlich interessanten als auch wirtschaftlich bedeutenden Fachgebiets. Das Spektrum der behandelten Themen umfaßt die Analyse der Aminosäuresequenz (pflanzlicher) Proteine (D. BOULTER & J. A. RAMSHAW), die immunochemische Untersuchung von Pflanzenproteinen (J. DAUSSANT), Aspekte der Reserveproteinbildung (H. STEGEMANN) und der Gerstenproteine (G. PRÉAUX & R. LONTIE), die Mechanismen der Proteinbiosynthese in höheren Pflanzen (O. CIFERRI) sowie die Biogenese von pflanzlichen Mitochondrien (C. J. LEAVER) und Chloroplasten (B. PARTHIER, R. KRAUSPE, D. MUNSCHE & R. WOLLGIEHN). Drei weitere Kapitel betreffen die Wechselbeziehungen zwischen Pflanzenproteinen und phenolischen Verbindungen (C. F. VAN SUMERE, J. ALBRECHT, A. DEDONDER, H. DE POOTER & I. PE), Proteine als Süßstoffe (G. E. INGLETT) und die taxonomische Bedeutung von Proteinen (J. G. VAUGHAN). In nahezu allen Kapiteln wird nicht nur über eigene neueste experimentelle Beiträge der Autoren referiert, sondern umfassend und bewertend der derzeitige Kenntnis- und Erkenntnisstand auf dem betreffenden Gebiet, zum Teil in monographischer Weise, dargestellt (insgesamt über 1000 Literaturzitate). Ausführliche Autoren- und Sachregister (zusammen 54 Spalten) erhöhen den Gebrauchswert dieser wertvollen, allen an der Pflanzenchemie, -biochemie und -physiologie Interessierten sehr zu empfehlenden Veröffentlichung.

K. SCHREIBER, Halle

KARLHEINZ LOHS & SONNHILD DÖRING (Hrsg.): **Im Mittelpunkt der Mensch**. Umweltgestaltung — Umweltschutz. Berlin: Akademie-Verlag 1975. 422 S., 192 Abb., 27 Tab. Ln. M 27,—

Viel ist in den letzten Jahren über die Endlichkeit der Naturressourcen, die Belastungen der Umwelt mit Ballast und Schadstoffen der Zivilisation und über die damit verbundenen Gefahren für Mensch und Natur geschrieben worden. Bescheidener dagegen ist die Zahl der Darstellungen über die Möglichkeiten der aktiven Umweltgestaltung durch den Menschen zum Wohle des Menschen. Der gesellschaftspolitische und fachliche Standort eines Autors bedingt eine unterschiedliche Auffassung des Begriffs „Umwelt". In diesem Buch nehmen Wissenschaftler aus der DDR aus der Sicht der sozialistischen Gesellschaftsordnung zu einer Reihe wichtiger Probleme der Beziehungen von Mensch und Umwelt Stellung. Die 25 Beiträge haben eine gemeinsame Plattform, den Menschen im Mittelpunkt seiner Umwelt zu sehen. Da es sich nach dem Vorwort der Herausgeber um eine Sammlung überarbeiteter Artikel der Zeitschrift „Wissenschaft und Fortschritt" handelt, entstand nicht ein komplettes Handbuch des Umweltschutzes, wohl aber eine Darstellung vielfältiger Bemühungen um die Verwirklichung sozialistischer Landeskultur und der Gestaltung einer menschenwürdigen Umwelt in der DDR. Im ersten Beitrag stellt MOTTEK die gesellschaftskritisch interessante Frage „Was ist ökonomisch tragbare Umweltverschmutzung" und leitet die Antwort aus einer Analyse der Beziehungen zwischen Produktion, Konsumtion und Arbeitsproduktivität ab. Mit Recht verlangt er, Kennziffern für die Umweltqualität in die Planung neben den Ziffern für Investitionen im Umweltschutz aufzunehmen. Neben den staatlichen und den in der Zusammenarbeit der RGW-Länder ergriffenen Maßnahmen ist es dringend an der Zeit, auch im internationalen Rahmen zu wirkungsvollen Vereinbarungen über globale Schutzmaßnahmen zu kommen. Mit der Einbeziehung von Beiträgen über die Beziehungen Mensch zum Mensch (KATZENSTEIN), Mensch zur Wohnung (SCHWANDT), Mensch zum Arbeitsplatz (THIELE) und Mensch und seine Freizeit (QUAAS) unterscheidet sich dieses der Umwelt gewidmete Buch von den auf dem Büchermarkt kapitalistischer Staaten erschienenen Publikationen, in denen meist allein die „Ökokatastrophe" Leitmotiv ist. LOHS u. Mitarb. geben einen Überblick über die Gefahren für die Menschen, die sich durch die zunehmende Verwendung toxischer Stoffe in allen Bereichen menschlicher Tätigkeit ergeben. Ergänzend hierzu beschreibt REIN die biochemischen Vorgänge bei Abbau von Fremdstoffen im Organismus. Beim Lesen des Beitrags von ENGST über die umweltbedingten Risikofaktoren in der Ernährung fragt man sich, warum wohl 150 Fremdstoffe als Lebensmittelzusätze in der DDR zugelassen sind, wenn schon die unbeabsichtigt in die Nahrungsmittel gelangenden und mit der Atemluft aufgenommenen Kontaminenten zahlreich genug sind. Interessant ist im Zusammenhang mit der Umweltdiskussion der Bericht über die Einwirkungen von Umweltreizen auf das Zentralnervensystem von HECHT. Bei der Bedeutung der Lärmbekämpfung, wie sie JUNGHANS & NITSCHKOFF schildern, sollte wirklich mehr auf die Einhaltung zulässiger Lärmpegel bei Tanz- und Unterhaltungsmusikern und in Discoveranstaltungen geachtet werden. Desgleichen ähneln die Geräusche unserer Büromaschinen eher dem Maschinengewehrfeuer. Physische Erschöpfungen der mit ihnen Beschäftigten verwundern nicht. Über zahlreiche biomedizinische Forschungsergebnisse über die Einwirkungen geophysikalischer Erscheinungen auf den Organismus berichtet LAUTERBACH, und STUBBE macht auf die Gefahren aufmerksam, die mit dem Einfluß des Menschen auf die Evolution der Natur und der menschlichen Gesellschaft verbunden sind. Moderne Methoden der Kartographie sind in der Lage, wertvolle Erkenntnisse im Dienst des Umweltschutzes zu vermitteln, wie LEHMANN ausführt. Den terrestrischen und aquatischen Problemen sind dann mehrere Beiträge gewidmet. Unter den verschiedenen Aspekten werden sie immer wieder diskutiert und einig ist man sich in jedem Fall, daß sich baldigst einiges ändern muß. Die Vorstellungen über das Was und Wie gehen allerdings auseinander. NEEF befaßt sich mit der Inanspruchnahme des Bodens, SCHWABE mit der Weltrohstoffsituation. KUTZSCHBAUCH gibt einen Überblick über Möglichkeiten der Abproduktbeseitigung und -nutzung und den Stand in der DDR. In Anerkennung der bisherigen Erfolge der Sekundärrohstofferfassung ließe sich sicher noch an weiteren Beispielen die Rückkehr zur Zweiwegverpackung ermöglichen. Erschreckend sind die Beispielszahlen für den Anteil von Küchenabfällen, Brot, Papier und Glas im Berliner Hausmüll. Vom Leser dieser Zeitschrift wird eine Aufgeschlossenheit gegenüber allen Problemen des Umweltschutzes erwartet. Das größte Interesse wird aber sicher von ihm der Reinhaltung des Wassers entgegengebracht. WILINSKI gibt einen Überblick über Maßnahmen und Resultate des Gewässerschutzes in der DDR und SCHÜTZLER teilt interessante Einzelheiten über die Schadstoffbelastung der Weltmeere mit. Im Beitrag von SCHNURRBUSCH „Landwirtschaft und Landeskultur“ scheinen die ökonomischen Ziele zu sehr im Vordergrund zu stehen. Den Ökologen überkommt ein Unbehagen, wenn er die Bildunterschriften zu Abb. 131, 133 und 134 liest. Gibt es wirklich „funktionslose Gehölze“, die beseitigt werden müssen? Auch die Sölle nehmen ihren Platz im Ökosystem ein. Ist eine Gebüschgruppe im Feld nur ein Schlag„hindernis“? Die Überschrift auf S. 311 trifft nicht voll auf die Ausführungen zu. Nicht alle erwähnten Faktoren sind als Eutrophierungserscheinungen einzuordnen. THOMASIUS & PAUL schildern als Ergänzung zum vorherigen Thema die landeskulturellen Maßnahmen in der Forstwirtschaft. Vorbildliches ist in der DDR bei der Rekultivierung von Bergbaufolgelandschaften geleistet worden (RINDT). Erfreulich, daß seit einigen Jahren der Ökosystemforschung in der DDR besondere Aufmerksamkeit geschenkt wird. Die zu lösenden Aufgaben sind mannigfaltig, wie STÖCKER ausführt. BAUER gibt einen Abriß über die Naturschutzgebiete der DDR und ihre Aufgaben. Schließlich ist der letzte Beitrag der höchstaktuellen Luftverschmutzung gewidmet. LOHS & ROLLE apellieren an verschiedene Wirtschaftsbetriebe, ihren Anteil an der Luftverschmutzung zu reduzieren. Wer sich über die Aufgaben und Probleme des Umweltschutzes und insbesondere über die nationalen Aktivitäten einen Überblick verschaffen will, erhält mit diesem Buch eine Fülle von Informationen.

G. BREITIG, Berlin

ERNST MAYR: **Grundlagen der zoologischen Systematik.** Theoretische und praktische Voraussetzungen für Arbeiten auf systematischem Gebiet. Aus dem Englischen übertragen und bearbeitet von OTTO KRAUS. Hamburg, Berlin: Verlag Paul Parey 1975. 370 S., 78 Abb., 20 Tab. Balacron geb. DM 68,—

Die „Grundlagen der zoologischen Systematik“ sind eine veränderte Ausgabe des bekannten Werkes von MAYR, LINSLEY & USINGER (1953): „Methods and Principles of Systematic Zoology“. Die Durcharbeitung des in der letzten Zeit enorm angewachsenen taxonomischen Schrifttums ließ ein völlig neues Buch entstehen, für das jetzt E. MAYR allein verantwortlich zeichnet. Auch eine deutliche Aspektverschiebung ist eingetreten: das Schwergewicht liegt auf der Theorie der biologischen Klassifikation. Ausführlich wird die „Neue Systematik“ dargestellt (ein Begriff von J. S. HUXLEY, 1940), die nicht mehr von präparierten Individuen, sondern von Populationen ausgeht, alle Eigenschaften verwendet (genetische, verhaltensmäßige, biochemische usw.) und somit die reine Morphospezies überwindet. Diese „Neue Systematik“ ist Teil der „Synthetischen Theorie“ der Evolution, der E. MAYR gleichfalls ein umfangreiches Buch gewidmet hat („Artbegriff und Evolution“, 1967, vgl. die Besprechung in *Limnologica* 7 (2), S. 509, 1970).

Das vorliegende Buch bietet sowohl dem Anfänger eine Einführung in Theorie und Praxis der Systematik als auch dem Fachmann eine kritische Auseinandersetzung mit anderen theoretischen Auffassungen in der Systematik. Die Kritik richtet sich besonders gegen die typologische, „kladistische“ und numerische Klassifikation. Unter „Kladismus“ wird dabei die Ermittlung der zeitlichen Anordnung der Verzweigungspunkte von Artengruppen verstanden, wie sie hauptsächlich von HENNIG in seiner „konsequent-phylogenetischen“ Methode entwickelt wurde. Mag die „kladistische“ Klassifikation auch theoretisch anfechtbar sein, so hat sie zumindest in der Praxis für einige Gruppen zu sehr brauchbaren Ergebnissen geführt. Sie bewirkte ein Aufblühen der Detailarbeit der phylogenetisch arbeitenden Taxonomen und ist immerhin ein großartiger Versuch, Phylogenie exakt zu betreiben. Dabei ist zu bedenken, daß der rückwärtsschauende Systematiker immer „typologischer“ denken wird als der an rezentem Material arbeitende Taxonom. Die „Neue Systematik“ hat eine Theorie, aber keine Methode. Offenbar gibt es auch gar kein allgemeines „Rezept“ der Klassifikation. Auch MAYR bietet nur „punktuelle“ Verbesserungen der taxonomischen Methodik, deren Anwendbarkeit von Gruppe zu Gruppe neu entschieden werden muß.

Die Evolution der Tiere erfolgt auf dem Hintergrund ihrer Lebensräume; ohne eine Wertung und Einbeziehung dieser Lebensräume in die phylogenetisch-taxonomische Arbeit werden in der Systematik immer ungelöste Probleme auftreten. Von einer solchen Wertung der Lebensräume sind wir noch weit entfernt, weshalb wohl auch im vorliegenden Buch kaum Andeutungen über diese methodischen Möglichkeiten gegeben werden. In dem für eine Gruppe extremen Lebensraum befinden sich auch immer die abgeleiteten Formen. Ergeben sich Trends, bewirkt durch die Ausbreitung der Gruppe, so ist die „Lesrichtung“ immer in Richtung der Besiedler dieser extremen Lebensräume. So zeigt das im Buch angeführte Stammbaumschema von MILNE & MILIVE über den Gehäusebau der Köcherfliegen die abgeleiteten Formen in den schnellfließenden Gewässern, also in einem Lebensraum, dessen Selektionsdruck höher ist als der in stehenden Gewässern. Nach diesen Vorstellungen erscheint auch die Phylogenie der Tetrapoden mehr ein Anpassungsvorgang zu sein, als eine ausschließliche Höherentwicklung. (Nach der Methode von HENNIG erhalten die Taxa der Tetrapoden auch tatsächlich niedere Ränge, als sie jetzt innehaben; aber hierfür liegen noch keine überzeugenden Beweise vor.)

Das Buch gliedert sich in 3 Teile: Teil I — Grundzüge der zoologischen Klassifikation: In diesem Teil findet sich auch eine sehr klar durchdachte Darstellung der Geschichte der biologischen Klassifikation, wie sie wohl bisher noch nicht gegeben wurde. Teil II — Methoden der zoologischen Klassifikation: Dieser Teil gibt eine ausführliche Beschreibung der taxonomischen Methoden und Arbeitsvorgänge von der Wertung und Darstellung der taxonomisch relevanten Merkmale über Variationsuntersuchungen bis zum Anlegen und Betreuen von Sammlungen. Auch viele technische Einzelheiten, wie z. B. das Anfertigen von Manuskripten und Zeichnungen und das Verschicken von Sonderdrucken werden gebracht. Teil III — Die internationalen Regeln für die zoologische Nomenklatur und deren Anwendung: Hier findet sich eine ausführliche und anschauliche Darlegung und Erläuterung der Nomenklaturregeln, die sicher für viele Taxonomen sehr willkommen sein wird.

Lobend zu erwähnen ist die vorbildliche Übertragung des Werkes aus dem Englischen durch O. KRAUS, der gleichzeitig eine Bearbeitung speziell für die europäischen Verhältnisse vornahm. Das Buch von E. MAYR faßt das theoretische Wissen der Systematik und die Methoden kritisch zusammen und bringt eine Fülle neuer Anregungen und Erkenntnisse.

W. SCHÖNBORN, Jena

GISELHER KAULE: **Die Übergangs- und Hochmoore Süddeutschlands und der Vogesen.** Landschaftökologische Untersuchungen mit besonderer Berücksichtigung der Ziele der Raumordnung und des Naturschutzes (Dissertationes Botanicae Bd. 27). Lehre: J. Cramer 1974. 345 S., 4 Abb., 7 Kt., 19 Tab. Brosch. DM 60,—

Die Moore gehören zu denjenigen Vegetationstypen Mitteleuropas, die am stärksten bedroht und von Umwandlungen am meisten betroffen sind. Es ist daher ein Gebot der Stunde, die jetzt noch vorhandenen Reste der Moore und ihrer Vegetation so umfassend wie möglich zu erforschen. Die vorliegende Arbeit unternimmt es, die bisher noch wenig bekannten Hoch- und Übergangsmoore des Südens der BRD und der Vogesen zu untersuchen. Ein besonderes Augenmerk wird den einzelnen Moortypen zugewandt, deren Unterscheidung nach ihrer morphologischen Gestalt, ihren wichtigsten Formationen und ihrer geographischen Lage erfolgt. Kernpunkt der Arbeit bilden die nach einheitlichen Gesichtspunkten gegliederten Kurzbeschreibungen der einzelnen Moore und die Bewertung ihrer Bedeutung. Ihr schließen sich eine Zusammenstellung der wichtigsten Moorpflanzen und ihrer Vorkommen sowie Übersichten über die Pflanzengesellschaften und über die Ökologie der Übergangs- und Hochmoore des Untersuchungsgebiets an. Wichtig sind die Angaben und Hinweise auf Notwendigkeiten und Möglichkeiten eines Natur- und Umweltschutzes und die Einbeziehung der Moore in eine umfassende Landschaftsplanung. Das Buch liefert somit einen gewichtigen Beitrag zur Moorforschung und Landschaftsökologie und gibt zugleich den Organen der Territorialplanung und des Naturschutzes verläßliche Unterlagen an die Hand.

H.-D. KRAUSCH, Potsdam

ALAN MITCHELL: **Die Wald- und Parkbäume Europas.** Ein Bestimmungsbuch. Hamburg und Berlin: Verlag Paul Parey 1975. 419 S., 1098 Abb., davon 380 farb. auf Taf. Balacron. DM 48,—

Das Pflanzenkleid unserer Breiten wird in seiner Physiognomie weitestgehend von der Lebensform „Baum" bestimmt, als Wald oder Forst oder auch als Park oder Einzelbaum. Bäume begegnen daher dem Interesse des Laien in besonderer Weise. Viele Menschen können Baumarten eher ansprechen als Kräuter oder Sträucher. Es gibt zahlreiche Bücher, die dem Laien helfen können, die Bäume zu bestimmen. Wir denken etwa an die FITSCHENsche „Gehölzflora", die Bestimmungsbücher von HARZ, MORGENTHAL und SCHRETZENMAYR, die alle ihren Beitrag zum Kennenlernen der Laub- oder Nadelbäume im Sommer oder Winter leisten. „Fremdländische Wald- und Parkbäume" stellt SCHENK vor. Aber diese Darstellungen erfassen nicht alle Arten, die, ob einheimisch oder fremdländisch, bei uns in Park, Garten, Forst oder Wald vorkommen. A. MITCHELL versucht nun, alle Bäume, die bei uns wachsen, zu erfassen, gleichgültig, ob sie aus Nordamerika, Südamerika, China, Japan, dem Himalaja, dem Kaukasus oder dem Mittelmeergebiet stammen. Verzichtet wurde auf die wirklich nur in botanischen Gärten vorhandenen, da sie dort in der Regel gekennzeichnet sind. Der Autor, der zwei der berühmtesten Gehölzsammlungen und Forstversuchsflächen in England leitet, hat insgesamt rund 800 Arten und Formen erfaßt. Sämtliche Beschreibungen sind nach frischem Material angefertigt worden, mit genauen Angaben über Blätter, Nadeln, Blüten, Früchte, Rinde, Kronenform und den Duft zerriebener Blätter, außerdem über Herkunft, Verbreitung und Häufigkeit. Die behandelten Bäume — unter Baum wird eine holzige, ausdauernde Pflanze von wenigstens 6 m Höhe, deren Stamm sich oberhalb des Bodens verzweigt, verstanden — sind botanisch-systematisch geordnet. Neben der wissenschaftlichen Bezeichnung und den wichtigsten Synonymen werden die deutschen, englischen, französischen und niederländischen Namen angegeben. Die guten Abbildungen ergänzen in glücklicher Weise die verschiedenen Bestimmungsschlüssel, die botanische Begriffe nur in bescheidenem Umfange verwenden.

G. KRÜSSMANN hat das Buch für kontinentaleuropäische Verhältnisse überarbeitet und ergänzt. Er hat vor allem die Einführung weitgehend neu geschrieben, die Nomenklatur überarbeitet und ein Glossarium der botanischen Fachausdrücke geschrieben und zusätzlich bebildert.

Einige Anmerkungen seien als Hinweise für eine eventuelle neue Auflage gegeben. Das Inhaltsverzeichnis enthält nicht alle Kapitelüberschriften. So fehlen z. B. in ihm die Abschnitte „Gymnospermen ...", „Angiospermen", „Dicotyledoneae" und „Monocotyledoneae". Ein paar mißverständliche Formulierungen sind stehengeblieben. Die nackte Eianlage der Gymospermen ist nicht von „einigen Fruchtknoten" umgeben (S. 52). Es ist auch nicht einzusehen, wieso ausgerechnet die „Art Ginkgo in vielerlei Hinsicht stark von allen anderen lebenden Pflanzen abweicht" (S. 53), abgesehen davon, daß hier natürlich „Gattung Ginkgo" stehen müßte. Es heißt zweigeschlechtig und nicht zweigeschlechtlich (S. 53).

S. J. Casper, Jena

Autorenkollektiv: **Verfahrenstechnik. Umweltschutztechnik.** Leipzig: VEB Deutscher Verlag für Grundstoffindustrie 1975. 109 S., 38 Abb., Brosch. M 7,20 (Ausland M 10,—)

Das hier vorliegende Bändchen — als Hochschullehrbuch anerkannt — ist speziell zugeschnitten auf die Ausbildung von Ingenieuren für Verfahrenstechnik. Es bildet zugleich einen Teil des detaillierten Lehrwerkes Verfahrenstechnik. Durch Darlegung der industriellen Ursachen der Luft-, Wasser- und Bodenverunreinigung sowie der Methoden für deren Nachweis, Messung und Erfassung geht es um die planmäßige Vermeidung, Verminderung und Beseitigung von Schadstoffen aus unserer Umwelt.
Auf die Komplexität dieser Verunreinigungen wird hingewiesen und verpflichtende moderne Methoden der industriellen Verfahrenstechnik vorgestellt, denn sie gehören in den Bereich jedes Produktionsverfahrens schon bei dessen Projektierung, noch bevor Luft, Boden oder Wasserläufe mit den Abprodukten belastet werden! Diese aufklärende Arbeit — einschließlich der Literaturzusammenstellung, Gesetzeswerke und Fachbegriffe — ist außerordentlich zu begrüßen.

L. Krey, Jena

A. Poljakoff-Mayber & J. Gale (eds.): **Plants in Saline Environments** (Ecol. Stud. vol. 15). Berlin, Heidelberg, New York: Springer-Verlag 1975. VII, 213 S., 54 Abb., Geb. DM 72,60

Unter Federführung und maßgeblicher Mitwirkung der beiden Botaniker A. Poljakoff-Mayber & J. Gale umreißen in diesem Band 10 Forscher aus aller Welt die Probleme des Pflanzenwachstums auf versalzten Standorten. Bekanntlich sind diese nicht nur von wissenschaftlichem, sondern auch von ausgesprochen wirtschaftlichem Interesse, sind doch Millionen ha Land auf der Erde zu sehr versalzt, um landwirtschaftliche Erträge liefern zu können, und diese Flächen nehmen von Jahr zu Jahr durch Salzanreicherung weiter zu. Für die Landwirtschaft der ariden und semiariden Zonen sind die Salinitätsprobleme die wichtigsten Probleme überhaupt. So nimmt es nicht wunder, wenn angesichts des steigenden Nahrungsbedarfs der wachsenden Menschheit diesen Fragen eine immer stärker werdende Aufmerksamkeit seitens Botanik, Landwirtschaft und Bodenkunde zugewendet wird.
Das vorliegende Sammelwerk bringt nach einer Einführung durch A. Poljakoff-Mayber & J. Gale zunächst einen Gesamtüberblick über das Salinitätsproblem. Dabei umreißt V. C. Chapman das Salinitätsproblem im allgemeinen, seine Bedeutung und Verbreitung, wobei ein bis in Einzelheiten gehender Überblick über das Vorkommen von versalzten Gebieten, von maritimer Salzmarschen-Vegetation, von Mangroven-Vegetation, von Binnensalzstellen und Salzwüsten gegeben wird. D. L. Carter schildert die Salinitätsprobleme in der Landwirtschaft. Der folgende Teil mit drei Einzelbeiträgen von J. Shainberg, L. D. Doneen und A. J. Peck ist dem Themenkreis Boden, Wasser und Salinität gewidmet. Nach Zwischenbemerkungen von A. Poljakoff-Mayber & J. Gale erfahren schließlich die Reaktionen der Pflanzen auf Versalzungserscheinungen durch 5 Beiträge von A. Poljakoff-Mayber, W. W. Thomson, A. Kylin und R. S. Quatrano sowie J. Gale eine vielseitige Durchleuchtung. Ein Schlußwort der Herausgeber faßt noch einmal alle wesentlichen Erkenntnisse und Probleme zusammen.
Das inhaltsreiche Buch erscheint uns nicht nur unentbehrlich für alle diejenigen, welche in Trockengebieten der Erde mit den Salinitätsproblemen konfrontiert werden, sondern auch wichtig für alle, die sich in humiden Gebieten mit versalzten Standorten zu beschäftigen haben.

H.-D. Krausch, Potsdam

Helmut Lieth & Robert H. Whittaker: **Primary productivity of the biosphere** (Ecological studies vol. 14). Berlin, Heidelberg, New York: Springer-Verlag 1975. VIII, 339 S., 67 Abb., 50 Tab. Geb. DM 69,40/US $ 28.50

Die moderne Ökologie ist wesentlich geprägt durch die Ökosystemforschung, in der die Fragen des Stoff- und Energietransports und ihrer Beziehungen zur Struktur der pflanzlichen und tierischen Gesellschaften von primärem Interesse sind. Quelle aller Prozesse im Ökosystem ist die Primärproduktion, von deren Aktivität und Kapazität nicht nur irgendein biologisches Gleichgewicht eines beliebigen Systems, sondern letztlich die Existenz der Biosphäre selbst abhängt. Das Internationale Biologische Programm (IBP), getragen von der UNESCO und weltweit unterstützt, hat die Bedeutung der Produktionsbiologie ins Rampenlicht der Öffentlichkeit gerückt. Zweck des Buches ist es, einen möglichst vollständigen Überblick über die Leistung der Primärproduktion in der Biosphäre zu vermitteln, gestützt auf 15 Beiträge von 11 Wissenschaftlern, die entweder auf Arbeiten im Rahmen des IBP oder auf das Miami-Symposium über Primärproduktion des Jahres 1971 zurückgehen. Die 4 Kapitel beschäftigen sich mit dem Zweck des Buches, der Geschichte der Primärproduktionsforschung, den Methoden der Produktivitätsmessung im Wasser und auf dem Lande, mit globalen Produktivitätsmustern mariner, limnischer und terrestrischer Ökosysteme sowie der Anwendung der Erkenntnisse durch Entwicklung von Modellen, wobei insbesondere die Beziehungen des Menschen zur und seine Rolle in der Biosphäre beleuchtet werden, dies nicht ohne „Seitenhiebe" auf gewisse „räuberische" Praktiken des Umgangs mit den natürlichen Ressourcen. Insgesamt ein erfreulich klar gegliedertes, sachliches, informationsreiches Werk, gut gedruckt und hervorragend ausgestattet: Ein echtes Handbuch für Ökologen, Biologen und Umweltforscher.

S. J. CASPER, Jena

BRUCE WALLACE. **Die genetische Bürde.** Ihre biologische und theoretische Bedeutung (Grundbegriffe der modernen Biologie Bd. 12). Stuttgart: Gustav Fischer Verlag 1974. 103 S., 10 Abb., 16 Tab. Brosch. DM 22,—

Unter der „genetischen Bürde" versteht man die phänotypisch verborgene genetische Variabilität, deren Ursachen, Größe und Rolle in der Evolution. Die Theorie der genetischen Bürde stellt infolgedessen eine wesentliche Basis für die Beurteilung der Entwicklung von Populationen dar. In dem vorliegenden Buch wird eine didaktisch sehr gut aufgebaute Übersicht über die Grundlagen der Problematik gegeben, die nicht nur für den Genetiker und Ökologen, sondern auch für den Mediziner gedacht ist. Die Aktualität der Thematik ergibt sich aus der zunehmenden Fülle von Nachweisen eines hochgradigen balancierten Polymorphismus bei vielen Organismen — einschließlich des Menschen — und nicht zuletzt daraus, daß H. J. MULLER den Ausdruck „genetische Bürde" im Zusammenhang mit Erbdefekten beim Menschen geprägt hat.

In dem Buch wird die biologische, mathematische und populationsgenetische Bedeutung der genetischen Bürde in drei entsprechenden Hauptkapiteln abgehandelt. Hinweise auf die wichtigste Literatur, Begriffserklärungen und ein Stichwortverzeichnis sind ergänzend angefügt. Ohne daß hier auf Einzelheiten eingegangen werden kann, sei hervorgehoben, daß der Autor — offensichtlich auf der Grundlage von persönlichen Diskussionen mit zahlreichen namhaften Genetikern — nicht referierend vorgeht, sondern in vielerlei Hinsicht eine eigene kritische Meinung vertritt. Dies betrifft vor allem die in dem Buch dargestellten humangenetischen Aspekte, bei deren Einschätzung er vor einer Vernachlässigung der Sonderstellung des Menschen immer wieder warnt.

In Anbetracht der wenig reichhaltigen deutschsprachigen populationsgenetischen Literatur ist das Buch von WALLACE zu begrüßen.

H. BACH, Jena

Beiträge zur Meereskunde Heft 35 (Hrsg.: E. BRUNS). Meeresgrund- und Küstenforschung im Bereich der Ost- und Nordsee IV. Stechrohrproben. Submarine Uferterrassen, Eustatik, Isostasie. Berlin: Akademie-Verlag 1975. IV, 56 S., 36 Abb., 15 Tab., 1 Falttaf. Brosch. M 30,—

Dieses Heft enthält die Arbeit von O. KOLP: „Die submarinen Terrassen der südlichen Ost- und Nordsee und ihre Beziehung zum eustatischen Meeresanstieg". Der Verfasser legt hiermit die Zusammenfassung der meeresgeologischen Arbeiten vor, die unter seiner Leitung in den Jahren 1960—1970 vom Institut für Meereskunde Warnemünde der Akademie der Wissenschaften der DDR durchgeführt wurden. Einzelergebnisse waren vom Verfasser bereits an anderer Stelle vorgetragen bzw. veröffentlicht worden. Die hier vorgelegten Resultate stellen „das Gegenstück zur Erkundung holozäner Strandlinien in den isostatisch gehobenen Gebieten der nördlichen Ostseeländer dar". Der Verfasser berichtet über den Nachweis von 7 submarinen Hauptterrassen im Untersuchungsgebiet, die für einen stufenförmigen Verlauf des eustatischen Meeresanstiegs im älteren und mittleren Holozän sprechen. Diese Stufen und die dadurch entstandenen Terrassen werden nach den Entwicklungsphasen der Ostsee bezeichnet: Yoldia-, Echeneis-, Ancylus-, Mastogloia-, Cypleus-, Litorina-I- und Litorina-II-Stufe bzw. Terrasse. Die hier mitgeteilten Ergebnisse stimmen gut mit den durch Bohrungen an der schleswig-holsteinischen Küste erzielten Resultaten überein.

Dem Verfasser ist für diese wertvolle Darstellung zu danken, die die Grundlage für weitere geologische Untersuchungen, aber auch z. B. für Fragen der Umweltforschung bietet. Bedauerlicherweise leidet die Arbeit unter einer Vielzahl von Fehlern. Es häufen sich Druck- und Satzfehler, es beginnt gleich in der Überschrift S. 5. Sehr oft wurde bei den Namen von Arten, Gattungen und Autoren die falsche Schrift gewählt usw Erstaunlich ist der großzügige Umgang mit der deutschen Sprache, da steht z. B. Arkonabecken neben Arkona Becken, Bornholmmulde neben Bornholm Mulde, Oderhaff neben Oder Haff, Kadet-Rinne neben Kadet Rinne, einundderselben neben ein und demselben usw. Die Abb. 11 (S. 18) bietet dem Leser Doggerbank,

Dogger-Bank und in der Unterschrift auch noch Dogger Bank. Am Rande sei erwähnt, daß eine ganze Reihe von im Text zitierten Arbeiten im Literaturverzeichnis fehlen.

D. STORCH, Jena

J. H. KOEMAN & J. J. T. W. A. STRIK (eds.): **Sublethal Effects of Toxic Chemicals on Aquatic Animals.** Amsterdam, Oxford, New York, Elsevier 1975. 234 S., 55 Abb., 49 Tab. Dfl. 62,00/US $ 24.95

Unter diesem Titel werden 22 Vorträge — in Buchform zusammengefaßt — wiedergegeben, die anläßlich eines in Wageningen, Niederlande, vom 2.—5. September 1975 stattgefundenen schwedisch-niederländischen Symposiums gehalten wurden. Im einzelnen enthält der mit zahlreichen instruktiven Tabellen und Abbildungen ausgestattete und von J. H. KOEMAN eingeleitete Band folgende Arbeiten:
A. LARSSON: „Einige biochemische Wirkungen von Cadmium auf Fische". — A. CALABRESE et al.: „Sublethaler physiologischer Streß bei der Winterflunder, *Pseudopleuronectes americanus*, bewirkt durch Cadmium und Quecksilber". — B.-E. BENGTSSON: „Durch Verunreinigungen bewirkte Wirbelschäden bei Fischen". — J. J. T. W. A. STRIK et al.: „Giftigkeit von Chrom (VI) auf Fische, unter spezieller Berücksichtigung von Organgewichten, Leber- und Plasmaenzymaktivitäten, Blutparametern und histologischen Veränderungen". — C. BENIJTS-CLAUS & F. BENIJTS: „Die Wirkung niedriger Blei- und Zinkkonzentrationen auf die Larvenentwicklung der Schlammkrabbe *Rhithropanopeus harrisii* GOULD". — R. A. C. LOCK: „Aufnahme von Methylquecksilber durch Wasserorganismen aus dem Wasser und der Nahrung". — C. L. M. POELS et al.: „Chronisch toxische Wirkungen des Rheinwassers auf Regenbogenforellen". — H. R. SMISSAERT et al.: „Fehlerquellen in Experimenten über eine mögliche toxische Wirkung von Chrom III, mit spezieller Berücksichtigung der Acetylcholinesterase auf die Kiemen von Regenbogenforellen". — R. FÄNGE et al.: „Lebertumoren beim atlantischen Hexenfisch (*Myxine glutinosa* L.)". — I. WESTMAN et al.: „Die Wirkung von PCB auf einige hämatologische Parameter bei der Regenbogenforelle, *Salmo gairdneri*„. — B. ÅKESSON: „Biologische Studien mit Polychaeten der Gattung *Ophryotrocha* als Testtiere". — B. F. DEYS: „Werden die Tumoren bei atlantischen Aalen durch äußere Einflüsse bewirkt?" — G. J. VINK: „Aufnahme von Dieldrin und Dieldrin-bewirkte Veränderungen der Aktivitäten von microsomalen Leberenzymen beim marinen Plattfisch *Pleuronectes platessa* L." — K. KERSTING: „Wirkungen von Diuron auf den Energiehaushalt einer *Daphnia magna* Population". — P. LEEUWANGH et al.: „Giftigkeit von Hexachlorobutadien auf Wasserorganismen". — G. SUNDSTRÖM et al.: „Methoden zum Studium des Stoffwechsels toxischer und ausdauernder Chemikalien auf Wasserorganismen am Beispiel der Chloronaphthalene". — M.-L. JOHANSSON-SJÖBECK et al.: „Hämatologische Wirkungen des PCD beim europäischen Aal *Anguilla anguilla* L. und der Regenbogenforelle, *Salmo gairdneri* RICH." — G. DAVE et al.: „Stoffwechselwirkungen des PCD beim europäischen Aal *Anguilla anguilla* L." — U. LIEDMAN et al.: „Stoffwechselwirkungen des PCD bei der Regenbogenforelle, *Salmo gairdneri* Rich." — L. FÖRLIN et al.: „Ammoniumsulfatniederschlag in Fisch- (Regenbogenforelle) Lebermikrosomen, eine mögliche Technik zum Studium von Drogenstoffwechsel unter Feldbedingungen". — F. BENIJTS et al.: „Die Rolle der Wasser-Sediment-Wechselwirkung im Schleusendock von Ostende im Hinblick auf die Giftigkeit der Verunreinigungen für die Larven der Wirbellosen".

H. MÜLLER, Berlin

Impacts of nuclear releases into the aquatic environment. Proceedings of a Symposium, Otaniemi, 30 June to 4 July 1975. Vienna: International Atomic Energy Agency 1975. 524 S., 126 Abb. Brosch. DM 76,—; US $ 30.—

Die Beseitigung von radioaktivem Müll ist ein Problem von großer, aktueller Bedeutung der hochentwickelten Industrienationen und für die Kernenergiebasis der Zukunft. Gelangen radioaktive Substanzen in die Umwelt, so werden sie in der Nahrungskette angereichert. Mit den Auswirkungen im limnischen und marinen Bereich beschäftigte sich das Symposium, das unter Schirmherrschaft der International Atomic Energy Agency vom 30. 6.—4. 7. 1975 in Otaniemi, Finnland, abgehalten wurde. Es ist sehr zu begrüßen, daß die auf dem Symposium gehaltenen 33 Vorträge in einem Band der Proceedings Series veröffentlicht wurden. Die Gliederung des Buches folgt in logischer Reihe den Sektionen: Radiological impacts of releases from nuclear facilities into aquatic environment (Sektion I, 2 Beiträge). Behaviour of radioactive contaminants and their stable natural isotopes in aquatic systems (Sektion II und III, 8 Beiträge). Plutonium and other transuranium nuclides in the aquatic environment (Sektion IV und V, 7 Beiträge). Identification of critical pathways relative to the physical, chemical and biological systems (Sektionen VI und VII, 7 Beiträge). Method of monitoring and evaluation of effects on and doses to man and aquatic biota (Sektionen VIII und IX, 6 Beiträge). Factors determining the environmental capacity for receiving releases from nuclear facilities in the aquatic environment (Sektion X, 3 Beiträge).
Die Autorenreferate werden bereichert durch die Veröffentlichung der Diskussionsbeiträge sowie eine zusammenfassende General-Diskussion. Der Band ist

für alle geeignet, die sich mit dem Problem der Verunreinigung des Ökosystems Wasser durch radioaktive Abprodukte beschäftigen.

G. PROFT, Jena

EIVIND GARGAS (ed.): **A manual for phytoplankton primary production studies in the Baltic** (The Baltic Marine Biologists in cooperation with the Danish Agency of Environmental Protection. The Baltic Marine Biologists, Publication No. 2). Hørsholm: Water Quality Institute 1975. 88 S., 17 Abb., 13 Tab. Brosch. dkr. 50,—

Das Handbuch ist als Standard für die Erfassung der phytoplanktischen Primärproduktion in der Ostsee gedacht. Es wurde von einer internationalen Arbeitsgruppe verfaßt, die mit A. BRESTA, E. GARGAS, J. LASSING, P. O. LEHMUSLUOTO, A. NIEMI, R. BOJE, U. HORSTMANN, H. HÜBEL, W. KAISER, S. SCHULZ, L. EDLER, R. HOBRO & O. LINDAHL profilierte Produktionsbiologen aus verschiedenen Ostseeanliegerstaaten vereint.
Das Buch ist übersichtlich gegliedert. Der Inhalt wird in straffer Form dargeboten. Im Mittelpunkt steht die Radiokohlenstoffmethode. Die Grundlagen, Untersuchungs- und Meßtechniken dieser Methode sowie verschiedene Modifikationen zur Kalkulation der Tagesprimärproduktionsraten werden ausführlich beschrieben. Besonders instruktiv wird an verschiedener Stelle auf die Photosynthese-Lichtbeziehungen und die sich daraus ergebenden Berechnungsgrundlagen für die Primärproduktion eingegangen.
Im einzelnen gliedert sich der Band in 5 Abschnitte. Nach einem kurzem Vorwort wird die Anwendung der ^{14}C-Methode (Grundlage, ^{14}C-Einsatz, O_2-Methode, Gegenüberstellung ^{14}C- und O_2-Methode, CO_2-Bestimmung, in-situ-Messungen, simulierte in-situ-Messungen, Inkubatormessungen) erläutert (54 S.). Der 3. Abschnitt setzt sich mit Eichmöglichkeiten für die verschiedenen Modifikationen der Exposition auseinander (4 S.). Es schließen sich allgemeine Empfehlungen für die Primärproduktionsstudien in der Ostsee an (8 S.). In einem Appendix wird abschließend eine Inkubatormethode und die daraus erwachsende Möglichkeit für Primärproduktionsberechnungen mit Hilfe der EDV diskutiert (18 S.).
Die Arbeitsvorschriften sind eine wertvolle und weiterführende Ergänzung der primärproduktionsbiologischen Methodenliteratur, die besonders durch anschauliche Beispiele, Tabellen und Abbildungen gewinnen. Sie sind für die komplexe Erfassung der phytoplanktischen Primärproduktion im Ostseeraum eine Grundvoraussetzung.

R. KOSCHEL, Berlin

EBERHARD HOFMANN: **Eiweiße und Nucleinsäuren als biologische Makromoleküle** (Dynamische Biochemie Teil I). (Wissenschaftliche Taschenbücher Bd. 33, Reihe Biologie). Berlin Akademie-Verlag 1975; 3., bearb. u. erw. Aufl. 157 S., 32 Abb., 10 Tab. Brosch. M 8,—

Die Fortschritte der Biochemie und Molekularbiologie veranlaßten den Verfasser zunächst Teil I des 4bändigen Taschenbuchs über „Dynamische Biochemie" in der 3. Auflage auf den neuesten Wissensstand zu bringen. Der Autor wendet sich mit diesem Werk an Naturwissenschaftler, Mediziner, Oberschullehrer und Studenten zur Einführung in das Studium der biologischen Makromoleküle wie Eiweiße und Nucleinsäuren.
Behandelt werden u. a. die Proteine, ihre Eigenschaften und Reaktionen, biologisch wichtige Peptide, Methoden zur Aufklärung der Primär-, Sekundär-, Tertiär- und Quartär-Struktur der Proteine, die räumliche Struktur des Myoglobins, Hämoglobins, Konformationsänderungen bei Bindung von Sauerstoff an Hämoglobin, Stabilisierung und Denaturierung der Eiweiße. Die Nukleinsäuren und freien Nukleotide, Methoden zur Untersuchung der Struktur, RNS- und DNS-Typen, nativer und denaturierter Zustand, das Adenylsäuresystem sowie Coenzyme sind Gegenstand des zweiten Abschnitts. Hinweise auf weiterführende und vertiefende Literatur bzw. Originalveröffentlichungen über Proteine und Nukleinsäuren sind anschließend zu finden. Die Formelbilder der 3. Auflage enthalten auch wieder eine Reihe Druckfehler. Da sie z. T. von der 2. Auflage übernommen wurden, sollen diese und einige andere, die uns auffielen, hier angeführt sein: S. 27 Doppelbindungen in den Benzolringen des Kondensationsproduktes mit Ninhydrin; S. 28 u. 29 R in Phenylthiohydantoinsäure, Phenylthiohydantoin statt Phenylhydantoin; S. 70 Rotationsdispersion; S. 98, einzige; S. 122 Bacteriophagen, S. 123 Thymin-Formel, S. 124 Thymidin-Formel; S. 132 Cytosin (statt -sim); S. 134 Guanin-Formel; S. 141 Wendepunkt statt Mittelpunkt, S. 143 4 Bindungsfehler in Abb. 31.
Das handliche Taschenbuch informiert in verständlicher und übersichtlicher Form über die Grundlagen der Eiweiß- und Nukleinsäure-Biochemie und kann dem angesprochenen Leserkreis empfohlen werden.

W. WERNER, Jena

COLIN HARRISON: **Jungvögel, Eier und Nester aller Vögel Europas, Nordafrikas und des Mittleren Ostens.** Ein Naturführer zur Fortpflanzungsbiologie. Übersetzt und bearbeitet von Dr. EBERHARD HERRLINGER. Hamburg, Berlin: Verlag Paul Parey 1975. 435 S., 930 Abb. davon 827 farbig. Balacron. DM 48,—

In der handlichen Form des bekannten „Die Vögel Europas", dessen Gestaltung er auch folgt, versucht der Autor ein abgerundetes Bild von der Fortpflanzungsbiologie der Vögel Europas zu schaffen. Einleitende Kapitel vermitteln Grundwissen über die Brutbiologie und die verwendeten Termini. In systematischer Reihenfolge werden dann von 588 Arten europäischer Brutvögel Daten zum Brutzyklus aufgeführt, die in logischer Reihung alles Wesentliche zur Kurzinformation über die Brutbiologie der Art enthalten. Selbst Hinweise auf Wissenslücken und Unklarheiten fehlen nicht. Der Verfasser ist hier seinem Anspruch, einen „Naturführer zur Fortpflanzungsbiologie" zu bieten, im besten Sinne gerecht geworden.

Ein zweites Ziel des Werkes ist es, ein Bestimmungsbuch für die Nester, Eier und Jungvögel Europas zu sein. Dem dienen drei brauchbare Bestimmungsschlüssel, 16 Farbtafeln mit Jungvögeln und 48 fotografische Farbtafeln der Eier. Alle Abbildungen sind von guter sachlicher und künstlerischer Qualität. Mit diesen Hilfen soll „ein einigermaßen sicheres Ansprechen der meisten Eier und Jungvögel möglich sein", wie der Autor schreibt, oder gar, wie im Klappentext vom Verlag noch anspruchsvoller formuliert wurde, die sichere Bestimmung möglich werden. Diesen hohen Ansprüchen kann ein Taschenbuch dieser Thematik und dieses Sachumfangs nur bedingt gerecht werden. Das liegt vor allem in der Natur der Sache selbst, nämlich der großen Variabilität der Eifärbung und der „Anonymität" der Jungvögel vieler Arten, die sich zudem im Laufe ihrer Entwicklung als Nestlinge sehr schnell äußerlich verändern. Zum anderen aber erscheint uns für ein Bestimmungsbuch die Auswahl der abgebildeten Objekte nicht immer glücklich zu sein. So sind viele Jungvögel und Eier vertreten, die für sich genommen nicht bestimmbar sind, wie z. B. Taf. 6 Greife, Taf. 7 Rauhfußhühner, Taf. 22 Gänse, Taf. 50 Eulen u. a. Durch die Abbildung meist nur eines Eies jeder Art erhält man auch keinen bildhaften Eindruck von der Variationsbreite der Eizeichnung, der für die praktische Arbeit im Feld notwendig ist. In künftigen Auflagen, die diesem Buch zu wünschen sind und die es zweifellos auch erfahren wird, sollte deshalb im Abbildungsteil weniger als bisher auf numerische Vollständigkeit als auf eine gezielte Auswahl Wert gelegt werden. Eine nützliche Hilfe wären auch Maßstäbe an den Eitafeln. — Das Buch ist ausgezeichnet gedruckt und mit großer Sorgfalt ausgestattet worden.

W. SCHEFFLER, Neuglobsow

HELMUT UHLARZ: **Morphologische Untersuchungen zur Systematik der Gattung** *Pachypodium* LINDL. **(Apocynaceae, Echitoideae).** I. Die basalen Blatteffigurationen. (Tropische und subtropische Pflanzenwelt 15). Mainz, Wiesbaden 1975: Akademie der Wissenschaften und Literatur, Mainz; in Kommission bei Franz Steiner Verlag GmbH. 61 S., 34 Abb. Brosch. DM 22,40

Nach seinen 1974 publizierten analogen Untersuchungen an sukkulenten Euphorbien beschäftigt sich der Autor mit den im Scheitelbereich auffälligen Dornbildungen der zu den Hundsgiftgewächsen gerechneten, mit etwa 20 Arten in Süd- und Südwestafrika sowie auf Madagaskar heimischen Gattung *Pachypodium*. Die vergleichend-morphologische Betrachtung ergab, daß die beiden basal-lateralen Dornen den Stipeln homolog sind, der ventral-mediane Stachel dagegen als Verschmelzungs- und Umbildungsprodukt axillärer Trichome zu werten ist. Damit wird die von PICHON (1949) vertretene These von der drüsigen Herkunft der Dornen abgelehnt. Diskussionen über die intrafamiliäre Stellung der Gattung schließen sich an. Als Entstehungszentrum gilt Madagaskar, wo das für die ursprünglichste Art gehaltene *P. rutenbergianum* VATKE zu Hause ist. Druck und Ausstattung sind vorzüglich.

S. J. CASPER, Jena

WILHELM SCHACHT: **Blumen Europas.** Ein Naturführer für Blumenfreunde. Berlin, Hamburg: Verlag Paul Parey 1976. 203 S., 40 Farbtaf., 232 Arealkt., 43 Abb. Glanzkasch. Einband DM 29,80

Der bekannte Pflanzenphotograph und frühere Leiter des Botanischen Gartens München-Nymphenburg hat auf 40 Tafeln 236 Farbphotos zusammengestellt. Diese zeigen eine Auswahl der schönsten und eindrucksvollsten Kräuter und Stauden Europas, die von ausführlichen Beschreibungen begleitet werden. Die zugehörigen Verbreitungskarten wurden von Prof. Dr. MERXMÜLLER, München, zusammengestellt. Außer den wissenschaftlichen Namen werden die deutschen, englischen, französischen und italienischen Trivialnamen angeführt, für die jeweils eigene Verzeichnisse existieren. Daneben sind etwa 500 weitere Arten kurz beschrieben. Der technische Apparat besteht aus einem Verzeichnis der Farbtafeln, einem Kapitel über Florengebiete und Pflanzengesellschaften Europas, einer Erklärung der Botanischen Fachausdrücke, der Erläuterung zu den Verbreitungskarten, der Benutzungsanweisung und dem Literaturverzeichnis. Bei der Vielzahl der im Untersuchungsgebiet bereits vorliegenden Bestimmungsbücher und Naturführer fragt man sich unwillkürlich, was kann, was soll das neue Buch. Der Autor gibt darauf folgende Antwort: „Das Buch ... möchte besonders dem Laien Anreiz geben, sich für die blühende Welt, den lieblichsten Schmuck der Landschaften, die Blumen und Pflanzen, letztlich für die Botanik zu interessieren". Diesen Zweck dienten besonders die Photos der Pflanzen an ihrem natürlichen Standort als Glieder pflanzensoziologischer Gemeinschaften, wobei aber in einigen Fällen die Beschränkung auf einen kleineren Bildausschnitt der Sache dienlicher gewesen wäre, z. B. Nr. 58, 62, 103. Der Autor möchte mit seinem Buch den Naturschutzgedanken fördern und zur Erhaltung der Pflanzenwelt beitragen. Daher hat er angegeben, in welchen Ländern die beschriebenen Arten unter Naturschutz stehen.

Insgesamt muß dem Autor und dem Verlag bestätigt werden, daß sie ein gutes, sauber gedrucktes Werk mit hervorragenden Farbaufnahmen geschaffen haben. Ein Druckfehler fiel dem Rezensenten auf: Das Frühlings-Adonisröschen heißt auf Taf. 14 (81) *Adonis verbalis*!

D. STORCH, Jena

MARGIT KOVÁCS: **Beziehung zwischen Vegetation und Boden.** Die Bodenverhältnisse der Waldgesellschaften des Mátragebirges (Die Vegetation ungarischer Landschaften Bd. 6). Budapest: Akademie-Verlag 1975. 365 S., 130 Abb., 98 Tab. Ln. Ft 220,—

Im Rahmen eines zwischen den Akademien der Wissenschaften der Sowjetunion, der ČSSR, Polens, Rumäniens und Ungarns vereinbarten Forschungsvorhabens über Flora und Fauna der Karpaten untersuchte die Autorin die Beziehungen zwischen Waldvegetation und Boden am Beispiel des Matragebirges. Die Waldvegetation dieses, vorwiegend aus vulkanischen Gesteinen aufgebauten, Mittelgebirges im N Ungarns bilden überwiegend Eichen- und Buchenwälder, vor allem Aceri tatarico-Quercetum, Quercetum petraeae-cerris, Melitti-Fagetum und Querco-Carpinetum, zu denen auf Sonderstandorten kleinflächig weitere Gehölzgesellschaften treten. Insgesamt wurden 13 Wald-, Buschwald- und Gebüschgesellschaften hinsichtlich ihrer Wechselbeziehungen zum Boden näher untersucht. In einem rd. 90 S. umfassenden „Zönologischen Teil" erfahren diese zunächst eine detaillierte Charakterisierung, wobei ihre Zusammensetzung durch Stetigkeitstabellen wiedergegeben wird. Etwa zwei Drittel des Buches nimmt der „Bodenökologische Teil" ein. Er bringt nicht nur eine eingehende Darstellung der vorkommenden Bodentypen, sondern auch ausführliche Untersuchungen zur Bodenbiologie — wobei die Stickstoffmineralisation der Waldböden besondere Beachtung findet —, die Untersuchung des Vorkommens einer kalkliebenden Gesellschaft und Pflanzenart auf Andesit, Transektuntersuchungen der ökologischen Heterogenitätsgradienten in Kontaktgesellschaften, Untersuchungen zur räumlichen und zeitlichen Veränderung der Bodenfaktoren unter Waldgesellschaften und Untersuchungen zur quantitativen Veränderung der wichtigsten Bodenfaktoren der Waldgesellschaften während der Vegetationszeit.
Das klar geschriebene, inhaltsreiche und gut mit Fotos, Skizzen, Diagrammen und Tabellen ausgestattete Buch besitzt ohne Zweifel eine weit über seinen regionalen Rahmen hinausreichende Bedeutung und dürfte auch für die Geobotaniker und Standortserkunder in Mitteleuropa von großem Wert und Gewinn sein.

H.-D. KRAUSCH, Potsdam

F. COULSTON & F. KORTE (eds.): **Environmental Quality and Safety. Supplement Volume III: Pesticides.** Proceedings of the 3rd International IUPAC Congress of Pesticide Chemistry, Helsinki 1974 (Scientific chairman: P. KOIVISTOIENEN). Stuttgart: Georg-Thieme-Verlag 1975, 880 S., 348 Abb., 352 Tab. Geb. DM 198,—

Der vorliegende Band enthält 164 (von insgesamt 539) wissenschaftlichen Vorträgen des 3. Kongresses der International Union of Pure and Applied Chemistry über Pestizidchemie, der vom 3. bis 9. Juli 1974 in Finnland stattfand und an dem mehr als 1000 Wissenschaftler aus 51 Ländern teilnahmen. Inhaltlich lassen sich die darin publizierten Beiträge folgenden Hauptgebieten zuordnen: 1. Rückstandsanalysenverfahren, 2. Pestizidrückstände in Futter- und Lebensmitteln, 3. Einfluß von Umweltfaktoren auf das chemische Verhalten von Pestiziden in Pflanzen, Böden und Wasser, 4. Beeinflussung von Einzelorganismen sowie Biozönosen durch Pestizide, 5. Wirkungsmechanismus und Metabolismus von Pestiziden in Pflanzen und Tieren unter besonderer Berücksichtigung von Resistenzerscheinungen, 6. Pestizidtoxikologie und -pharmakologie, 7. Beziehungen zwischen chemischer Struktur und biologischer Aktivität, 8. Aktivität und Verhalten natürlich vorkommender Pflanzenschutzmittel. Aus dieser Aufzählung wird die Vielzahl und Breite der angeschnittenen Themen ersichtlich, so daß dieser Symposiumsbericht nicht nur speziell den Pestizidchemiker, sondern darüberhinaus auch Wissenschaftler aus den Disziplinen der Chemie, Biologie, Biochemie, Bakteriologie, Land- und Forstwirtschaft, Human- und Veterinärmedizin, Futter- und Lebensmittelchemie, Toxikologie, Pharmakologie u. a. ansprechen dürfte. Seine Bedeutung für den Limnologen zeigt sich z. B. darin, daß sich unter den zahlreichen Artikeln, die das Verhalten der Pestizide in der Umwelt untersuchen, 8 Originalbeiträge unmittelbar mit der Gewässerflora und -fauna (Rückstände, Akkumulation, Wirkungsweise) befassen. Zusammenfassend betrachtet, wird eine Fülle neuerer experimenteller Daten und Methoden dargeboten, die zur Lösung zahlreicher wissenschaftlicher und praktischer Probleme der Biozidanwendung beitragen könnten. Durch eine abschließende Übersicht über den 3. Kongreß der Pestizidchemie und das damit in Verbindung stehende Symposium über Verteilungsdynamik von Umweltverunreinigungen unter spezieller Berücksichtigung der Pestizide (5./6. Juli 1974 in Helsinki) erhöht sich der Informationsgehalt des vorgestellten Buches.

W. MERBACH, Halle

ERICH SCHROLL: **Analytische Geochemie.** In zwei Bänden. **Band I: Methodik.** Stuttgart: F. Enke Verl. 1975. XII, 292 S., 96 Abb., 56 Tab. Brosch. DM 59,—

Es ist sehr zu begrüßen, daß mit diesem Buch eine lange schon offen stehende Lücke in der geochemischen

Literatur geschlossen wurde. Eine umfassende Sachkenntnis und Erfahrung auf dem Gebiet der Analytik sowie der Geochemie sind vonnöten, um eine derartige Aufgabe zu übernehmen. Wenn der Verfasser schreibt: „Die Methodik der analytischen Geochemie besteht unabhängig von der jeweiligen Aufgabenstellung aus folgenden vier Schritten 1. Probenahme, 2. chemische Analyse des Probenmaterials, 3. Sicherung des Datenmaterials und statistische Auswertung, 4. Interpretation", so ist hiermit die Gliederung seines Buches gegeben, wobei der Interpretation ein zweiter Band vorbehalten bleiben soll. Der I. Band ist in VII Abschnitte gegliedert, die Kapitel Probenahme, Aufbereitung, Analyse und statistische Auswertung nehmen den breitesten Raum ein. Neben einer ausführlichen Beschreibung der gebräuchlichsten Analysenmethoden mit Analysenbeispielen für die Gesteins- und Mineralanalyse wird die Emissionsspektralanalyse mit etwa 50 Seiten besonders betont. Auch für die Wasseranalytik ist ein Beispiel zur polarographischen Bestimmung von Cu, Pb und Zn in Wässern gegeben.
Mag auch unsere stürmische Entwicklung ständig neue Analysenmethoden bringen, der Wert des Buches als Wegweiser für eine solide geochemische Arbeitsmethode wird Bestand haben. Manchem Analytiker von inhomogenen Naturprodukten möchte man die Kapitel über Probenahme und Statistik dringend zum Studium anraten.

G. PROFT, Jena

ERICH SCHROLL: **Analytische Geochemie** in zwei Bänden. **Band II: Grundlagen und Anwendungen.** Stuttgart: F. Enke Verl. 1976. IX, 374 S., 126 Abb., 79 Tab. Brosch. DM 69,—

Die Trophie eines Gewässers wird neben vielen Faktoren maßgebend vom Einzugsgebiet bestimmt, vom chemischen Bestand des Untergrundes, der Gesteine. Besonders bei der Planung von Trinkwassertalsperren im Gebirge, wo meist der anthropogene Einfluß gering und der Nährstoffeintrag nur aus der natürlichen Umwelt erfolgt, wirken sich geochemische Kenntnisse sehr befruchtend auf die Prognose der Trophie eines künftigen Speichers aus. Der vorliegende II. Band enthält das theoretische Grundgerüst der Geochemie, sowie eine Fülle von praktischen Beispielen. Ausgehend vom Periodischen System der Elemente, werden im ersten Abschnitt die physikalischen und chemischen Grundlagen abgehandelt, welche Voraussetzung für das Verständnis der folgenden Kapitel sind, wie zum Beispiel Stoffeinbau in Kristallen, Häufigkeitsverteilung, Differentiation und Zyklus der Elemente, um nur einige zu nennen.
Im zweiten Abschnitt „Beispiele der Anwendung analytisch-geochemischer Untersuchungen" werden den Limnologen neben dem Kapitel über Sedimente die Kapitel 2.—2.33 Hydrogeochemie und Hydrologie interessieren. Nach dem Abschnitt über die Isotopenanalyse von Wässern (^{16}O, ^{17}O, ^{18}O und ^{14}C) werden juvenile und endogene Wässer, Meerwasser, meteoritische Wässer, Grund- und Tiefenwässer und hydrologische Anwendungen besprochen. Der Bereich Fluß- und Seewasser fehlt, auch wäre ein größerer allgemeiner Beitrag zur Biosphäre zu dem Kapitel „Mangel- und Schadelemente in der Biosphäre" wünschenswert.

G. PROFT, Jena

WERNER JACOBS †, & FRIEDRICH SEIDEL: **Wörterbücher der Biologie. Systematische Zoologie: Insekten.** Jena: VEB Gustav Fischer Verlag 1975. 377 S., 638 Abb. Brosch. M 16,50

Mit dem vorliegenden Band eröffnet der bekannte Verlag eine neue Publikationsreihe, die sich zur Aufgabe gestellt hat, das umfangreiche Wissen der modernen Biologie in einer zwanglosen Folge von Einzelbearbeitungen lexikalisch zu behandeln und in deren Gesamtheit eine abgerundete Darstellung des Erkenntnisstandes der sich rasch entwickelnden Wissenschaft vom Leben zu bringen.
Die Insekten besitzen mit ihren etwa 750000 bekannten Arten größte morphologische, anatomische und biologische Mannigfaltigkeit. Diesen Reichtum an strukturellen und funktionellen Differenzierungen übersichtlich in Stichworten darzustellen, ist das Ziel dieses Bandes, deren Verfasser führende Vertreter der Insektenkunde sind. Das Hauptgewicht der Darstellung liegt auf der Behandlung der Morphologie und Anatomie sowie auf dem Vorführen der wichtigsten systematischen Gruppen. Dem besseren Verständnis der schier unerschöpflichen Formenmannigfaltigkeit der Insekten dient die weitgehend vergleichende Betrachtung der morphologisch-anatomischen Gegebenheiten. Aus dem gleichen Grund wurde die Embryologie ausführlich berücksichtigt. Auswahl und Umfang der Darstellung einzelner Taxa richten sich nach deren systematischer, biologischer, ökologischer und wirtschaftlicher Bedeutung. Bei der recht kurz gehaltenen Erläuterung zu einzelnen Gattungen und Arten verweisen Querverbindungen zu anderen Stichworten, bei denen weitere Informationen eingeholt werden können. Die zahlreichen klaren und einprägsamen Strichzeichnungen, in der Mehrzahl nach bekannten und bewährten Vorbildern angefertigt, unterstützen die textliche Aussage sehr wesentlich. Alles in allem eine abgerundete, wohlgelungene Darstellung der Systematik der Insekten, die Studenten, Lehrer, Hochschullehrer, aber auch zahlreiche in verschiedenen Gebieten der Praxis tätige Biologen und darüber hinaus alle Entomologen zu rascher und gediegener Information benutzen können.

D. FLÖSSNER, Jena

JOSEF SCHMITHÜSEN (Hrsg.): **Atlas zur Biogeographie** (Meyers Großer Physischer Weltatlas Band 3). Mannheim, Wien, Zürich: Bibliographisches Institut 1976. 80 S., 124 Kt., 4 Vegetationsprofile, 2 Legenden auf Vorsatzblättern. Geb. DM 68,—

Das in der Reihe „B. I.-Hochschultaschenbücher" als Band 303 „B. I.-Hochschulatlanten" erschienene Werk ist vom Herausgeber gemeinsam mit ADOLF HANLE und RÜDIGER HEGNER bearbeitet worden. Mitgewirkt haben außerdem HELGA ERLER, VOLKMAR KROESCH, PAUL MÜLLER, HEIDEMARIE QUASTEN und HARALD SCHREIBER. Erstmals stellt der Atlas die potentiellen Pflanzenformationen für die ganze Erde einheitlich dar, in der Interpretation ihrer Verbreitung auf J. SCHMITHÜSENS „Allgemeiner Vegetationsgeographie" (1968) fußend. Regional ausgewählte und angeordnete Arealkarten verschiedener Pflanzen- und Tiersippen vermitteln eine Übersicht wichtiger Arealtypen und eine Vorstellung von der floristischen und faunistischen räumlichen Gliederung der Erdteile, wobei phyto- und zoogeographische Karten in der Regel einander gegenübergestellt sind. Die Vegetationskarten der Erdteile im Maßstab 1:25000000 sind zwar bereits mehrfach veröffentlicht, aber für den Atlas inhaltlich und formal verbessert worden. Auf eine textliche Interpretation der Karten wird völlig verzichtet; ein Literaturverzeichnis gibt die wichtigsten verwerteten Quellen an. Im übrigen wird auf die bereits erwähnte „Allgemeine Vegetationsgeographie" verwiesen.

Der Atlas ist zweifellos ein gelungenes Unternehmen. Man kann ihm nicht zum Vorwurf machen, daß die Vegetation im Mittelpunkt der Darstellung steht, ist sie es doch, die die Physiognomie unserer Kontinente wesentlich prägt. Druck und Ausstattung sind sehr gut; die Farben sind so aufeinander abgestimmt, daß wesentliche Unterschiede auf den ersten Blick erfaßt werden können. Wenn es etwas zu bemängeln gibt, so die zahlreichen Druckfehler und Versäumnisse in den Legenden zu den Karten, die noch weit zahlreicher sind, als es der beigefügte „Errata-Zettel vermuten läßt (man vergleiche z. B. die Zitate von Autoren wie HUTCHINSON, MÜLLER, DIELS und VOOUS mit dem Literaturverzeichnis oder untereinander auf den verschiedenen Karten und wird vergeblich nach einem einheitlichen „Plan" suchen). Hier wäre mehr Sorgfalt am Platze gewesen. Trotz dieser Mängel, die die Benutzung des Buches erschweren, stellt der Atlas einen nützlichen und attraktiven Beitrag zur Biogeographie unserer Erde dar.

S. J. CASPER, Jena

Design of radiotracer experiments in marine biological systems (Technical reports Series No. 167). Vienna: International Atomic Energy Agency 1975. 289 S., 83 Abb., 51 Tab. Brosch. US $ 18.00, ÖS 304,—

Obwohl die Radioökologie in den letzten Jahren durch eine Reihe bemerkenswerter Beiträge, wie z. B. in der Naturstofforschung, in der Landwirtschaft oder zum Radionuklidumsatz in aquatischen und terrestrischen Ökosystemen, ihre Bedeutung für verschiedene Wissenschaftsdisziplinen mehr als unterstrichen hat, mangelt es bislang an zusammenfassenden Darstellungen über Methoden und Ergebnisse derartiger Untersuchungen. — Vorliegender Band aus den „Technical Reports Series" der IAEA schafft für den marinen Bereich Abhilfe.

Im ersten Teil des Buches werden unter der Federführung verschiedener Arbeitsgruppen der IAEA grundsätzliche Bemerkungen zur Planung von Radiotracerexperimenten in biologischen Systemen gegeben (in situ und in vitro). Trotz einer Fülle von Informationen läßt diese Übersicht einige Wünsche offen. Besonders der „Nichtfachmann" wird u. a. Hinweise auf weiterführende Literatur oder eine kurze Zusammenstellung über radioökologische Meßtechniken (Grundgeräteausstattung, allgemeine Prinzipien etc.) vermissen.

Der zweite Teil der Monographie beinhaltet richtungsweisende Forschungsarbeiten international anerkannter Fachexperten zum Radiotracerfluß im Meer. Es werden beschrieben: radioökologische Experimente mit Phytoplankton (BERNHARD & ZATTERA), mit Zooplankton (FOWLER & SMALL), mit benthischen Invertebraten (VILQUIN, FOWLER & RENFRO), mit benthischen Algen (ZATTERA, BERNHARD & GALLI), mit Mollusken (SHIMIZU), mit Fischen (PENTREATH), subzelluläre Techniken bei radiobiologischen Untersuchungen (PENTREATH), Methoden zum Studium des Transfer von Radionukliden in Nahrungsketten (CROSS, RENFRO & GILAT), Vergleiche von radiologischen Labor- und Felduntersuchungen (PATEL) sowie die Anwendung von mathematischen Teilmodellen für den Tracerfluß durch verschiedene Ökosystemkomponenten (BERNHARD, BRUSCHI & MÖLLER).

Ein wertvolles Buch, in dem der Spezialist, aber auch der interessierte Naturwissenschaftler aktuelle Informationen, interessante Blickwinkel und weiterführende Anregungen für die eigene Arbeit finden.

R. KOSCHEL, Berlin

ARNULF MELZER: **Makrophytische Wasserpflanzen als Indikatoren des Gewässerzustandes oberbayerischer Seen,** dargestellt im Rahmen limnologischer Untersuchungen an den Osterseen und den Eggstädt-Hemhofer Seen (Oberbayern). (Dissertationes botanicae 34). Lehre: Verlag J. Cramer 1976. VIII, 195 S., 30 Abb., 29 Kt., 8 Tab. DM 50,—

Untersuchungen zur Indikation des Gewässerzustandes mit Hilfe makrophytischer Wasserpflanzen sind in den letzten Jahren in starkem Maße an Fließgewässern durchgeführt worden. Vor allem Arbeiten aus der

Universität Hohenheim haben die Beziehungen zwischen dem Auftreten von Wasserpflanzen und verschiedenen wasserchemischen und -physikalischen Eigenschaften der Gewässer deutlich gemacht. Die hier vorgelegte Arbeit, als Dissertation in Hohenheim angefertigt, befaßt sich in Ergänzung dazu mit der Verbreitung und Ökologie von höheren Wasserpflanzen in Stillgewässern und ihrem Zusammenhang mit dem Gewässerzustand. Als Untersuchungsgebiet wurden zwei oberbayerische Seengruppen (Osterseen südlich des Starnberger Sees und Eggstedt-Hemhofer Seen nördlich des Chiemsees) ausgewählt, die jeweils eine Kette zusammenhängender Seen mit unterschiedlicher Abwasserbelastung bilden.

Nach umfangreicher Darstellung der hydrologischen Verhältnisse und der Abwasserbelastung der Seen werden die wasserchemischen Verhältnisse in ihren wichtigen Parametern abgehandelt und die Werte der einzelnen Seen für die Monate April bis September diagrammartig dargestellt.

Unter der Überschrift Makrophytenvegetation werden nicht die Pflanzengesellschaften der Gewässer abgehandelt, sondern es wird nach einer einführenden Artenliste die Verbreitung zahlreicher Wasser- und Röhrichtpflanzen besprochen und anhand detaillierter Verbreitungskarten des Osterseegebiets zur Darstellung gebracht. Der Autor bedient sich dabei einer 5teiligen Bewertungsskala, die sich auf die Häufigkeit der Art im jeweiligen Seenabschnitt bezieht. Die Kartierung wurde, bedingt durch die schmale Uferbank der Seen, im wesentlichen als Unterwasserkartierung mittels Tauchgerät durchgeführt, ergänzt durch Kartierungsarbeiten vom Boot aus. Besonders für die vollständige Erfassung der submersen *Chara*-Bestände war das Tauchen notwendig. Der Autor betont die günstigere Eignung der Verbreitung von Einzelarten für die Indikation des Gewässerzustandes gegenüber der Kartierung von Pflanzengesellschaften. Die von ihm erfaßten Arten werden in Gruppen zusammengestellt, die für eine unterschiedliche Gewässerbelastung typisch sind (unbelastet, wenig belastet, mäßig belastet, belastet). Dabei wird die besondere Bedeutung der Characeen als Indikatorpflanzen herausgestellt.

W. Hilbig, Halle

Rudolf Daber & Jochen Helms: **Mein kleines Fossilienbuch.** Leipzig, Jena, Berlin: Urania-Verlag 1976. 96 S., 64 Abb. (davon 61 Farbfotos), 1 Tab. Steif geb. M 6,—

Dies kleine, aber inhaltsreiche Büchlein stellt und beantwortet viele Fragen: Was sind Fossilien? Wie und wo finde ich sie? Was haben sie auszusagen? Wie bestimme, sammle, präpariere und bewerte ich Fossilien? Wo berate ich mich? Was tue ich mit einem seltenen Fund? Wo kann ich Seltenheiten bewundern?

Die beiden Berliner Autoren beantworten die erste Frage so: „Fossilien sind also alle den paläontologisch forschenden Sammler interessierenden Reste und Spuren ehemaligen Lebens, sind — poetisch ausgedrückt — «Erinnerungen in Gesteinen», Erinnerungen an die Erd- und Lebensgeschichte, hinterlassen durch die Entwicklung der Lebewesen.“

Nach den einleitenden Abschnitten, die die oben genannten Fragen beantworten, folgen eine Erdgeschichtliche Zeittafel, kurze Überblicke über die Entwicklung der Pflanzen und Tiere sowie Abbildungs- und Texthinweise. Die zweite Hälfte des Büchleins nehmen die guten Abbildungen und Erläuterungen der Fossilien ein.

Das Buch ist von einer tiefen Liebe zur Paläontologie gekennzeichnet und hervorragend geeignet, Laien für das Sammeln von Fossilien zu begeistern. Jedem, der sich für dieses schöne Hobby interessiert, gibt das preiswerte Büchlein wertvolle Anregungen und praktische Hinweise.

D. Storch, Jena

Wasser und Abwasser. Band 1974. Beiträge zur Gewässerforschung VIII. Wien: Hrsg. u. Verl. Bundesanstalt für Wasserbiologie und Abwasserforschung 1975. 168 S., 12 Abb., 16 Tab., 2 Farbtaf. Geb. ÖS 230,—

Der vorliegende 18. Band der bekannten Schriftenreihe enthält wassergütewirtschaftliche und limnologische Beiträge zur Gewässerforschung, die sich sämtlich auf die österreichische Donau und ihre Nebenflüsse beziehen sowie eine Gewässergütedarstellung des Donauanliegerstaats Bulgarien. Der Aufsatz von A. Frantz & E. Wanderer bringt eine kurze Darstellung der Umweltbedingungen für das erste österreichische Kernkraftwerk im Tullnerfeld an der Donau. W. Kohl & F. Zibuschka berichten über bakteriologische Untersuchungen von Sedimenten vornehmlich in Donaustauen, deren Vorteil als diagnostisches Hilfsmittel für Gewässerveränderungen in der Möglichkeit von Rückschlüssen auf die Wasserbeschaffenheit eines längeren Zeitraums liegt. E. Weber behandelt mit den Auswirkungen baulicher Maßnahmen und thermischer Belastung auf die Selbstreinigungskraft der Donau Aspekte, die für alle entwickelten Industriestaaten zunehmende Beachtung erfordern. In einer kritischen Übersicht über die derzeitigen Möglichkeiten von automatisierten chemisch-physikalischen Gewässergütekontrollsystemen betont L. J. Ottendorfer, daß in die ständige Überwachung des Gewässerzustands neben der Ermittlung anorganischer Parameter auch die Erfassung der für den Stoffumsatz in belasteten Gewässern besonders wichtigen organischen Substanzen einbezogen werden muß. Mit dem Themenkomplex der Abwasserbelastung von Vorflutern befassen sich die Beiträge von L. Bernhart über „Sanierungsmaßnahmen an der Mur“, von E. Pescheck zum gegenwärtigen

Gütezustand der Fließgewässer Vorarlbergs und von B. K. RUSSEV, der einen Überblick des saprobiologischen Zustands der Fließgewässer Bulgariens gibt. Der abschließende Beitrag von G. WENIGER bringt einen aufschlußreichen Vergleich der heutigen ökologischen Situation in Wienerwaldbächen mit den biologischen und chemischen Verhältnissen der Jahre 1949 bis 1951. An Stelle von früher meist lokal begrenzten Abwasserbelastungen sind Einflüsse großflächiger Abschwemmungen (Agrar-Mineraldünger) und veränderter Abwasserinhaltsstoffe (synthetische Waschmittel) getreten, die sich als schleichende Eutrophierungsvorgänge auswirken. Der vorliegende Band bildet mit seinem vielseitigen Inhalt einen wertvollen Beitrag zur Gewässerforschung, dem eine über den nationalen Bereich hinausgehende allgemeine Bedeutung zukommt.

D. FLÖSSNER, Jena

HEINER LEHMANN & DIETER SCHULZ: **Die Pflanzenzelle. Struktur und Funktion** (Uni-Taschenbuch 558). Stuttgart: Verlag Eugen Ulmer 1976. 316 S., 176 Abb., 5 Tab. Kst. DM 22,80

Die Darstellung will „die Lücke zwischen den kurzen Kapiteln über die Zelle in den allgemeinen Lehrbüchern und den umfangreichen Spezialdarstellungen" über die Zelle schließen und versuchen, „Struktur und Funktion von Pflanzenzellen" im Zusammenhang zu begreifen. Die Studenten werden im ersten Teil mit der meristematischen Pflanzenzelle, ihren Bausteinen und deren Funktionen bekanntgemacht. Im zweiten Teil werden spezialisierte Zellen der Bildungs- und Dauergewebe behandelt, wobei besonders elektronenmikroskopische Befunde berücksichtigt werden. Kurze Kapitel über die Zelle der Prokaryonten und über Methoden und Techniken der Zellforschung schließen sich an. Weiterführende Literatur, Verzeichnisse der Abkürzungen und Bildquellen sowie ein Sachregister runden das gut gedruckte und ansprechend ausgestattete Bändchen ab.

In gewissem Sinne fordert der Titel zum Widerspruch heraus. „Pflanzenzelle", das ist natürlich mehr als die meristematische Zelle oder die Zellen der Bildungs- und Dauergewebe. Algen- und Pilzzellen gehören auch dazu. Diesem Einwand beugen die Autoren vor, wenn sie sich im Vorwort darauf berufen, daß „die vielen Besonderheiten sowohl struktureller als auch funktioneller Art der niederen Pflanzen ... für den Anfänger eher verwirrend" sind „und ... auch nicht zu dem erwarteten Verständnis" führen. „Wir sind der Meinung, daß in einem solchen Taschenbuch der höheren Pflanze der Vorzug zu geben ist, da sie dem Studenten «näher steht»." Meinung hin, Meinung her: Eine neue „Lücke" bleibt. Studenten und Lehrer könnten sehr wohl bald nach einem ähnlichen Buch über die „verschmähte" Zelle der niederen Pflanzen fragen.

S. J. CASPER, Jena

HEINRICH WALTER: **Die ökologischen Systeme der Kontinente (Biogeosphäre).** Prinzipien ihrer Gliederung mit Beispielen. Stuttgart: Gustav Fischer Verlag 1976. 131 S., 63 Abb., 20 Tab. Karton. DM 29,—

In diesem Buch geht es um eine möglichst natürliche systematische Gliederung der verschiedenen Ökosysteme auf der Erde, wobei sich der Verf. auf die terrestrischen Ökosysteme (die Biogeosphäre) beschränkt. Großklima, Boden und Vegetation sollten die Hauptkriterien dieser Gliederung sein. Große ökologische Einheiten, die sowohl die Umwelt als auch die biotischen Komponenten einschließen, werden als „Biom" bezeichnet. Sie bilden die Grundeinheit und zugleich die unterste Stufe in der Rangfolge der höheren Einheiten. Die größte Einheit ist das Zonobiom (ZB), es entspricht einer ökologischen Klimazone. Hiervon gibt es auf der Erde 9. Da innerhalb einer Klimazone das Klima nicht ganz einheitlich ist, ergibt sich eine Untergliederung in Subzono-Biome (sZB). Die aus diesem Rahmen herausfallenden Gebirge mit einer vertikalen Klimagliederung und mit Höhenstufenfolgen bezeichnet WALTER als unizonale Orobiome. Auch die Pedobiome, Flächen mit besonderer Bodenbeschaffenheit und deshalb mit einer mehr oder weniger azonalen Vegetation, müssen getrennt behandelt werden. Ihre Untergliederung erfolgt nach der Beschaffenheit des Bodens in Lithobiome (flachgründige Felsböden), Psammobiome (Sandböden), Halobiome (Salzböden), Peinobiome (nährstoffarme Böden), Helobiome (Sumpfböden), Hydrobiome (mit Wasser überdeckte Böden) usw. Die Übergangszonen zwischen zwei Zonobiomen werden Zono-Ökotone genannt, hierzu gehören u. a. Waldtundra und Waldsteppe. Als Beispiel eines Dreiecks-Ökotons zwischen drei Zonobiomen wird der pannonisch-dazische Raum vorgestellt, die Übergangszone zwischen nemoralen Wäldern im W, Steppenzone im NE und submediterranen Wäldern im S. Die Übergangszonen zwischen Subzono-Biomen heißen Subzono-Ökotone, hierzu gehören u. a. die osteuropäischen Halbwüsten und die afrikanische Savanne. Als Oro-Ökotone werden die Übergänge zwischen den einzelnen Höhenlagen der Gebirge gekennzeichnet.

Die großen Einheiten des ökologischen Systems lassen sich in kleinere untergliedern. Grundeinheit ist hier das Biogeozön (Biogeozönose), das einer Pflanzengesellschaft im Range einer Assoziation entspricht. Zwischen ihnen und den Biomen rangieren die Biogeozön-Komplexe, die etwa den in der Vegetationskunde bekannten Vegetationskomplexen entsprechen. Innerhalb eines Biogeozöns kann man eine Reihe von Synusien unterscheiden, bei denen es sich aber nur um Teilsysteme handelt, z. B. Krautschicht und Streuschicht einer Waldgesellschaft.

Die vorgeschlagene Gliederung der terrestrischen Ökosysteme untermauert WALTER durch die Darstellung von 2 jeweils von sowjetischen Forschern eingehend

untersuchten Einheiten: des Waldes an der Worskla als Beispiel eines Biogeozöns und der Sandwüste Karakum als Beispiel eines Bioms mit Biogeozön-Komplexen, Biogeozönen und Synusien.
Mit diesen Darlegungen hat WALTER seine Vorstellungen über die Gliederung der Vegetation mit der Ökosystemforschung in Einklang gebracht. Seine Vorschläge verdienen allseitige Beachtung; inwieweit sie von der Forschung akzeptiert werden, bleibt abzuwarten.

H.-D. KRAUSCH, Potsdam

J. Z. KADŁUBOWSKA: **Zarys Algologii** (Grundriß der Algologie). Warszawa: Panstwowe Wydawnictwo Naukowe 1975. 503 S., 463 Abb., 13 Tab. Brosch. Zl. 46,—

Die Autorin des V. Bandes der Polnischen Süßwasserflora legt mit diesem Buch eine vorwiegend taxonomisch orientierte Algenkunde vor: Auf 315 S. werden, der auch in deutschsprachigen Lehrbüchern vertretenen „klassischen" taxonomischen Gliederung folgend, die Stämme und Klassen der Algen und die Blaualgen beschrieben. Nach jeweils einführender Charakterisierung hinsichtlich Zellbau und Fortpflanzungsgeschehen sind hierzu die wichtigsten Gattungen ausgewählt und an Art-Beispielen ihr Vorkommen auf polnischem Territorium belegt worden (Bestimmungshilfen sind nicht enthalten).
Dem Hauptteil gehen allgemeine Informationen über diese Organismengruppen, die Geschichte ihrer Erforschung, über chemische Komponenten und die Vielfalt ihrer morphologischen Organisation und Fortpflanzung voraus (97 S.). Ihm folgen Angaben zur Ökologie der Algen, zu ihrem Vorkommen und ihrer Rolle in den aquatischen Lebensräumen, in Böden, als Aerophyten, Kryophyten, Endosymbionten und Phycobionten und zu Algenparasiten (44 S.).
Ein kurzes methodisches Kapitel mit Hinweisen zum Sammeln und Untersuchen der Algen (8 S.) und umfangreiche Register beschließen das Buch, das durch die zahlreichen Abbildungen (die allerdings leider bei einigen Fotos durch den Druck an Aussagekraft verlieren), Tabellen (z. B. zu Zellvolumina, Phytoplanktonzahlen, zu den chemischen Bestandteilen und Gattungszahlen in den Stämmen und Klassen) und das ausführliche Literaturverzeichnis (etwa 150 Zitate) auch für den der Sprache nicht Kundigen mit Gewinn zu nutzen ist.

W. BRAUNE, Jena

ULRICH LEHMANN: **Paläontologisches Wörterbuch.** 2., überarb. u. erw. Aufl. Stuttgart: Ferdinand Enke Verlag 1977. VIII, 440 S., 112 Abb., 3 Taf. Flex. Taschenbuch. DM 18,80

In jeder Wissenschaftsdisziplin ist es von großem Vorteil, eine einheitliche Terminologie zu benutzen, besonders wenn es sich um ein so umfangreiches, weitverzweigtes Gebiet wie die Paläontologie handelt, mit ihren zahlreichen Berührungspunkten zur Geologie, Zoologie, Botanik, Paläolimnologie, Geographie und anderen Disziplinen. Das Buch will den Wissenschaftlern der Nachbargebiete, den Studenten der Paläontologie und Geologie, den interessierten Laien und — last not least — auch den Paläontologen die im deutschsprachigen Schrifttum verwandte Terminologie näher bringen und ihnen damit den Zugang zur Fachliteratur erleichtern.
In der 2. Auflage hat der Autor über 600 Stichwörter neu eingefügt, die besonders aus dem Gebiet der Ökologie stammen. Wie in anderen biologischen Teildisziplinen, so hat sich auch in der Paläontologie in den letzten 2 Jahrzehnten ein zunehmendes Interesse für aut- und synökologische Fragen bemerkbar gemacht, dem der Autor Rechnung trug. Als sehr nützlich empfindet der Resenzent das „System der Organismen" im Anhang, das eine rasche Übersicht über die taxonomischen Einheiten erlaubt.
Daß ein solch umfangreiches Werk nicht frei von Druckfehlern sein kann, ist verständlich. Auf einige der festgestellten sei hier aufmerksam gemacht: S. VII Biostratinomie statt Biostratonomie, S. 96 *Araucaryoxylon* statt *Araucarioxylon*, S. 124 *Epophyton* statt *Eophyton*, S. 226 Metapohpyse statt Metapophyse, S. 376 *Sciatopitytes* statt *Sciadopitys*. Auf S. 98, 106, 124 und 129 müßte die Reihenfolge der Stichwörter geändert werden. — Das Wörterbuch erfüllt mit seinen durchweg fundierten Erläuterungen und seiner guten Ausstattung voll den angestrebten Zweck.

D. STORCH, Jena

KLAUS IMMELMANN: **Einführung in die Verhaltensforschung.** Berlin, Hamburg: Verlag Paul Parey 1976. 221 S., 89 Abb. Balacron brosch. DM 28,—

Die Verhaltensforschung hat in den letzten Jahrzehnten eine stürmische Entwicklung erfahren wie kaum eine andere Disziplin der Biologie. Mit ihren Problemstellungen, Aussagen und Modellvorstellungen beansprucht sie nicht nur das allgemeine Interesse der Biologen, sondern reicht bis in gesellschaftswissenschaftliche Bereiche, wie Psychologie, Pädagogik, Soziologie und selbst Philosophie und Theologie hinein. Durch das ungeheuer angewachsene Tatsachenmaterial wird es für den biologisch weniger geschulten Laien, aber auch für Biologielehrer und Studenten immer schwieriger, sich eine zuverlässige Auskunft über bestimmte Probleme oder gesicherte Grundkenntnisse der Verhaltensforschung zu verschaffen.
Das vorliegende Buch, entstanden aus einführenden Vorlesungen des Verfassers über das Verhalten der Tiere, ist hervorragend geeignet, diesem Bedürfnis

nachzukommen. Es behandelt in streng wissenschaftlicher, dabei aber durchaus allgemein verständlicher Form alle wesentlichen Aspekte der Ethologie, von den Außenreizen, der zeitlichen und hierarchischen Ordnung im Verhalten, der Verhaltensphysiologie und Verhaltensontogenese über das Lernen und Sozialverhalten bis zur Verhaltensgenetik und zu Fragen der stammesgeschichtlichen Entwicklung des Verhaltens. Die zügige Lesbarkeit des konzentriert geschriebenen, als Studienmaterial aufgefaßten Textes leidet allerdings etwas an den häufigen Kreuzverweisen und der vorwegnehmenden Verwendung von Begriffen, die erst auf späteren Seiten näher erläutert werden. Auch würden die zahlreichen, sehr instruktiven Textabbildungen besser zur Verdeutlichung der verbalen Aussagen beitragen, wenn auf sie im Text hingewiesen würde. Hervorzuheben ist die kritische Zurückhaltung gegenüber der voreiligen Verallgemeinerung und unstatthaften Ausweitung von Beobachtungen und Experimenten ethologischer Forschungen, auf die gerade bei der im Kreuzfeuer der Meinungen stehenden Verhaltensforschung großer Wert gelegt werden muß. Gleichermaßen anerkennenswert ist das Bemühen des Verfassers, den Begriffsapparat der Ethologie so scharf und unmißverständlich wie möglich zu fassen. Bemerkenswert der Hinweis auf das Verhalten der Tiere als „Schrittmacher der Evolution“ am Schluß des Buches, wodurch in der sonst streng darwinistisch ausgerichteten Denkweise der Verhaltensforscher lamarckistische Vorstellungen zur Geltung kommen.
Insgesamt betrachtet eine sehr wertvolle Publikation, mit der es dem Autor überzeugend gelungen ist, Ordnung in die verwirrende Vielfalt verhaltenskundlicher Einzelfakten zu bringen und das beeindruckende Gebäude der Verhaltensforschung für den großen Kreis von Wißbegierigen zugänglich und überschaubar zu machen.

D. FLÖSSNER, Jena

ROBERT KRISAI: **Die Ufervegetation der Trumer Seen (Salzburg)** (Dissertationes Botanicae Bd. 29). Vaduz: J. Cramer 1975. 202 S., 19 Abb., 5 Kt., 2 Diagr., 10 Tab. Brosch. DM 60,—

Das Buch bietet mehr, als der Titel aussagt. Es enthält nicht nur eine eingehende Beschreibung der Ufervegetation dieser etwa 10 km nördlich von Salzburg im Alpenvorland gelegenen Seengruppe, sondern auch eine umfassende Darstellung ihrer Vegetationsgeschichte anhand palynologischer Untersuchungen. Die Ufervegetation reicht von der Schwimmblattzone über Röhricht, Nieder-, Zwischen- und Hochmoore bis hin zu Gebüschen und Moorwäldern. Insgesamt kommen 18 Gesellschaften und einige Übergänge und Varianten unklarer Zuordnung zur Darstellung und werden durch z. T. sehr ausführliches Aufnahmematerial belegt. Anhand von 2 kompletten Profilen und einigen Stichproben legt KRISAI dann die Entwicklung der Vegetation an den Seen und ihres Umlandes seit dem Ende der letzten Vereisung dar. Ein abschließendes Kapitel ist den gegenwärtigen kulturbedingten Umwandlungen und den Möglichkeiten der Erhaltung charakteristischer Vegetationskomplexe gewidmet, wobei auch die Probleme einer Sanierung der immer stärker verschmutzenden Seen Berücksichtigung finden. Die Arbeit stellt einen beachtenswerten Beitrag zur Kenntnis der Verlandungsvegetation von Seen und ihrer Geschichte dar. Daß der Verfasser, in einem ganz anderen Beruf tätig, seine umfangreichen Untersuchungen in nahezu ausschließlicher Abend- und Wochenendtätigkeit durchgeführt hat, verdient hohe Anerkennung.

H.-D. KRAUSCH, Potsdam

BERGEY'S **manual of determinative bacteriology. Eighth edition (Reprint).** Eds.: R. E. BUCHANAN & N. E. GIBBONS. Baltimore: The Williams & Wilkins Company 1975. XXVI + 1268 S., 9 Abb., 176 Tab., 55 Taf. Ln. $ 45.—

Es hieße Eulen nach Athen tragen, wollte man Wert und Bedeutung des „BERGEY“ besonders preisen: Das Standardwerk der taxonomischen Bakteriologie hat seinen festen Platz im wissenschaftlichen Schrifttum, und es bleibt nur zu fragen, ob und inwieweit die neue Ausgabe die an sie geknüpften Erwartungen rechtfertigt. Fast 140 Mitarbeiter (1957 waren es 97) haben Beiträge geliefert und sich bemüht, der neuen Konzeption gerecht zu werden, die vor etwa 10 Jahren entstand. Neu ist der Verzicht auf eine durchgehende taxonomische Hierarchie oberhalb des Gattungsniveaus, eine angesichts der Unsicherheit der Kategorienbewertung durchaus begrüßenswerte „Bescheidenheit“. 19 Gruppen werden innerhalb der Bacteria, die zusammen mit den Cyanobacteria im Reich der Procaryotae vereint werden, ausgegliedert, wobei als Gruppierungskriterien morphologische und physiologische Merkmale dienen. So traditionelle Gruppen wie die Sprochaetales, Rikettsiales oder Actinomycetales finden sich auch in der neuen Auflage, andere mußten sich starke Eingriffe in das althergebrachte Ordnungsgefüge gefallen lassen. Der Schwerpunkt der Darstellung ruht auf den Gattungs- und Artenbeschreibungen, die gegenüber den früheren Auflagen an Präzision und Details gewonnen haben. Ein Schlüssel öffnet den Zugang zu den rund 250 Gattungen bzw. Arten (als Vertretern der Gattungen). Das Literaturverzeichnis erfaßt über 5650 Titel (einschließlich der Ergänzungsliste). Ein Sippenindex, ein Glossarium und eine Liste der Stammsammlungen erhöhen den Gebrauchswert des trotz noch immer vorhandener Schwächen für jeden Bakteriologen unentbehrlichen Hand- und Nachschlagewerkes.

S. J. CASPER, Jena

WOLFGANG WIESSNER: **Bioenergetik bei Pflanzen.** Jena: VEB Gustav Fischer Verlag 1975. XIV, 224 S., 55 Abb., 44 Schemata, 22 Tab. Brosch. M 31,—

Mit diesem Buch erschien der vierte Beitrag zur Reihe „Bausteine der modernen Physiologie". Im Titel ist durchaus die Formulierung „bei" zu beachten: Der Autor beabsichtigte nicht, „das gesamte Gebiet der pflanzlichen Bioenergetik umfassend darzustellen". Es liegt ein Buch vor, in dem die beiden grundlegend wichtigen Teilgebiete pflanzlicher Stoffwechselphysiologie, die Photosynthese (138 S.) und die Dissimilation (35 S.) unter besonderer Betonung biochemisch-biophysikalischer Aspekte behandelt werden. Somit liegt eigentlich eine „Bioenergetik der Photosynthese" vor: Nach dem einleitenden kurzen Abriß der Entdeckungsgeschichte werden auf etwa 20 S. die strukturellen Grundlagen (einschließlich Pigmente), auf weiteren 20 S. physiologische (Abhängigkeit von CO_2-Konzentration, Beleuchtungsstärke und -qualität, der Temperatur, Beziehungen zur Chlorophyllkonzentration, Bedeutung der Mineralsalze, des Sauerstoffs u. a.), auf 25 S. biophysikalische (Absorption der Strahlungsenergie, Energieumwandlung und -leitung) und auf knapp 60 S. biochemische Aspekte behandelt (die Vorgänge um die $NADP^+$-Reduktion, die Photophosphorylierung und CO_2-Fixierung, einschließlich der Besonderheiten der bakteriellen Photosynthese).

Das gut lesbare Buch hilft, eine Brücke zwischen pflanzenphysiologischen Grundkenntnissen und modernen Forschungsergebnissen zu schlagen, der man sich gern anvertraut in der Gewißheit, das andere Ufer zu erreichen (Druckfehler werden beim Studium gewiß als diese erkannt, z. B. Tab. 7: Abs. max. von C-Phycocyanin 615 statt 516 nm). Die formelmäßige Darstellung wesentlicher Reaktionsabläufe, die Abbildungen, Schemata und Tabellen und die drucktechnische Gestaltung unterstützen die Arbeit mit dem Buch in didaktisch wirksamer Form. 6 Reaktionsschemata sind als Loseblattsammlung gesondert beigefügt. Das mag herstellungstechnisch bedingt sein, erweist sich aber — sieht man von der Gefahr des Verlustes ab — im Gebrauch als bequem und nützlich. In nahezu 500 Zitaten ist Originalliteratur bis 1973 erfaßt. Bei einer Neuauflage würde die Ergänzung durch ein Sachwortverzeichnis sehr begrüßt.

Die Erkenntnis, daß für alle biologischen Arbeitsprozesse wie Biosynthesen, Aufbau und Erhaltung biologischer Strukturen, Stoffaufnahme und -akkumulation bis hin zur Dynamik in Ökosystemen spezifische Stoffwechselreaktionen zur Energieaufnahme, -speicherung und -umwandlung nötig sind und die Tatsache, daß viele dieser Einsichten in die pflanzliche Bioenergetik an Algen gewonnen wurden und werden, sollte auch für jeden theoretisch interessierten Hydrobiologen Anlaß sein, sich mit den bioenergetischen Grundlagen pflanzlicher Lebensprozesse zu befassen. Wer das intensiver tun will, als das mit der bisher vorhandenen deutschsprachigen Lehrbuch-Literatur möglich war, der findet im „WIESSNER" eine willkommene Informationsquelle.

W. BRAUNE, Jena

WOLFGANG BECHTLE: **Das Tessin.** Reiseführer für Naturfreunde. Stuttgart: KOSMOS-Verlag, Franckh'sche Verlagshandlung 1975. 64 S., 6 Zeichn., 50 Farbfotos. Kart. DM 5,80

Es gehört sicher nicht zu den Aufgaben unserer Schriftenreihe, „Reiseführer" zu besprechen. Wenn wir uns dennoch dazu entschlossen haben, den Band 285 der KOSMOS-Bibliothek zu würdigen, so wegen des Zusatzes „für Naturfreunde". Naturreiseführer sind nicht gerade häufig, und so klassische Werke wie etwa DALLA-TORROS Naturführer von Tirol (1913), wegen ihres absoluten Mangels an Bildern nicht mehr zeitgemäß. Das hier zur Debatte stehende Büchlein ist zunächst einmal ein Bilderbuch, zugegebenermaßen eines mit wirklich schönen Bildern. Landschaftsansichten, Gesteine, Reptilien, Kleinsäuger, Insekten, Saurier aus der Trias des Monte San Giorgio, Eßkastanien, ein paar (8) der bekanntesten „Alpenblumen" und ein paar Wasserpflanzen erfreuen das Auge. Dazu ein locker und leicht geschriebener, anregender Text. Alles in allem sachlich durchaus fundiert und sicher gut gemeint, weil es den Reisenden von der „normalen Tour" weg dorthin führen will, wo er „Gottesanbeterinnen, Smaragdeidechsen, Feuerlilien oder fossile Meerechsen sehen kann". Trotzdem wohl ein bißchen wenig, wenn man nicht unterstellen will, daß der „moderne" Mensch der Natur von vornherein fremd gegenüber steht. Und das sind die, die „auf Exkursionen in den Tälern bis hinauf ins Gebirge anzutreffen sind", bestimmt nicht.

S. J. CASPER, Jena

J. P. DEMPSTER: **Animal Population Ecology.** London, New York, San Francisco: Academic Press 1975. 155 S., 50 Abb., 24 Tab. Ln. £ 3.80

Dieses Buch verfolgt die Absicht, Studenten und Ökologen einen aktuellen Überblick über den Kenntnisstand der Populationsökologie der Tiere zu geben. Es behandelt damit eines der wichtigsten Teilgebiete der Ökologie, auf dem noch sehr viel zu tun übrig bleibt und wo Meinungen und Diskussionen, das Für und Wider um Theorien und Modellvorstellungen noch besonders stark das Feld der Forschung beherrschen.

Auf die einleitende Besprechung der Grundkonzeptionen und Terminologie der Populationsdynamik folgt die Darstellung der Faktoren, die zu Bevölkerungsfluktuationen führen: intra- und interspezifische Konkurrenz, Sozialverhalten, genetische Bedingtheiten, klimatische Faktoren, Krankheiten, Räuber—Beute- und Parasit—Wirt-Beziehungen. Die Zusammenhänge zwischen den einzelnen Faktoren werden an populationsökologisch gut untersuchten Arten eingehend vorgeführt. Die Beispiele umfassen Phytophage wie Zoophage, Wirbellose wie Wirbeltiere. Das folgende Kapitel behandelt die Erscheinung des zyklischen Massenwechsels am Beispiel des Lärchenwicklers und des Schnee- und Moorschneehuhnes. Ausführlich setzt sich sodann der Autor mit den abundanzdynamischen Theorien auseinander, wobei die Thematik aus spezifisch angelsächsischer Sicht allein die Theorien behandelt, die von der sogenannten natürlichen Regulation (natural control) der Populationen ausgehen, während die von den Ökologen des Kontinents erarbeiteten Massenwechseltheorien unberücksichtigt bleiben. Das Kapitel zeichnet sich in der Beurteilung der vorliegenden, teilweise weit divergierenden Theorien durch kluge, undogmatische Nüchternheit aus, ohne in nichtssagende allgemeine Formulierungen zu verschwimmen. Nach kritischer und sorgfältiger Abwägung aller vorhandenen Fakten neigt der Autor am meisten zu der Theorie von MILNE, die besagt, daß im allgemeinen die Abundanzschwankungen durch das Wirken dichteunabhängiger und dichteabhängiger Faktoren in Grenzen bleiben und nur gelegentlich ein vollkommen dichteabhängiger Faktor eine übermäßige Vermehrung verhindern muß. Mit allem Nachdruck wird jedoch betont, daß wir gegenwärtig noch weit entfernt sind von einer allgemein überzeugenden Theorie der Abundanzdynamik. In diesem Zusammenhang erscheint es besonders bedauerlich, daß der Autor nicht auch zu der neuen vielversprechenden integrierten Theorie der Abundanzdynamik von SCHWERDTFEGER (1968) Stellung genommen hat. Abschließend werden Probleme diskutiert, die sich aus der großen ökonomischen Bedeutung der Populationsökologie ergeben, der Schädlingsbekämpfung in Land- und Forstwirtschaft, der Bekämpfung tierischer Krankheitsüberträger, der Nutzung von Tierbeständen für die Ernährung des Menschen und der Erhaltung in ihrem Bestand gefährdeter Tierarten. Das 10 S. umfassende Literaturverzeichnis enthält nur englischsprachige Veröffentlichungen, unter denen u. a. die zusammenfassende Darstellung von D. LACK aus dem Jahre 1954 vermißt wird.

Das Buch bietet einen zwar knappen, aber ausgezeichneten und weitaus erschöpfenden Überblick über die Populationsökologie, dessen Lektüre sehr anregend ist, da es nicht nur trockene Fakten wiedergibt, sondern in undogmatischer Weise mitten in den Meinungsstreit um gegenwärtige Theorien der Populationsdynamik führt.

D. FLÖSSNER, Jena

WALTER LARCHER: **Ökologie der Pflanzen.** 2. verbess. Aufl. (UNI-Taschenbücher 232). Stuttgart: Verlag Eugen Ulmer 1976. 320 S., 150 Abb., 40 Tab. Flex. Kunststoff. DM 19,80

Der 1973 zum ersten Male erschienene Band liegt hier, verbessert und an einigen Stellen ergänzt, in 2. Auflage vor. Zwei Abbildungen (4. 49) wurden durch neue Darstellungen ersetzt. Die Liste der Abkürzungen, Symbole und Umrechnungsfaktoren wurde auf die Normen des internationalen Einheitssystems (SI-Normen) ausgerichtet. Im Text wurde die Umstellung noch nicht durchgehend ausgeführt (die Kalorienangaben wurden beibehalten).

Das Anliegen, die „Denkweise" der Ökologie zu vermitteln, Einblicke in grundlegende Vorgänge, Wirkungsmechanismen und Funktionszusammenhänge im System „Pflanze und Umwelt" zu bieten und auf aktuelle Probleme hinzuweisen, ist unter Beschränkung auf eine vorwiegend physiologisch-ökologische Betrachtungsweise verwirklicht worden.

Eine gut gedruckte und reich illustrierte Einführung in die Ökologie.

S. J. CASPER, Jena

HELGA SCHRÖDER: **Mikrobiologisches Praktikum.** Berlin: Volk und Wissen Volkseigener Verlag 1975. 220 S., 201 Abb., Pappb. M 9,—

Der Umgang mit Mikroorganismen ist in zunehmendem Maße in vielen Wissenschaftsbereichen zur Lösung naturwissenschaftlicher Probleme wie auch in der Praxis unentbehrlich geworden. Daher hat die Einführung in mikrobiologische Arbeitstechniken einen festen Platz in unserem Biologiestudium erhalten, und es sind auch verstärkte Ansätze zur Durchführung mikrobiologischer Experimente im Bereich der Volksbildung zu verzeichnen. Nun liegt — endlich — auch eine allen Interessenten zugängliche und sehr preisgünstige Anleitung vor, die dieser Entwicklung Rechnung trägt. Inhaltlich entspricht dieses Praktikumsbuch etwa dem Standardprogramm eines „Kleinen Mikrobiologischen Praktikums" an unseren Hochschulen, jedoch wird es auch bei einzelnen mikrobiologischen Spezialpraktika eine Hilfe sein. Durch die Vielzahl der vorgestellten Untersuchungsmöglichkeiten unterschiedlicher Schwierigkeitsgrade wird es auch für den Biologieunterricht sehr anregend wirken. Im ersten Abschnitt befaßt sich die Autorin mit den „Voraussetzungen für mikrobiologisches Arbeiten". Es werden die wesentlichen allgemeinen Gerätschaften, Maßnahmen zur Sterilisation sowie die Methoden zur Herstellung von Nährböden vorgestellt. Insbesondere für Arbeitsgemeinschaften werden die Hinweise zum Ersatz kostspieliger Gerätschaften durch leichter beschaffbare Hilfsmittel und die geltenden Arbeitsschutzbestimmungen willkommen sein. Der zweite Abschnitt enthält die grundlegenden Arbeitstechniken wie die Gewinnung von Reinkulturen, Impftechnik, Färbeverfahren und Nachweisverfahren für physiologische Leistungen. Im dritten Abschnitt, der den Hauptteil des Buches ausmacht, werden zunächst Möglichkeiten der mikrobiologischen Analyse natürlicher Habitate wie Boden, Wasser oder Milch vorgeführt. Es folgen Versuche zum Problemkreis „Hemmung der Entwicklung von Mikroorganismen", der vor allem die klassischen Testverfahren zur Untersuchung von Antibiotika enthält. Nach den Standardtechniken zur Analyse des Bakterienwachstums werden die für die Untersuchung von Bakteriophagen, Hefen und Schimmelpilze spezifischen Techniken erläutert. Neben einem kurzen Literaturverzeichnis werden im Anhang einige Hinweise zum Mikroskopieren gegeben, und durch eine Aufstellung von Bezugsquellen für spezifische Reagenzien, Geräte und Materialien mit Preisangabe wird die Planung erleichtert. Zu den einzelnen Versuchen wird eine elementare Einführung in die Grundlagen der Problemstellung gegeben. Die Experimente selbst sind so präzise und zuverlässig dargestellt, daß die Versuchsplanung auch bei geringeren Erfahrungen einfach wird. Die Anleitung wird durch zahlreiche Zeichnungen und andere Darstellungen ausgezeichnet unterstützt. Nur bei großen Erfahrungen im Lehrbetrieb war das Buch so zu schreiben, es wird sehr schnell einen festen Platz in unserer nicht gerade reichen mikrobiologischen Literatur einnehmen.

H.-D. BABENZIEN, Greifswald

ERIK FLÜGEL (ed.): **Fossil Algae.** Recent Results and Developments. Berlin, Heidelberg, New York: Springer-Verlag 1977. XI, 375 S., 119 Abb., 32 Taf. Geb. DM 82,— (US 36.10)

Im Oktober 1975 fand in Erlangen das Erste Internationale Symposium über fossile Algen statt, an dem etwa 130 Wissenschaftler teilnahmen. Der Veranstalter trug damit dem wachsenden Interesse Rechnung, das die Erforschung der fossilen Algen in den letzten 2 Jahrzehnten erfahren hat. Dabei zeigte sich deren weite Verbreitung und die große Bedeutung, die sie als Faziesindikatoren und Sedimentproduzenten sowie für biostratigraphische Korrelationen und Ökosystemanalysen besitzen.

Von den 55 während des Symposiums gehaltenen Vorträgen wählte der Herausgeber 37 aus, die hier zu 7 Kapiteln zusammengestellt wurden: Blaualgen und Stromatolithen (14), Grünalgen (2), Rotalgen (4), Problematica (3), Biometrie (1), Ultrastruktur (1) sowie Algen und Sedimentationsmilieu (12). Die unterschiedliche Anzahl der Arbeiten weist schon auf die Schwerpunkte des Buches hin. Der reich ausgestattete und gut bebilderte Band bringt neben Übersichtsreferaten viele Aufsätze zu speziellen Themen, z. B. „Statistical Analysis of Fossil Algae" und „Skeletal Structures of Some Calcifying Algae". Im letzten Kapitel sind auch 4 Arbeiten über rezente Algen enthalten, die besonders wichtig sind als aktuopaläontologische Vergleiche und Belege für die Auswertung der Algen als Faziesindikatoren und Sedimentproduzenten.

D. STORCH, Jena

ESTEBAN BOLTOVSKOY & RAMIL WRIGHT: **Recent Foraminifera.** The Hague: Dr. W. Junk b. v. Publishers 1976. XVII + 515 S., 113 Abb., 17 Tab. Ln. Dfl. 125 —

Die beiden Autoren geben eine Zusammenfassung und Wertung unseres Wissens über die rezenten Foraminiferen. Die 1. Auflage des Buches erschien von E. BOLTOVSKOY 1965 in spanischer Sprache. Die gute Aufnahme, die das Buch fand, ließ eine 2. Auflage in englischer Sprache wünschenswert erscheinen. R. WRIGHT half mit bei der Bewältigung der Fülle an Literatur, die in den letzten zehn Jahren hinzugekommen ist. Auch diese 2. Auflage ist mit bewundernswerter Gründlichkeit und Souveränität geschrieben.

Das Werk berücksichtigt gleichermaßen die ältere wie auch die neuere Literatur aller Sprachen, in denen sie erschienen ist. Das Literaturverzeichnis umfaßt über 1600 Titel! Behandelt werden sämtliche Gebiete der Foraminiferenforschung: Zytologie, Reproduktion, Physiologie, Aufbau und Bildung der Schale, Ökologie (horizontale und vertikale Verteilung, Beziehung zum Lebensraum, Autökologie, Vergesellschaftung), Geographie, Klassifikation, Sammeln des Materials, Präparation, Bestimmung, Anlegen von Kulturen, Auswertung von Primärdaten und Modellierungen.

Dem Limnologen drängt sich bei der Lektüre des Buches der Vergleich mit den Testaceen auf, der den Foraminiferen entsprechenden Tiergruppe des Süßwassers. Neben einer Anzahl von Spezialproblemen, die dem marinen Bereich eigen sind, gibt es viele Parallelen zwischen Foraminiferen- und Testaceenforschung: Schwierigkeiten bei der Erfassung voller und leerer Schalen, Schalenverdriftung, die zu ökologischen Fehlschlüssen führen können, Indikatoren für verschiedene ökologische Faktoren, morphologische Anpassung der Schalen an den Lebensraum und an verschiedene ökologische Faktoren, vertikale Verteilung der Arten und Schalentypen, Relationen zwischen der Höhe der phyletischen Entwicklung und dem Lebensraum, Besiedlung des Pelagials, Vergesellschaftungen und ihre quantitative Erfassung.

Eine Fülle von Daten hat die Foraminiferenforschung zu diesen Problemen geliefert, die in dem vorliegenden Buch gesichtet und klar wiedergegeben sind. In vielen der genannten Probleme ist die Foraminiferen- der Testaceenforschung weit voraus. Absolute und relative Sedimentationsraten planktischer und benthischer Schalen, die in der Foraminiferenforschung eine große Rolle spielen, sind in der Testaceenforschung noch nicht in Angriff genommen. In beiden Bereichen fehlt bisher die Erfassung der Abbaurate leerer Schalen. In der Foraminiferenforschung fehlen die produktionsbiologischen Aspekte, obwohl der Anfall an Leerschalen die Berechnung der Mortalitätsrate erlaubt.

Es ist unmöglich die Vielzahl an Problemen, die das Buch bringt, auch nur anzudeuten. Man kann ihm unschwer voraussagen, daß es ein Standardwerk der Foraminiferenforschung werden wird.

W. SCHÖNBORN, Jena

Effects of ionizing radiation on aquatic organisms and ecosystems (Technical Reports Series No. 172). Vienna: International Atomic Energy Agency 1976. 131 S., 7 Abb., 38 Tab. Brosch. $ 8.50

Die Anreicherung von Radionukliden in Gewässerökosystemen kann zu verschiedenen schwerwiegenden Konsequenzen für die biologische Struktur, den biologischen Stoffumsatz und damit zum Verhalten des gesamten Ökosystems führen.
Die IAEA hat in dem vorliegenden Band diese für die Umweltforschung hoch aktuelle Problematik aufgegriffen. 3 Arbeitsgruppen legen in 3 Abschnitten den gegenwärtigen Kenntnisstand über die Konzentration von natürlichen und künstlichen Radionukliden in Gewässern, über die daraus resultierende Strahlenbelastung auf die Wasserorganismen, über somatische und genetische Effekte der ionisierenden Strahlung auf Einzelorganismen, Organismenpopulationen und Biozönosen dar. Vorwiegend werden dabei Untersuchungen an Phytoplanktern, Zooplanktern, Mollusken, Krustazeen und Fischen berücksichtigt.
Allgemeine Schlußfolgerungen, Empfehlungen für zukünftige Forschungsarbeiten, ein ausführliches Literaturverzeichnis (384 Zitate) und ein Glossarium ergänzen die sehr informativen Ausführungen, die im übrigen durch eine wohltuende Sachlichkeit und Kürze bestechen.

R. KOSCHEL, Berlin

GÜNTHER FRANKE (Hrsg.): **Nutzpflanzen der Tropen und Subtropen Band II.** 2., erw. u. überarb. Aufl. Leipzig: S. Hirzel Verlag 1976. XI + 423 S., 107 Abb., 136 Tab. Ln. M 44,50

Der vorliegende 2. Band erfaßt Getreide, obstliefernde Pflanzen und Faserpflanzen und ist grundsätzlich wie der 1. Band (vgl. Rezension *Limnologica* **11** (1), 193 bis 194) aufgebaut, d. h. jeder Einzelabschnitt behandelt Heimat und Verbreitung, wirtschaftliche Bedeutung, Botanik, Anbau, Ernte, Lagerung, Aufbereitung und Verwertung der betreffenden Nutzpflanze. Eine Literaturübersicht ist jedem Einzelkapitel angefügt. Die zahlreichen Abbildungen sind instruktiv, die Tabellen informationsreich und das Sachverzeichnis dem Text angemessen. Behandelt werden Weizen, Reis, Mais, Hirsen, Banane, Ananas, Zitrusfrüchte, Dattelpalme, Feige, Mango, Kaschu, Baumwolle, Kapok, Jute, Kenaf, Roselle, Ramie, Sisal, Faserbanane und noch einige andere Faserpflanzen. Zum Gelingen tragen außer dem Herausgeber noch G. FRÖHLICH, W. HAIN, H.-J. HEYNOLDT, W. HURZ, S. MICHAELIS, M. NEUGEBAUER, A. PFEIFFER und S. STENZ bei. Mit der neuen Auflage des „FRANKE" liegt ein Standardwerk der Nutzpflanzenkunde vor, das allen auf diesem Gebiete tätigen Studierenden, Praktikern, Handelsfachleuten und Lehrern ein unentbehrlicher Leitfaden sein wird. Druck und Ausstattung sind gut.

S. J. CASPER, Jena

GERALD J. GIEFER: **Sources of Information in Water Resources.** An annotated guide to printed materials. New York: Water Information Center 1976. XVII, 290 S. Ln. $ 23.50

Das Werk stellt eine Bibliographie von 1584 Titeln dar, u. zw. fast ausschließlich von US-amerikanischen Publikationen, Forschungsarbeiten und Kongreßmaterialien mit kurzen Inhaltsangaben.
Die thematische Gliederung dieser Informationsquelle ist sehr detailliert unter den großen Rubriken: Übersichtsarbeiten, Wasserkreislauf, Wasserwirtschaft, Wassergütewirtschaft, Wasservorratsplanung und Wasseringenieurwesen. Allerdings erscheint jedes Werk nur unter einem Stichwort. Den Band beschließt ein umfangreicher Index (46 S.), der ein Autoren- und Sachverzeichnis darstellt und außerdem die meisten Titel aufführt.

L. KREY, Jena

G. KUSCHEL (ed.): **Biogeography and ecology in New Zealand** (Monographiae Biologicae vol. 27). The Hague: Dr. W. Junk b. v. Publishers 1975. XVI, 689 S., 171 Abb., 37 Tab., 4 Kt., 12 Taf., 10 Faltbl. Ln. Dfl. 200,—

Um es gleich zu sagen: Die Naturgeschichte des neuseeländischen Archipels ist ein hervorragender Beitrag zu den „Monographiae Biologicae". 20 Autoren haben es blendend verstanden, in 17 aufeinander abgestimmten Einzelartikeln ein Bild von der Vergangenheit und Gegenwart der Lebewelt und ihrer Umwelt zu zeichnen, das nicht nur hohen wissenschaftlich-informativen Wert für den Fachwissenschaftler besitzt, sondern auch interessierte Laien anzusprechen vermag. Den ausgezeichnet gedruckten Text unterstützen zahlreiche Fotos, Zeichnungen und Tabellen und erleichtern dem „überseeischen" Leser den Zugang in eine ihm „fremde" Welt.
Die ersten drei Kapitel beschäftigen sich mit der geologischen Geschichte, den klimatischen und edaphischen Verhältnissen. Sie bilden den Rahmen für die folgenden Darstellungen der Flora, Vegetation und Wirbeltierfauna. Gesonderte Behandlung erfahren die marine benthischen Ökologie und Biogeographie sowie Limnologie, Süßwasserfische, Landschneckenfauna, Spin-

nen, terrestrische und limnische Insekten. Ökologische Aspekte erörtern außerdem die Abschnitte über die Beziehungen von Pflanze und Insekt sowie über den Einfluß der menschlichen Kultur auf die Lebensräume. Die biogeographischen „Wahrzeichen" Neuseelands, das „lebende Fossil" Brückenechse („Tuatara", *Sphenodon*) und der flügellose Kiwi (*Apteryx*), finden eingehende Berücksichtigung. Von besonderem Reiz ist die Untersuchung über die Kultur der Maoris.
Neuseeland ist frühzeitig vom Gondwanaland getrennt worden. Seine Biologie zeigt daher zahlreiche eigentümliche Züge. Über 80% der Blütenpflanzen und weit über 90% der Gliedertiere sind auf den Inseln endemisch. Nahezu 95% der terrestrischen und aquatischen Arten der Tiefländer kommen nur im Bereich der natürlichen Wälder vor. Sie sind durch die umsichgreifende Kultivierung für landwirtschaftliche Zwecke oder durch die Einführung exotischer Baumarten zur Aufforstung in ihrer Existenz bedroht. So informiert die vorliegende Naturgeschichte nicht nur über ein für naturwissenschaftliche Erkenntnisse wichtiges Gebiet unserer Erde, sondern mahnt uns biologisch-ökologisches Wissen in eine menschenwürdige Praxis des Umgangs mit der Natur umzusetzen.

S. J. CASPER, Jena

Wasser und Abwasser Band 1975. Wien: Hrsg. u. Verl. Bundesanstalt für Wassergüte 1976. 278 S., 41 Abb., 44 Tab. Halbln. ÖS 270,—

Dieses von der Bundesanstalt für Wassergüte in Wien-Kaisermühlen zusammengestellte Heft berichtet über ihren 13. Fortbildungskurs mit dem Thema: Stand und Tendenzen in Fragen der Gewässerreinhaltung. 19 Fachvorträge mit den anschließenden Diskussionen vermitteln den Inhalt des Kurses, ein Sachregister erleichtert den Zugriff zum Gebotenen.
Der Text konzentriert sich auf die wasserwirtschaftliche Situation in Österreich, erläutert geleistete und geplante Maßnahmen. Die Flüsse, insbesondere die Donau erfahren eine besondere Beachtung. Als Land des Fremdenverkehrs sieht sich Österreich folgenden auch hier angesprochenen Themen besonders verpflichtet: Behandlung kommunaler Abwässer, Reinhaltung der Umwelt, Sanierung ganzer Einzugsgebiete, Wintersport mit seiner besonderen Problematik. Unter den Industrienutzungen steht die Energiegewinnung an erster Stelle, jedoch wird auch von modernen Wassernutzungen in der Erdöl-, Molkerei- und Zellwolleindustrie berichtet. Fragen der Gewässergüteerfassung und -kontrolle, der Rentabilität und des allgemeinen Umweltschutzes klingen überall an.
Die Übersichtsreferate konzentrieren sich mehr auf die regionale Lösung von Problemen als auf wissenschaftliche Einzelprobleme. Die gelungene Gesamtschau wird nur an wenigen Stellen gestört, z. B. durch nicht gebräuchliche Abkürzungen wie ccm, cbm, tato, atro oder an manchen Stellen schlecht leserliche Tabellen.

G. MOTHES, Berlin

DIETRICH UHLMANN: **Hydrobiologie.** Ein Grundriß für Ingenieure und Naturwissenschaftler. Jena: VEB Gustav Fischer Verlag 1975. 345 S., 141 Abb., 16 Taf., 12 Tab. Ln. M 31,—

Das Buch beginnt mit einer kurzen Darlegung des Gegenstands der Hydrobiologie und der Grundvorgänge der Stoffwechselleistungen und des Wachstums von Wasserorganismen. Es folgt eine gedrängte Zusammenfassung der Limnologie stehender und fließender Gewässer, bei der vorzugsweise stoffwechseldynamische Aspekte behandelt werden. Die übrigen Kapitel befassen sich mit angewandten Problemen: „Die biologische Selbstreinigung", „Das Gewässer als biochemischer Reaktor", „Die Leistungen der Organismen in Abwasserbehandlungsanlagen", „Die Aktivitäten der Organismen in Wasserversorgungsanlagen". Ein Tafelteil gibt eine Übersicht über häufige Organismenarten unserer Gewässer, der sicherlich auch dem in der Wasserwirtschaft tätigen Nichtbiologen willkommen sein wird.
Das Buch von D. UHLMANN ist ein Novum in der deutschsprachigen Literatur. Es ist ein Buch der angewandten Limnologie mit Schwerpunkt auf den mathematisch erfaßbaren Vorgängen. Es ist ausgerichtet auf die Möglichkeiten der Vorhersage und Steuerung der Wasserqualität bei zunehmender Belastung und soll dem Wasserwirtschaftler bei der Planung und Realisierung wassertechnischer Anlagen behilflich sein. Der Verf. hat die vorhandene Literatur gründlich durchgearbeitet und ihre Anwendbarkeit auf die genannte Zielstellung überprüft. Er und seine Mitarbeiter lieferten selbst wichtige Beiträge dazu und auch im Buch findet man weitere neue Denkansätze, Zusammenstellungen und Beispiele. Viele Originalzeichnungen, meist als Schemata, veranschaulichen die Zusammenhänge. Für die Betrachtung der Gewässer als „biochemischer Reaktor" und als „offenes System" liegt hier wohl die erste gründliche Sichtung und Interpretation der vorhandenen Literatur vor.
Die naturwissenschaftliche Basis der für den Praktiker dargestellten Entscheidungshilfen bei der Planung, Standortwahl und Vorausberechnung der notwendigen Kapazität wassertechnischer Anlagen ist die theoretische Limnologie, besonders ihre Erkenntnisse über Stoffproduktion, Stofftransport und die biochemischen Leistungen der Mikroorganismen im Stoffhaushalt der Gewässer. Daß dabei viele Zusammenhänge (in Form von Kurven und Formeln) zunächst noch stark vereinfacht dargestellt sind, war vom Verf. beabsichtigt und liegt auch in der Natur der Darstellung mathematisch formulierbarer Vorgänge.

Jedes Kapitel wurde nochmals von einem anderen Fachkollegen kritisch durchgesehen. Es ist ein Buch entstanden, das für die angewandte Limnologie einen wirklichen Gewinn darstellt und zugleich die Unentbehrlichkeit der theoretischen Limnologie für die wasserwirtschaftliche Praxis demonstriert.

W. SCHÖNBORN, Jena

DIETMAR & RENATE AICHELE, HEINZ-WERNER & ANNELIESE SCHWEGLER: **Blumen der Alpen und der nordischen Länder.** Ein Naturführer mit 690 Farbfotos. Stuttgart: Franckh'sche Verlagshandlung 1977. 388 S., 690 Farbfotos, 103 Abb. Geb. DM 29,50

Die Autoren sind seit langem durch ihre wissenschaftlich fundierten und mit hervorragenden Farbfotos ausgestatteten Biotopführer bekannt (siehe Rezensionen in *Limnologica* **10** [2], S. 644, 664; **11** [1], S. 211). Sie legen jetzt einen neuen Band aus der Reihe KOSMOS-Naturführer vor, der im Aufbau den schon rezensierten Führern gleicht. Dem Text steht jeweils eine Tafel mit 4 Farbfotos gegenüber. Die Anordnung der Pflanzen erfolgt nicht nach dem natürlichen System, sondern nach jedem Laien leicht verständlichen Merkmalen: Farbe und Form der Blüten sowie Anzahl der Blütenblätter. Ein achtseitiger Bestimmungsschlüssel dient dem raschen Auffinden der gesuchten Pflanze. Die Textangaben zu jeder Art enthalten: den oder die deutschen und den wissenschaftlichen (ohne Autorenangabe) Pflanzennamen, den Namen der Familie (deutsch u. lateinisch), Blütezeit, Pflanzengröße, „Sichere Kennzeichen", „Bemerkenswertes", „Standort und Verbreitung" sowie „Allgemein Wissenswertes". Die wichtigsten verwendeten Fachausdrücke sind bildlich dem Text vorangestellt. Ein 17seitiges Register der deutschen u. wissenschaftlichen Pflanzennamen beschließt den gelungenen Band, aus dem die Liebe zur Natur und die Aufforderung sprechen, sie zu erhalten.

D. STORCH, Jena

KARL KUHN & WILFRIED PROBST: **Biologisches Grundpraktikum Band I.** 2., überarb. Aufl. Stuttgart, New York: Gustav Fischer Verlag 1976. VIII, 255 S., 143 Abb., 17 Tab. u. zahlreiche Strukturformeln. Kart. DM 29,—

Bereits vor Erscheinen des 2. Bandes des „Biologischen Grundpraktikums" liegt eine überarbeitete Fassung des ersten Teiles vor, was darauf hinweist, daß inzwischen auch im Praktikumsbetrieb neben zoologischen und botanischen Anfängerkursen „biologische Grundpraktika" ihren Platz gefunden haben.

Der Grundaufbau des vorwiegend für die Lehrerausbildung und den Unterricht in höheren Schulen gedachten Praktikumsbuches blieb unverändert. Da es an dieser Stelle noch nicht vorgestellt wurde, einige Informationen hierzu: Nach dem einführenden Kapitel („Das Mikroskop") werden in den 9 folgenden Abschnitten Experimente und Beobachtungen zu den Themenkreisen Zelle, Wachstum und Differenzierung, Stofftransport, Dissimilation und Photosynthese angeleitet (zu mehr als einem Drittel an tierischen Organismen). Jedes dieser Kapitel gliedert sich in die Abschnitte „Intention" (mit der Begründung der Stoffauswahl), „Lernziele", „Theoretische Grundlagen" (die in gestraffter Form das zur erfolgreichen Durchführung der Versuche notwendige Grundwissen und darüber hinaus einen knappen Überblick über den gegenwärtigen Wissensstand des jeweils angesprochenen Teilgebiets der Biologie vermitteln wollen) und die „Experimente und Beobachtungen". In diesem Teil sind lange im Unterricht bewährte Aufgaben zusammengetragen, die klar gegliedert und leicht verständlich beschrieben werden, so daß diese Versuche und Untersuchungen auch außerhalb eines Kurses selbständig und ohne teuere Hilfsmittel (z. B. in den Schulen) durchgeführt werden können. Die Literaturzusammenstellungen nach jedem Kapitel und das Verzeichnis von Standardliteratur am Ende des Buches wurden ergänzt. Der mit kaum 4 Seiten immer noch recht knappe „Anhang" (Ansatz von Lösungen, Herstellen von Agar-Platten zur Bakterienkultur, Umgang mit Zählkammern) ist überarbeitet worden. In diesem Zusammenhang erhebt sich die Frage nach der Absicht, die hier verfolgt wurde: Weshalb das Herausstellen gerade dieser 3 Themen? Weshalb wird beispielsweise die WARBURG-Technik beim Versuch, die Zählkammer aber im Anhang erläutert? Für die Einführung in die Technik des Mikroskopierens werden — trotz des hohen Anteils physiologisch orientierter Versuche — sogar etwa 7% der Gesamtseitenzahl in einem eigenen Kapitel verwendet.

Auch bei der Zusammenstellung der Register kann eine gewisse Unausgewogenheit nicht übersehen werden: Von etwa 160 aufgeführten biologischen Untersuchungsobjekten werden dort nur 5 als „eingehender behandelt" ausgewiesen; im Register der „Arbeitstechniken und Materialien" sind das nur die „Bakterienkultur", die „Beleuchtung (Mikroskop)", „Pufferlösungen" und die „Zählkammer".

Im Text fielen einige kleinere Fehler bzw. unpräzise Formulierungen auf (Phelloderm ist nicht das Korkkambium, S. 61; die Exodermis ist suberinisiert, nicht kutinisiert, S. 124; die Endodermis gehört nicht zum Zentralzylinder, S. 62. „Sekundäres Abschlußgewebe" im Zusammenhang mit der Exodermis, S. 124; „Semipermeabilität, eine Eigenschaft des Plasmas", S. 117). Die Abbildung einer kernhaltigen Geleitzelle in gleicher Höhe mit einer „dazugehörenden" Siebplatte führt zu falschen Vorstellungen und sollte vermieden werden (Querschnitt in Abb. VII, 7); Tüpfelspalten werden nicht über die Zellkanten hinweg ausgebildet (Abb. VII, 8d).

Das mit zahlreichen sauberen und übersichtlichen Strichzeichnungen ausgestattete Buch zeichnet sich durch eine hohe Informationsdichte aus: Lehrbuchunterweisung und Praktikum anhand tierischer und pflanzlicher Objekte sowohl anatomischen wie physiologischen Inhalts sollen zu einer Gesamtschau führen. Besonders Lehrerstudenten, sofern sie einen solchen komplexen biologischen Grundkurs im Studiengang zu absolvieren haben, Lehrer und Schüler der höheren Schulen erhalten zahlreiche Anregungen zur praktischen Arbeit.

W. BRAUNE, Jena

OTTO LUDWIG LANGE, L. KAPPEN & ERNST-DETLEF SCHULZE (eds.): **Water and plant life.** Problems and modern approaches (Ecological studies vol. 19). Berlin, Heidelberg, New York: Springer-Verlag 1976. XX, 536 S., 178 Abb., 64 Tab. Geb. DM 120,—/US $ 49.20

Das Wissen um die essentielle Bedeutung des Wassers für die Pflanze (und natürlich für das Leben überhaupt) hat seit MAXIMOV (1929) und WALTER (1931) stetig zugenommen. Die Zahl der wissenschaftlichen Arbeiten, die sich den „plant-water relations" zuwenden, ist sprunghaft angestiegen, die entsprechende Literatur kaum mehr zu übersehen. Die Herausgeber haben daher zweifellos einem „dringenden Bedürfnis" entsprochen, wenn sie anläßlich zweier 1974 abgehaltener Kongresse über das Thema Pflanze und Wasser ihre Kollegen zur Mitarbeit an einem Werk zu gewinnen versuchten, das einen möglichst vollständigen Überblick über die aktuellen Probleme auf diesem sehr differenzierten Gebiet vermitteln soll. Dieser Band liegt hiermit vor, erarbeitet von fast 50 Wissenschaftlern, die in 7 Kapiteln über 30 Einzelprobleme behandeln. Jedem Kapitel ist eine kurze Zusammenfassung der in ihm dargestellten Sachverhalte vorangestellt, so eine lobenswerte Tradition der „Ecological Studies" fortsetzend. Im ersten Abschnitt werden die Grundlage der Pflanze-Wasser-Beziehungen unter besonderer Berücksichtigung des Wasserzustandes in der Zelle und der Pflanze diskutiert. Es folgen die beiden Kapitel über Wasseraufnahme und Wasserabgabe und ihre Regulation. Die Erörterungen über die Beziehungen zwischen Wasserspannung und Stoffwechselaktivität besonders hinsichtlich ultrastruktureller, biochemischer und hormonaler Aspekte schließen sich an. Die verschiedenen Arten der CO_2-Photosynthesewege als Folge der Wasserversorgung und Temperaturverhältnisse bei unterschiedlichen Umweltbedingungen sind das Thema des fünften Kapitels — Wasser als bestimmender Faktor der Produktivität von Pflanze und Pflanzengesellschaft sowie als bedeutender Faktor für Pflanzenverbreitung und Vegetation runden die Darstellung ab. In gewohnter Weise ermöglichen Sippen- und Sachverzeichnisse einen raschen Zugang zum Text. Inhalt, Druck und Ausstattung sind ausgezeichnet. Das Werk ist eine gute Informationsquelle für Biologen und Landwirtschaftswissenschaftler.

S. J. CASPER, Jena

B. P. KREMER: **Meeresalgen.** (Die Neue Brehm-Bücherei Nr. 489). Wittenberg Lutherstadt: A. Ziemsen Verlag 1975. 152 S., 308 Abb. Brosch. M 13,60

Von den etwa 700 an den europäischen Küsten nachgewiesenen Arten stellt der Autor reichlich 300 repräsentative Formen vor. Diese Auswahl greift in erster Linie auf die allgemein verbreiteten, häufigen und gut bestimmbaren Arten zurück. Die Vorbemerkungen enthalten u. a. wichtige Hinweise zum Sammeln von Meeresalgen und zur Anlage eines Algenherbars sowie kurze Ausführungen zur Algenzonierung.
Im Systematischen Teil des Bestimmungsbuches werden Grün-, Braun- und Rotalgen getrennt behandelt, wobei die Rotalgen auf Grund der Artenfülle den meisten Raum einnehmen. Nachdem man mit Hilfe eines dichotomen Schlüssels zur Gattung gelangt ist, gelingt die Artidentifizierung mit Hilfe der guten Abbildungen und der Artbeschreibung. Jede Art ist bei Angabe der natürlichen Größe abgebildet. Die Artbeschreibung enthält Angaben zur Größe, Farbe, Wuchsform, Verzweigungstyp u. a., die zur Bestimmung notwendig sind; weiterhin werden Daten zur Ökologie und Verbreitung gebracht und teilweise gebräuchliche Synonyme der wissenschaftlichen Artnamen.
Das Heftchen schließt mit Hinweisen auf weiterführende Literatur und einem Verzeichnis der behandelten Familien und Gattungen. Das gelungene Bändchen wird unter Biologen und interessierten Laien viele Freunde finden. Dem Charakter der Reihe entsprechend, die sich ja in erster Linie an einen breiten Interessentenkreis wendet, sollte bei künftigen Auflagen ein Fachwortverzeichnis nicht fehlen.

L. KÜCHLER, Neuglobsow

WOLFGANG MIELKE: **Systematik der Copepoda eines Sandstrandes der Nordseeinsel Sylt** (Mikrofauna des Meeresbodens 52). Wiesbaden: Verlag der Akademie der Wissenschaften und der Literatur, Mainz, in Kommission bei Franz Steiner Verlag GMBH 1975. 134 S., 87 Abb. Brosch. DM 49,60

Die durch zahlreiche gediegene Untersuchungen bestens eingeführte Reihe „Mikrofauna des Meeresbodens" wird durch eine umfangreiche Bearbeitung der Systematik psammaler Copepoda der Insel Sylt fortgesetzt. Diese Analyse soll eine verläßliche Grundlage für die als dringend notwendig empfundene Lösung ökologischer Fragen bilden. Die aus dem Eulitoral des Sandstrandes vor der alten Litoralstation in List/Sylt nachgewiesenen 3 Cyclopoida und 61 Harpacticoida

werden in Wort und Bild ausführlich dargestellt. Hiervon stellen die Gattungen *Noodtiella* WELLS, *Apodopsyllus* KUNZ und *Tryphoema* MONARD Neufunde für den Bereich der deutschen Meeresküsten dar. 13 Arten erwiesen sich als neu für die Wissenschaft, von denen, einschließlich 3 neuer Subspezies, 9 im vorliegenden Heft beschrieben werden. Überdies werden mit *Micropsammis* nov. gen. und *Psammocamptus* nov. gen. zwei neue Gattungen aufgestellt, die sich durch konvergente, mit dem Eindringen ihrer Stammform in den interstitiellen Lebensraum herausgebildete Apomorphien (Reduktion von Körpergröße und der Bewehrung der Schwimmbeine) auszeichnen.
Eine sehr zuverlässige Bearbeitung, die für die Taxonomie der marinen Copepoda von grundlegender Bedeutung ist und darüber hinaus eine sichere Basis für die ökologische Erforschung der Tiergruppe im Bereich der Nordseeküste darstellt.

D. FLÖSSNER, Jena

ZH. A. ZVEREVA: **Geographical and seasonal variability of Marine Plankton** (Aus B. E. BYKHOVSKII: Exploration of marine fauna **12** [20], Leningrad 1972). Übersetzung ins Englische: A. MERCADO. HILARY HARDIN (ed.), Israel Program for Scientific Translations. Jerusalem: Keter Publ. House Jerusalem Ltd 1975 (Distributed by John Wiley & Sons). 303 S., 215 Abb., 52 Tab. Geb. £ 15.35

Der vorliegende Band enthält Arbeiten sowjetischer Autoren zum Meereszooplankton. BRODSKII ordnet die Familie Calanidae nach phylogenetischen Gesichtspunkten. Das Ausgangsmaterial stammt von verschiedensten Expeditionen aus allen Meeren. In subtiler Kleinarbeit wurden Längenverhältnisse verschiedenster Parameter und Körperformen den geographischen Breiten der Fundorte zugeordnet. Gleiche Verhältnisse ergaben sich auch für die primären und sekundären Geschlechtsmerkmale. Die Variation innerhalb von Arten wird bestimmt durch die unterschiedlichen ökologischen Verhältnisse. Daraus ließ sich dann ein phylogenetisches System der Calaniden ableiten. Hierzu gehören jetzt die Gattungen *Calanus* LEACH mit 4 Subgenera, *Canthocalanus* SCOTT, *Calanoides* BRADY und *Undinula* SCOTT. Eine Bestimmungstabelle für alle Arten und Unterarten, Weibchen und Männchen der Calaniden und die Neubeschreibung von *Calanus* (*Carinocalanus*) *macrocarinatus* BRODSKY schließen diese sehr inhaltsreiche Arbeit ab. Mit gleichen Mitteln beschreibt dann KOS intraspezifische Unterschiede bei *Calanus plumchrus* MARUKAWA. Es gibt eine nördliche, nordöstliche und -westliche Form im pazifischen Raum, die wiederum unterschiedlichen hydrologischen Verhältnissen entsprechen. In gleicher Weise untersuchte SHUVALOV die Variabilität der 3 *Oithona*-Arten *O. similis*, *O. atlantica* und *O. plumifera*. Auch sie ist ein Ergebnis des Gradienten zwischen Äquator und den Polen. Eine ähnliche Breitenabhängigkeit kann VYSHKVARTSEVA an den ventralen Zahngruppen der Mandibeln von 12 Calanidenarten aufzeigen. Hier dürfte es vor allem das unterschiedliche Nahrungsangebot sein (Arktis Diatomeen, Äquator Flagellaten), das zu einem Zahnverlust im äquatorialen Bereich führte.
An diese, 60% des Bandes ausmachende, einheitliche Problematik schließen sich faunistisch-ökologische Arbeiten aus den Polarmeeren an. PAVSHTIKS demonstriert die saisonale Dynamik des Zooplanktons in der Davis-Straße. Im Jahresverlauf variiert die Abundanz der Krustazeen über mehr als 2 Zehnerpotenzen. Im Frühling beginnt die Gattung *Calanus* mit der Entwicklung, im Sommer folgen *Oithona* und *Onacea*, im Herbst Medusen und Ctenophoren. Eine Artenliste, geteilt nach Fundgebieten, rundet die Arbeit ab. Aus der Antarktis berichtet ZVEREVA. Zu jeder der 21 Krustazeenarten werden Angaben über das Vorkommen gemacht, einige abgebildet. CHISLENKO führt in das Zooplankton der Dickson-Bay (Kara-See) ein mit Abundanz, Biomasse und Jahresverlauf. Eine Artenliste wird ebenfalls beigefügt. Anschließend zeigt der Autor ökologische Zusammenhänge beim Zooplankton im Jenissei-Golf auf, einem arktischen Brackwassergebiet in der Kara-See. 84 Arten bzw. Artengruppen werden in ihrem Jahresverlauf mit den hydrologischen und biologischen Milieubedingungen in Beziehung gesetzt. Der Band wird abgeschlossen durch einen Nekrolog für BENJAMIN GRIGOR'EVICH BOGOROV.
Das Buch demonstriert die besonderen Aktivitäten der sowjetischen Forscher auf taxonomischem Gebiet wie auch bei der Erforschung der arktischen Regionen. Es besticht durch die Geschlossenheit der allgemeinen Aussage in den verschiedenen Beiträgen.

G. MOTHES, Berlin

DIETER GERLACH: **Botanische Mikrotechnik.** Eine Einführung. 2., überarb. u. erw. Aufl. Stuttgart: Georg Thieme Verlag 1977. 311 S., 45 Abb. Flex. Taschenb. DM 24,80

Sieben Jahre nach Erscheinen der 1. Auflage — 1972 erschien übrigens eine polnische Ausgabe — legen Autor und Verlag eine Neuauflage vor, die nicht unwesentliche Veränderungen bringt. So wurden die Abschnitte über Mikrotomtechnik, Färbeverfahren, Semidünnstschnitte und Methoden zur „Verarbeitung der Kormophyten" gründlich überarbeitet. Der neu gegliederte Anhang enthält, vom Praktiker sicherlich begrüßt, die wichtigsten Präparationsverfahren in übersichtlicher Zusammenstellung. Stark gekürzt wurde die Abhandlung über die Phasenkontrastmikroskopie, da sie ausführlich im Taschenbuch „Das Lichtmikroskop ..." der gleichen Reihe behandelt ist. Andere, weniger gebräuchliche Verfahren wurden gestrichen (z. B. FLEMMING-BENDA-Gemisch, n-Butanol-Methode, Paraffineinbettung über Dioxan oder Tetrahydrofuran,

Aceton-Methode usw.), damit der Umfang nicht zu stark erweitert werden mußte (1. Auflage: 298 S.). Dabei blieb die Grundgliederung unangetastet. Das Urteil über die 1. Auflage [vgl. Rezension *Limnologica* 7 (2), 507] gilt auch heute: Der „Gerlach" hat sich bewährt und ist aus der Praxis des Botanikers nicht mehr wegzudenken.

S. J. Casper, Jena

Joachim Marcinek: **Das Wasser des Festlandes.** Eine Einführung, mit einem Beitrag von Josef Saratka. Gotha, Leipzig: VEB Hermann Haack 1975. 224 S., 29 Abb., 46 Tab. Brosch. M 12,—

Dieser Band war ursprünglich konzipiert für die Reihe der „Geographischen Bausteine" des gleichen Verlags, liegt nun aber in wesentlich erweiterter Form als Monographie vor. Mit größter Akribie sind alle Einzelheiten aus geomorphologischer und hydrogeographischer Sicht zusammengestellt und in sehr detaillierter geographischer Gliederung vorgestellt. Es ist aus sehr verstreuten hydrologischen und hydrographischen Meßwerten Material entnommen und systematisiert worden (z. B. Flußlängen, mittlere Wasserführung der Ströme etc.), wie wir es in ähnlicher Präzision schon aus anderen Publikationen des Verfassers kennen.
Den Hauptteil des Buches — mit allein 44 Untergliederungen — nimmt das Großkapitel „Flüsse" ein. Ein zweites Großkapitel stellen die „Seen" dar, auch mit einem Untergliederungspunkt „Biologische Seentypen". Es folgen die Kapitel „Unterirdisches Wasser" (bearbeitet von J. Saratka) und „Gletscher". Das Kapitel „Wasserkreislauf und Wasserhaushaltsbilanzen" sowie eine umfangreiche Literaturauswahl runden das sehr empfehlenswerte Buch ab. Es verdeutlicht die Eigenständigkeit der hydrogeographischen Arbeitsrichtung als wichtige Ergänzung zur wenig historisch und landschaftlich gebundenen reinen Hydrographie bzw. Hydrologie. Auch der sehr günstige Preis dürfte dem Buch zu großer Verbreitung verhelfen.

L. Krey, Jena

J.-M. Gehu (ed.): **La végétation des Landes d'Europe Occidentale** (Colloques phytosociologiques II). Vaduz: J. Cramer 1975. 398 S., 31 Abb., 78 Tab. Ln. DM 100,—

Der vorliegende Sammelband enthält die Ergebnisse eines 1973 in Lille von der Internationalen Vereinigung für Vegetationskunde, den französischen Freundeskreis für Phytosoziologie und der Botanischen Gesellschaft Frankreichs veranstalteten Kolloquiums über die Vegetation der Heiden Westeuropas. Die 28 Vorträge bringen in der Mehrzahl beschreibende und gliedernde, meist mit eingehendem Tabellenmaterial untermauerte Darstellungen der phytosoziologischen Verhältnisse von Heidegebieten in den Niederlanden, Belgien, Frankreich, England und Spanien, aber auch Ergebnisse synökologischer Untersuchungen. H. Straka schildert die Geschichte der Heiden der Eifel aufgrund der Pollenanalyse. Besonders bemerkenswert erscheint uns auch die Synopsis der französischen und atlantischen Heidegesellschaften von J.-M. Gehu (Lille), in der auch die bisherigen synsystematischen Vorstellungen über die Einteilung der europäischen Heiden in übersichtlicher Weise dargelegt und erörtert werden. In seinem Schlußvortrag beschreibt R. Tüxen am Beispiel der Lüneburger Heide Werden und Vergehen einer endemischen Landschaft. Die bis auf drei englischsprachige in französischer Sprache abgefaßten Beiträge sind durchweg klar gegliedert und übersichtlich geschrieben, sie werden von einer großen Zahl von Tabellen und verschiedenen Diagrammen, Karten und Zeichnungen begleitet. Wertvoll ist die Aufnahme der nach den Vorträgen geführten Diskussionen. Insgesamt stellen die Vorträge dieses Heide-Kolloquiums wichtige Beiträge zur Kenntnis der westeuropäischen Heidevegetation dar und fördern zugleich den weiteren Ausbau der pflanzensoziologischen Systematik. J.-M. Gehu (Lille) gebührt besonderer Dank nicht nur für die Organisation dieser Veranstaltung, sondern auch für die vorbildliche Redaktion des vorliegenden Bandes.

H.-D. Krausch, Potsdam

G. Kunkel (ed.): **Biogeography and ecology in the Canary Islands** (Monographiae Biologicae vol. 30). The Hague: Dr. W. Junk b. v. Publishers 1976. XVI, 511 S., 230 Abb., 37 Tab., 5 Faltbl. Ln. Dfl. 160,—

Mit dem Erscheinen des vorliegenden 30. Bandes können J. Illies, Herausgeber sowie Initiator der Reihe, und der Verlag mit berechtigtem Stolz ein kleines Jubiläum feiern. Es ist ihnen allen Widerständen zum Trotz gelungen, dem Unternehmen einen festen Platz im biologischen Schrifttum der Gegenwart zu sichern. Sie können sicher sein, daß die Biogeographie und Ökologie der Kanaren vor allem unter den europäischen Botanikern und Zoologen regem Interesse begegnen werden, hat doch diese Inselgruppe seit Alexander von Humboldts Besuch vielfältige wissenschaftliche Neugier geweckt und zahlreiche Untersuchungen angeregt. Wenn oben von Widerständen die Rede war, so bestehen sie vor allem darin, Mitarbeiter für eine alle Disziplinen der „Naturgeschichte" umfassende Monographie zu finden und zur gemeinsamen Arbeit am Objekt zusammenzuführen. Vor dieser Aufgabe hat auch der Herausgeber unseres Bandes gestanden, und es ist ihm zu bescheinigen, daß er wesentliche und weniger bekannte Aspekte der Natur der Kanaren mit Hilfe der von ihm gewählten Mitarbeiter zu überstreichen vermag. Über die Bevölkerung der Inselgruppe vor der spanischen Einwanderung, über ihren Ursprung, ihre ökologische und sozialbiologische Differenzierung informiert I. SCHWIDETZKY. Anregend und auflockernd wirkt die Untersuchung von J. KRÜSS über die Namen der Inselgruppe bzw. der einzelnen Inseln und ihre Bedeutung. Es zeigt sich, daß die Tradition etwa eines Namens wie des der „Glückseligen Inseln" auf phönizische Einflüsse zurückgeht, wobei vielleicht sogar sumerische „Urgründe" eine Rolle spielen. Das umfangreichste Kapitel steuert H.-W. SCHMINCKE mit seiner Geologie bei, wobei deutlich wird, daß die meisten Probleme trotz vielfältiger Bemühungen noch immer nicht als gelöst gelten können. So bleiben Fragen wie die, ob die Kanaren einst eine zusammenhängende Landmasse bildeten oder von vornherein als einzelne Inseln existierten oder ob sie irgendwann irgendwie mit dem afrikanischen Kontinent zusammenhingen, unbeantwortet. Über die klimatischen Bedingungen berichtet D. FERNANDOPULLÉ. Die Pflanzenwelt der Inseln stellen die Artikel von D. BRAMWELL über die endemische Flora, von E. SCHMID über die Lorbeerwälder von Hierro (Artenliste von E. ZOGG), von G. KUNKEL über die eingebürgerten Sippen, von G. FOLLMANN über die Flechten und von H. B. GJAERUM über die Pilze dar. Von über 3000 bekannten Pflanzenarten werden über 1300 angebaut; von den restlichen 1300 Arten sind etwa 700 eingeschleppt. Die Gefährdung der natürlichen Vegetation durch den Menschen bzw. deren Veränderung beleuchtet die Analyse von F. KÄMMER. A. G. GONZÁLEZ führt die Naturstoffe von rund 135 Pflanzen (Meeresalgen, Flechten und Blütenpflanzen) auf, von denen 116 neu sind. Die Tierwelt berücksichtigen die Arbeiten von J. J. BACALLADO über Verbreitung und Ursprung der Avifauna (Artenliste!) und K. KLEMMER über die Amphibien (2 Arten) und Reptilien. Fast alle größeren Inseln haben einen endemischen Vertreter der Gekkonidae, Lacertidae und Scincidae. Schnecken und Muscheln fehlen völlig. Der Abriß von P. RÖBEN über die Limnofauna erfaßt die Krebsfauna des Süßwassers. 4 Arten Cyclopoiden und 9 Arten Cladoceren aus verschiedenen Gegenden Teneriffas konnten nachgewiesen werden. Ökologisch und faunistisch-floristisch gleichermaßen bedeutsam ist die umfangreiche Abhandlung von A. MACHADO über die Lorbeerwälder und ihre Fauna. Das Ökosystem wird unter besonderer Berücksichtigung seiner Carabiden-Fauna (Liste!) vorgestellt. Den Band schließt M. SUTTON mit der Forderung ab, die bereits stark in ihrem Bestand gefährdeten Ökosysteme der Inselgruppe angesichts ihrer hohen Bedeutung für Wissenschaft, Tourismus, Erholung und Erziehung zu bewahren und zu schützen.

Der gut gedruckte und hervorragend ausgestattete Band verdient das Interesse aller Biologen, Ökologen und Umweltforscher als Quelle vielfältiger bioökologischer Information.

S. J. CASPER, Jena

C. E. BENSON & S. R. RUSHFORTH: **The Algal Flora of Huntington Canyon, Utah, USA** (Bibliotheca Phycologica Bd. 18). Vaduz: A. R. Gantner Verlag Kommanditgesellschaft 1975. 177 S., 38 Taf. Geb. DM 50,—

Am Huntington-Bach (Einzugsgebiet des Colorado) wurde ein Staudamm errichtet, um ein Kraftwerk kontinuierlich mit Kühlwasser versorgen zu können. Vor Inbetriebnahme wurde im Huntington ein Jahr lang Phytoplankton und Phytobenthos untersucht. Die dargelegte Bestandsaufnahme soll später u. a. Aussagen über erfolgte Biotopveränderungen ermöglichen.

Eine kurze Einleitung, Angaben zu bisherigen Untersuchungen am Huntington, eine Beschreibung von Huntington-Canyon und -Bach, die Beschreibung der Probenahmeorte (15 auf 59,5 Flußkilometer verteilt) und Angaben zur Methodik vermitteln dem Leser wichtige Informationen. Der Hauptteil „Taxonomic Algology" bringt 105 Gattungen mit 196 Arten, 22 Varietäten und 2 Formen in systematischer Reihenfolge. Jede beschriebene Sippe ist abgebildet. Der Textteil enthält neben einer kurzen Beschreibung der Sippe Angaben zur Ökologie bzw. Hinweise auf Besonderheiten. Die Strichzeichnungen im Tafelteil enthalten stets Größenangaben und sind von sehr guter Qualität. Verzeichnisse der zitierten und der konsultierten Literatur sowie Artenliste und Artenregister schließen das Büchlein ab.

Für Algologen und hydrobiologisch Interessierte wird dieser Band besonders durch seine ökologischen Angaben und die guten Zeichnungen wertvoll sein.

L. KÜCHLER, Neuglobsow

GERHARD RHEINHEIMER: **Mikrobiologie der Gewässer.** 2. überarb. Aufl. Jena: VEB Gustav Fischer Verlag 1975. 204 S., 80 Abb., 2 Tab. Ln. M 22,40

Vier Jahre nach dem Erscheinen der ersten Auflage [vgl. *Limnologica* **9** (2), 316], die schnell vergriffen war, wird dem gewachsenen Interesse an hydrobakteriologischen Problemen durch eine um 20 S. vermehrte Neuauflage Rechnung getragen. Unter Beibehaltung der bewährten Gliederung ist eine Vielzahl von Einzelergebnissen eingefügt worden, so daß die Darstellung insgesamt wesentlich informativer gestaltet werden konnte. Dies betrifft vor allem die Bemühungen um eine bessere Quantifizierung der Prozesse durch Verwendung moderner Methoden. Neu aufgenommen wurde ein Abschnitt über die Rolle der „Bakterien und Pilze in den Ökosystemen der Gewässer", der die Funktion der Mikroorganismen im Stoff- und Energiefluß auf der Grundlage der Modelle von ELLENBERGER und ODUM herausstellt. Auch das Literaturverzeichnis ist erweitert worden und erfaßt noch 1974 erschienene Arbeiten. So empfiehlt sich diese Auflage als eine zuverlässige Einführung in die gleichermaßen fesselnden wie im Rahmen der Umweltschutzproblematik dringlich gewordenen Probleme der Gewässermikrobiologie. Erfreulicherweise konnte der Preis dieses gut ausgestatteten Buches gehalten werden.

H.-D. BABENZIEN, Greifswald

KEITH JONES & PETER E. BRANCHAM (eds.): **Current Chromosome Research.** Amsterdam, New York, Oxford: North-Holland Publishing Company 1976. XV + 240 S., 77 Abb., 9 Taf. Geb. US $ 25.50 (Dfl. 62,—)

Der gut ausgestattete, informationsreiche Sammelband erfaßt 39 Beiträge, darunter 22 Vorträge, 16 Demonstrationen und 1 Einführungsreferat (von D. DARLINGTON), zum Thema „Chromosomen". Sie wurden auf der „Kew Chromosome Conference" vom 1.—3. Juli 1976 anläßlich der 100-Jahrfeier des Jodrell Laboratoriums in The Royal Botanic Gardens, Kew, vorgestellt. Die Konferenz verfolgte das Ziel, alle britischen Zytologen, die sich mit Chromosomen bei Pflanze, Tier und Mensch beschäftigen, zum Austausch von Gedanken, Entdeckungen und Erfahrungen zusammenzuführen. Durch die Teilnahme einer allerdings begrenzten Zahl von Wissenschaftlern aus anderen Ländern (USA, Canada, Schweiz, Österreich, Irland) erfuhr die Tagung eine nicht unwesentliche Bereicherung. Aus der Fülle der Themen seien nur einige stichwortartig genannt: Mitosis, Meiosis, Chiasmabildung, Riesenchromosomen, Eu- und Heterochromatin, Karyotypstruktur, Chromosomenvariabilität, Polyploidie, Mutation, Selektion, Röntgen- und Ultraviolettstrahlung, Autoradiographie, Chromosomenchemie, DNS-Gehalt. Insgesamt ein repräsentativer Querschnitt durch die britische Chromosomenforschung der Gegenwart.

S. J. CASPER, Jena

F. COULSTON & F. KORTE (eds.): **Environmental Quality and Safety.** Global Aspects of Chemistry, Toxicology and Technology as Applied to the Environment **Vol. 4**. Stuttgart: Georg Thieme Verlag und New York, San Francisco, London: Academic Press 1975. 276 S., 115 Abb., 48 Tab. Geb. DM 59,—

Der vierte Band der Reihe enthält fast ausschließlich Vortragstexte aus dem Jahre 1973, teilweise noch in der Vortragsform und größtenteils sind es Beiträge, die zum „3. Internat. Symposium on Chemical and Toxicological Aspects of Environmental Quality" in Tokyo, November 1973, vorgelegt wurden. Dieses Buch wurde von 39 Autoren und Coautoren gestaltet. Im Vordergrund stehen Arbeiten über Pestizide und Herbizide, ihre Einflüsse auf die Umwelt, ihren Abbau durch Mikroorganismen, ihre toxikologische Bedeutung usw. So geben z. B. MATSUNAKA & KUWATSUKA einen instruktiven Überblick zu den Umweltproblemen, die bei der Anwendung von Herbiziden in Japan auftreten. Von 1962 bis 1973 stieg der Inlandsverkauf von Unkrautvertilgungsmitteln von 27 auf 122 Mill. Dollar. An erster Stelle steht CNP, gefolgt von PCP. In Reisfeldern erfordert der Abbau der angewandten Konzentrationen für PCP etwa 40 Tage, für CNP 20—24, für Nitrofen und Swep ebenfalls je 40 Tage. Nach den Ergebnissen der Abbauuntersuchungen gehen die Autoren auf spezielle Probleme in Japan ein; die Produktionskosten belaufen sich z. B. für 1 Tonne ungeschälten Reis auf 443 $, wenn das Unkraut mit Hand gejätet wird; bei Herbizideinsatz sinken sie um 17% auf 379 $. Wegen der dichten Besiedlung des Landes (275 Personen/km^2) befinden sich Städte und Anbaugebiete in enger Nachbarschaft; es ist also besonders auf die Ausbreitung der Herbizide und die Anwendung ungefährlicher Substanzen zu achten. Das dritte Problem ergibt sich aus der Anbauweise: die Reisfelder sind für 3 Monate überflutet und es bestehen Verbindungen zu Teichen, Flüssen oder der See. Die Unkrautarten haben gewechselt und werden weiter wechseln, so daß ständig eine Neuentwicklung von Herbiziden erforderlich ist. Und schließlich ist zu bedenken, daß keine für Fische toxischen Substanzen in die Flüsse oder Seen gelangen bzw. in das offene Meer, in dem auch bestimmte Tange zur Nahrungsmittelgewinnung angebaut werden. Dadurch würden Nahrungsquellen vernichtet. — Dieser Artikel wurde aus der Fülle des in dem Buch Dargebotenen herausgegriffen, um einen Einblick in die behandelte Materie zu geben, die nicht nur den Toxikologen anspricht.

Ein anderer interessanter Beitrag von MATSUMARA befaßt sich mit dem mikrobiellen Abbau von Pestiziden, der an Hand von Beispielen detailliert dargestellt wird. Die mikrobiellen Aktivitäten können sowohl zu harmlosen als auch zu noch stabileren und toxischen Residuen führen. Eine intensive wissenschaftliche Bearbeitung dieses Problems ist erforderlich, da die Adaptationsfähigkeit der Mikroorganismen „phänomenal" ist und bisher nur die „Oberfläche ihrer Fähigkeiten angekratzt" wurde.

Zwei Vorträge befassen sich mit der Mutagenitätstestung von Pestiziden, sowohl von der methodischen wie auch von der Ergebnisseite.

Außerhalb der Pestizid- und Herbizidbeiträge liegen ein Bericht über die Organisation der Luftqualitätsüberwachung in Nordrhein-Westfalen von BUCK und über die ^{137}Cs-Kontamination von Rindfleisch in Südbayern. Hier stellt KREUZER einen Zusammenhang zwischen dem erhöhten ^{137}Cs-Gehalt im Fleisch und dem erhöhten ^{137}Cs-Gehalt im Grünfutter, bedingt durch die hohen Niederschlagsmengen, fest. Die Untersuchungen wurden 1963/64 durchgeführt, als der radioaktive Fall-out die höchsten Werte erreichte.

Das umfangreiche Material dieses Buches verbietet eine eingehende Rezension sämtlicher Vorträge. Es wendet sich an einen breiten Nutzerkreis von Natur-wissenschaftlern, Ärzten, Lebensmittelhygienikern, Ökologen und nicht zuletzt an Verantwortliche der Industrie. Dem Werk ist eine weite Verbreitung und ein eingehendes Studium zu wünschen, denn letztendlich ist jeder von uns betroffen.

W. KÖHLER, Jena

HORST WILLKOMM: **Altersbestimmungen im Quartär. Datierungen mit Radiokohlenstoff und anderen kernphysikalischen Methoden** (THIEMIG-Taschenbücher **55**). München: Verlag Karl Thiemig 1976. VIII, 273 S., 66 Abb., 23 Tab. Kart. DM 38,—

Für sehr viele Fragestellungen in der Archäologie, Geochronologie, Geochemie, Geophysik, Geologie und anderen Wissenschaften ist heute eine genaue Altersbestimmung von großer Bedeutung. Für alle, die sich mit derartigen Fragen beschäftigen oder beschäftigen wollen, ist dieses Büchlein empfehlenswert.

Der Autor behandelt das Thema in 8 Kapiteln sehr ausführlich, wobei die ersten 7 Kapitel der ^{14}C-Methode gewidmet sind: Entstehung und Ausbreitung des Radiokohlenstoffs, chemische Bearbeitung der Proben, Bestimmung des ^{14}C-Alters, Statistische Genauigkeit von ^{14}C-Datierungen, ^{14}C-Gehalt der Atmosphäre, Lokale Einflüsse auf den ^{14}C-Gehalt und Isotopenanreicherung. Im 8. Kapitel werden die Grundlagen weiterer Methoden erläutert, die Kontrollmessungen und auch Altersbestimmungen bis zum Beginn des Quartärs erlauben. In 6 Anhängen werden die Geschichte und Beispiele der ^{14}C-Methode beschrieben, der Zusammenhang von Teilchenfluß pro Raumwinkel und Gesamtstrom sowie die Annäherung der Poisson-Verteilung durch die Gaußfunktion dargestellt, wichtige Zahlenwerte und die europäischen ^{14}C-Laboratorien aufgeführt.

Dieses Buch wurde geschrieben, um den Probeneinsendern zu „zeigen, was die ^{14}C-Methode kann und warum sie funktioniert, aber auch, wo ihre Grenzen liegen". Es erläutert gut den gesamten Untersuchungsgang, dabei wird deutlich, mit welchem hohem apparativem Aufwand die Methode verbunden ist. Auf die Darstellung von Ergebnissen wurde bewußt weitgehend verzichtet.

Das Buch ist gut gedruckt und reich mit Abbildungen und Tabellen versehen. Folgende Fehler sollten in einer Neuauflage verbessert werden: S. 3, 2. Zeile von oben muß es ein Viertel heißen, statt ein Drittel, S. 27 kohlenstofffreie Beimengungen, Benzol hat natürlich die Zusammensetzung C_6H_6 (S. 47) und die Varianz das Symbol σ^2.

D. STORCH, Jena

Beiträge zur Meereskunde Heft 36, 37 (Hrsg.: ERICH BRUNS unter Mitwirkung von O. KOLP, G. SAGER, K. VOIGT). Berlin, Akademie-Verlag. Heft 36 (1975), 120 S., 51 Abb., 12 Tab. Brosch. M 35,—; Heft 37 (1976), 148 S., 55 Abb., 20 Tab. Brosch. M 39,50

Das Heft 36 enthält eine Reihe theoretischer Arbeiten von G. SAGER zu Feininterpolationen bei Gezeitenströmen sowie zu Spezialfragen der Gezeiten im Südchinesischen Meer, wobei zwei neue Knoten postuliert werden. Von naheliegendem Interesse ist besonders die Abhandlung von W. MATTHÄUS über „Mittlere Temperatur- und Sauerstoffverhältnisse in der Arkonasee ...".

Das Heft 37 ist dem Herausgeber Prof. Dr. Ing. habil. BRUNS zum 75. Geburtstag gewidmet. In drei großen Abhandlungen sind Forschungsergebnisse aus dem äquatorialen Atlantik vorgestellt, wobei die Arbeit von D. NEHRING „Untersuchungen über den Nährstoff- und Spurenmetalleintrag durch Saharastaub im nordwestafrikanischen Wasserauftriebsgebiet" besonderes Interesse verdient. G. SAGERS intensive Literaturarbeit über: „Gedanken zur Expansion der Erde" bietet eine fesselnde Interpretation der wichtigsten Theorien und Anregungen, wobei die von Seiten der Biologie zu diesem Thema möglichen Aussagen manche der Theorien noch ergänzen könnten.

Gerätetechnische Darlegungen über Driftbojen und ein „kombiniertes Strömungs- und Windmeßsystem" und über ein internationales Küstenexperiment „Lubiatowo 74" an der polnischen Ostseeküste runden diesen wertvollen Band.

L. KREY, Jena

SIEGFRIED HUSMANN (ed.): **First International Symposium on Groundwater Ecology** (Internat. J. Speology vol. **8**, 1—2). Amsterdam: Swets & Zeitlinger-B. V. 1976. 232 S., 122 Abb., 16 Tab. Kart. Dfl. 47,50

Im Jahre 1975 fand in Schlitz/Hessen als gemeinsame Vortragsveranstaltung das 3. Internationale Kolloquium über *Gammarus* und *Niphargus* und das 1. Internationale Symposium über Grundwasserökologie statt. Die auf dieser Tagung zum Thema „Ökologie des Grundwassers" von 19 Autoren aus 9 Ländern gehaltenen Vorträge sind in dem vorliegenden Sonderheft vereint.

Einleitend wird vom Herausgeber betont, daß die Erforschung des Grundwassers, bisher isoliert von der Warte sehr unterschiedlicher Fachdisziplinen aus betrieben, gegenwärtig zu einer interdisziplinären Zusammenarbeit von Zootaxonomie, Biozönologie, Physiologie, Zoogeographie, Hydrogeologie, Wasserchemie und Hygiene drängt. Die aus dieser Zusammenschau zu entwickelnde Grundwasserökologie wird eine vertiefte Einsicht in die ökologische Verflechtung des Grundwassers mit seiner Umgebung ermöglichen und damit die notwendige Voraussetzung für seine rationelle Nutzung als Trinkwasser schaffen. Aufgabe des Symposiums war es also, den Rahmen programmatisch abzustecken, in dem sich in Zukunft grundwasser-

ökologische Forschung bewegen soll. Dem werden die im vorliegenden Heft publizierten 18 Vorträge im wesentlichen gerecht.
Mit physiographischen Untersuchungen befassen sich die Beiträge von J. BREHM: „Hydrologische und chemische Untersuchungen an den Fließgewässern des Schlitzerlandes. A. Quellen. I. Übersicht" und M. NEUSS: „Hydrogeologische Untersuchungen in einem von salzhaltigem Uferfiltrat durchströmten Bodenkörper". Gewässerphysiologische Aspekte behandeln die Beiträge „The Role of Groundwater in Eutrophication of a Lake in Glacial Outwash Terrain" von D. R. LEE und „Untersuchungen zur Funktion des Mesopsammon bei der Reinigung von infiltriertem Oberflächenwasser" von B. RITTERBUSCH. Der Biologie und Ökologie charakteristischer Tiergruppen des Grundwassers sind die Arbeiten von G. LÜPKES (Ciliaten), S. HUSMANN (Copepoda, Amphipoda), R. LATTINGER-PENKO (Isopoda), M. MESTROV, R. LATTINGER-PENKO & V. TAVCAR (Isopoda, Chironomidae) und G. MAGNIEZ (Isopoda) gewidmet. Mit dem Einfluß allochthoner Nährstoffzufuhr auf die tierische Besiedlung des Hyporheals eines Urgebirgsbachs beschäftigt sich H.-G. PIEPER. V. I. MIKHALEVICH bringt neue Daten über die Foraminiferen des Grundwassers von Mittelasien.
Die Beiträge zur Taxonomie von Grundwasserorganismen behandeln zytogenetische Untersuchungen an europäischen Höhlenplanarien (N. GOURBAULT), bringen Bemerkungen über die psammobionte Isopode *Proasellus walteri* (J.-P. HENRY), erarbeiten ökologische und biogeographische Trends innerhalb der harpacticoiden Ruderfußkrebse (H. JACOBI) und geben eine kritische Einschätzung von neueren systematischen Untersuchungen an Grundwasserkrebsen (H. K. SCHMINKE). Die Vielfalt der behandelten Themen wird abgerundet durch Übersichten des Erforschungsstands der Grundwasserfauna in Polen (A. W. SKALSKI) und Japan (K. MATSUMOTO). D. L. DANIELOPOL berichtet über die Verteilung der Fauna im interstitiellen Grundwasser von fluviatilen Sedimenten der Donau und einer ihrer Nebenbäche in Österreich, wobei besonders auf den Einfluß der Verschmutzung des Oberflächenwassers eingegangen wird.
Dem Organisator des I. Internationalen Symposiums über Grundwasserökologie ist zu danken für diesen aktuellen Beitrag zur Entwicklung einer neuen, aus der Sicht der Umweltproblematik äußerst wichtigen Forschungsdisziplin. Möge dem guten Start der Grundwasserökologie ein ausdauernder „Flug" folgen.

D. FLÖSSNER, Jena

HARTMUT DIERSCHKE (Red.): **Vegetation und Substrat.** Berichte der Internationalen Symposien der Internationalen Vereinigung für Vegetationskunde. Vaduz: J. Cramer 1975. XX, 550 S., 97 Abb., 36 Tab., 11 Taf. Brosch. DM 110,—

Vom 31. 3.—3. 4. 1969 veranstaltete die Internationale Vereinigung für Vegetationskunde in Rinteln an der Weser ein Symposium über den Problemkreis „Vegetation und Substrat", an dem Wissenschaftler aus 17 Staaten teilnahmen und insgesamt 36 Vorträge hielten. Bis auf 2 werden diese Referate in dem vorliegenden Band veröffentlicht, dazu die Begrüßungsansprache und das Schlußwort von R. TÜXEN sowie eine Laudatio zu dessen 70. Geburtstag. Die Themen sind sowohl sachlich als auch räumlich weit gespannt und reichen von dem „Substrat und Vegetation im Amazonas-Gebiet" über die „Bodenverhältnisse der mitteleuropäischen Hochmoore" bis hin zur „Buchenwaldvegetation und Boden in Schweden", den „Beziehungen zwischen Vegetation, Substrat und Geschichte bestimmter Vegetationstypen in Malesia" und zur „Mosaik-Vegetation im Nationalpark Serengeti". Vegetationseinheiten und Formationen der Pioniergesellschaften, Moore, Wiesen und Matten, Wälder und Savannen bilden die hauptsächlichsten Untersuchungsgegenstände. Den Limnologen wird vor allem der Beitrag von P. J. SCHROEVERS-LEERSUM „*Stratiotes aloides* als ein Substrat für Kleinalgen" interessieren, dem Untersuchungen in 4 Teichen in den Niederlanden zugrunde liegen.

H.-D. KRAUSCH, Potsdam

FRITS VAN DER LEEDEN: **Water Resources of the World. Selected Statistics.** Port Washington, New York: Water Information Center, Inc. 1975. XI, 568 S., 55 Abb. Ln. $ 32.50

Dieses inhaltsreiche Nachschlagewerk ist u. a. für Hydrologen, Ingenieure, Planer gedacht. Gegliedert nach Kontinenten und Ländern bringt es zunächst allgemeine Übersichten der einzelnen Kontinente, die unterschiedlich ausfallen, je nach den vorliegenden Daten. Für Europa umfassen sie z. B. Bevölkerung (Zahl, Dichte), Fläche, Niederschlag, Abfluß, Wasserverbrauch und Energieproduktion der einzelnen Länder. Bei den Ländern findet man vor allem Angaben über die Einzugsgebietsgrößen der Flüsse sowie deren Abfluß und über die städtischen Wasserversorgungsanlagen. Hydrochemische Verhältnisse werden von einigen Flüssen dargestellt, bei manchen Ländern gibt es Angaben über die installierten Energiegewinnungskapazitäten oder über Besonderheiten, wie den Mineralwasserkonsum in Frankreich, die Mineral- und Thermalquellen Islands oder die Aquädukte des alten Roms. Die Darstellung jedes Kontinents wird durch ein Quellenverzeichnis abgeschlossen.
Das abschließende Kapitel 7 (Welt) enthält Angaben über Länder, Bevölkerung, Ökonomie, Temperatur- und Niederschlagsdaten ausgewählter Stationen sowie Extremwerte, Wasserhaushalt, Einzugsgebiete, Längen bzw. Größen von Flüssen, Seen und Talsperren, Wasserkraftwerke, Überschwemmungen, Wasserfälle, Gletscher, Ozeane und Meere, Entsalzung des Meerwassers,

Wasser- und Abwasserverhältnisse in Entwicklungsländern, Bewässerungsgebiete, industrieller Wasserverbrauch, Stationen der Internationalen Hydrologischen Dekade, von den Vereinten Nationen und von der „Weltbank" finanzierte Wasser- und Abwasserprojekte sowie Trinkwasserstandards (WHO, Europa, USA). — Ein 30seitiger Index beschließt den gut gedruckten und inhaltsreichen Band.

D. STORCH, Jena

WOLFGANG TISCHLER: **(Wörterbücher der Biologie). Ökologie** mit besonderer Berücksichtigung der Parasitologie. Jena: VEB Gustav Fischer Verlag 1975. 125 S., 27 Abb. Brosch. M 6,—

W. TISCHLER, nun schon ein Klassiker der Synökologie im deutschen Sprachraum, der selbst wichtige ökologische Begriffe schuf oder vorhandene eindeutig definierte, ist im besonderen Maße berufen, ein Wörterbuch der Ökologie zu schreiben. Wie er im Vorwort seines Buches betont, war seine Stichwortbearbeitung bereits vor langer Zeit abgeschlossen, wurde 1971 nochmals revidiert und sollte ursprünglich Teil eines großen Wörterbuches der Biologie werden. Trotz der Verzögerung der Drucklegung und der nun als selbständiges Buch erschienenen Bearbeitung in der Reihe „Wörterbücher der Biologie" des VEB Gustav Fischer Verlages, ist ein meisterlich ausgewogenes und gut durchdachtes Wörterbuch entstanden. Aus der Begriffsexplosion in der Ökologie hat sich der Verf. auf die wirklich eingeführten Begriffe beschränkt und die noch sehr neuen und umstrittenen fortgelassen. So fehlt auch das neue Vokabular, welches durch die Modellvorstellungen in die Ökologie eingetragen wurde und einiges aus der Stoffdynamik der Ökosysteme. Auch hier ist alles noch im Wandel begriffen. Dafür wurde die Parasitologie ausführlich berücksichtigt.
Das vorliegende Buch von TISCHLER enthält das sorgsam definierte und ausgewählte Standardvokabular der Ökologie, wofür ihm Studenten und auch der Fachmann Dank schulden.

W. SCHÖNBORN, Jena

W. ZEISKE & J. PLOMANN: **Fisch- und Gewässerkunde.** Ein Nachschlagewerk für den Angelsportler. 2. Aufl. Berlin: Sportverlag 1975. 271 S., 163 Abb., 16 Tab., 4 Farb.-Taf. Ln. M 28,80

Die 2. Auflage innerhalb von 2 Jahren spricht für die große Nachfrage, der sich die „Fisch- und Gewässerkunde" erfreut. Der Angler oder der, der es werden will, wird in diesem Buch eine breite Fülle von Informationen für sein „nasses Waidwerk" finden. Es werden Stammesgeschichten, Anatomie, Lebensweise und Artenkunde der einheimischen Süßwasser- und Ostseefische, Pflanzen und Tiere am und im Wasser, praktische Hinweise für den Angler (Methoden, Geräte, Technik, Taktik, Köder, Fangbedingungen, Verbote, Turniersport etc.), Aspekte des Umweltschutzes und der Binnenfischerei, die Bewirtschaftung von Sportgewässern und Hinweise für die Aquaristik abgehandelt. Die wichtigsten Einzelabschnitte schließen mit einer stichwortartigen Erläuterung von Fachausdrücken. Weiterführende Literatur kann aus dem Literaturverzeichnis am Schluß des Buches entnommen werden (125 Zitate). Die Darstellung ist sachgerecht und allgemein verständlich. Etwas unglücklich gewählt erscheint der Titel des Werkes. Von einer „Gewässerkunde" erwartet man gleichermaßen grundlegende Einführungen in die physikalischen und chemischen Verhältnisse, in den Umsatz wichtiger anorganischer und organischer Stoffe sowie in die Vielfalt der Lebensgemeinschaften der Gewässer. Die Autoren greifen davon nur den letzten Aspekt heraus, wobei jedoch die Proportionen in starkem Maße zugunsten der höheren Wasser- und Gelegepflanzen und der Wirbeltiere verlagert sind. Über die Mannigfaltigkeit des Planktons, des Mikrophyto- und Mikrozoobenthos und deren Bedeutung für die Gewässer erfährt der Leser nur am Rande.
Einige kleine Fehler sind aufgefallen. Sie schmälern nicht den guten Gesamteindruck, doch sollte man sie deshalb auch nicht in jede Neuauflage wieder mit übernehmen (u. a. S. 86, Abb. 59: die Krautregion befindet sich nicht unterhalb sondern oberhalb der unterseeischen Wiesen; S. 231: der Salzgehalt der Ozeane beträgt nicht 3,5‰ sondern 35‰, der der Ostsee im Durchschnitt nicht 2 sondern etwa 6‰; S. 234: Blaualgen, Dinoflagellaten und Kieselalgen gehören nicht ausschließlich zum Netzplankton. Eine Vielzahl von Arten aus diesen Gruppen kann dem Nannoplankton zugeordnet werden; S. 235: Phaeophyta nicht Phaephyta). Hervorzuheben sind noch der gute Druck und die gelungene graphische Ausstattung.

R. KOSCHEL, Berlin

Die LIMNOLOGICA erscheinen in zwangloser Folge in einzeln berechneten Heften wechselnden Umfangs. Etwa 30 Druckbogen (480 Seiten) bilden einen Band.
Die LIMNOLOGICA veröffentlichen Originalarbeiten aus allen Gebieten der wissenschaftlichen Erforschung der Binnengewässer und der benachbarten Lebensräume. Neben den Originalarbeiten erscheinen Übersichten der Fachliteratur osteuropäischer Staaten, Tagungsberichte und Rezensionen.

Verantwortlicher Redakteur:
Dr. DIETHARD STORCH
Akademie der Wissenschaften der DDR
Forschungszentrum für Molekularbiologie und Medizin
Zentralinstitut für Mikrobiologie und experimentelle Therapie, Jena
Redaktion LIMNOLOGICA
DDR-6900 Jena, Beutenbergstraße 11

BEZUGSMÖGLICHKEITEN:

Sämtliche Veröffentlichungen unseres Verlages sind durch jede Buchhandlung im In- und Ausland zu beziehen. Falls keine Bezugsmöglichkeit vorhanden ist, wende man sich
in der Deutschen Demokratischen Republik an den Akademie-Verlag, 1080 Berlin, Leipziger Straße 3—4,
in der BRD und Westberlin an KUNST UND WISSEN, Erich Bieber, 7 Stuttgart 1, Wilhelmstraße 4—6,
in Österreich an den GLOBUS-Buchvertrieb, Wien I, Salzgries 16,
bei Wohnsitz im übrigen nichtsozialistischen Ausland an den Buchexport, Volkseigener Außenhandelsbetrieb der Deutschen Demokratischen Republik, 7010 Leipzig, Leninstraße 16.
Im sozialistischen Ausland können Bestellungen über die Buchhandlungen für fremdsprachige Literatur bzw. den zuständigen Postzeitungsvertrieb erfolgen.
Auf Wunsch sendet der Akademie-Verlag Interessenten bei Bekanntgabe der Anschrift und Fachgebiete unverbindlich Informationen über lieferbare und kommende Veröffentlichungen und gibt auch Bezugsquellen im In- und Ausland bekannt.

Erschienen im Akademie-Verlag 1080 Berlin, Leipziger Str. 3—4

Lizenznummer: 202 · 100/485/80
P 43/79
Gesamtherstellung: VEB Druckerei „Thomas Müntzer“, 5820 Bad Langensalza
Bestellnummer: 762 647 3 (2111/12/1) · LSV 1305
Printed in the GDR
DDR 36,— M

Bei Fragen zur Produktsicherheit wenden Sie sich bitte an:
If you have any questions regarding product safety,
please contact:

Walter de Gruyter GmbH
Genthiner Straße 13
10785 Berlin
productsafety@degruyterbrill.com